普通高等教育"十三五"规划教材

高分子材料应用基础

主　编　李继新
副主编　郭立颖　赵新宇

中国石化出版社

内容提要

本书以基础材料为重点，介绍了通用塑料与工程塑料、合成纤维、橡胶、涂料、黏合剂五大高分子材料的种类，并深入浅出地介绍高分子共混材料、高分子复合材料以及功能高分子材料等新型材料。

本书可作为高等院校高分子科学与工程及相关专业的本科生的教科书，也可作为研究生的参考书，同时对从事高分子材料生产、加工、应用及研究的工程技术人员也具有重要的参考价值。

图书在版编目(CIP)数据

高分子材料应用基础／李继新主编．—北京：中国石化出版社，2016.2
普通高等教育“十三五”规划教材
ISBN 978-7-5114-3834-8

Ⅰ.①高… Ⅱ.①李… Ⅲ.①高分子材料—高等学校—教材 Ⅳ.①TB324

中国版本图书馆 CIP 数据核字(2016)第 026134 号

中国石化出版社出版发行
地址:北京市东城区安定门外大街 58 号
邮编:100011 电话:(010)84271850
读者服务部电话:(010)84289974
http://www.sinopec-press.com
E-mail:press@sinopec.com
北京科信印刷有限公司印刷
全国各地新华书店经销
*
787×1092 毫米 16 开本 20.5 印张 471 千字
2016 年 2 月第 1 版 2016 年 2 月第 1 次印刷
定价:35.00 元

前　言

高分子材料是一门内容广阔、与其他许多学科交叉渗透、相互关联的综合性学科。目前高分子材料的发展非常迅猛，例如高强度高韧性高耐温以及极端条件的高性能高分子材料发展很快，有力地推动了电子、机械、宇航等工业的发展。目前，高分子材料正向功能化、智能化、精细化方向发展，使其由结构材料向光、电、声、磁等功能化转变，导电材料、智能材料、纳米材料、光导材料、生物活性材料、电子信息材料等方面的研究日趋活跃。与此同时，在高分子材料的生产加工中也引进了很多先进技术，如等离子体技术、激光技术、辐射技术和应用加工技术等。

材料科学的发展对人才的培养提出了新的要求，同时，社会的发展使得高分子材料专业不仅需要培养懂得塑料、橡胶、纤维、涂料、黏合剂等方面的知识和加工技能的专门人才，更需要培养熟悉高分子材料各个领域，甚至高分子材料科学发展前沿的高水平人才。

在此前提下，本教材的特点是集中联系了当今材料科学发展的现状，在教材中以基础材料为根本，介绍了通用塑料、工程塑料、合成纤维、橡胶、涂料、黏合剂五大高分子材料的种类，并深入浅出地导入高分子共混材料、高分子复合材料以及功能高分子材料等新型材料。

对于塑料，主要讲解了通用塑料的命名、品种、结构、性能、牌号及应用，工程塑料的结构与性能、种类与应用。对于合成纤维、橡胶、黏合剂，主要讲解了品种、性能及应用。对于高分子共混材料，主要讲解了聚合物的相容性理论、相分离机理、共混物制备、性能与应用。对于复合材料，主要讲解了种类、基本性质和应用。对于功能高分子材料，按照其物理、化学和生物功能，介绍了各种类型功能高分子材料的性质与应用。

该教材突出了“实际、实用、实践”的“三实”原则，在讲述基本内容的基础上，注意补充了相关的新知识和新技术。本书可作为高等学校高分子材料和加工专业的本科生的教科书，也可作为研究生的主要参考书，同时本教材对于从事高分子材料生产、加工、应用及研究的工程技术人员也具有重要的参考价值。

参与本书编写工作的有沈阳工业大学石油化工学院李继新(第1章，第2章，第3章)、郭立颖(第4章，第5章，第6章，第9章)、赵新宇(第7章，第8章)，全书由李继新统稿。此外，王海玥、张彬和马秀云也参与了编写工作。

由于编者水平及时间有限，书中不足或不妥之处在所难免，技术上也可能存在缺点错误，敬请读者批评指正。

目　录

第1章 绪 论

1.1 高分子材料基本概念与发展史

材料是人类用来制造各种产品的物质，是人类生活和生产的物质基础，它先于人类存在，人类社会一开始就与材料结下不解之缘，人们使用和制造材料已有了几千年的历史。材料的进步和发展直接影响到人类生活的改善和科学技术的进步。目前，材料已经和能源、信息并列成为现代科学的三大支柱。其中材料是工业发展的基础，一个国家材料的品种和产量是直接衡量其科学技术、经济发展和人民生活水平的重要标志，也是一个时代的标志。然而材料发展成为一门科学只是近几十年的事。长期以来，人们对于材料的认识往往停留在强度、密度、透光等宏观性质观测的水平上，由于近代物理和近代化学的发展，再加上各种精密测试仪器和微观分析技术的出现，使人们对材料的研究，逐步由宏观现象的观测深入到微观本质的探讨，由经验性的认识逐步深入到规律性的认识，从而更加精细地设计材料的组成，控制材料的性能。在这样的背景下，一门新兴的综合性学科——材料科学，逐步形成并日趋成熟。

1.1.1 高分子材料的基本概念

高分子材料是以高分子化合物为基础的材料。高分子材料是由相对分子质量较高的化合物构成的材料，包括塑料、橡胶、纤维、涂料、黏合剂、高分子合金、高分子基复合材料以及功能高分子材料等。高分子是生命存在的形式，所有的生命体都可以看作是高分子的集合。

高分子材料按来源分为天然、半合成(改性天然高分子材料)和合成高分子材料。天然高分子是生命起源和进化的基础。人类社会一开始就利用天然高分子材料作为生活资料和生产资料，并掌握了其加工技术。如利用蚕丝、棉、毛织成织物，用木材、棉、麻造纸等。19 世纪 30 年代末期，进入天然高分子化学改性阶段，出现半合成高分子材料。1870 年，美国人 Hyatt 用硝化纤维素和樟脑制得的赛璐珞塑料，是有划时代意义的一种人造高分子材料。1907 年出现合成高分子酚醛树脂，真正标志着人类应用合成方法有目的的合成高分子材料的开始。1953 年，德国科学家 Zieglar 和意大利科学家 Natta，发明了配位聚合催化剂，大幅度地扩大了合成高分子材料的原料来源，得到了一大批新的合成高分子材料，使聚乙烯和聚丙烯这类通用合成高分子材料走入了千家万户，确立了合成高分子材料作为当代人类社会文明发展阶段的标志。现代，高分子材料已与金属材料、无机非金属材料相同，成为科学技术、经济建设中的重要材料。并且高分子材料资源丰富、原料广，轻质、高强度，成型工艺简易，很容易为人所用。

高分子材料种类繁多。其中，被称为现代高分子三大合成材料的塑料、合成纤维和合成橡胶已经成为国民经济建设与人民日常生活所必不可少的重要材料。尽管高分子材料因普遍具有许多金属和无机材料所无法取代的优点而获得迅速的发展，但目前业已大规模生产的还只是寻常条件下使用的高分子物质，即所谓的通用高分子材料，它们存在着机械强度和刚性差、耐热性低等缺点。而现代工程技术的发展，则向高分子材料提出了更高的要求，因而推动了高分子材料向高性能化、功能化、精细化和生物化方向发展，这样就出现了许多产量低、价格高、性能优异的新型高分子材料。

1.1.2 高分子材料的发展历程

高分子材料是材料领域之中的后起之秀，是在人们长期的生产实践和科学实验的基础上逐渐发展起来的。几千年前，人们就开始使用棉、麻、丝、毛等天然高分子作丝织物材料。有些加工方法还改变了天然高分子的化学组成，如天然橡胶硫化、皮革鞣制、天然纤维制成人造丝等。但由于当时受科学技术发展的限制，直到 19 世纪中叶，人们仍未能探究到高分子材料的本质。高分子材料科学的发展萌芽于 19 世纪后期和 20 世纪初。当时天然橡胶由异戊二烯组成，纤维素和淀粉由葡萄糖残体组成，蛋白质由氨基酸组成等的发现，使高分子的长链概念获得了公认，孕育了高分子的思想。1872 年德国化学家拜耳(A. Bayer)首先发现苯酚与甲醛在酸性条件下加热时能迅速结成红褐色硬块或黏稠物，但因它们无法用经典方法纯化而停止实验。20 世纪以后，苯酚已经能从煤焦油中大量获得，甲醛也作为防腐剂大量生产，因此二者的反应产物更加引人关注。1907 年贝克兰和他的助手不仅制出了绝缘漆，而且还制出了真正的合成可塑性材料—Bakelite，它就是人们熟知的“电木”、“胶木”或酚醛树脂。Bakelite 一经问世，很快厂商发现它不但可以制造多种电绝缘品，而且还能制日用品，于是一时间把贝克兰的发明誉为 20 世纪的“炼金术”。20 世纪 30 ~ 40 年代是高分子材料科学的创立时期，新的聚合物单体不断出现，具有工业化价值的高效催化聚合方法不断产生，加工方法及结构性能不断改善。美国化学家卡罗塞斯(W. H. Carothers)于 1934 年合成了优良纺织纤维的聚酰胺 - 66，尼龙(Nylon)是它在 1939 年投产时公司使用的商品名。这一成功不仅是合成纤维的第一次重大突破，也是高分子材料科学的重要进展。20 世纪 50 年代是高分子工业的确立时期，同时得到了迅速的发展。石油化工的发展为高分子材料开拓了新的来源，人们把从煤焦油获得单体改为从石油得到，重要的烯烃(乙烯、丙烯)年产量为数十万吨级的生产技术日趋成熟。由于出现了齐格勒纳塔催化剂，在这种催化剂的作用下，生产出三种新型的定向聚合橡胶，其中的顺丁橡胶，由于它的优异性能，到 20 世纪 80 年代产量已上升到仅次于丁苯橡胶的第二位。

自 20 世纪 30 年代出现高分子合成技术到 20 世纪 60 年代实现大规模生产，高分子材料虽然只有几十年的历史，但发展速度远远超过其他传统材料。世界高分子材料工业的迅猛发展，一方面是由于它们的优异性能使其在许多领域中找到了应用；另一方面也是因为它们生产和应用所需的投资比其他材料低，尤其比金属材料低许多，经济效益显著。特别是到了20世纪80年代，工业发达国家钢铁产量已衰退而塑料仍以高速度在发展。在过去的40多年里美国塑料的生产猛增了100倍。如果将生产量折成体积计算，塑料的生产已超过钢铁。20世纪末，高分子材料的总产量已达20亿吨左右。在当前的工业、农业、交通、运输、通信乃至人类的生活中，高分子材料与金属、陶瓷一起并列为三类最重要的材料。我国对于高分子材料科学的研究自20世纪50年代开始，主要是根据国内资源情况、配合工业建设进行合成仿制，建立测试表征手段，在此过程中培养了大批生产和研究的技术力量，为深入研究奠定了基础。60年代为满足新技术和高技术的需要，研制了大量特种塑料，如氟、硅高分子，耐热高分子及一般工程塑料，如浇注尼龙、聚碳酸酯、聚甲醛、聚芳酰胺；大品种如顺丁橡胶。其中最突出的成就是1965年用人工合成的方法制成结晶牛胰岛素，这是世界上出现的第一个人工合成的蛋白质，对于揭开生命的奥秘有着重大的意义。到了70年代以后高分子合成新技术不断涌现，高分子新材料层出不穷。至今为止，由于高分子材料以其结构决定其性能，对结构的控制和改性，可获得不同特性，高分子材料独特的结构和易改性、易加工特点，使其具有其他材料不可比拟、不可取代的优异性能，从而广泛用于科学技术、国防建设和国民经济各个领域，并已成为现代社会生活中衣食住行用各个方面不可缺少的材料。

1.2 高分子材料的类型与特征

高分子材料按照其来源可以分为天然高分子材料和合成高分子材料。天然高分子材料有天然橡胶、纤维素、淀粉、甲壳素、蚕丝等。合成高分子材料的种类繁多，如合成塑料、合成橡胶、合成纤维等。如果按照高分子材料的物理形态和用途来分，可分为塑料、橡胶、纤维、黏合剂、涂料、聚合物基复合材料、聚合物合金、功能高分子材料、生物高分子材料等。这种分类方法是人们现在经常使用的，也是真正把高分子材料从材料角度进行分类的一种分类方法。下面就以这种分类方法为例来介绍一下高分子材料的主要特性。

1.2.1 塑料

人们常用的塑料主要是以合成树脂为基础，再加入塑料辅助剂(如填料、增塑剂、稳定剂、润滑剂、交联剂及其他添加剂)制得的。通常，按塑料的受热行为和是否具备反复成型加工性，可以将塑料分为热塑性塑料和热固性塑料两大类。前者受热时熔融，可进行各种成型加工，冷却时硬化；再受热，又可熔融、加工，即具有多次重复加工性。后者受热熔化成型的同时发生固化反应，形成立体网状结构，再受热不熔融，在溶剂中也不溶解，当温度超过分解温度时将被分解破坏，即不具备重复加工性。如果按塑料的使用范围和用途来分，又可分为通用塑料和工程塑料。通用塑料的产量大、用途广、价格低，但是性能一般，要用于非结构材料，如聚乙烯、聚丙烯、聚氯乙烯、聚苯乙烯、酚醛塑料、氨基塑料等。工程塑料具有较高的力学性能，能够经受较宽的温度变化范围和较苛刻的环境条件，并且在此条件下能够长时间使用，且可作为结构材料。而在工程塑料中，人们一般把长期使用温度在100～150℃范围内的塑料，称为通用工程塑料，如聚酰胺、聚碳酸酯、聚甲醛、聚苯醚、热塑性聚酯等；把长期使用温度在150℃以上的塑料称为特种工程塑料，如聚酰亚胺、聚芳酯、聚苯酯、聚砜、聚苯硫醚、聚醚醚酮、氟塑料等。常用的塑料材料及其英文代号如表1-1所示。

表1-1 常用的塑料材料及其英文代号

代号	名称	代号	名称
AAS	丙烯腈-丙烯酸酯-苯乙烯共聚物	PET	聚对苯二甲酸乙二醇酯(或PETP、PES)
ABS	丙烯腈-丁二烯-苯乙烯共聚物	PF	酚醛树脂
CA	乙酸纤维素	PFEP	四氟乙烯-全氟丙烷共聚物
CFM	聚三氟氯乙烯(或PCTFE、TFE、CEM)	PI	聚酰亚胺
CPE	氯化聚乙烯(或CM、PEC)	PMA	聚丙烯酸甲酯
CPVC	氯化聚氯乙烯	PMAN	聚甲基丙烯腈
EP	环氧树脂	PMMA	聚甲基丙烯酸甲酯
E/P	乙烯-丙烯共聚物	POM	聚甲醛
EVA	乙烯-乙酸乙烯酯共聚物	POP，PPO	聚苯醚
HDPE	高密度聚乙烯(或PEH)	PP	聚丙烯
HIPS	高抗冲聚苯乙烯	PPS	聚苯硫醚
LDPE	低密度聚乙烯(或PEL)	PPSU	聚苯砜(或PSO)
MDPE	中密度聚乙烯(或DEM)	PS	聚苯乙烯
MF	三聚氰胺-甲醛树脂	PSU	聚砜
PA	聚酰胺	PTEF	聚四氟乙烯
PAA	聚丙烯酸	PU	聚氨酯(或PUR)
PAM	聚丙烯酰胺	PVA	聚乙烯醇
PAN	聚丙烯腈(或PAC纤维)	PVAc	聚乙酸乙烯酯
PAS	聚芳砜	PVB	聚乙烯醇缩丁醛
PBI	聚苯并咪唑	PVC	聚氯乙烯
PBT	聚对苯二甲酸丁二酯(或PBTP、PTMT)	PVCA	氯乙烯-乙酸乙烯酯共聚物
PC	聚碳酸酯	PVDC	聚偏氯乙烯
PDMS	聚二甲基硅氧烷	PVFO	聚乙烯醇缩甲醛(有时写PVFM)
PE	聚乙烯	PVP	聚乙烯吡咯烷酮
PEG	聚乙二醇	UF	脲醛树脂
PESU	聚酯纤维	UHMWPE	超高相对分子质量聚乙烯
PES	聚醚砜	UP	不饱和聚酯

通用塑料及工程塑料的基本物性如表1-2所示。常用塑料的力学性能和用途如表1-3所示。

表1-2　通用塑料及工程塑料的基本物性

项目	通用塑料		工程塑料			
	PS	PP	PC	POM	PES	PEEK
结晶性或非结晶性	非结晶性	结晶性	非结晶性	结晶性	非结晶性	结晶性
透光率/%	91	半透明	88	半透明～不透明	透明	不透明
密度/(g/cm^3)	1.05	0.91	1.20	1.42	1.37	1.32
拉伸强度/MPa	46	38	50	75	86	94
弯曲弹性模量/MPa	3100	1500	2500	3700	2700	3700
悬臂梁冲击强度(缺口)/(J/cm)	17	31	900	80	86	85
热变形温度/℃	88	113	140	170	210	>300
熔点/℃	—	175	—	178	—	338
耐溶剂性	一般	优	一般	优	良	优

表1-3　常用塑料的力学性能和用途

塑料名称	拉伸强度/MPa	压缩强度/MPa	弯曲强度/MPa	冲击强度/(kJ/m^2)	使用温度/℃	用途
聚乙烯	8～36	20～25	20～45	>2	-70～100	一般机械结构，电缆包覆，耐蚀、耐磨涂层等
聚丙烯	40～49	40～60	30～50	5～10	-35～121	一般机械零件，高频绝缘，电缆、电线包覆等
聚氯乙烯	30～60	60～90	70～110	4～11	-15～55	化工耐蚀构件，一般绝缘，薄膜、电缆套管等
聚苯乙烯	≥60	—	70～80	12～16	-30～75	高频绝缘，耐蚀及装饰，也可做一般构件
ABS	21～63	18～70	25～97	6～53	-40～90	一般构件，减摩、耐磨、传动件，一般化工装置、管道、容器等
聚酰胺	45～90	70～120	50～110	4～15	<100	一般构件，减摩、耐磨、传动件，高压油润滑密封圈，金属防蚀、耐磨涂层等
聚甲醛	60～75	约125	约100	约6	-40～100	一般构件，减摩、耐磨、传动件，绝缘、耐蚀件及化工容器等

续表

塑料名称	拉伸强度/MPa	压缩强度/MPa	弯曲强度/MPa	冲击强度/(kJ/m^2)	使用温度/℃	用途
聚碳酸酯	55~70	约85	约100	65~75	-100~130	耐磨、受力、受冲击的机械和仪表零件，透明、绝缘件等
聚四氟乙烯	21~28	约7	11~14	约98	-180~260	耐蚀件，耐磨件，密封件，高温绝缘件等
聚砜	约70	约100	约105	约5	-100~150	高强度耐热件，绝缘件，高频印刷电路板等
有机玻璃	42~50	80~126	75~135	1~6	-60~100	透明件，装饰件，绝缘件等
酚醛塑料	21~56	105~245	56~84	0.05~0.82	约110	一般构件，水润滑轴承，绝缘件，耐蚀衬里等；作复合材料
环氧塑料	56~70	84~140	105~126	约5	-80~155	塑料膜，精密模，仪表构件，电器元件的灌注，金属涂覆、包封、修补；作复合材料

1.2.2 橡胶

橡胶是一类线型柔性高分子聚合物。其分子链柔性好，在外力作用下可产生较大形变，除去外力后能迅速恢复原状。它的特点是在很宽的温度范围内具有优异的弹性，所以又称弹性体。这里需要注意的是同一种高分子聚合物，由于其制备方法、制备条件、加工方法不同，可以作为橡胶用，也可以作为纤维或塑料。

橡胶按其来源，可分为天然橡胶和合成橡胶两大类。最初橡胶工业使用的橡胶全是天然橡胶，它是从自然界的植物中采集出来的一种高弹性材料。第二次世界大战期间，由于军需橡胶量的激增以及工农业、交通运业的发展，天然橡胶远不能满足需要，这促使人们进行合成橡胶的研究，发展了合成橡胶工业。

合成橡胶是各种单体经聚合反应合成的高分子材料。按其性能和用途可分为通用合成橡胶和特种合成橡胶。用以代替天然橡胶来制造轮胎及其他常用橡胶制品的合成橡胶称为通用合成橡胶，如丁苯橡胶、顺丁橡胶、乙丙橡胶、丁基橡胶、氯丁橡胶等，近十几年来，出现了一种新型的集成橡胶，它主要用于轮胎的胎面。凡具有特殊性能，专门用于各种耐寒、耐热、耐油、耐臭氧等特种橡胶制品的橡胶，称为特种合成橡胶，如丁腈橡胶、硅橡胶、氟橡胶、丙烯酸酯橡胶、聚氨酯橡胶等。特种合成橡胶随着其综合性能的改进、成本的降低，以及推广应用的扩大，也可能作为通用合成橡胶来使用。所以，通用橡胶和特种橡胶的划分范围是在发展变化着的，并没有严格的界限。

常用的橡胶及其特性见表1-4。

表1-4　橡胶的主要特性

橡胶名称	主要特性
天然橡胶	力学性能、加工性能好，会有大量双键，易氧化硫化
异戊橡胶	双键处易发生反应，如氧化、硫化等
顺丁橡胶	双键处易发生反应，如氧化、硫化等
丁苯橡胶	比天然橡胶对氧稍稳定，耐磨耗
丁腈橡胶	比天然橡胶对氧稍稳定，且耐烃类油
氯丁橡胶	较天然橡胶对氧稳定，耐臭氧、难燃，可用金属氧化物交联
丁基橡胶	比天然橡胶对氧稍稳定，气密性好，耐热老化
乙丙橡胶	相对密度小，耐臭氧
三元乙丙橡胶	相对密度小，耐臭氧，用硫黄硫化
硅橡胶	对氧稳定，用过氧化物交联，电性能优异，耐热性好，耐低温
氟橡胶	耐热，耐油，耐氧，耐低温
聚丙烯酸酯橡胶	对氧稳定，耐油，用氨交联
聚硫橡胶	耐油，耐烃类溶剂，可利用末端进行反应，粘结性好
聚氨酯橡胶	耐油，耐磨，耐臭氧，性能特殊，加工方便
氯醚橡胶	对氧稳定，用过氧化物交联

1.2.3　纤维

纤维是指长度比直径大很多倍并且有一定柔韧性的纤细物质。纤维是一类发展比较早的高分子化合物，如棉花、麻、蚕丝等都属于天然纤维。随着化学反应、合成技术及石油工业的不断进步，出现了人造纤维及合成纤维，并统称化学纤维。人造纤维是以天然聚合物为原料，并经过化学处理与机械加工而得到的纤维，主要有黏胶纤维、铜氨纤维、乙酸酯纤维等。合成纤维是由合成的聚合物制得，它的品种繁多，已投入工业化生产的有40多种，其中最主要的产品有聚酯纤维(涤纶)、聚酰胺纤维(聚酰胺)、聚丙烯腈纤维(腈纶)三大类。这三大类纤维的产量占合成纤维总量的90%以上。在众多的纤维中，合成纤维具有强度高、耐高温、耐酸碱、耐磨损、质量轻、保暖性好、抗霉蛀、电绝缘性好等特点，而且用途广泛、原料丰富易得，生产不受自然条件的限制，因此发展比较迅速。

合成纤维的分类方法有许多，如按照纤维的加工长度来分，可分为长丝纤维和短纤维。根据性能及生产方法来分，可以分为常规纤维及差别化纤维。按照化学组成分类，则可以分成聚丙烯腈纤维、聚酯纤维、聚酰胺纤维、含氯纤维、聚丙烯纤维以及特种纤维。

合成纤维具有优良的物理性能、力学性能和化学性能，因此除了用于纺织工业外，还可广泛地应用于国防工业、航空航天、交通运输、医疗卫生、通信联络等各个重要领城，已经成为国民经济发展的重要部分。

1.2.4　涂料

涂料是指涂布在物体表面而形成的具有保护和装饰作用的膜层材料。涂料是多组分体系，主要有三种组分：成膜物、颜料和溶剂。

(1)成膜物　也称基料，它是涂料最主要的成分，其性质对涂料的性能(如保护性能、力学性能等)起主要作用。作为成膜物应能溶于适当的溶剂，具有明显结晶作用的聚合物一般是不适合作为成膜物的。为了得到合适的成膜物，可用物理方法和化学方法对聚合物进行改性。

(2)颜料　主要起遮盖和赋色作用。一般为0.2～10μm的无机粉末或有机粉末，无机颜料如铅铬黄、镉黄、铁红、钦白粉等，有机颜料如炭黑、酞菁蓝等。有的颜料除了遮盖和赋色作用外，还有增强、赋予特殊性能、改善流变性能、降低成本的作用。具有防锈功能的颜料如锌铬黄、红丹(铅丹)、磷酸锌等。

(3)溶剂　通常是用以溶解成膜物的易挥发性有机液体。

涂料的上述三组分中溶剂和颜料有时可被除去，没有颜料的涂料被称为清漆，而含颜料的涂料被称为色漆。粉末涂料和光敏涂料（或称光固化涂料）则属于无溶剂的涂料。除上述三种主要组分外，涂料中一般都加有其他添加剂，分别在涂料生产、储存、涂装和成膜等不同阶段发挥作用，如增塑剂、湿润分散剂、浮色发花防止剂、催干剂、抗沉降剂、防腐剂、防结皮剂、流平剂等。

由于现在人们越来越关注环境问题，因此高固体分涂料、水性涂料、无溶剂涂料等将是今后涂料工业发展的方向。

1.2.5　黏合剂

黏合剂也称胶黏剂，是一种把各种材料紧密地结合在一起的物质。一般来讲，相对分子质量不大的高分子都可作黏合剂。比如说，作为黏合剂的热塑性树脂有聚乙烯醇、聚乙烯醇缩醛、聚丙烯酸酯、聚酸胺类等；作为黏合剂的热固性树脂有环氧树脂、酚醛树脂、不饱和聚酯等。作为黏合剂的橡胶有氯丁橡胶、丁基橡胶、丁腈橡胶、聚硫橡胶、热塑性弹性体等。

黏合剂的品种有很多，按主要成分主要分为有机黏合剂和无机黏合剂，有机黏合剂有天然黏合剂、热塑性树脂黏合剂和合成黏合剂，无机黏合剂有磷酸盐型、硅酸盐型、硼酸盐型和玻璃陶瓷及其低熔点物等。按受力情况可分为：结构型钻合剂，可用于有长期负荷处；非结构型黏合剂，有一定的胶黏强度；特种黏合剂，可用于高温、低温、导电、水下等。按使用形式分类，可分为单组分黏合剂和双组分黏合剂。按黏合剂形态可分为水性胶、溶剂型胶、无溶剂胶、膏状物、热熔胶和其他形状如不干胶带、热封胶等。

1.2.6　聚合物基复合材料

一般来说，复合材料是由两种或两种以上物理和化学性质不同的材料组成的，并具有复合效应的多相固体材料。根据组成复合材料的不同物质在复合材料中的形态，可将它们分为基体材料和分散材料。基体材料为连续相的材料，而分散材料可以是一种、两种或两种以上。它们多是粒料、纤维、片状材料或它们的组合。又因为它们多数能对基体材料起一定的增强作用，因此又把它们称为增强材料。而聚合物基复合材料是以高分子聚合物为基体，添加各种增强材料制得的一种复合材料。聚合物基复合材料其有许多优异的性能，例如①聚合物基复合材料具有很高的比强度及比模量；②聚合物基复合材料的耐疲劳性能很好；③聚合物基复合材料的减震性能好；④复合材料的过载安全性好；⑤耐高温性好；⑥复合材料具有很强的可设计性。

目前，聚合物基复合材料正向高性能复合材料的方向上发展。因为传统的聚合物基复合材料中由于基体树脂的耐热性较差，因此往往不能应用在高温的构件、零件上。另外，由于复合材料中应用得最为广泛的增强材料为纤维，因此，现在对纤维材料的开发及应用都在进一步的发展。除了玻璃纤维外，现在应用得较多的纤维有碳纤维、芳纶纤维（Kevlar）等。碳纤维是一种耐高温、拉伸强度高、弹性模量大、质量轻的纤维状材料。碳纤维具有很高的拉伸强度和弹性模量，是制造宇宙飞船、火箭、导弹、飞机等不可缺少的组成材料，在交通运输、化工、冶金、建筑等工业部门以及体育器材等方面也都有广泛的应用。芳纶纤维也是目前常用的高性能纤维，尽管芳纶纤维的特性不如碳纤维，但因其密度更小，目前的生产成本又比碳纤维低，所以应用得也较为广泛。

1.2.7　聚合物合金

近30年来，为了获得理想性能的聚合物材料，人们把不同种类的聚合物加以混合，称为聚合物共混物或聚合物合金，并对共聚物和共混物的结构、形态和材料性能之间的关系进行了深入的研究。为了在材料性能的要求和使用经济两方面上达到新的平衡，人们必须寻求新的材料和新的方法，而聚合物的共混就是其中最有成效的方法之一。

共聚物，特别是嵌段共聚物与接枝共聚物，在结构上和聚合物合金既有不同之处，又有相似的地方。它们同属于二种多相结构体系，按照这个观点，从广义上有时把它们统称为聚合物合金。它们不仅在相态上存在相似之处，而且在某些性能上也有许多相似之处。

聚合物合金能明显改善工程塑料性能，改进成型加工性，增加工程塑料品种和品级，扩大应用范围。例如，采用3%的聚乙烯与聚碳酸酯共混后，可使聚碳酸酯的缺口冲击强度提高4倍，熔体黏度下降1/3，而热变形温度几乎没有下降。又如，采用50%聚碳酸酯共混的聚对苯二甲酸丁二酯与未共混的聚对苯二甲酸丁二醇酯相比，弯曲强度、冲击强度及热老化冲击性能均有明显提高。

目前工业生产的聚合物品种有数十种之多。人们越来越认识到，共混是聚合物改性和制备独特性能聚合物的重要途径之一，其重要性体现在以下几个方面。

（1）改善组分性能　无论是塑料改性橡胶，还是橡胶改性塑料都是为了消除单一聚合物组分性能上存在的缺点，而获得综合性能较为理想的聚合物。

（2）改善加工性能　杂链聚合物是一类耐高温聚合物。在各种工业及宇航事业中有重要的用途。但这类聚合物一般加工都较困难，因而妨碍了它们的发展。如聚苯醚是一种耐高温的工程塑料，加工温度很高，而流动性较差，不易加工成性能良好的制品。如果在其中加入少量聚苯乙烯、丁苯共聚物或ABS树脂等进行共混，即可大大改善其加工流动性，从而开发了它们的应用领域。

（3）促进聚合物材料多功能化　通过共混可以制备一系列具有特异性能的新型聚合物材料。例如将液晶塑料加入到某些塑料中进行共混，可以获得良好的耐热性、优异的阻燃性和高的耐辐射等性能。利用聚四氟乙烯塑料的自润滑性，与许多聚合物共混可制备具有良好自润滑作用的聚合物材料。利用具有不同透气、透湿性能的聚合物进行共混，可以设计出按指定性能要求的各种果蔬保鲜材料等。

1.2.8 功能高分子材料

功能高分子材料是高分子材料领域中发展最快、具有重要理论研究和实际应用的新领域。功能高分子材料除了具有聚合物的一般力学性能、绝缘性能和热性能外，还具有物质、能量和信息转换、传递和储存等特殊功能。目前，功能高分子材料以其特殊的电学、光学、医学、仿生学等诸多物理化学性质构成功能材料学科研究的主要组成部分，功能高分子材料的研究及进展必会提供出更多更好的具有高附加值的各种新型功能高分子材料。

一般塑料、橡胶、纤维、高分子共混物和复合材料属于具有力学性能和部分热学功能的结构高分子材料。涂料和黏合剂属于具有表面和界面功能的高分子材料。而功能高分子材料是除了力学功能、表面和界面功能及部分热学功能如耐高温塑料等的高分子材料，主要包括物理性能(如电学性能、磁学性能、光学性能、热学性能、声学性能等)、化学功能(如反应功能、催化功能、分离功能、吸附功能等)、生物功能(如抗凝血高分子材料、高分子药物、软组织及硬组织替代材料、生物降解医用高分子材料等)和功能转换型(如智能、光电子信息、生态环境等)的高分子材料。物理功能高分子材料包括具有电、磁、光、声、热功能的高分子材料，是信息和能源等高技术领域的物质基础。化学功能高分子材料包括具有化学反应、催化、分离、吸附功能的高分子材料，在基础工业领域有广泛的应用。生物功能高分子材料就是医用高分子材料，是组织工程的重要组成部分。功能转换型高分子材料是具有光-电转换、电-磁转换、热-电转换等功能和多功能的高分子材料。生态环境(绿色材料)、智能和具有特殊结构等的高分子材料如树枝聚合物、超分子聚合物、拓扑聚合物、手性聚合物等是近几年来发展起来的新型功能高分子材料。功能高分子材料的多样化结构和新颖性功能不仅丰富了高分子材料研究的内容，而且扩大了高分子材料的应用领域。

1.3 高分子材料的结构

高分子材料是由相对分子质量比一般有机化合物高得多的高分子化合物为主要成分制成的物质。一般有机化合物的相对分子质量只有几十到几百，高分子化合物是通过小分子单体聚合而成的相对分子质量高达上万甚至上百万的聚合物。巨大的分子质量赋予这类有机高分子以崭新的物理、化学性质：可以压延成膜；可以纺制成纤维；可以挤铸或模压成各种形状的构件；可以产生强大的粘结能力；可以产生巨大的弹性形变；并具有质轻、绝缘、高强、耐热、耐腐蚀、自润滑等许多独特的性能。于是人们将它制成塑料、橡胶、纤维、复合材料、黏合剂、涂料等一系列性能优异、丰富多彩的制品，使其成为当今工农业生产各部门、科学研究各领域、人类衣食住行各个环节不可缺少、无法替代的材料。

高分子材料的高分子链通常是由 $10^3 \sim 10^5$ 个结构单元组成，高分子链结构和许许多多高分子链聚在一起的聚集态结构形成了高分子材料的特殊结构。因而高分子材料除具有低分子化合物所具有的结构特征(如同分异构体、几何结构、旋转异构)外，还具有许多特殊的结构特点。高分子结构通常分为链结构和聚集态结构两个部分。链结构是指单个高分子化合物分子的结构和形态，所以链结构又可分为近程和远程结构。近程结构属于化学结构，也称一级结构，包括链中原子的种类和排列、取代基和端基的种类、结构单元的排列顺序、支链类型和长度等。远程结构是指分子的尺寸、形态，链的柔顺性以及分子在环境中的构象，也称二级结构。聚集态结构是指高聚物材料整体的内部结构，包括晶体结构、非晶态结构、取向态结 构、液晶态结构等有关高聚物材料中分子的堆积情况，统称为三级结构。

1.4 高分子材料的制备、加工与应用

高分子材料的成型加工是使其成为具有实用价值产品的途径，而且高分子材料可以用多种方法来成型加工。它可以采用注射、挤出、压制、压延、缠绕、铸塑、烧结、吹塑等方法来成塑制品，也可以采用喷绘、浸渍、粘结和沸腾床等离子喷涂等方法将高分子材料覆盖在金属或非金属基体上，还可以采用车、磨、刨、铣、锉、钻以及抛光等方法来进行二次加工。虽然高分子材料的加工方法有很多，但其中最主要及最常用的加工方法是挤出成型、注射成型、吹塑成型和压制成型这四种成型方法。

1.4.1 高分子材料的制备

传统聚合方法包括本体聚合、溶液聚合、悬浮聚合、乳液聚合四种。本体聚合和溶液聚合一般为均相反应，但也有因聚合物不溶于单体或溶剂而沉淀出来；悬浮聚合和乳液聚合均属非均相反应。均相体系往往属非牛顿流体，可直接使用，若要制得固体聚合物，则需进行沉淀分离；非均相体系固体物含量可高达30%~50%(最高达约60%)，除胶乳可直接使用外，其他均需经分离、提纯等后处理。近些年来，沉淀聚合作为溶液聚合的延伸，也逐渐成为一种比较重要的聚合方法。

1.4.2 高分子材料的加工方法

1.4.2.1 挤出成型

挤出成型也称为挤塑，它是挤出成型机中通过加热、加压而使物料以流动状态连续通过口模成型的方法。它是用加热或其他方法使塑料成为流动状态，然后在机械力(压力)作用下使其通过塑模(口模)而制成连续的型材。挤出成型几乎能加工所有的热塑性塑料和某些热固性塑料。目前用挤出成型加工的塑料有聚氯乙烯、聚乙烯、聚丙烯、聚苯乙烯、聚酰胺、聚丙烯酸酯类、丙烯腈－丁二烯－苯乙烯、聚偏氯乙烯、聚三氟氯乙烯、聚四氟乙烯等热塑性材料以及酚醛、脲醛等热固性塑料。挤出成型的塑料制品有薄膜、管材、板材、单丝、电线电缆包层、棒材、异型截面型材、中空制品以及纸和金属的涂层制品等。此外，挤出成型还可用于粉料造粒、塑料着色、树脂掺和等。

挤出成型在塑料成型加工工业中占有很重要的地位。挤出成型不但劳动生产率高，而

且挤出产品均匀密实，只要更换机头就可以改变产品的断面形状。尤其在塑料制品应用越来越广泛、塑料制品的需求越来越大的形势下，挤出成型设备比较简单，工艺容易控制、投资少、收效大，因而更具有特殊的意义。

挤出过程中，从原料到产品需要经历三个阶段：第一阶段是塑化，就是经历加热或加入溶剂使固体物料变成黏性流体；第二阶段是成型，就是在压力的作用下使黏性流体经过口模而得到连续的型材；第三阶段是定型，就是用冷却或溶剂脱除的方法使型材由塑性状态变为固体状态。挤出成型机和一些附属装置就是完成这三个过程的设备。

按照塑料塑化的方法不同，挤出工艺可分为干法和湿法两种。按照塑料加压方式的不同，挤出工艺又可分为连续和间歇两种。

1.4.2.2 注射成型

注射成型是热塑性塑料成型中应用得最广泛的一种成型方法，它是由金属压铸工艺演变而来的。注射成型又可称为注射模塑或注塑，除少数的热塑性塑料外，绝大多数的热塑性塑料都可用此方法来成型。近年来，此种成型工艺也成功地用于某些热固性塑料的生产。由于注射成型能一次成型制得外形复杂、尺寸精确或带有金属嵌件的制品，而且可以制得满足各种使用要求的塑料制品，因此得到了广泛的应用。

1.4.2.3 吹塑成型

吹塑成型主要包括有中空吹塑成型，其产品如各种各样的塑料瓶、儿童玩具、水壶以及储存酸、碱的大型容器等。还有就是吹塑薄膜、吹塑薄片等成型方法。

吹塑成型为塑料材料的二次成型，它一般是把一次成型制得的棒、板、片等通过二次加工再制成制品的方法，因为在二次成型过程中，塑料材料通常要处在熔融或半熔融的状态，所以这种方法仅适用于热塑性塑料的成型。吹塑成型的制品根据其种类的不同，加工过程也有所不同。制作中空吹塑制品时，吹塑用的管坯一般是通过挤出或注射的方法制造。由于挤出法具有适应于多种塑料、生产效率高、型坯温度比较均匀、制品破裂少、能生产大型容器、设备投资较少等优点，因此，在当前中空制品生产中占有绝对的优势。吹塑薄膜是塑料薄膜生产中采用得最广泛的一种。吹塑薄膜可以看作是管材挤出成型的继续，其原理是把熔融的物料经机头呈圆筒形薄管挤出，并从机头中心吹入压缩空气，将薄管吹为直径较大的管状薄膜(即管泡)，并经过一系列的冷却导辊卷曲装置，然后加工成袋状制品或剖开成为薄膜。为了提高薄膜的强度，需要再在单向或双向拉伸机上，在一定温度下进行拉伸，使大分子排列整齐，然后在拉紧状态下冷却定型。吹塑薄膜的原料主要有聚氯乙烯、聚偏氯乙烯、聚乙烯、聚丙烯、聚酰胺等。

近些年来还发展了多层吹塑薄膜，随着薄膜用途的日益扩大，单层薄膜已不能满足要求。为了弥补一种材料性能上的不足，将几种树脂挤出的薄膜复合使用，这就是多层吹塑薄膜或称复合薄膜。这种多层吹塑薄膜能使几种材料互相取长补短，得到性能优越的制品。多层吹塑薄膜的共挤出是制造高质量制品的先进工艺，在多样化设计和提高结合强度等问题更好地解决后，其用途会更广泛。

1.4.2.4 压制成型

压制成型物料的性能、形状以及成型加工工艺的特征，可分为模压成型和层压成型。

(1)模压成型　模压成型是将一定量的模压粉(粉状、粒状或纤维状等塑料)放入金属对模中，在一定的温度和压力作用下成型制品的一种方法。模压成型是一种较古老的成型方法，成型技术已相当成熟，目前在热固性塑料和部分热塑性塑料(如氟塑料、超高相对分子质量聚乙烯、聚酰亚胺等)加工中仍然是应用范围最广而居主要地位的成型加工方法。

模压成型工艺的种类很多，主要有模塑粉模压法、吸附预成型坯模压法、团状模塑料及散状模塑料模压法、片状模塑料模压成型法、高度短纤维料模压成型、定向铺设模压成型。此外还有缠绕膜压法、织物、毡料以及碎布料模压法等。

(2)层压成型　层压成型就是以片状或纤维状材料作为填料，在加热、加压条件下把相同或都不同材料的两层或多层结合成为一个整体的方法。成型前坑料必须挂有或涂有树脂。常用的树脂有环氧树脂、酚醛树脂、不饱和聚酯树脂、氮基树脂等；常用的填料有棉布、玻璃布、纸张、玻璃毡、石棉毡或合成纤维及其织物等。

层压成型过程主要包括填料的浸胶、浸胶材料的干燥和压制等几个步骤。层压成型所制得的层压塑料往往是板状、竹状、棒状或其他简单形状的制品，它可按照所用填料种类的不同，分为纸基、布基、玻璃基和石棉基等层压塑料。压制板状材料所用的设备一般为多层压机。

1.4.3　材料工艺与材料结构及性能的关系

(1)化学组成

高分子材料都是通过单体聚合而成，不同单体，化学组成不同，性质自然也就不一样，如聚乙烯是由乙烯单体聚合而成，聚丙烯是由丙烯单体聚合而成的，聚氯乙烯是由氯乙烯单体聚合而成。由于单体不同，聚合物的性能也就不可能完全相同。

(2)结构

同样的单体即化学组成完全相同，由于合成工艺不同，生成的聚合物结构即链结构或取代基空间取向不同，性能也不同。如聚乙烯中的 HDPE、LDPE 和 LLDPE，它们的化学组成完全一样，由于分子链结构不同即直链与支链，或支链长短不同，其性能也就不同。

(3)聚集态

高分子材料是由许许多多高分子即相同的或不相同的分子以不同的方式排列或堆砌而成的聚集体称之聚体态。同一种组成和相同链结构的聚合物，由于成型加工条件不同，导致其聚集态结构不同，其性能也大不相同。高分子材料最常见的聚集态是结晶态、非结晶态，又称玻璃态和橡胶态。聚丙烯是典型的结晶态聚合物，加工工艺不同，结晶度会发生变化，结晶度越高，硬度和强度越大，但透明降低。聚丙烯双向拉伸膜之所以透明性好，主要原因是由于双向拉伸后降低了结晶度，使聚集态发生了变化的结果。

(4)相对分子质量与相对分子质量分布

对于高分子材料来说，相对分子质量大小将直接影响力学性能，如聚乙烯虽然都是由乙烯单体聚合而成，相对分子质量不同，力学性能不同，相对分子质量越大其硬度和强度也就越好。如聚乙烯的相对分子质量一般在 500 ~ 5000 之间时，几乎无任何力学性能，只能用作分散剂或润滑剂。而超高相对分子质量聚乙烯，其相对分子质量一般为 150 万以上，其强度都超过普通的工程塑料。

高分子材料实际上是不同相对分子质量的混合体，任何高分子材料都是由同一种组成而相对分子质量却不相同的化合物构成。通常所说的相对分子质量大小是指的平均相对分子质量。相对分子质量分布这一专用述语是用来表示该聚合物中各种相对分子质量大小的跨度。分子质量分布越窄即跨度越小，同样平均相对分子质量的高分子材料其耐低温脆折性和韧性越好，而耐长期负荷变形和耐环境应力开裂性下降。

第2章　通用塑料

通用塑料是塑料中产量最大的一种，约占塑料总产量的80%。通用塑料的分类按照塑料的受热形式可分为热塑性塑料和热固性塑料。

通用热塑性塑料是指综合性能较好、力学性能一般、产量大、应用范围广泛、价格低廉的一类树脂。通用热塑性塑料可以反复加工成型，一般说来，其柔韧性大、脆性低、加工性能好，但是刚性、耐热性及尺寸稳定性较差。常用的通用热塑性塑料有聚乙烯类、聚丙烯类、聚氯乙烯类和聚苯乙烯类等。

通用热固性塑料为树脂在加工过程中发生化学变化，分子结构从加工前的线型结构转变成为体型结构，再加热后也不会软化流动的一类聚合物。由于热固性塑料是体型结构的聚合物，所以它的刚性高、耐蠕变性好、耐热性好、尺寸稳定性好、不易变形。但是它的成型工艺复杂，加工较难，成型效率低。常用的通用热固性塑料有酚醛树脂、环氧树脂、不饱和聚酯树脂及氨基树脂等。

2.1　聚乙烯

2.1.1　聚乙烯的概述

聚乙烯是指由乙烯单体自由基聚合而成的聚合物，聚乙烯可简写为PE(polyethylene)，分子式为$(CH_2—CH_2)_n$，聚乙烯的合成原料为石油，乙烯单体是通过石油裂解而得到的。

聚乙烯的品种可以是均聚物也可以是共聚物。均聚聚乙烯(如LDPE、HDPE)的单体是乙烯，而乙烯共聚物(如LLDPE)是由乙烯与α-烯烃共聚制得的。三种聚乙烯结构与性能如表2-1所示。

表2-1　三种聚乙烯结构与性能

性能	HDPE	LLDPE	LDPE
密度/(g/cm^3)	0.93~0.97	0.92~0.935	0.91~0.93
短链支化度/1000个碳原子	<10	10~30	10~30
长链支化度/1000个碳原子	0	0	约30
结晶温度/℃	126~136	120~125	108~125
结晶度/%	80~95		55~65

续表

性能	HDPE	LLDPE	LDPE
最高使用温度/℃	110 ~ 130	90 ~ 105	80 ~ 95
拉伸强度/MPa	21 ~ 40	15 ~ 25	7 ~ 15
断裂伸长率/%	>500	>800	>650
耐环境应力开裂性能	差	好	两者之间

2.1.2 聚乙烯的命名

《聚乙烯(PE)模塑和挤出材料　第1部分：命名系统和分类基础》(GB/T 1845.1—1999)规定了聚乙烯热塑性塑料材料的命名系统，也可以作为分类基础。

聚乙烯的命名和分类系统基于如下标准模式：

命名				
特征项目组				
字符组1	字符组2	字符组3	字符组4	字符组5

字符组1：按照GB/T 1844.1规定的该塑料的代号。

字符组2：位置1：推荐用途和加工方法。

　　　　位置2 ~ 8：重要性能、添加剂及附加说明。

字符组3：特征性能。

字符组4：填料或增强材料及其标称含量。

字符组5：特殊需要的附加信息。

字符组1中，按照GB/T 1844.1的规定，用“PE”作聚乙烯的代号，用“PE - L”作结型聚乙烯的代号。

字符组2中，位置1给出有关的推荐用途和加工方法说明，位置2 ~ 8给出有关重要性能、添加剂和颜色的说明。所用字母代号如表2-2所示。

表2-2　字符组2中所用字母代表

字母代号	位置1	字母代号	位置2 ~ 8
		A	加工稳定的
B	吹塑	B	抗黏连
C	压延	C	着色的
		D	粉末
E	挤出管材、塑材和片材	E	可发性的
F	挤出薄膜	F	特殊燃烧性
G	通用	G	颗粒、碎料
H	涂层	H	热老化稳定的
J	电线电缆绝缘		

续表

字母代号	位置1	字母代号	位置2~8
K	电线电缆护套	K	金属钝化的
L	挤出单丝	L	光和气候稳定的
M	注塑	M	加成核剂的
		N	本色的(未着色的)
		P	冲击改性的
Q	压塑		
R	旋转模塑	R	脱模剂
S	烧结	S	加润滑剂的
T	制带	T	改进透明的
X	未说明	X	交联的
		Y	提高导电性的
		Z	抗静电的

如果在位置2~8有说明内容而在位置1没有说明时，则应在位置1插入字母X。

如果聚乙烯为本色和(或)颗粒时，在命名时可以省略本色(N)和(或)颗粒(G)的代号。

在字符组3中，用两个数字组成的代号表示密度，接着用一个字母和三个数字组成的代号表示熔体质量流动速率。

密度按GB/T 1033测定，采用密度梯度柱法。用熔体流动速率测试仪的挤出物作为测定密度的试样。为获得适当长度、无空隙、表面光滑的样条，本色和未填充的样品应在190℃下由熔体流动速率测试仪挤出。样条切下后置于冷金属板上，再将样条浸入盛有200mL沸腾的蒸馏水的烧杯中盖上盖煮沸30min进行退火，然后将该烧杯置于试验室环境下冷却1h，在24h内测定试样的密度。

对经着色剂、添加剂、填料等改性的材料，命名时特征性能密度应为基础聚乙烯树脂的密度值。

聚乙烯密度标称值取三位有效数字，单位为kg/m^3。其密度的代号用其标称值的最末两位数字表示。

熔体质量流动速率按GB/T 3682测定，采用表2-3中规定的试验条件和表2-4规定的试样加入量及切样时间间隔。

表2-3　字符组3中熔体质量流动速率试验条件

字母代号	温度/℃	负荷/kg
E	190	0.325
T	190	2016
D	190	5.00
G	190	21.6

表 2-4　字符组 3 中熔体质量流动速率试样加入量及切样时间间隔

熔体质量流动速率/(g/10min)	试样加入量/g	切样时间间隔/s
0.1~0.5	3~5	240
>0.5~1.0	4~6	120
>1.0~3.5	4~6	60
>3.5~10	6~8	30
>10	6~8	5~15

聚乙烯熔体质量流动速率以其标称值为基础作代号，具体规定如下：

聚乙烯熔体质量流动速率标称值取两位有效数字，单位为 g/10min。当熔体质量流动速率的标称值大于或等于 10 时，用其二位有效数字后加“0”所组成的三位数字做代号；当熔体质量流动速率的标称值大于或等于 1.0 小于 10 时，用其二位有效数字前加“0”所组成的三位数字做代号；当熔体质量流动速率的标称值小于 1.0 时，命名取一位有效数字，用其一位有效数字前加两个“0”所组成的三位数字做代号。

在字符组 4 中，位置 1 用一个字母表示填料和(或)增强材料的类型，位置 2 用一个字母表示其物理形态，所用字母代号见表 2-5。在位置 3 和位置 4 用两个数字代号表示其质量含量。

表 2-5　字符组 4 中填料和增强材料的字母代号

字母代号	材料位置 1	字母代号	形态位置 2
B	硼	B	球状，珠状
C	碳		
		D	粉末状
		F	纤维状
G	玻璃	G	颗粒(碎纤维)状
		H	晶须
K	碳酸钙		
L	纤维素		
M	矿物，金属		
S	有机合成材料	S	磷状，片状
T	滑石粉		
W	木粉		
X	未说明	X	未说明
Z	其他	Z	其他[1]

字符组 5 中表述的附加要求是将材料的命名转换成特定用途材料规格的一种方法。具体作法可参考有关标准进行。

命名示例：

某种本色(N)颗粒状(G)聚乙烯(PE)材料，用于挤出薄膜(F)，含抗粘连剂(B)，密度为 918g/m³(18)，熔体质量流动速率(MFR 190/2.16)(D)为 3.5g/10min(035)，命名为：PE，FBNG，18D035

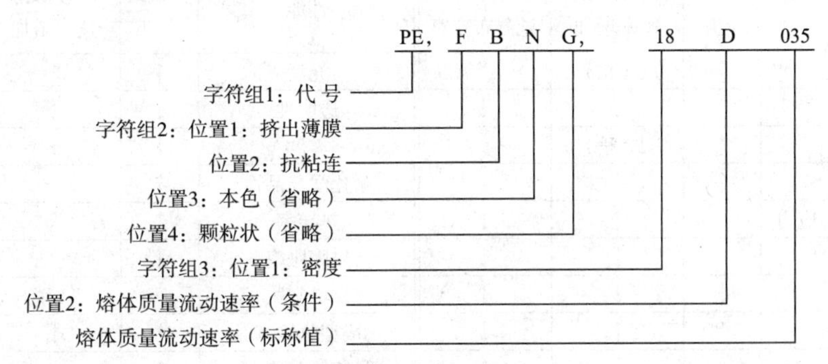

在本实例所涉及的材料并没有相应的填充材料和特殊性能需要说明，因此字符组 4 和 5 省略。

2.1.3　聚乙烯的结构与性能

2.1.3.1　聚乙烯的结构

聚乙烯为线型聚合物，具有同烷烃相似的结构，属于高分子长链脂肪烃，由于 -C-C- 链是柔性链，且是线性长链，因而聚乙烯是柔性很好的热塑性聚合物。由于分子对称且无极性基团存在，因此分子间作用力比较小。

聚乙烯分子链规整柔顺，易于结晶。其熔体一经冷却即可出现结晶，冷却速度快，结晶度低。这在成型加工制品时值得注意，因为不同的模具温度(如模具温度低，则冷却速率快)会带来不同结晶度的聚乙烯制品，最后影响到制品收缩率，使得结晶快、收缩率小。相反，模具温度高，因结晶时间长而使收缩率增大。

另外，聚乙烯相对分子质量的不同也会影响到其性能。相对分子质量高，大分子间缠结点和吸引点也就越多。这样，其拉伸强度、表面硬度、耐磨性、耐蠕变性、耐老化和耐溶剂性都会有所提高，耐断裂伸长率则会降低。

聚乙烯相对分子质量的大小常用熔体流动速率(*MFR*)来表示。其定义为：加热到 190℃的聚乙烯熔体在 21.2N 的压力下从一定孔径模孔中每 10min 挤出的质量(g)，单位为 g/10min。聚乙烯的 MFR 越大，则其流动性就越好。表 2-6 为密度、熔体流动速率及相对分子质量对聚乙烯性能的影响。

表 2-6　密度、熔体流动速率、相对分子质量对聚乙烯性能的影响

性能	密度上升	熔体流动速率增加	相对分子质量分布变宽	性能	密度上升	熔体流动速率增加	相对分子质量分布变宽
拉伸强度	↑	↓(稍)		耐冷流性	↑	↓	↓
拉伸伸长率	↑	↓		阻渗性	↑		
拉伸模量	↑	↓(稍)		渗透性	↓	↑(稍)	
断裂伸长率	↓	↓		抗粘连性	↑	↓	

续表

性能	密度上升	熔体流动速率增加	相对分子质量分布变宽	性能	密度上升	熔体流动速率增加	相对分子质量分布变宽
刚性	↑	↓(稍)		光泽	↑	↑	
冲击强度	↓	↓	↓	透明性	↓	↓	
硬度	↑	↓(稍)		雾度	↓	↓	
耐磨性	↑	↓	↓	耐化学药品性	↑	↓	
破碎的临界剪切应力		↑	↓	热导率	↑		
耐环境开裂性	↓	↓	↓	热膨胀率	↓		
耐脆性	↓	↓	↓	介电常数		↑(稍)	
脆化温度	↓	↑	↓	成型收缩率	↓	↓	
软化温度	↑		↑	长期承载能力	↑	↓	↑

注：↑表示性能提高；↓表示性能降低。

2.1.3.2　聚乙烯的性能

聚乙烯无臭、无味、无毒，外观呈乳白色的蜡状固体。其密度随聚合方法不同而异，约在0.91～0.97g/cm^{3}之间。聚乙烯块状料是半透明或不透明状，薄膜是透明的，透明性随结晶度的提高而下降。聚乙烯膜的透水率低但透气性较大，比较适合用于防潮包装。聚乙烯易燃，氧指数值仅为17.4%，燃烧有低烟，有少量熔融物滴落，有石蜡气味。聚乙烯是最易燃烧的塑料品种之一。

(1)力学性能　聚乙烯的力学性能一般，从其拉伸时的应力-应变曲线来看，聚乙烯属于一种典型的软而韧的聚合物材料。聚乙烯拉伸强度比较低，表面硬度也不高，抗蠕变性差，只有抗冲击性能比较好。

(2)热性能　聚乙烯的耐热性不高，其热变形温度在塑料材料中是很低的，不同种类的聚乙烯热变形温度是有差异的，会随相对分子质量和结晶度的提高而改善。聚乙烯制品使用温度不高，低密度聚乙烯的使用温度约在80℃左右。而高密度聚乙烯在无载荷的情况下，长期使用温度也不超过121℃；而在受力的条件下，即使很小的载荷，它的变形温度也很低。聚乙烯的耐低温性很好，脆化温度可达-50℃以下，随相对分子质量的增大，最低可达-140℃。聚乙烯的相对分子质量越高，支化越多，其脆化点越低，见表2-7。

表2-7　聚乙烯相对分子质量与脆化温度的关系

相对分子质量	脆化温度/℃	相对分子质量	脆化温度/℃
5000	20	500000	-140
30000	-20	1000000	-140
100000	-100		

(3)耐化学药品性　聚乙烯属于烷烃类惰性聚合物，具有良好的化学稳定性。在常温下没有溶剂可溶解聚乙烯。聚乙烯在常温下不受稀硫酸和稀硝酸的侵蚀，盐酸、氢氟酸、磷酸、甲酸、乙酸、氨及胺类、过氧化氢、氢氧化钠、氢氧化钾等对聚乙烯均无化学作用。但它不耐强氧化剂，如发烟硫酸、浓硫酸和铬酸等。

(4)电性能　由于聚乙烯无极性，而且吸湿性很低(吸湿率<0.01%)，因此电性能十

分优异。聚乙烯的介电损耗很低，而且介电损耗和介电常数几乎与温度和频率无关，因此聚乙烯可用于高频绝缘。聚乙烯是少数耐电晕性好的塑料品种，介电强度又高，因而可用作高压绝缘材料。但是，聚乙烯在氧化时会产生羰基，使其介电损耗会有所提高，如果作为电气材料使用时，在聚乙烯中必须加入抗氧剂。不同类型聚乙烯电性能如表2-8所示。

表2-8　不同类型聚乙烯电性能的比较

性能	ASTM 标准	HDPE	LDPE	LLDPE
体积电阻率/(Ω·cm)	D257	$>10^{16}$	$>10^{16}$	$>10^{16}$
介电常数(10^6Hz)	D150	2.34	2.34	2.27
介电损耗角正切(10^6Hz)/10^{-4}	D150	<5	<5	<5
吸水率(24h)/%	D570	<0.01	<0.01	<0.01

(5)环境性能　聚乙烯在聚合物反应或加工过程中分子链上会产生少量羰基，当制品受到日光照射时，这些羰基会吸收波长范围为290~330nm的光波，使制品最终变脆。某些高能射线照射聚乙烯时，可使聚乙烯释放出H_2及低分子烃，使聚乙烯产生不饱和键并逐渐增多，从而会引起聚乙烯交联，改变聚乙烯的结晶度，长期照射会引起变色并变为橡胶状产物。照射也会引起聚乙烯降解、表面氧化，对力学性能不利，但可以改善聚乙烯的耐环境应力开裂性。向聚乙烯中加入炭黑，再进行高能射线照射，可以提高聚乙烯的力学性能，仅加入炭黑而不照射，只能使它变脆。

2.1.4　聚乙烯牌号与应用

(1)低密度聚乙烯　牌号与应用如表2-9所示。

表2-9　低密度聚乙烯牌号与应用

国家	公司	牌号	熔融指数/(g/10min)	特点及应用
中国	上海石化	DJ210	2.1±0.3	具有良好的化学稳定性，在一般情况下耐酸、碱、盐类及水溶液的腐蚀作用
		DJ200	2.0±0.4	
		Q400	4.0±0.8	
	燕山石化	LD00-AC	2	用于农膜，收缩膜，透明膜，层压膜，购物袋，冷冻膜，医用包装
		LD100	2	
		LD103	1.05	
韩国	LG 化学公司	LB4500	4.5	涂覆级，软包装、纸的覆膜、饮料纸盒包装等
		LB5000	5	
		LB7500	7.5	
		MB9300	25	
	湖南石油化学株式会社	XJ700	22	注塑生产各种罐子和厨房用瓶子
		XJ710	24	汽车地毯涂层
		XJ800	55	注塑生产塑料花草

续表

国家	公司	牌号	熔融指数/(g/10min)	特点及应用
德国	巴斯夫公司	1800S	17~22	注塑，薄膜
		1804H	1.2~1.7	透明薄膜，耐老化
		1810M	6~8	注塑级，一般用
		1811M	6~8	挤塑涂覆，复合包装
	耐斯特化学公司	B1222-24	1.2	薄膜级，含抗氧剂，抗粘连剂，低滑爽性，小袋
		B1222-21	1.2	
		B1222-32	1.2	薄膜级，含抗氧剂，抗粘连剂，高滑爽性
		B1222-27	1.2	
美国	陶氏化学有限公司	132I	0.22	重薄膜，购物袋
		420R	3.2	高透明，食品袋
		640I	2.0	挤出薄膜，铸膜
		4201	1.0	食品包装袋，热封薄膜等
		4203	0.80	
		4301	1.0	
	埃克森美孚化工	LD135	1.8	薄膜级，一般用
		LD151	3	薄膜级，外包装用
		LD162	3	

(2)线性低密度聚乙烯　牌号与应用如表2-10所示。

表2-10　线性低密度聚乙烯牌号与应用

国家	公司	牌号	熔融指数/(g/10min)	特点及应用
中国	上海赛科石化	LL0220KJ	2	吹塑膜(内衬，袋，小拱棚膜，掺混)
		LL0209AA	1	掺混，重负荷袋，农膜，吹塑缠绕膜
	茂名石化	DMDB-8910	10.0±2	注塑级，日用品，周转箱等
		DGDA-2401	20±4	挤出等级，管材、农用管、水管、燃气管
		DFDA-9907	20±0.4	挤出等级，轻包装膜、重包装膜
	第一龙牌	DMDA8007	7~9	注塑级。均聚乙烯。周转箱、其他
		DGDA2401	0.18~0.22	挤出级。管材
		DGDA6091	0.9~1.1	挤出扁丝、渔网丝、绳索
		DGDS6097	0.38~0.42	吹塑级。日用包装袋、农地膜、棚膜

续表

国家	公司	牌号	熔融指数/(g/10min)	特点及应用
日本	日本三井石化	2020L	0.5	薄膜级，一般用
		2520F	2.1	挤塑薄膜级
		3520L	2.1	薄膜级，耐热性，韧性和透明性好，可进行煮沸，适合耐用热复合薄膜
		4330R	3.5	旋转成型级
		EX20	0.8	吹塑中空成型级和挤塑级，适合容器、管、片、板材等
		FU21	2	薄膜级，一般包装用
		FW21	1	薄膜级，液体包装用
		MH40	50	薄膜级，适合注塑大型制品
韩国	韩国现代石化	SR646	4.5	旋转成型水槽
		UR644	5.0	旋转成型水槽
		SR548	4.0	注塑成型化工原料槽
		SC404	2.8	电线电缆等级片材，电缆，手交联电缆用
	韩国SK株式会社	CA100	7	板油帆布的涂层
		FH409	1	薄膜/重型薄膜
		MB509U	0.35	钢管涂覆/工业用
		RG300U	5	旋转成型/日用容器，压敏纸
美国	美国陶氏化学公司	2035	6.0	突出的撕裂强度，冲击强度和韧性高性能铸膜
		2042A	1.0	好撕裂强度，中硬度，突出韧性，吹膜树脂
		2056A6	1.0	热性能良好，重负荷薄膜
		3010	5.4	柔软性柔软性包装，被覆
	埃克深美孚化工	AL3002YB	2	薄膜级，高热稳定性，拉伸膜，一般应用，流延/熔体压纹
		LL1001RQ	1.0	注塑级和混合应用
		LL2001.09	1.6~2.4	挤塑级制品用
		LL6101	20	注塑级，用于大件家庭用具、容器、垃圾罐
	美国西湖化工	LT74104	1	应用于新鲜农产品包装、衬里、板材、管材
		SC74580	0.6	应用于冷冻食品包装薄膜、高清晰度面袋、冰袋
		SC74840	4	应用于新鲜农产品包装和拉伸膜
		LF1040	2	应用于混合原料、食品包装、拉伸包装、配料、建筑膜
	杜邦公司	11A		
		11F	0.75	薄膜级，紫外吸收剂，延伸包装，不适合包装
		11P	0.75	掺混树脂，用于和LDPE、HDPE掺混
		14B、14C	1.85	强度好，抗渗透，使用温度等

(3)高密度聚乙烯 牌号与应用如表2-11所示。

表2-11 高密度聚乙烯牌号与应用

国家	公司	牌号	熔融指数/(g/10min)	特点及应用
中国	上海石化	GH051T	0.5	黑色非承压管，埋地管，室内污水管，导线管
		GH071	0.65	应用于埋地管、薄壁波纹管和灌溉管等领域
		GH121	1.2	
		GH201	2	
	燕山石化	5000S	0.90	包装膜，网，绳
		5200B	0.35	容器，大型玩具，漂浮物
		5200S	0.35	绳，网
		5000H	0.11	板材，浴盘内衬
		6000M	0.11	大型管道，下水道
韩国	大韩油化工业株式会社	M830	6	挤出级，高刚度，抗冲击性，工业用器材，一般杂货，搬运容器
		M850	4.7	
		E308Y	0.68	拉丝性，高刚度，加强型胶带，防水油布
		P301	0.12	高刚度工业用排水管，可绕管
	LG化学公司	FB2000	2	薄膜级，一般工业用包装膜，农业用地膜，罐或箱子的内部包装
		FB3000	3	
		FB3100	3	
德国	巴斯夫公司	4911H	1.5	注塑级，含有稳定剂，使用一般用
		4911M	7	
		6001H	1.5	瓶子等用料
		6001L	5	特殊用途的制品
	黏司特公司	A3512	1.4~1.8	适合容器等
		A3515	5	集装箱和水箱等
		A4042R	0.15	适合管材等制品
		A4512	1.0~1.4	适合单丝等制品
美国	A-ToP聚合物公司	003952	0.35	应用于吹塑，热成型片材挤出
		003955P	0.35	
		006964	0.65	应用于牛奶，水和果汁包装
		0055952	6.5	用于桶和饮料箱

2.2 聚丙烯

2.2.1 聚丙烯概述

聚丙烯是由丙烯单体通过气相本体聚合、淤浆聚合、液态本体聚合等方法而制成的聚合物，简写为PP(polypropylene)。聚丙烯最早于1957年由意大利Montecatini公司实现工业化产品，目前美国的Amoco、Exxon、Shell，日本的三菱、三井、住友，英国的ICI以及德国的BASF等知名公司都在生产，我国也有80多家聚丙烯的生产企业。聚丙烯目前已成为发展速度最快的塑料品种，其产量仅次于聚乙烯和聚氯乙烯，居第三位。

按结构不同，聚丙烯可分为等规、间规及无规三类。目前应用的主要为等规聚丙烯，用量可占90%以上。无规聚丙烯不能用于塑料，常用于改性载体。间规聚丙烯为低结晶聚合物，用茂金属催化剂生产，最早开发于1988年，属于高弹性热塑材料；间规聚丙烯具有透明、韧性和柔性，但刚性和硬度只为等规聚丙烯的一半；间规聚丙烯可像乙丙橡胶那样硫化，得到的弹性体的力学性能超过普通橡胶；因价格高，目前间规聚丙烯的应用面不广，但很有发展前途，为聚丙烯树脂的新增长点。

聚丙烯的优点为电绝缘性和耐化学腐蚀性优良、力学性能和耐热性在通用塑料性塑料中最高、耐疲劳性好、价格在所有树脂中最低；经过玻璃纤维增强的聚丙烯具有很高的强度，性能接近工程塑料，常用于工程塑料。聚丙烯的缺点为低温脆性大和耐老化性不好。

2.2.2 聚丙烯的命名

《塑料 聚丙烯(PP)模塑和挤出材料 第1部分：命名系统和分类基础》(GB 2546.1—2006)规定了聚丙烯热塑性塑料材料的命名系统，也可以作为分类基础。

聚丙烯的命名和分类系统基于如下标准模式：

命名				
特征项目组				
字符组1	字符组2	字符组3	字符组4	字符组5

字符组1：按照GB/T 1844.1—1995规定聚丙烯代号PP以及有关聚合过程或聚合物的信息。

字符组2：位置1：推荐用途或加工方法；

位置2~8：重要性能、添加剂及附加说明。

字符组3：特征性能。

字符组4：填料或增强材料及其标称含量。

字符组5：为达到分类的目的，可在第5字符组里添加附加信息。

字符组1中，由GB/T 1844.1—1995规定的聚丙烯代号“PP”和表示类型的一个字母组成。中间用一个连字符隔开。字母代号的规定见表 2-12。

表 2-12　字符组 1 中的字母代号说明

代号	定义
H	热塑性聚丙烯均聚物
B[a]	热塑性聚丙烯冲击共聚物 热塑性聚丙烯冲击共聚物是由 PP-H 或 PP-R 与橡胶相通过在反应器中就地掺混或物理共混制得的以聚丙烯为基体的两相或多相聚合物。橡胶相是由聚丙烯和另一种(或多种)不含烯烃外的其他官能团的烯烃单体聚合而成。
R	热塑性丙烯无规共聚物 热塑性丙烯无规共聚物是由丙烯和另一种(或多种)不含烯烃外的其他官能团的单体聚合而成的无规共聚物。

[a] 这类聚合物过去称为嵌段共聚物

字符组 2 中，位置 1 给出有关的推荐用途和加工方法说明，位置 2~8 给出有关重要性能、添加剂和颜色的说明。所用字母代号如表 2-13 所示。

如果在位置 2~8 有说明内容而在位置 1 没有说明时，则应在位置 1 插入字母 X。

如果聚乙烯为本色和(或)颗粒时，在命名时可以省略本色(N)和(或)颗粒(G)的代号。

表 2-13　字符组 2 中所用的字母代号

字母代号	位置 1	字母代号	位置 2~3
		A	加工稳定的
B	吹塑	B	抗粘连
C	压延	C	着色的
		D	粉末状
E	挤出	E	可发性的
F	挤出薄膜	F	特殊燃烧性
G	一般用途	G	颗粒
H	涂覆	H	热老化稳定的
K	电缆和电线护套	K	金属钝化的
L	挤出单丝	L	光或气候稳定的
M	注塑	M	加成核剂的
		N	本色(未着色的)
		P	冲击改性的
Q	压塑		
R	旋转模塑	R	脱模剂
S	烧结	S	加润滑剂
T	窄带	T	透明的
X	未说明		
Y	纤维	Y	提高导电性的
		Z	抗静电的

在字符组3中，用3个数字组成的代号表示拉伸弹性模量的标称值；用两个数字组成的代号表示简支梁缺口冲击强度的标称值；用一个字母佳三个数字组成的代号表示熔体质量流动速率的标称值，各代号间用一个连字符隔开。

聚丙烯拉伸弹性模量的测定按GB/T 2546.2—2003规定进行。拉伸弹性模量以标称值为基础用三个数字作代号。代号的规定见表2-14。

表2-14　聚丙烯拉伸弹性模量代号的规定

拉伸弹性模量的标称值/MPa	代号的规定
≥1000	取其标称值的三位有效数字
<1000	将其标称值取两位有效数字并在前加“0”

聚丙烯简支梁缺口冲击强度的测定按GB/T 2546.2—2003规定进行。

简支梁缺口冲击强度以标称值为基础用两个数字作代号。代号的规定见表2-15。

表2-15　聚丙烯简支梁缺口冲击强度代号的规定

简支梁缺口冲击强度标称值/(kJ/m^3)	代号的规定
≥10	取其标称值的两位有效数字
<10	将其标称值取一位有效数字并在前加“0”

聚丙烯熔体质量流动速率(*MFR*)的测定按GB/T 3682—2000规定进行。试验条件可选用M(温度：230℃、负荷：2.16kg)或P(温度：230℃、负荷：5kg)。熔体质量流动速率以标称值为基础用一个字母及三个数字作为代号。代号的规定见表2-16。

表2-16　聚丙烯*MFR*代号的规定

MFR/(g/10min)	代号的规定	
	字母	数字
MFR≥10	M或P	在其标称值的两位有效数字后加“0”
1.0≤*MFR*<10		在其标称值的两位有效数字前加“0”
MFR<1.0		将其标称值取一位有效数字并在前加“00”

聚丙烯所用的填料或增强材料及类型的代号按GB/T 1844.2—1995规定。在这个字符组中，位置1用一个字母表示填料或增强材料的类型，位置2用第二个字母表示其物理形态，代号的具体规定见表2-17。紧接着字母，在位置3和位置4用两个数字为代号表示其质量含量。

表2-17　字符组4填料和增强材料的字母代号

字母代号	材料(位置1)	字母代号	形态(位置2)
B	硼	B	球状，珠状
C	碳		
		D	粉末状
		F	纤维状
G	玻璃	G	颗粒状

续表

字母代号	材料(位置1)	字母代号	形态(位置2)
		H	晶须
K	碳酸钙		
L	纤维素		
M	矿物，金属		
S	有机合成材料		
T	滑石粉		
W	木		
X	未说明	X	未说明
Z	其他	Z	其他

字符组5中表述的附加要求是将材料的命名转换成特定用途材料规格的一种方法。具体作法可参考有关标准进行。

命名示例：

某种热塑性丙烯均聚物(PP－H)，用于注塑(M)，其拉伸弹性模量的标称值为4500MPa(450)，简支梁缺口冲击强度的标称值为$2kJ/m^2$(02)，熔体质量流动速率的标称值为3.5g/10min(035)，其试验条件温度230℃，负荷2.16kg(M)，添加滑石粉增强，滑石粉的质量分数为40%(TD40)，其命名为：

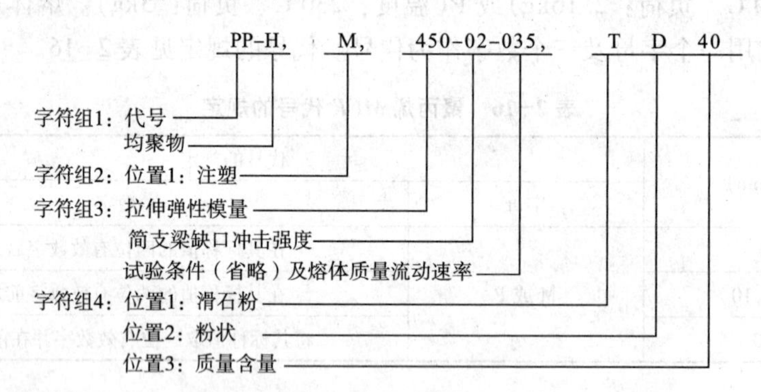

2.2.3 聚丙烯结构与性能

2.2.3.1 聚丙烯的结构

聚丙烯为线型结构，其分子式为：

$$\left[\overset{H_2}{C} - \underset{CH_3}{\overset{H}{C}} \right]_n$$

聚丙烯大分子链上侧甲基的空间位置有三种不同的排列方式，即等规、间规和无规。由于侧甲基的位阻效应，使得聚丙烯分子链以三个单体单元为一个螺旋形结构。由于侧甲基空间排列方式不同，其性能也就有所不同。等规聚丙烯的结构规整性好，具有高度的结晶性，熔点高，强度和刚度大，力学性能好；无规聚丙烯为无定形性材料，是生产等规聚丙烯的副产物，强度很低，其单独使用价值不大，但作为填充母料的载体效果很好，还可作为聚丙烯的增韧改性剂等。间规聚丙烯的性能介于前两者之间，结晶能力较差，硬度与刚性小，但冲击性能较好。

聚丙烯的相对分子质量对它的性能有影响，但影响规律与其他材料有某些不同。相对分子质量增大，除了使熔体黏度增大和冲击韧性提高符合一般规律外，又会使熔融温度、硬度、刚度、屈服强度等降低，却与其他材料表现的一般规律不符。其实，这是由于高相对分子质量的聚丙烯结晶比较困难，相对分子质量增大使结晶度下降引起材料的上述各性能下降。对于工业化生产的聚丙烯公布的相对分子质量数据，数均相对分子质量(M_n)多在(3.8~6)×10^4之间，重均相对分子质量(M_w)在(2.2~7)×10^5之间，M_n/M_w值一般在5.6~11.9之间。分析表明，这一比值越小，即相对分子质量分散性越小，其熔体的流动行为对牛顿型流体偏离越小，材料的脆性也越小。聚丙烯的相对分子质量习惯上用熔体流动速率来表示。相对分子质量对聚丙烯悬臂梁的冲击强度的影响，如表2-18所示。

表2-18　相对分子质量对聚丙烯悬臂梁的冲击强度的影响　　kJ/m²

MFR/(g/10min)	均聚聚丙烯	抗冲共聚聚丙烯(橡胶量15%)	*MFR*/(g/10min)	均聚聚丙烯	抗冲共聚聚丙烯(橡胶量15%)
0.3	150	800	6	45	110
1	110	600	12	35	75
2.5	55	180	35	25	35

不同聚丙烯制品选用的熔体流动速率如表2-19所示。

表2-19　聚丙烯制品与熔体流动速率的关系

制品	熔体流动速率/(g/10min)	制品	熔体流动速率/(g/10min)
管、板	0.15~0.85	丝类	1~8
中控吹塑	0.4~1.5	吹塑膜	8~12
双向拉伸膜	1~3	注塑制品	1~15
纤维	15~20		

2.2.3.2 聚丙烯的性能

聚丙烯树脂为白色蜡状物固体，它的密度很低(0.89~0.92g/cm³)，是塑料中除4-甲基-1-戊烯(P4MP)之外最轻的品种。聚丙烯综合性能良好，原料来源丰富，生产工艺简单，而且价格低廉。聚丙烯的一般性能如表2-20所示。

(1)力学性能　聚丙烯的力学性能与聚乙烯相比，其强度、刚度和硬度都比较高，光泽性也好，但在塑料材料中仍属于偏低的。如果需要高强度时，可选用高结晶聚丙烯或填充、增强聚丙烯。聚丙烯的冲击强度对温度的依赖性很大，其冲击强度较低，特别是低温冲击强度低。聚丙烯的冲击强度还与相对分子质量、结晶度、结晶尺寸等因素有关。聚丙烯还具有优良的抗弯曲疲劳性，其制品在常温下弯折10^6次而不损坏。

表 2-20　聚丙烯的一般性能

性能	数据	性能	数据
相对密度	0.89～0.91	热变形温度(1.82MPa)/℃	102
吸水率/%	0.01	脆化温度/℃	-8～8
成型收缩率/%	1～2.5	线膨胀系数/$10^{-5}K^{-1}$	6～10
拉伸强度/MPa	29	热导率/[W/(m·K)]	0.24
断裂伸长率/%	200～700	体积介电率/Ω·cm	10^{19}
弯曲强度/MPa	50～58.8	介电常数(10^6Hz)	2.15
压缩强度/MPa	45	介电消耗角正切(10^6Hz)	0.0008
缺口冲击强/(kJ/m^2)	0.5～10	介电强度/(kV/mm)	24.6
洛氏硬度(R)	80～110	耐电弧/s	185
摩擦系数	0.51	氧指数/%	18
磨痕宽度/mm	10.4		

(2)电性能　聚丙烯为一种非极性的聚合物，具有优异的电绝缘性能。其电性能基本不受环境湿度及电场频率改变的影响，是优异的介电材料和电绝缘材料，并可作为高频绝缘材料使用。聚丙烯的耐电弧性很好，达 130～180s，在塑料材料中属于较高水平。由于聚丙烯低温脆性的影响，其在绝缘领域的应用远不如聚乙烯和聚氯乙烯广泛，主要用于电信电缆的绝缘和电气外壳。

(3)热性能　聚丙烯具有良好的耐热性。可在 100℃以上使用，轻载下可达 120℃，无载条件下最高连续使用温度可达 120℃，短期使用温度为 150℃。聚丙烯的耐沸水、耐蒸汽性良好，特别适于制备医用高压消毒制品。聚丙烯的热导率约为 0.15～0.24W/(m·K)，要小于聚乙烯热导率，是很好的绝热保温材料。

(4)耐化学药品性　聚丙烯是非极性结晶型的烷烃类聚合物，具有很高的耐化学腐蚀性。在室温下不溶于任何溶剂，但可在某些溶剂中发生溶胀。聚丙烯可耐除强氧化剂、浓硫酸以及浓硝酸等以外的酸、碱、盐及大多数有机溶剂(如醇、酚，醛、酮及大多数羧酸等)，同时，聚丙烯还具有很好的耐环境应力开裂性，但芳香烃、卤代烃会使其溶胀，高温时更显著。如在高温下可溶于四氢化萘、十氧化萘以及 1，2，4-三氯代苯等。

(5)环境性能　聚丙烯的耐候性差，叔碳原子上的氢易氧化，对紫外线很敏感，在氧和紫外线作用下易降解。未加稳定剂的聚丙烯粉料，在室内放置 4 个月性能就急剧变坏，经 150℃、0.5～3.0 h 高温老化或 12d 大气曝晒就发脆。因此在聚丙烯生产中必须加入抗氧剂和光稳定剂。在有铜存在时，聚丙烯的氧化降解速率会成百倍加快，此时需要加入铜类抑制剂，如亚水杨基乙二胺、苯甲酰肼或苯并三唑等。

(6)其他性能　聚丙烯极易燃烧，氧指数仅为 17.4。如要阻燃需加入大量的阻燃剂才有效果，可采用磷系阻燃剂和含氮化合物并用、氢氧化铝或氢氧化镁。聚丙烯氧气透过性较大，可用表面涂覆阻隔层或多层共挤改善，聚丙烯透明性较差，可加入成核剂来提高其透明性。聚丙烯表面极性低，耐化学药品性能好，但印刷、粘结等二次加工性差，可采用表面处理、接枝及共混等方法加以改善。

2.2.4　聚丙烯牌号与应用

聚丙烯牌号与应用如表2-21所示。

表2-21　聚丙烯牌号与应用

国家	公司	牌号	熔融指数/(g/10min)	特点及应用
中国	中国石油化工股份有限公司中原分公司	T30S	2.5~3.5	单丝料，耐热，强度高，用于编织袋、绳索、地毯、被衬、玩具等
		Z30S	22~28	纤维料，流动性好，耐酸碱，溶剂，制烟用丝束，纤维等
		V30G	12~21	注塑级，抗冲击性能较好，耐化学腐蚀，制作容器/玩具/日用品
		HHP1	14~28	抗冲击性能稳定，耐酸碱腐蚀，适合制作洗衣机桶
日本	日本格拉德公司	B240	0.5	吹塑中空成型级，适合抗冲击性容器
		F400	1.5	薄膜级，双轴定向薄膜制品
		J300	1	注塑，挤塑，一般用
		L840	21	挤塑涂覆用的制品
		S700	14	纤维级，适合单丝和纤维
		BB7020	1.08	聚烯烃式复合树脂，适合接触食品用的制品，光泽性好
	三井东亚化学株式会社	BJ4H-M、-G	20	注塑级，适合抗冲击性的制品
		BJHH-MF	8.0	共聚物，掺有抗静电剂的品级，注塑，耐冲击，用于电视机后罩、洗衣机槽等
		FL-100	8	吹胀管膜，通用级，通用食品包装复合膜
		FL-807	8~10	吹塑，一般用，单项、双向绳索
	宇部兴产株式会社	B101H	0.8	吹塑中空成型包装级，一般容器用
		C239	1	挤塑级，防铜害用的制品
		F102LA	2.0	薄膜级，适合双向拉伸薄膜用
		S115M	15	纤维用制品
韩国	大韩油化工业株式会社	4017	8.5	挤出级，一般用一般家庭用杂货、农业用材料、产业用配件等
		1088A	3.5	拉丝级，耐候性渔网，绳索，带子、包装用胶带
		5010A	10	纤维级，高刚度织物，服装，地毯，被用棉
		BP2000	0.3	管材级，低温下的高刚度及高冲击度，抗蠕变性，耐化学性，颜色有本色、灰色、黄色，给水管、排水管

续表

国家	公司	牌号	熔融指数/（g/10min）	特点及应用
韩国	韩国大林 BASELL 有限公司	HF461X	900	均聚，可纺性好，生产性好，节能好，狭窄的相对分子质量分布；可用于尿布和卫生纸巾、吸油垫、面罩等
		HP55N	12	均聚，可纺性好，可用于卫生餐巾纸类、土工织物以及工业领域
		HP562T	60	尿布和卫生用品，农业，购物袋，衣服罩毛巾
		HP653P	17	汽车内饰，地毯
	韩国韩南化学工业公司	B310U	1.5	注塑级，共聚物，高强度，低翘曲，机械性能良好是，适合工业配件和汽车零件
		B900T	0.3	吹塑中空成型级，共聚物，高强度，适合容器及瓶子
		H680F	25	涂覆级，适合挤出涂覆和复合包装
		H860F	12.5	纤维级，均聚物，适合挤出成型
		R120K	1.8	薄膜级，无规共聚物，适合挤出成型
德国	德国巴斯夫公司	1100LX	5	均聚物，适合注塑和吹塑级的制品
		1102KX	3.8	均聚物，挤塑制品用
		1300E	0.4	挤塑级，韧性好，易于拉伸，用于鸟笼和薄膜
	德国黏斯特公司	PPHVP7350	0.30	注塑，机械部件：挤塑，冷水管、工业半成品及排水管
		PPH222234	0.25	挤塑级，嵌段共聚物，热水，低温、地下水管道片材
		PPN4160	2.0	薄膜级，挤塑和吹塑包装
		PPNVP7790 GV2/30	0.8	玻纤是以化学形式结合上去，韧性增强了，拉伸强度提高了，蠕变应力降低
英国	壳牌化学公司	GMA6204	0.8	共聚物，注塑级，周转箱用
		JF6101	2.0	双向拉伸薄膜，均聚物
		LY6203	4.0	纤维级制品用
	英国帝王化学工业有限公司	103/11/	0.3	吹塑中空成型级，嵌段共聚物，适合大型工业用的容器制品
		112/00/	0.3	挤塑吹塑级，共聚物，耐高温，抗紫外线，适合管材、管件、罐、桶、片材、汽车配件
		CS611E	0.8	注塑级，共聚物，粉料，编织袋、捆扎绳、管、管件
		GYE47	16	纤维级，均聚物，适合短纺工艺

续表

国家	公司	牌号	熔融指数/(g/10min)	特点及应用
法国	法国道尔公司	3230XZ	1.8	吹塑成型
		3270	2	挤出薄膜
		3480Z	4.8	挤压型材
		3564	8	挤出纤维
美国	美国雪佛龙菲利普斯石油公司	HGL-350	35	抗流变性，防静电；用于封闭盖、食品容器、家庭用品、玩具
		HGV-180	18	紫外线稳定；用于工艺纱、膨体连续长丝、非织造布
		HGZ-200	20	控流变，通用；封闭盖、薄壁容器
		HGZ-1200	115	高结晶度，超高熔体流动；复合

2.3 聚氯乙烯

2.3.1 聚氯乙烯概述

聚氯乙烯是氯乙烯单体在过氧化物、偶氮化合物等引发剂的作用下，或在光、热作用下按自由基聚合反应的机理聚合而成的聚合物，英文名称为 polyvinychloride，简称 PVC。聚氯乙烯是氯乙烯单体采用本体聚合、悬浮聚合、乳液聚合、微悬浮聚合等方法合成的。目前工业上是以悬浮聚合方法为主，约占聚氯乙烯含量的 80% ~90%，其次为乳液聚合法。悬浮聚合的工艺成熟，后处理简单，产品纯度高，综合性能好，产品的用途也很广泛。悬浮法生产的聚氯乙烯颗粒粒径一般为 50 ~250μm，乳液法的聚氯乙烯颗粒粒径一般为 30 ~70μm。而聚氯乙烯的颗粒又由若干个初级粒子组成，悬浮法聚氯乙烯的初级粒子大小为 1 ~2μm，乳液法聚氯乙烯的初级粒子的大小为 0.1 ~1μm。聚氯乙烯在 160℃以前是以颗粒状态存在，在 160℃以后颗粒破碎成初级粒子。聚氯乙烯颗粒的形态、内部孔隙率、表面皮膜、颗粒大小及其分布等对聚氯乙烯树脂的诸多性能均有影响，当颗粒较大、粒径分布均匀、内部孔隙率高、外层皮膜较薄时，树脂具有吸收增塑剂快、塑化温度低、熔体均匀性好、热稳定性高等优点。这种树脂呈棉花团状，称为疏松性聚氯乙烯树脂。另外还有一种紧密型聚氯乙烯树脂，紧密型聚氯乙烯树脂性能与疏松型相反，吸收增塑剂能力低，呈乒乓球状，可用于聚氯乙烯硬制品。目前工业上以生产疏松型聚氯乙烯树脂为主。中国生产的悬浮法聚氯乙烯树脂型号及用途如表 2-22 所示。

表 2-22　悬浮法聚氯乙烯树脂型号及用途

型号	级别	黏度/s	平均聚合度 R	主要用途
PVC-SG1	一级 A	144~154	1650~1800	高级电绝缘材料
PVC-SG2	一级 A 一级 B、二级	136~143	1500~1650	电绝缘材料、薄膜 一般软材料
PVC-SG3	一级 A 一级 B、二级	127~135	1350~1500	电绝缘材料、农用薄膜、人造革 全塑凉鞋
PVC-SG4	一级 A 一级 B、二级	118~126	1200~1350	工业和农用薄膜 软管、人造革、高强度管材
PVC-SG5	一级 A 一级 B、二级	107~117	1000~1150	透明制品 硬管、硬片、单丝、型材、套管
PVC-SG6	一级 A 一级 B、二级	96~106	850~950	唱片、透明制品 硬板、焊条、纤维
PVC-SG7	一级 A 一级 B、二级	85~95	750~850	瓶子、透明片 硬质注塑管件、过氯乙烯树脂

注：1. 黏度为 $100cm^3$ 环己酮中含 0.5g PVC 树脂溶液在 25℃的测定值；

2. 表中的符号意义：S 为悬浮法；G 为通用型；A 和 B 为一级品的分档代号。

2.3.2　聚氯乙烯的型号

悬浮法聚氯乙烯按绝对黏度分六个型号：XS-1、XS-2、……、XS-6；XJ-1、XJ-2、……、XJ-6。型号中各字母的意思：X-悬浮法；S-疏松型；J-紧密型；表 2-23 为国产悬浮法聚氯乙烯的特性。

表 2-23　悬浮法聚氯乙烯树脂的特性

树脂型号	绝对黏度/(mPa·s)	平均聚合度	树脂型号	绝对黏度/(mPa·s)	平均聚合度
XS-1 XJ-1	>2.10	≥1340	XS-4 XJ-4	1.70~1.80	850~980
XS-2 XJ-2	1.90~2.10	1110~1340	XS-5 XJ-5	1.60~1.70	720~850
XS-3 XJ-3	1.80~1.90	980~1110	XS-6 XJ-6	1.50~1.60	590~720

乳液聚合生产所得的聚氯乙烯称乳液法聚氯乙烯(Emulsion poly-merixation)。它是糊状树脂，相对分子质量较高，颗粒较细。乳液法聚氯乙烯的型号为 RH-x-y，其中 R-乳液法；H-糊状树脂；x-树脂烯溶液的绝对黏度；y-糊黏度。x 分 1、2、3 型，1 型绝对黏度为 2.01~2.4mPa·s，2 型绝对黏度为 1.81~2.00mPa·s，3 型绝对黏度为 1.60~1.80mPa·s。y 分 Ⅰ、Ⅱ、Ⅲ 号，Ⅰ 号糊黏度不大于 3000mPa·s，Ⅱ 号糊黏度为 3000~7000mPa·s，Ⅲ 号糊黏度为 7000~10000mPa·s。

本体法聚氯乙烯[palyvinyl chloride(bulk polymerization)]我国已有生产(四川宜宾天原、内蒙古海吉两家企业)，该方法产品透明度和绝缘性高于其他方法。溶液聚合聚氯乙烯树脂多用于表面涂层方面。在温度20~30℃或0℃以下的低温下进行悬浮法、乳液法或本体法聚合均称低温聚合。低温聚合的聚氯乙烯相对分子质量高、结晶度高、结构规整性好，玻璃化温度高，耐热性、耐溶剂性好。但比普通聚氯乙烯难加工，冲击强度稍低，用作纤维及特殊塑料制品。

2.3.3　聚氯乙烯结构与性能

2.3.3.1　聚氯乙烯的结构

聚氯乙烯树脂为无定型结构的热塑性树脂，结晶度最多不超过10%，分子键中各单体基本上是头-尾相接。由于聚氯乙烯分子链中含有电负性较强的氯原子，增大了分子链间的相互吸引力，同时由于氯原子的体积较大，有明显的空间位阻效应，就使得聚氯乙烯分子链刚性增大，所以聚氯乙烯刚性、硬度、力学性能较聚乙烯都会提高；由于氯原子的存在，还赋予了聚氯乙烯优异的阻燃性能，但其介电常数和介电损耗比聚乙烯大。聚氯乙烯树脂含有聚合反应中残留的少量双键、支链及引发剂残余基团，加上相邻碳原子之间会有氯原子和氢原子，易脱氯化氢，使聚氢乙烯在光、热作用下易发生降解反应。

2.3.3.2　聚氯乙烯的性能

(1)力学性能　由于氯原子的存在增大了分子链间的作用力，不仅使分子链变刚，也使分子链间的距离变小，敛集密度增大。测试表明，聚乙烯的平均链间距是4.3×10^{-10}m，聚氯乙烯平均链间距是2.8×10^{-10}m，其结果使聚氯乙烯宏观上比聚乙烯具有较高的强度、刚度、硬度和较低的韧性，断裂伸长率和冲击强度均下降。与聚乙烯相比，聚氯乙烯的拉伸强度可提高到两倍以上，断裂伸长率下降约一个数量级。未增塑的聚氯乙烯拉伸曲线类型属于硬而较脆的类型。聚氯乙烯耐磨性一般，硬质聚氯乙烯摩擦系数为0.4~0.5，动摩擦系数为0.23。

(2)热性能　聚氯乙烯玻璃化温度约为80℃，80~85℃开始软化，完全熔融时的温度约为160℃，140℃时聚合物已开始分解。在现有的塑料材料中，聚氯乙烯是热稳定性特别差的材料之一，在适宜的熔融加工温度(170~180℃)下会加速分解释出氯化氢，在富氧气氛中会加剧分解。因此在聚氯乙烯生产时必须加有热稳定剂。聚氯乙烯的最高连续使用温度在65~80℃之间。

(3)电性能　聚氯乙烯具有比较好的电性能，但由于其具有一定的极性，因此电绝缘性能不如聚烯烃类塑料。聚氯乙烯的介电常数、介电损耗、体积电阻率较大，而且电性能受温度和频率的影响较大，本身的耐电晕性也不好，一般适用于中低压及低频绝缘材料。聚氯乙烯的电性能与聚合方法有关，一般悬浮树脂较乳液树脂的电性能好，另外，还与加入的增塑剂、稳定剂等添加剂有关。

(4)化学性能　聚氯乙烯能耐许多化学药品，除了浓硫酸、浓硝酸对它有损害外，其他大多数的无机酸、碱，多数有机溶剂、无机盐类以及过氧化物对聚氯乙烯均无损害，因此，适合作为化工防腐材料。聚氯乙烯在酯、酮、芳烃及卤烃中会溶胀或溶解，环已酮和四氢呋喃是聚氯乙烯的良好溶剂。加入增塑剂的聚氯乙烯制品耐化学药品性一般都变差，而且随使用温度的增高其化学稳定性会降低。

(5)其他性能　聚氯乙烯的分子链组成中含有较多的氯原子，赋予了材料良好的阻燃性，其氧指数约为47%。聚氯乙烯对光、氧、热及机械作用都比较敏感，在其作用下易发生降解反应，脱出 HCl，使聚氯乙烯制品的颜色发生变化。因此，为改善这种状态，可加入稳定剂及采用改性的手段。聚氯乙烯的综合性能见表 2-24。

表 2-24　聚氯乙烯的综合性能

性能	硬聚氯乙烯	软聚氯乙烯	性能	硬聚氯乙烯	软聚氯乙烯
密度/(g/cm)^3	1.40	1.24	热变形温度(1.82MPa)/℃	70	-22 (脆化温度)
邵氏硬度	D75 ~ 85	A50 ~ 95			
成型收缩率/%	0.3	1.0 ~ 1.5	体积电阻率/(Ω·cm)	$>10^{16}$	10^{13}
拉伸屈服强度 / MPa	65	—	介电常数(10^6Hz)	3.02	约 4
拉伸屈服伸长率 / %	2	—	透水率 (25μm)/[g/(m^2·24h)]	5	20
拉伸断裂强度 / MPa	45	23	吸水率/%	0.1	0.4
拉伸断裂伸长率 / %	150	360	热损失(120℃ ×120h)/%	<1	5
拉伸弹性模量 / MPa	3000	30	燃烧性		
弯曲强度 / MPa	110	—	燃烧状态	自熄性	延迟燃烧性
悬臂梁冲击强度(缺口)	5	不断裂	氧指数 / %	47	26.5

2.3.4　聚氯乙烯牌号与应用

聚氯乙烯牌号及应用如表 2-25 所示。

表 2-25　聚氯乙烯 PVC 部分牌号及应用

牌号	产地	熔融指数/(g/10min)	特点及应用
S-700	齐鲁石化	650 ~ 750	用于生产透明片，包装用，硬质，板材，地板材料，衬里硬膜，可挤压成包装用硬质，异型材，及注塑管件
S-1000	齐鲁石化	1000 ~ 1100	用于生产软质薄膜、片材、人造革、管材、型材、电缆护管、包装薄膜、软管及各种型材、鞋底及软质的各种杂品
SG-3	沧化	1300	水带，雨布，蛇皮管，电缆料
SG-5	沧化	1050	管材，扣板
SLP-1000	沧化	1030	一般用途，农用，包装，民用，建筑使用，挤出成型，鞋，输水管，工业用等
SLK-1000	沧化	1030	供水、输水管，建筑材料，工业用等
SR-800	沧化	800	一般用途，挤出成型，包装材料，地板材料，供水、输水管，建筑材料，工业用，杂物，容器等
SE-700	沧化	650 ~ 750	用于生产透明片，包装用，硬质，板材，地板材料，衬里硬膜，可挤压成包装用硬质，异型材，及注塑件

续表

牌号	产地	熔融指数/(g/10min)	特点及应用
WS-800S	上海氯碱	750~850	生产透明硬片，管件，各种包装容器，瓶料，记录盘，烟膜，金卡等
M-1000	上海氯碱	1000	一次性输液管，输液袋，注射器，分浆器，采血器，无菌空袋，药用包装硬片等“绿色环保”用塑料制品，同时可以成型上水管等到对卫生级要求市制产品，同时可以成型优质塑钢门窗硬质材料
WS-1000S	上海氯碱	1000	适用于生产软管材、板材、门窗、异型材、薄膜、热收缩膜、人造革等
WS-1300S	上海氯碱	1250~1350	适用于生产电绝缘材料、电缆护套、软质型材、各类薄膜、全塑凉拖鞋、汽车部件、电器用品等
P-1000	韩华	1000~1100	薄膜，硬片，人造革，管材，型材
LS-100	LG	1030	供水、输水管，建筑材料，工业用等

2.4　聚苯乙烯

2.4.1　聚苯乙烯概述

聚苯乙烯是由苯乙烯单体通过自由基聚合而成的，英文名称为 polystyrene，简称 PS。聚苯乙烯的聚合方法有本体聚合、悬浮聚合、溶液聚合和乳液聚合。

聚苯乙烯包括通用型聚苯乙烯(GPPS)和可发性聚苯乙烯(EPS)。可发性聚苯乙烯是苯乙烯单体通过悬浮聚合法制得的。发泡剂选用丁烷、戊烷以及石油醚等挥发性液体。发泡剂可以在聚合过程中加入，也可以在成型时加入。EPS 的发泡倍率为 50 ~70 倍。聚苯乙烯的优点是透明性高，加工流动性好，易着色，易印刷，电绝缘性、刚性都很好。聚苯乙烯的缺点是韧性差、耐热性低、耐溶剂性、耐化学试剂性、耐沸水性差，且易出现应力开裂的现象。

2.4.2　聚苯乙烯的命名

《聚苯乙烯(PS)模塑和挤出材料　第1部分：命名系统和分类基础》(GB 6594.1—1998)等效采用 ISO 1622.1:1994。该标准规定了聚苯乙烯模塑和挤出材料的命名系统。本标准也可作为分类的基础。

聚苯乙烯的命名和分类系统基于如下标准模式：

命名				
特征项目组				
字符组 1	字符组 2	字符组 3	字符组 4	字符组 5

字符组 1：按照 GB/T 1844.1 规定的该塑料的代号 PS。

字符组 2：位置 1：推荐用途和加工方法；

位置 2～8：重要性能、添加剂及附加说明

字符组 3：特征性能。

字符组 4：填料或增强材料及其标称含量。

字符组 5：为达到分类的目的，可在第 5 字符组里添加附加信息。

字符组 2 中，位置 1 给出有关的推荐用途和加工方法说明，位置 2～8 给出有关重要性能、添加剂和颜色的说明。所用字母代号如表 2-26。

如果在位置 2～8 有说明内容而在位置 1 没有说明时，则应在位置 1 插入字母 X。

如果聚乙烯为本色和(或)颗粒时，在命名时可以省略本色(N)和(或)颗粒(G)的代号。

表 2-26　字符组 2 中所用字母代表

字母代号	位置 1	字母代号	位置 2～8
		A	加工稳定的
		C	着色的
E	挤出		
F	挤出薄膜	F	特殊燃烧性
G	通用		
		L	光和/或气候稳定
M	注塑		
		N	本色(未着色的)
		R	脱模剂
		S	润滑的
X	未说明		
		Z	抗静电的

字符组 3 中，用 3 个数字组成的代号表示维卡软化温度的标称值，用两个数字组成的代号表示熔体质量流动速率的标称值。代号间用“-”隔开。

维卡软化温度按 GB/T 1633 规定进行测试，试验条件为：升温速率 50℃/h，负荷 50N，油浴起始温度温 20～23℃。

维卡软化温度标称值的代号规定如下：

当维卡软化温度的标称值大于或等于 100 时，用其 3 位数字做代号；当维卡软化温度的标称值小于 100 时，用其 2 位数前加 0 所组成的 3 位数字作代号。

聚苯乙烯树脂熔体质量流动速率按 GB/T 3682 规定进行测试，试验条件为：温度 200℃，负荷 5.00kg，样条切样时间间隔按表 2-27 规定。

表2-27　PS熔体质量流动速率切样时间间隔

熔体质量流动速率/(g/10min)	试样加入量/g	切样时间间隔/s
0.1~0.5	3~5	240
>0.5~1.0	4~6	120
>1.0~3.5	4~6	60
>3.5~10	6~8	30
>10	6~8	5~15

熔体质量流动速率代号规定如下：

当熔体质量流动速率的标称值大于或等于10时，用其2位数字作代号；当熔体质量流动速率的标称值小于10时，用其个位数前加0所组成的2位数字作代号。

字符组5为可选用的字符组，提供特殊需要的附加信息，不作具体规定。

命名示例：

某种聚苯乙烯模塑和挤出材料(PS)，用于注塑(M)，对光和/或气候稳定(L)，本色(N)，维卡软化温度84℃(084)，熔体质量流动速率9.0g/10min(09)，命名为：

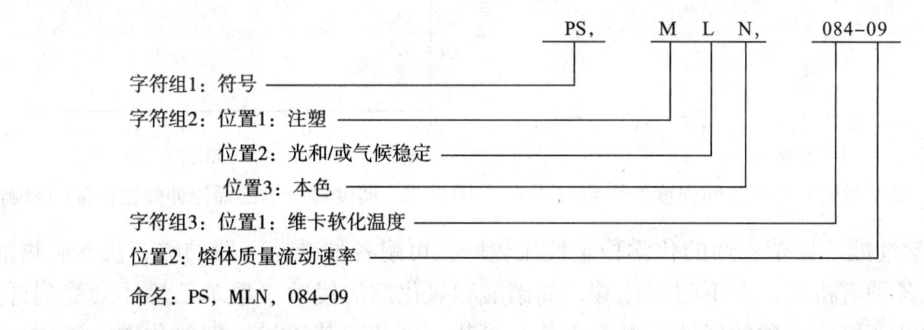

2.4.3 聚苯乙烯结构与性能

2.4.3.1　聚苯乙烯的结构

聚苯乙烯的分子链上交替连接着侧苯基。由于侧苯基的体积较大，有较大的位阻效应，而使聚苯乙烯的分子链变得刚硬，因此，玻璃化温度比聚乙烯、聚丙烯都高，而且刚性、脆性较大，制品易产生内应力。由于侧苯基在空间的排列为无规结构，因此聚苯乙烯为无定形聚合物，具有很高的透明性。

侧苯基的存在使聚苯乙烯的化学活性要大一些，苯环所能进行的特征反应如氯化、硝化、硫化等聚苯乙烯都可以进行。此外，侧苯基可以使主链上α-氢原子活化，在空气中易氧化生成过氧化物，并引起降解，因此制品长期在户外使用易变黄、变脆。但由于苯环为共轭体系，使得聚合物耐辐射性较好，在较强辐射的条件下，其性能变得较小。

2.4.3.2　聚苯乙烯的性能

(1)力学性能　聚苯乙烯属于一种硬而脆的材料，无延伸性，拉伸时无屈服现象。聚苯乙烯的拉伸、弯曲等常规力学性能在通用塑料中是很高的，但其冲击强度很低。聚苯乙烯的力学性能与合成方式、相对分子质量大小、温度高低、杂质含量及测试方法有关。

(2)热性能　聚苯乙烯的耐热性能较差，热变形温度约为70~95℃，最高使用温度

60～80℃。聚苯乙烯的热导率较低，约为0.10～0.30W/(m·K)，基本不随温度的变化而变化，是良好的绝缘保温材料。聚苯乙烯泡沫是目前广泛应用的绝热材料之一。聚苯乙烯的热膨胀系数较大，为$(6\sim8)\times10^{-5}K^{-1}$，与金属相差悬殊甚大，故制品不宜带有金属嵌件。此外，聚苯乙烯的许多力学性能都显著受到温度的影响，如图2-1和图2-2所示。

(3)电学性能　聚苯乙烯是非极性的聚合物，使用中也很少加入填料和助剂，因此具有良好的介电性能，其介电性能与频率无关。由于其吸湿率很低，电性能不受环境湿度的影响，但由于其表面电阻和体积电阻均较大，又不吸水，因此易产生静电，使用时需加入抗静电剂。

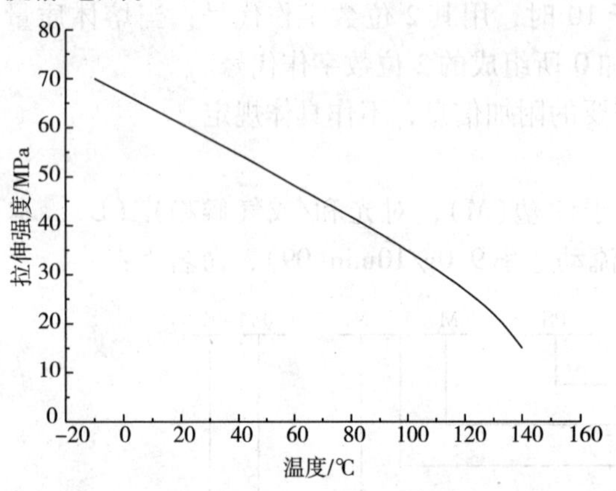

图2-1　温度对聚苯乙烯拉伸强度的影响

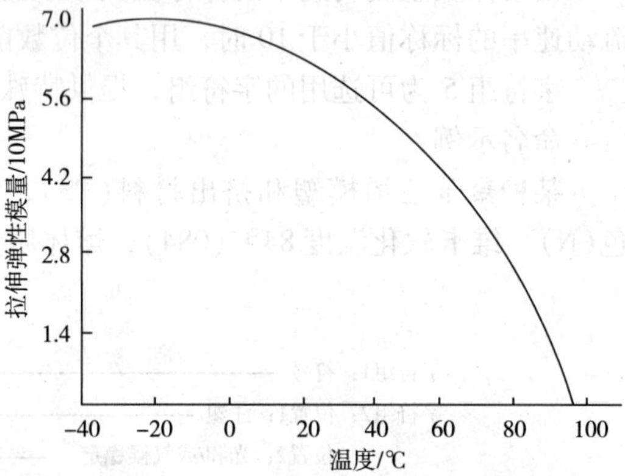

图2-2　温度对聚苯乙烯拉伸弹性模量的影响

(4)化学性能　聚苯乙烯的化学稳定性比较好，可耐各种碱，一般的酸、盐、矿物油、低级醇以及各种有机酸，但不耐氧化酸，如硝酸和氧化剂的侵蚀。聚苯乙烯还会受到许多烃类、酮类及高级脂肪酸的侵蚀，可溶于苯、甲苯、乙苯、苯乙烯、四氯化碳、氯仿、二氯甲烷以及酯类当中。此外，由于聚苯乙烯带有苯基，可使苯基α位置上的氢活化，因此聚苯乙烯的耐候性不好，如果长期暴露在日光下会变色变脆，其耐光性、氧化性都较差，使用时应加入抗氧剂。但聚苯乙烯具有较优的耐辐射性。

2.4.4　聚苯乙烯牌号与应用

聚苯乙烯牌号及应用如表2-28所示。

表2-28　聚苯乙烯牌号与应用

国家	公司	牌号	熔融指数/(g/10min)	特点及应用
中国	辽宁华金集团盘锦乙烯有限公司	GPPS525	6～10	高透明，用于医疗仪器、实验用品、家具、容器、冰箱内配件
		GPPS535	3～5	耐高温挤出/注塑，灯光漫射器，录音带盒壳体/包装材料
		GPPS585	1.5～3.5	耐高温高强度，厚壁材料；发泡挤出型材
		HIPS825	6.0～10.0	高抗冲击性，注射成型制造机械配件/玩具/结构发泡等

续表

国家	公司	牌号	熔融指数/(g/10min)	特点及应用
中国	湛江新中美化工有限公司	525	8.0	中流动，高透明，综合性能好，符合食品卫生标准
		535HF	5.5	中低流动，高透明，更高强度，更高耐热，符合食品卫生标准
		535LF	3.0	低流动性，高透明，更高强度，符合食品卫生标准
		BOPS	2.0	超高相对分子质量，高透明，符合食品卫生标准，双向拉伸用
日本	日本电气化学工业有限公司	HI－5150	6.0～10.0	注塑，适合中冲击性的制品
		HI－E－6	2.4	专用级，适合挤塑的制品，用于消光的制品
		HI－G	2.0	通用级，用于高光泽的制品
韩国	韩国韩南化学公司	GP100	14	高流动性
		HFH401	7.0	良流动性
		HI425	6.5	高冲击
		MI225	15	高流动
德国	德国黏斯特公司	N2000	26	通用级，是和流动性极好的制品
		S3200	13.5	抗冲击级，适合极易流动、高光泽制品
		XS2400	11	注塑，耐候级，流动性较好，高抗冲击强度，高的断裂伸长制品
美国	美国苯乙烯公司	STYRON 666D	8	中等耐热性，中等流，医疗包装/一次性注塑，挤压
		STYRON668	5.3	高热量，中等流高拉伸强度良好的热平衡，流动性和韧性，珠宝盒，注塑
		STYRON675	8	高耐热，中等流注射成型挤出涂覆薄壁零件
		STYRON695	1.5	高耐热性，减少残差高强度面向表，泡沫板，包装/耗材，挤压
	美国孟山都公司	4200	7.5	适合高抗冲性的注塑制品
		HF77	5.2	适合一般流动性、通用级的制品
		HF105	3.0	适合通用级的制品
		HH103	1.5	适合耐高温的，通用级注塑和挤塑

2.5 其他类型树脂

2.5.1 丙烯酸类树脂

丙烯酸类树脂是以丙烯酸及其酯类聚合所得到的聚合物。其中最具代表性的是聚甲基丙烯酸甲酯，其次是各种涂料、黏合剂、树脂改性剂等。

2.5.1.1 聚甲基丙烯酸甲酯

聚甲基丙烯酸甲酯俗称有机玻璃，缩写为PMMA，于1933年开始工业化生产。聚甲基丙烯酸甲酯的聚合方法主要是悬浮聚合，其次是本体聚合、溶液聚合及乳液聚合。悬浮聚合适于制备模塑用的颗粒料或粉状料，本体聚合适于制备板材、棒材及管材等型材。溶液聚合与乳液聚合分别适用于制备黏合剂及涂料。

聚甲基丙烯酸甲酯具有高度的透光性，透光率是所有塑料材料中最高的，并且有良好的耐候性，因此在航空工业中得到了应用。如可用来制作飞机座舱玻璃、防弹玻璃的中间夹层材料。在汽车工业上可利用其光学性能、耐候性与绝缘性，制作窗玻璃、仪表玻璃、油标、仪器仪表的透光绝缘配件。也可利用其着色性能，用作装饰件标牌等。此外，还可用作光导纤维以及各种医用、军用、建筑用玻璃等。

2.5.1.2 聚甲基丙烯酸甲酯的结构

聚甲基丙烯酸甲酯为无定形聚合物，其相对密度为1.17～1.19。由于其分子链具有较大的侧基，因此玻璃化温度约为104℃，流动温度约为160℃，热分解温度约为270℃，有较宽的加工温度范围。另外，因侧基带有极性，所以电性能不如聚烯烃类塑料。

2.5.1.3 聚甲基丙烯酸甲酯的性能

(1)光学性能　聚甲基丙烯酸甲酯为刚性无色透明材料，具有十分优异的光学性能，透光率可达90%～92%，折射率为1.49，并可透过大部分紫外线和红外线。由于对光线吸收率极小，因此可用作光线的全反射装置。

(2)力学性能　聚甲基丙烯酸甲酯具有较高的力学性能，在常温下具有优良的拉伸强度、弯曲强度和压缩强度；但冲击强度不高，悬臂梁冲击强度为20J/m，但将折射率与聚甲基丙烯酸甲酯相近的丙烯酸酯橡胶微粒分散在其中形成的高分子共混物，在保持透明性的同时，悬臂梁冲击强度可提高到50J/m。聚甲基丙烯酸甲酯的表面硬度比较低，容易擦伤。此外，其耐磨性和抗银纹的能力都比较低。

(3)电性能　由于聚甲基丙烯酸甲酯的侧甲酯基的极性不太大，所以它仍具有良好的介电性能和电绝缘性能。聚甲基丙烯酸甲酯具有很好的抗电弧性能，在电弧的作用下，表面不会产生碳化的导电通路和电弧径迹现象。此外，它的介电常数较大，可用作高频绝缘材料。

(4)热性能　聚甲基丙烯酸甲酯的耐热性不高，最高使用温度为60～80℃，其氧指数为17.3%，属于易燃塑料；热导率为0.19W/(m·K)，在塑料材料中为中等水平。

(5)耐化学药品性　聚甲基丙烯酸甲酯由于有酯基的存在使其耐溶剂性一般，可耐碱及稀无机酸、水溶性无机盐、油脂、脂肪烃；不溶于水、甲醇、甘油等；但吸收醇类可溶胀，并产生应力开裂。不耐芳烃、氯代烃，可溶解于二氯乙烷、氯仿、甲苯等。

(6)环境性能　聚甲基丙烯酸甲酯具有很好的耐候性，可长期在户外使用，其试样经过4年的自然老化试验，性能下降也很小。并且对臭氧和二氧化硫等气体具有良好的抵抗能力。

2.5.1.4　聚甲基丙烯酸甲酯的成型加工性

(1)加工特性　聚甲基丙烯酸甲酯由于含有极性的侧酯基，因此吸湿性较大，吸水率一般为0.3%左右，所以加工前必须经过干燥处理，使其含水量在0.02%以下。干燥条件为80~100℃条件下燥4~6h。

(2)加工方法　聚甲基丙烯酸甲酯的成型方法可采用注塑、挤出、浇注、热成型等方法。注射成型可选用普通的柱塞式或螺杆式注塑机。注射温度一般为180~240℃，注射压力为80~130MPa，模具温度为40~60℃。注塑完成后，所得制品需要进行后处理来消除内应力，一般处理温度为70~80℃，时间为3~4h。挤出成型可采用单阶或双阶排气式挤出机，螺杆长径比为20~25，成型温度为210~230℃。浇注成型可用于生产板材、棒材、圆管等型材，制品也需进行后处理。热成型的温度一般为100~120℃。

2.5.1.5　聚甲基丙烯酸甲酯的改性品种

(1)甲基丙烯酸甲酯共聚物

①甲基丙烯酸甲酯-苯乙烯共聚物　简称MS，甲基丙烯酸甲酯-苯乙烯的共聚物是以甲基丙烯酸甲酯为主体，其韧性优于一般的聚甲基丙烯酸甲酯，而且流动性好、易加工、耐擦伤、成本低，其一般性能如表2-19所示。

表2-29　甲基丙烯酸甲酯-苯乙烯共聚物的一般性能

项目	性能	项目	性能	项目	性能
密度/(g/cm^3)	1.09~1.12	热变形温度℃	78~89	洛氏硬度(M)	95
熔体流动速率/(g/10min)	2~4	成型收缩率/%	<0.5	透光率/%	92
		弯曲弹性模量/MPa	800~2610	吸水率/%	<0.2
拉伸强度/MPa	60.76~68.6	冲击强度/(kJ/m^2)	18.3		
弯曲强度/MPa	98~107.8				

②甲基丙烯酸甲酯与丙烯酸甲酯共聚物　此种共聚物具有很高的冲击强度及耐磨性，而透光率仍可与聚甲基丙烯酸甲酯相媲美。

③甲基丙烯酸甲酯-苯乙烯-顺J橡胶共聚物　简称MBS，此种共聚物为顺丁橡胶大分子链上接枝甲基丙烯酸甲酯和苯乙烯的接枝共聚物，具有高光泽度、高透明度和高韧性。同时其染色性很好，透光率和耐紫外线性能也较高，可用作透明材料，也可用于冲击改性剂。

(2)其他丙烯酸类聚合物

其他丙烯酸类聚合物有聚α-氟代丙烯酸甲酯、聚α-氯代丙烯酸甲酯、聚α-氰基丙烯酸甲酯等。聚 α－氟代丙烯酸甲酯的拉伸强度、冲击强度都较高，透明性也较好，同时还具有很好的耐热性。聚 α－氯代丙烯酸甲酯具有较好的耐热性、表面硬度，且耐擦伤，可以用来制作耐热的透明板材。聚 α－氰基丙烯酸甲酯是一种快速黏合剂，能够黏接复杂的零件，且有很好的耐热性和耐溶剂性，但耐老化性不好，在黏合部位不能经常与水接触。

2.5.2　酚醛树脂

凡酚类化合物与醛类化合物经缩聚反应制得的树脂统称为酚醛树脂，常见的酚类化合物有苯酚、甲酚、二甲酚、间苯二酚等；醛类化合物有甲醛、乙醛、糖醛等。合成时所用的催化剂有氢氧化钠、氢氧化钡、氨水、盐酸、硫酸、对甲苯磺酸等。其中，最常使用的酚醛树脂是由苯酚和甲醛缩聚而成的产物，简称 PF。这种酚醛树脂是最早实现工业化的一类热固性树脂。

酚醛树脂虽然是最早的一类热固性树脂，但由于它原料易得、合成方便以及树脂固化后性能能够满足许多使用要求，因此在工业上仍得到广泛的应用。用酚醛树脂制得的复合材料耐热性高，能在 150 ~200℃范围内长期使用，并具有吸水性小、电绝缘性能好、耐腐蚀、尺寸精确和稳定等特点。它的耐烧蚀性能好，比环氧树脂、聚酯树脂及有机硅树脂胶都好。因此，酚醛树脂复合材料已广泛地在电机、电气及航空、航天工业中用作电绝缘材料和耐烧蚀材料。

2.5.2.1　酚醛树脂的合成

（1）热塑性酚醛树脂的合成

热塑性酚醛树脂是在酸性条件下（pH＜7）、甲醛与苯酚的摩尔比小于 1（如 0.80 ~0.86）时合成的一种热塑性线型树脂。它是可溶、可熔的，在分子内不含羟甲基的酚醛树脂，其反应过程如下。

首先是加成反应，生成邻位和对位的羟甲基苯酚。

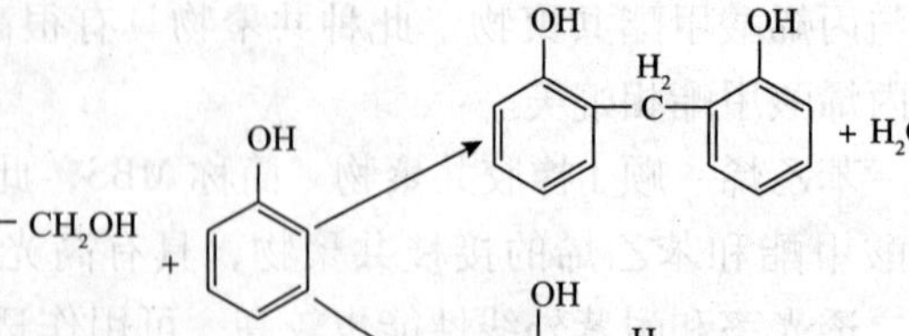

这些反应物很不稳定，会与苯酚发生缩合反应，生成二酚基甲烷的各种异构体。

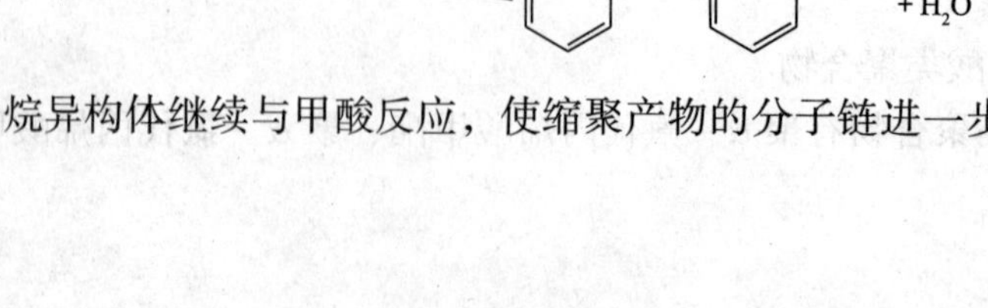

生成的二酚甲烷异构体继续与甲酸反应，使缩聚产物的分子链进一步增长，最终得到

线型酚醛树脂，其分子结构式如下：

（2）热固性酚醛树脂的合成

热固性酚醛树脂的合成是用苯酚和过量的甲醛（摩尔比为1.1～1.5）在碱性催化剂如氢氧化钠存在下（pH=8～11）缩聚反应而成的。反应过程可分为以下两步：

首先是加成反应，苯酚和甲醛通过加成反应生成多种羟甲基酚。

然后，羟甲基酚进一步进行缩聚反应，主要有以下两种形式的反应。

此时得到聚合物为线型结构，可溶于丙酮、乙醇中，称为甲阶酚醛树脂。由于甲阶酚醛树脂带有可反应的羟甲基和活泼的氢原子，所以在一定的条件下，它就可以继续进行缩聚反应成为一部分溶解于丙酮或乙醇中的酚醛树脂，称为乙阶酚醛树脂。乙阶酚醛树脂的分子链上带有支链，有部分的交联，结构也较甲阶酚醛树脂粗壮。这种树脂呈固态，有弹性，加热只能软化，不熔化。乙阶酚醛树脂中仍然带有可反应的羟甲基。如果对乙阶酚醛树脂继续加热，它就会继续反应，分子链交联成立体网状结构，形成了不溶不熔、完全硬化的固体，称为丙阶酚醛树脂。

2.5.2.2　酚醛树脂的固化

前面已经讲到，在酚醛树脂聚合的过程中，加入碱性催化剂或是加入酸性催化剂所得到的是不同种类的酚醛树脂。对于热固性酚醛树脂来说，它是一种含有可进一步反应的羟甲基活性团的树脂，如果合成反应不加控制，则会使体型缩聚反应一直进行到形成不溶不熔的具有三维网状结构的固化树脂，因此这类树脂又称一阶树脂。对于热塑性酚醛树脂来说，它是线型树脂，进一步反应不会形成三维网状结构的树脂，要加入固化剂后才能进一步反应形成具有三维网状结构的固化树脂，这类树脂又称为二阶树脂。

（1）热固性酚醛树脂的固化

热固性树脂的热固化性能主要取决于制备树脂时酚与醛的比例和体系合适的官能度。由于甲醛是二官能度的单体，要制得可以固化的树脂，酚的官能度就必须大于2。在三官能度的酚中，苯酚、间甲酚和间苯二酚是最常用的原料。热固性酚醛树脂可以是在加热条件下固化，也可以是在加酸条件下固化。热固性酚醛树脂最终固化产物的化学结构如图2-3所示。

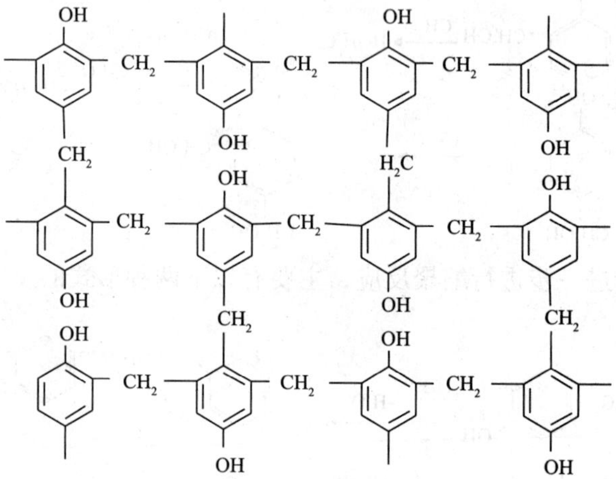

图2-3　热固性酚醛树脂最终固化产物的化学结构

热固性酚醛树脂在用作黏合剂及浇注树脂时，一般希望在较低的温度，甚至是在室温下固化。为了达到这一目的，这时就需要在树脂中加入合适的无机酸或有机酸，工业上把它们称为酸类固化剂。常用的酸类固化剂有盐酸或磷酸，也可用对甲苯磺酸、苯酚磺酸或其他的磺酸。一般来说，热固性树脂在 pH =3 ~ 5 的范围内非常稳定，间苯二酚类型的树脂最稳定的 pH 值为3，而苯酚类型的树脂最稳定的 pH 值约为4。

（2）热塑性酚醛树脂的固化

对于热塑性酚醛树脂的固化来说，是需要加入聚甲醛、六亚甲基四胺等固化剂才能与树脂分子中酚环上的活性点反应使树脂固化。热固性酚醛树脂也可用来使热塑性树脂固化，因为它们分子中的羟甲基可与热塑性酚醛树脂酚环上的活泼氢作用，交联成体型结构。

六亚甲基四胺是热塑性酚醛树脂最广泛采用的固化剂。热塑性酚醛树脂广泛用于酚醛模压料，大约80%的模压料是用六亚甲基四胺固化的。用六亚甲基四胺固化的热塑性酚醛树脂还可用作黏合剂和浇注树脂。

由稍微过量的氨通入稳定的甲醛水溶液中进行加成反应，浓缩水溶液即可结晶出六亚甲基四胺。其分子式为 $(CH_2)_6N_4$，结构式为：

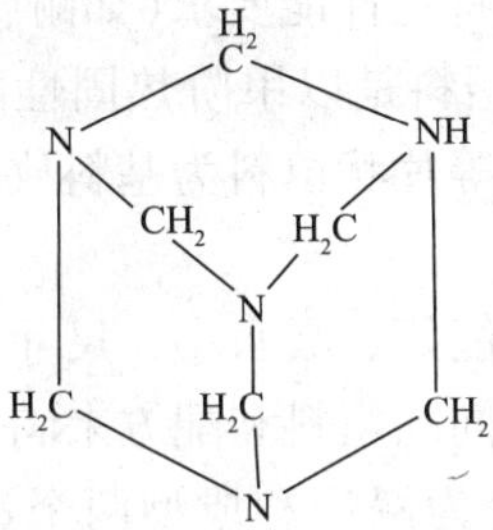

六亚甲基四胺固化热塑性酚醛树脂的机理目前仍不十分清楚，一般认为其固化反应如下：

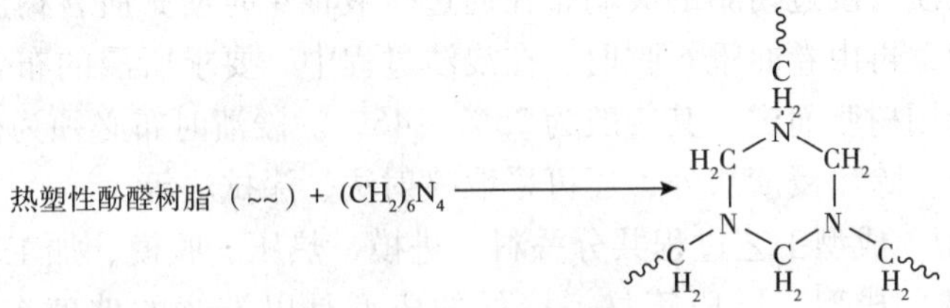

热塑性酚醛树脂（~~）+ $(CH_2)_6N_4$ ⟶

六亚甲基四胺的用量一般为树脂量的10%～15%，用量不足会使制品固化不完全或固化速率降低，同时耐热性下降。但用量太多时，成型中由于六亚甲基四胺的大量分解会产生气泡，固化物的耐热性、耐水性及电性能都会下降。

2.5.2.3　酚醛树脂的性能

酚醛树脂为无定形聚合物，根据合成原料与工艺的不同，可以得到不同种类的酚醛树脂，其性能差异也比较大。总的来说，酚醛树脂有如下共同的特点：

(1)强度及弹性模量都比较高，长期经受高温后的强度保持率高，使用温度高，但质脆，抗冲击性能差，需加入填充增强剂。加入有机填充物的使用温度为140℃，无机填充物的使用温度为160℃，玻璃纤维和石棉填充的最高使用温度可达180℃。

(2)耐化学药品性能优良，可耐有机溶剂和弱酸弱碱，但不耐浓硫酸、硝酸、强碱及强氧化剂的腐蚀。

(3)电绝缘性能较好，有较高的绝缘电阻和介电强度，所以是一种优良的工频绝缘材料，但其介电常数和介电损耗比较大。此外，电性能会受到温度及湿度的影响，特别是含水量大于5%时，电性能会迅速下降。

(4)酚醛树脂的蠕变小，尺寸稳定性好，且阻燃性好，发烟量低。

(5)由于酚醛树脂结构中含有许多酚基，所以吸水性大。吸湿后制品会膨胀，产生内应力，出现翘曲现象。含水量的增加使拉伸强度和弯曲强度下降，而冲击强度上升。

2.5.2.4　酚醛树脂的成型加工

酚醛树脂的成型加工方法主要有磨牙成型、层压成型和泡沫成型等。

(1)酚醛模压塑料　模压成型中对树脂的基本要求是：对增强材料和填料要有良好的浸润性能，以提高树脂和它们之间的黏接强度，树脂要有适当的黏度，良好的流动性，以便在模压过程中树脂与填充材料能同时充满整个模型腔的各个角落，树脂的固化温度低，工艺性好并能满足模压制品的一些特定性能要求(如耐腐耐热)等。

(2)酚醛层压塑料　酚醛层压塑料是以甲阶热固性酚醛树脂为黏合剂，以石棉布、牛皮纸、玻璃布、木材片以及绝缘纸等片状填料为基料放入到层压机内通过加热加压成层压板、管材、棒材、或其他制品。

酚醛层压塑料的特点是力学性能好、吸水小、尺寸稳定性好、耐热性能优良、价格低廉且可根据不同的性能要求选择不同的填料和配方来满足不同用途的需求。

① 层压板的成型　层压成型分为浸渍和成型两个过程。现以玻璃布为基材来看一下层压板材的成型过程。

a. 浸渍　浸渍时玻璃布由卷绕辊 1 放出，通过导向辊 2 和涂胶辊 3 浸入装有树脂溶液的浸槽 7 内进行浸渍。浸过树脂的玻璃布在通过挤液辊 4 时使其所含树脂得到控制，随后进入烘炉 5 内干燥，再由卷曲辊 6 收取。在浸渍过程中，要求所浸的布含有规定数量的树脂。规定数量视所用树脂而定，其一般为 25% ~46%。浸渍时布必须为树脂浸透，避免夹入空气。布的上胶，除用浸渍法外，还可采取喷射法、涂拭法等。

b. 板材的成型　成型工艺过程共分叠料、进模、热压、脱模、加工和热处理等。

② 层压管、棒的成型　层压管材、棒材的成型是以卷绕的玻璃布、棉布、石棉布、牛皮纸等为基材，以甲阶热固性酚醛树脂为黏合剂，经过热卷、烘焙制成的，主要用于电气绝缘结构零件。表 2-30 为三种酚醛层压板的性能与用途。

表 2-30　为三种酚醛层压板的性能与用途

性能与用途	纸基层压板	布基层压板	玻璃布基层压板
填料	绝缘纸	棉布	玻璃布
特性	绝缘性好，耐油脂和矿物油；耐强酸的稳定性不强	较高的抗压、抗冲、抗剪切能力；耐水性、绝缘性低	较高的力学强度和耐热性、良好的绝缘性；相对伸长率小
用途	各种盘、接线板绝缘垫圈、垫板、盖板等	垫圈、轴瓦、轴承、皮带轮、无声齿轮、要求不高的绝缘件	用于飞机、汽车、船舶等制造业；电气工程、无线电工程中的结构材料

(3)酚醛泡沫塑料　酚醛泡沫塑料是热塑性或甲阶热固性酚醛树脂，加入发泡剂(如 NH_4SO_4、$CaHSO_3$ 等)和固化剂等，经发泡固化后，即得到酚醛泡沫塑料。酚醛泡沫塑料的优点是质量轻、刚性大、尺寸稳定性好、耐热性高、阻燃性好、价格低等，缺点是脆性大。酚醛泡沫塑料主要可用于耐热和隔热的建筑材料、救生材料(如救生圈、浮筒等)以及保存和运输鲜花的亲水性材料。

2.5.3　环氧树脂

环氧树脂是一类品种繁多、不断发展的合成树脂。环氧树脂的英文名称为 epoxy resin，简称 EP。它们的合成起始于 20 世纪 30 年代，而于 20 世纪 40 年代后期开始工业化，至 20 世纪 70 年代相继发展了许多新型的环氧树脂品种，近年品种、产量逐年增长。由于环氧树脂及其固化体系具有一系列优异的性能，可用于黏合剂、涂料、焊剂和纤维增强复合材料的基体树脂等，因此，广泛应用于机械、电机、化工、航空航天、船舶、汽车、建筑等工业部门。

环氧树脂是指分子中含有两个或两个以上环氧基团（$-\underset{\diagdown O \diagup}{CH-CH}-$）的线型有机高分子化合物。除了个别外，它们的相对分子质量都不高。环氧树脂可与多种类型的固化剂发生交联反应而形成具有不溶不熔性质的三维网状聚合物。由于环氧树脂具有较强的黏结性能，力学性能优良，耐化学药品性、耐候性、电绝缘性好以及尺寸稳定等特点，它已成为聚合物基复合材料的主要基体之一。

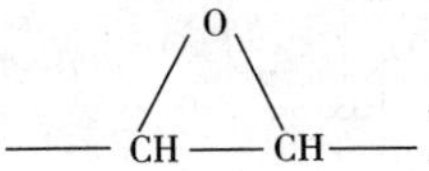

2.5.3.1 环氧树脂的特性

环氧树脂的固化体系主要由环氧树脂、固化剂、稀释剂、增塑剂、增韧剂、增强剂及镇充剂等组成，并且有以下特性：

(1)具有多样化的形式　各种树脂、固化剂、改性剂体系几乎可以适应各种应用要求，其范围可以从极低的黏度到高熔点固体。

(2)黏附力强　由于环氧树脂中固有的极性羟基和醚键的存在，使其对各种物质具有突出的黏附力。

(3)收缩率低　环氧树脂和所用的固化剂的反应是通过直接加成来进行的，没有水或其他挥发性副产物放出。环氧树脂与酚醛树脂、聚酯树脂相比，在其固化过程中只显示出很低的收缩性(小于2%)。

(4)力学性能　由于环氧树脂含有较多的极性基团，固化后分子结构较为紧密，所以固化后的环氧树脂体系具有优良的力学性能。

(5)化学稳定性　固化后的环氧树脂体系具有优良的耐碱性、耐酸性和耐溶剂性。

(6)电绝缘性能　固化后的环氧树脂体系在宽广的频率和温度范围内具有良好的电绝缘性能。它们是一种具有高介电性能、耐表面漏电、耐电弧的优良绝缘材料。

(7)尺寸稳定性　上述的许多性能的综合使固化的环氧树脂体系具有突出的尺寸稳定性和耐久性。

(8)耐霉菌　固化的环氧树脂体系耐大多数霉菌，可以在苛刻的热带条件下使用。

环氧树脂的主要缺点是它的成本要高于聚酯树脂和酚醛树脂，在使用某些树脂和固化剂时毒性较大。

2.5.3.2 环氧树脂的种类

环氧树脂的品种有很多，根据它的分子结构大体可以分为五大类型。

缩水甘油醚类：$R-O-\overset{H_2}{C}-\overset{H}{C}\underset{\diagdown O \diagup}{\ \ }CH_2$

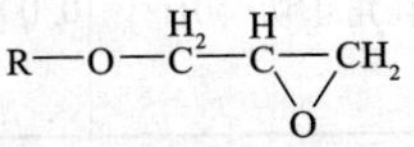

缩水甘油酯类：$R-\overset{O}{\overset{\|}{C}}-\overset{H_2}{C}-\overset{H}{C}\underset{\diagdown O \diagup}{\ \ }CH_2$

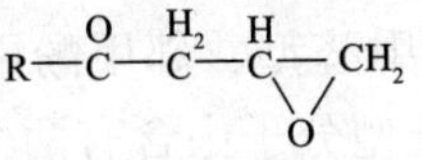

缩水甘油胺类：$R-\underset{R'}{\underset{|}{N}}-\overset{H_2}{C}-\overset{H}{C}\underset{\diagdown O \diagup}{\ \ }CH_2$

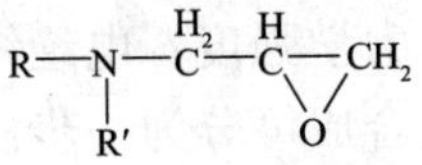

线型脂肪族类：$R-\overset{H}{C}\underset{\diagdown O \diagup}{\ \ }\overset{H}{C}-R'-\overset{H}{C}\underset{\diagdown O \diagup}{\ \ }\overset{H}{C}-R''$

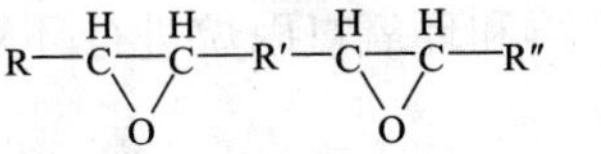

脂环族类：

$$\begin{array}{c} HC\quad CH \\ O\langle\ \ R\ \ \rangle O \\ HC\quad CH \end{array}$$

上述前三类环氧树脂是由环氧氯丙烷与含有活泼氢原子的化合物，如酚类、醇类、有机酸类、胺类等缩聚而成。后两类环氧树脂是由带双键（$>C=C<$）的烯烃用过乙酸或在低温下用过氧化氢进行环氧化而成。

目前，工业上产量最大的环氧树脂品种是上述第一类缩水甘油醚类环氧树脂，而其中主要是由二酚基丙烷（简称双酚 A）与环氧氯丙烷缩聚而成的二酚基丙烷型环氧树脂（简称双酚 A 型环氧树脂）。近年来出现的脂环族环氧树脂也是一类重要的品种，这类环氧树脂不仅品种多，而且大多具有独特的性能，如黏度低、固化体系具有较高的热稳定性、较高的耐候性、较高的力学性能及电绝缘性。

2.5.3.3 缩水甘油醚类环氧树脂

（1）双酚 A 型环氧树脂 双酚 A 型环氧树脂是由环氧氯丙烷与双酚 A（二酚基丙烷）在碱性催化剂作用下反应而生成的产物，其结构式如下：

$$CH_2\underset{O}{-}CH-CH_2\left[O-C_6H_4-\underset{CH_3}{\overset{CH_3}{C}}-C_6H_4-O-CH_2-\underset{OH}{CH}-CH_2\right]_n O-C_6H_4-\underset{|}{\overset{|}{C}}-C_6H_4-O-CH_2-CH\underset{O}{-}CH_2$$

式中 $n=0\sim19$，平均相对分子质量为 300 ~ 7000；当 $n=0$ 时，树脂为琥珀色的低分子黏性液体；当 $n\geq2$ 时，为高相对分子质量的脆性固体。相对分子质量在 300 ~ 700 之间、软化点小于 50℃ 的称为低相对分子质量树脂（或软树脂）；相对分子质量在 1000 以上、软化点大于 60℃ 的称为高相对分子质量树脂（或硬树脂）。前者主要应用于胶接、层压、浇注等方面，而后者主要应用于油漆等方面。双酚 A 型环氧树脂的一般性能如表 2-31 所示。这类环氧树脂的用量虽然很大，但是由于耐热性差，不能在较高的环境温度下使用。

表 2-31 双酚 A 型环氧树脂的一般性能

性能	无填料	玻璃纤维填料	性能	无填料	玻璃纤维填料
密度/(g/cm^3)	1.15	1.8 ~ 2.0	体积电阻率/Ω·cm	1.5×10^{13}	3.08×10^{15}
伸长率/%	9.5	21.4	击穿强度/(kV/mm)	15.7 ~ 17.0	14.2
拉伸强度/kPa	215.6	392	介电损耗角正切(50Hz)	0.002 ~ 0.010	—
缺口冲击强度/(N/cm)	49 ~ 106.2	78.4 ~ 147			

（2）酚醛多环氧树脂 酚醛多环氧树脂包括苯酚甲醛型、邻甲酚甲醛型和三混甲酚甲醛型多环氧树脂，它与双酚 A 型环氧树脂相比，在线型分子中含有两个以上的环氧基，因此固化后产物的交联密度大，具有优良的热稳定性、力学强度、电绝缘性、耐水性和耐腐蚀性。它是由线型酚醛树脂与环氧氯丙烷缩聚而成。合成可分为一步法和二步法两种。一步法是在线型酚醛树脂生成后将树脂分离出，再和环氧氯丙烷进行环氧化反应。现以苯酚甲醛多环氧树脂为例，它的合成化学反应如下：

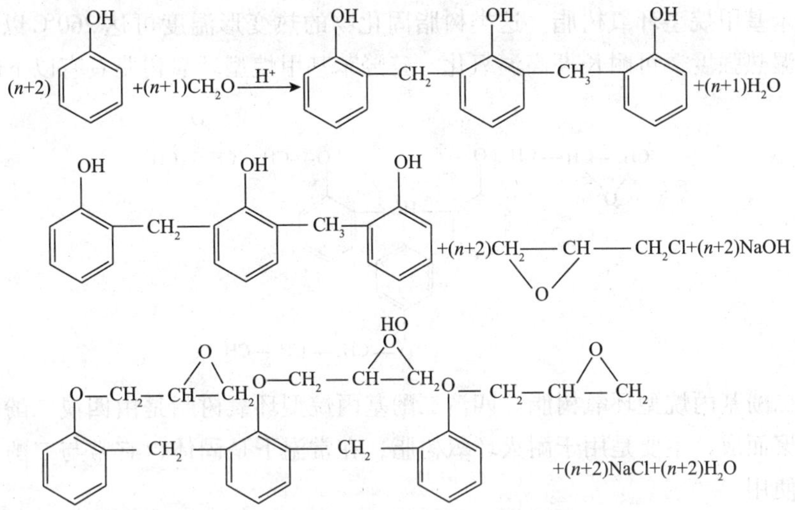

OH　OH　OH　OH

$(n+2)$ + $(n+1)CH_2O$ $\xrightarrow{H^+}$ —CH_2— —CH_3— + $(n+1)H_2O$

OH　OH　OH

—CH_2— —CH_3— + $(n+2)CH_2$— CH — CH_2Cl + $(n+2)NaOH$

O

HO

O　O　O

O—CH_2—CH—CH_2 O—CH_2 — CH—CH_2O— CH_2—CH — CH_2

CH_2　CH_2

+$(n+2)NaCl$+$(n+2)H_2O$

线型酚醛树脂的聚合度 n 约等于 1.6 左右，经环氧化后线型树脂分子中大致含有 3.6 个环氧基。

(3) 双酚 S 型环氧树脂　即 4，4′－二羟基二苯砜双缩水甘油醚，由环氧氯丙烷与 4，4′－二羟基二苯砜（双酚 S）反应而成，其结构式如下：

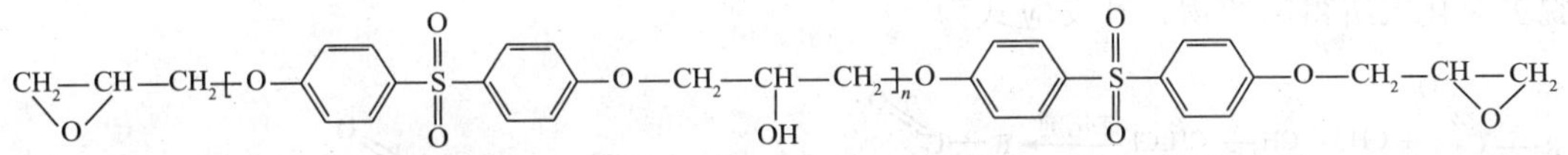

O　O

CH_2—CH —CH_2⁅O— —S— —O—CH_2—CH—CH_2⁆$_n$O— —S— —O—CH_2—CH—CH_2

O　O　OH　O　O

双酚 S 型环氧树脂有结晶和无定形两种形态。结晶型树脂的熔点为 167℃，无定形树脂的软化温度约 94℃。

(4) 其他的多羟基酚类缩水甘油醚型环氧树脂

①间苯二酚型环氧树脂　这类树脂黏度低，加工工艺性能好。它是由间苯二酚与环氧氯丙烷缩聚而成的具有 2 个环氧基的树脂。

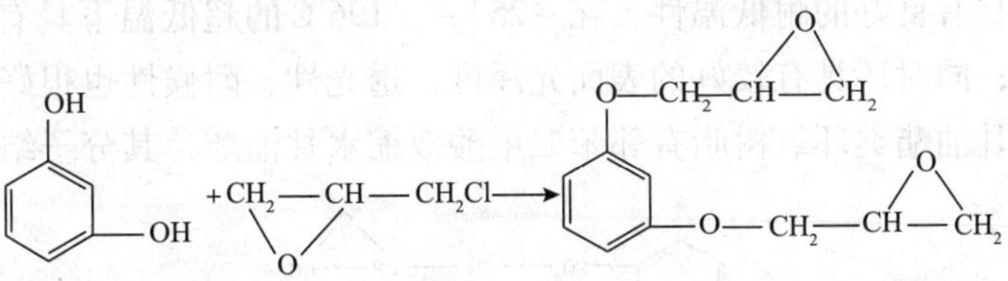

OH　O

O—CH_2—CH—CH_2

+CH_2—CH—CH_2Cl ⟶　O

OH　O—CH_2—CH—CH_2

O

②间苯二酚—甲醛型环氧树脂　这类树脂具有四个环氧基，固化物热变形温度可达 300℃，耐浓硝酸性优良。它是由低相对分子质量的间苯二酚－甲醛树脂与环氧氯丙烷缩聚而成的，其结构式如下：

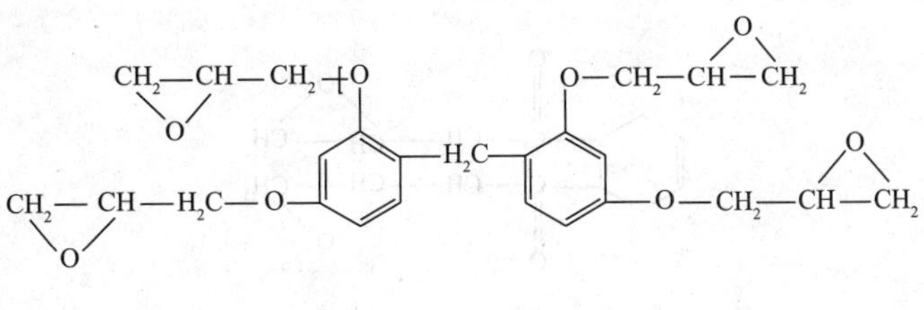

O

CH_2—CH—CH_2⁅O　O—CH_2—CH—CH_2

O　O

H_2C

CH_2— CH—H_2C—O　O—CH_2—CH—CH_2

O

③三羟苯基甲烷型环氧树脂　这类树脂固化物的热变形温度可达260℃以上，具有良好的韧性和湿热强度，可耐长期高温氧化。三羟苯基甲烷型环氧树脂具有以下的结构式：

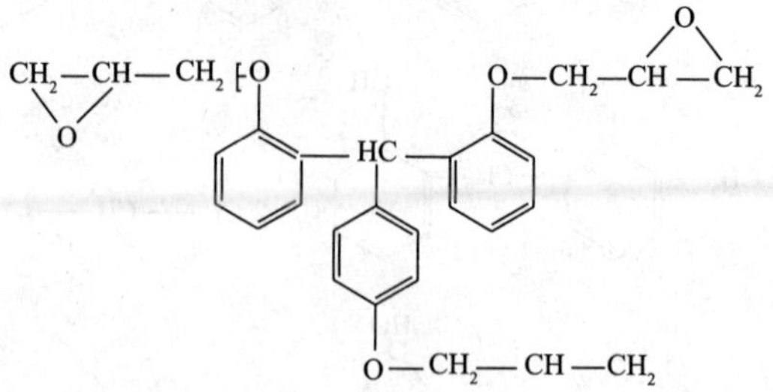

$$
\begin{array}{c}
CH_2—CH—CH_2—O \quad\quad\quad O—CH_2—CH—CH_2 \\
\text{(O)} \quad\quad\quad\quad\quad\quad\quad\quad \text{(O)} \\
HC \\
O—CH_2—CH—CH_2
\end{array}
$$

④四溴二酚基丙烷型环氧树脂　四溴二酚基丙烷型环氧树脂是由四溴二酚基丙烷与环氧氯丙烷缩聚而成，主要是用于耐火环氧树脂，在常温下是固体，它常与二酚基丙烷型环氧树脂混合使用。

⑤四酚基乙烷环氧树脂　这类树脂具有较高的热变形温度和良好的化学稳定性。它是由四酚基乙烷和环氧氯丙烷缩聚而成的具有四个环氧基团的树脂。

2.5.3.4　缩水甘油酯类环氧树脂

缩水甘油酯类环氧树脂是由环氧氯丙烷与有机酸在碱性催化剂存在下，生成的氯化醇脱去氯化氢所得的产物，其反应式为

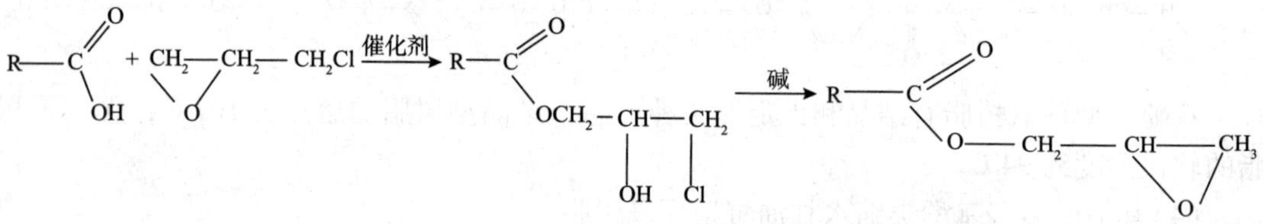

$$
R—\overset{O}{\overset{\|}{C}}—OH + CH_2—CH—CH_2Cl \xrightarrow{\text{催化剂}} R—\overset{O}{\overset{\|}{C}}—OCH_2—\underset{OH}{\underset{|}{CH}}—\underset{Cl}{\underset{|}{CH_2}} \xrightarrow{\text{碱}} R—\overset{O}{\overset{\|}{C}}—O—CH_2—CH—CH_3
$$

缩水甘油酯类环氧树脂与双酚A型环氧树脂相比，它具有较低的黏度，加工工艺性好；反应活泼性高；固化物的力学性能好，电绝缘性尤其是耐漏电痕迹性好；黏合力比通用环氧树脂高；具有良好的耐低温性，在－253～－196℃的超低温下具有比其他类型环氧树脂的黏结强度；同时还具有较好的表面光泽度，透光性、耐候性也很好。

常见的缩水甘油酯类环氧树脂有邻苯二甲酸双缩水甘油酯，其分子结构式为

$$
\begin{array}{l}
—CO_2—CH_2—CH—CH_2 \\
—CO_2—CH_2—CH—CH_2
\end{array}
$$

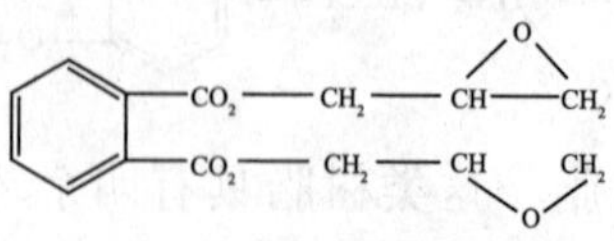

这种环氧树脂为浅色透明的液体，25℃时的黏度为0.8Pa·s。还有四氢邻苯二甲酸双缩水甘油酯。其分子结构式为

$$
\begin{array}{l}
—\overset{O}{\overset{\|}{C}}—CH_2—CH—CH_2 \\
—\underset{O}{\underset{\|}{C}}—CH_2—CH—CH_2
\end{array}
$$

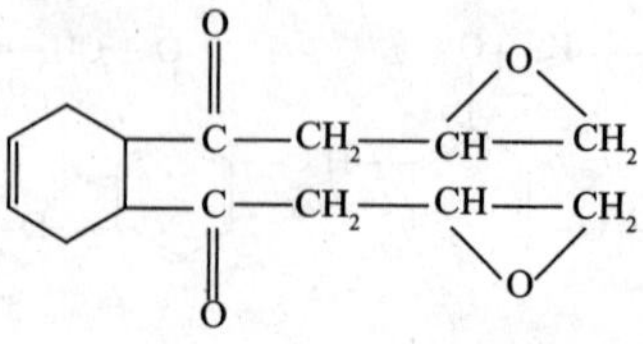

这种环氧树脂为黏稠液体。

缩水甘油酯类环氧树脂一般用胺类固化剂固化，与固化剂的反应类似于缩水甘油酯类环氧树脂。

2.5.3.5　缩水甘油胺类环氧树脂

缩水甘油胺类环氧树脂是由环氧氯丙烷与脂肪族或芳香族伯胺或仲胺类化合物反应而成的环氧树脂。这类树脂的特点是多官能度、环氧当量高、交联密度大、耐热性可显著提高。其主要缺点是脆性较大。常见的有以下几种。

(1)四缩水甘油甲基二苯胺环氧树脂　由 4，4′-二氨基二苯甲烷与环氧氯丙烷反应合成的具有以下结构式。

$$\left(\overset{O}{\overbrace{CH_2—CH}}—CH_2\right)_2N—C_6H_4—CH_2—C_6H_4—N\left(CH_2—\overset{O}{\overbrace{CH—CH_2}}\right)_2$$

此树脂在室温及高温下均有良好的黏结强度，固化物具有较低的电阻。

(2)三缩水甘油对氨基苯酚环氧树脂　由双氨基苯酚与环氧氯丙烷反应而得的产物具有以下结构式。

$$\left(\underset{O}{\underbrace{CH_2—CH}}—CH_2—O\right)_2N—C_6H_4—O—CH_2—\underset{O}{\underbrace{CH—CH_2}}$$

此树脂在常温下为棕色液体，黏度小，25℃时为 1.6～2.3Pa·s，环氧值为 0.85～0.95，可作为高温碳化的烧蚀材料、耐 γ 射线的环氧玻璃纤维增强塑料。

(3)三聚氰酸环氧树脂　三聚氰酸环氧树脂是由三聚氰酸和环氧氯丙烷在催化剂存在下进行缩合，再以氢氧化钠进行闭环反应而得。其结构式为：

$$\text{三嗪环}(C_3N_3)\text{：}\quad O—CH_2—\underset{O}{\underbrace{CH—CH_2}};\quad \underset{O}{\underbrace{CH_2—CH_2}}—CH_2—O—;\quad O—CH_2—\underset{O}{\underbrace{CH—CH_2}}$$

由于在三聚氰酸环氧树脂中含有 3 个环氧基团，所以固化后结构紧密，具有优异的耐高温性和耐油性。由于分子中含 14% 的氮，遇火有自熄性，并有良好的耐电弧性。

2.5.3.6　线型脂肪族类环氧树脂

这类树脂的特点是在分子结构中既无苯环，也无酯环结构。仅有脂肪链，环氧基与脂肪链相连。通式为：

$$R—\overset{O}{\overbrace{CH—CH}}—R'—\overset{O}{\overbrace{CH—CH}}—R''$$

由于这类树脂的脂肪链是与环氧基直接相连的，所以柔韧性比较好，但耐热性较差。

(1)聚丁二烯环氧树脂　聚丁二烯环氧树脂是由低相对分子质量的聚丁二烯树脂分子中的双键经环氧化而得。在它的分子结构中，既有环氧基，也有双键、羟基和酯基侧链。其分子结构式为：

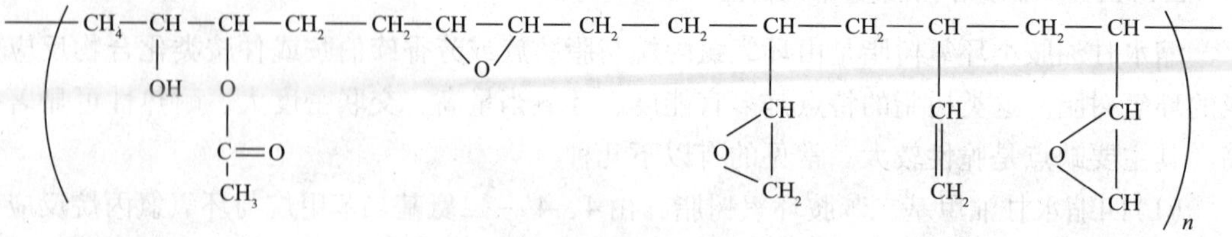

$$\left(-CH_4-\underset{OH}{\underset{|}{CH}}-\underset{\underset{CH_3}{\underset{|}{C=O}}}{\underset{|}{O}}\!\!\!\!\!\!\underset{}{}-CH-CH_2-CH_2-\underset{\diagdown O \diagup}{CH-CH}-CH_2-CH_2-\underset{\underset{O\;\;CH_2}{CH}}{\underset{|}{CH}}-CH_2-\underset{\underset{CH_2}{\underset{\|}{CH}}}{\underset{|}{CH}}-CH_2-\underset{\underset{O\;\;CH}{CH}}{\underset{|}{CH}}-\right)_n$$

聚丁二烯环氧树脂是浅黄色黏稠液体，黏度0.8～2.0Pa·s，环氧值0.162～0.186。由于其分子具有长的脂肪链节，所以固化后产品具有很好的屈挠性。它采用酸酐类和胺类固化剂，对酸酐的反应活性稍大于脂肪胺类。同时又因分子结构中含有双键，可用过氧化物引发交联，以提高交联密度。选用不同的配方和固化条件，可得到具有韧性、高延伸率的弹性体或具有高热变形温度的刚性体。这种树脂的固化物具有良好的电绝缘性，尤其在高温下电性能变化不大，具有良好的黏结性、耐候性以及高冲击韧性，但固化后产物收缩率较大。

(2)二缩水甘油醚　二缩水甘油醚由环氧氯丙烷按下述反应进行制备。环氧氯丙烷水解制成一氯丙二醇，一氯丙二醇与环氧氯丙烷进行开环醚化反应，二(氯丙醇)醚脱氯化氢合环生成二缩水甘油醚，二缩水甘油醚又称600号稀释剂。在制备二缩水甘油醚的过程中，由于环氧氯丙烷过量，所以反应中会生成一部分高沸点的多缩水甘油醚，称为630号稀释剂，600号稀释剂及630号稀释剂的特性见表2-32。

表2-32　二缩水甘油醚与多缩水甘油醚的特性

性能	600号稀释剂	630号稀释剂
外观	无色透明液体	深黄至棕色黏稠液体
相对密度	1.123～1.124	1.20～1.28
折射率	1.4489～1.4553	1.465～1.482
黏度(25℃)/(Pa·s)	$(4\sim6)\times10^{-3}$	$(0.4\sim1.2)\times10^{-1}$
环氧基含量	>50%	>50%

600号稀释剂主要用来降低二酚基丙烷型环氧树脂黏度，延长使用期。用量较少时，不会降低树脂固化物的高温性能。630号稀释剂环氧树脂，在制造大型模具及大部件浇注时不仅能起到稀释剂作用，而且还能增加树脂的韧性。

2.5.3.7　脂环族环氧树脂

脂环族环氧树脂是由脂环族烯烃的双键经环氧化制得的，它们的分子结构和双酚A型环氧树脂及其他环氧树脂有很大差异。前者的环氧基都直接连接在脂环上，而后者的环氧基都是以环氧丙基醚连接在苯环或脂肪烃上。脂环族环氧树脂的固化物具有下列一些特点，较高的拉伸强度和压缩强度，长期暴置高温条件下仍能保持良好的力学性能和电性能，耐电弧性好，耐紫外线老化性能级耐候性较好。

(1)二氧化双环戊二烯 二氧化双环戊二烯的国产牌号为6207(或R－122)，它是由双环戊二烯用过乙酸氧化而制得的。二氧化双环戊二烯的相对分子质量为164.2，是一种白色结晶粉末。相对密度为1.33，熔点>185℃，环氧当量83。与双酚A型环氧树脂相比，它的环氧基直接连接在酯环上，因此固化后得到酯环紧密的刚性高分子结构，具有很高的耐热性，其热变形温度可达300℃以上。此外该树脂中不含苯环，不受紫外线影响，所以具有优越的耐候性。同时因不含有其他极性基团，故介电性能也非常优异。其缺点是固化产物脆性较大，树脂的黏合力不够高。通常这种树脂用胺类难以固化，因此，多采用酸酐类固化剂。由于树脂中无羟基存在，所以用酸酐固化时，必须加入少量的多元醇起引发作用。如用顺酐固化时，需加入少量的甘油作引发剂。二氧化双环戊二烯虽然是高熔点的固体粉末，但它与固化剂混合加热到60℃以下时，形成黏度只有0.1Pa·s左右的液体，不但使用期长、便于操作，而且与填料有很好的润湿性。由于存在这些工艺上的特点和优异的性能，使其得到广泛的应用。如作在高温下使用的浇注料，胶黏剂和玻璃纤维增强复合材料等。

(2)二氧化双环戊基醚 二氧化双环戊基醚是由双环戊二烯为原料，经裂解，加氯化氢，水解醚化及环氧化反应过程制得，是三个异构体的混合物。由于这三种异构体的性能差别不大，因此一般在工业上不加分离，可直接应用。二氧化双环戊基醚多采用二元酸酐(如顺酐、647号酸酐等)和多元芳香胺类(如间苯二铵、4，4－二氨基二苯基甲烷等)进行固化。配制后的胶液黏度低，使用期长、工艺性能好。其固化产物的特点是强度高、耐老化性优良，韧性好(延伸率达6%～7%)、耐热性高(热变形温度达235℃)。由于这些特点，二氧化双环戊基醚树脂特别适用于纤维增强结构材料、深水耐压和耐温结构(如潜艇、导弹等)、绝缘材料以及高温高压的缠绕、浇注、密封、胶接和耐腐蚀涂料等，其缺点是刺激性大。用间苯二胺(用量为树脂量的28%)固化的二氧化双环戊基醚树脂/玻璃纤维复合材料的性能见表2-33。

表2-33 二氧化双环戊基醚树脂/玻璃纤维复合材料的性能

性能	参数	性能	参数
弯曲强度/MPa	487	冲击强度/(kg/cm)	125
拉伸强度/MPa	371.6	马丁耐热温度/℃	275

2.5.3.8 *新型环氧树脂*

用于宇航等高科技领域的先进材料应具有良好的耐热性。如何提高耐热性是开发高性能环氧树脂的重要课题。目前常用的方法如合成多官能度环氧树脂、在环氧骨架中引入萘环等刚性基团以及环氧树脂与其他耐热性树脂如双马来酰亚胺树脂混用等，例如四官能度环氧树脂(BPTGE)。

由于分子结构中不含亲水性的氮原子，因此吸水性低、耐热性好。在环氧树脂分子主链或侧基上引入硅氧烷，对提高树脂的耐热性也有一定的效果。例如，用含羟基或烷氧基的聚甲基硅氧烷作改性剂，所得改性环氧树脂的热分解温度提高100℃左右，吸水率降低，耐腐蚀性显著增强。提高环氧树脂的韧性也是研究热点之一。增韧的主要途径如使用增韧剂、改进固化剂、有机硅、橡胶改性、聚合物结构柔性化等。显然，单纯通过环氧树脂的分子设计很难使耐热性和强韧性同时得到提高，既环氧树脂增韧的同时往往给耐热性带来不良影响。随着高分子相容性理论与技术的进步，现在已经能够做到控制环氧树脂与热塑性树脂共混合物的相界面形态，这样就有可能利用高分子共混技术来改进环氧树脂的脆性，提高固化产物的韧性和黏结强度。

2.5.3.9 环氧树脂的固化剂

环氧树脂本身是热塑性的线型结构，不能直接使用，必须再向树脂中加入第二组分，在一定的温度条件下进行交联固化反应，生成体型网状结构的高聚物之后才能使用。这个第二组分叫做固化剂。用于环氧树脂的固化剂虽然种类繁多，但大体上可分为两类，一类是可与环氧树脂进行合成，并通过逐步聚合反应的历程使它交联成网状结构。这类固化剂又称反应性固化剂，一般都含有活泼的氢原子，在反应过程中伴有氢原子的转移，例如多元伯胺、多元羧酸、多元硫醇和多元酚等。另一类是催化性的固化剂，它可引发树脂分子中的环氧基按阳离子或阴离子聚合的历程进行固化反应，例如叔胺、三氟化硼络合物等，两类固化剂都是通过树脂分子结构中具有的环氧基或仲羟基的反应完成固化过程的。

(1)多元胺类固化剂　多元脂肪胺和芳香胺固化剂用得比较普遍。伯胺与环氧树脂的反应一般认为是连接在伯胺氮原子上的氢原子和环氧基团反应，转变成仲胺，其反应如下。生成的仲胺再与另一个环氧基反应生成叔胺。

$$R—NH_3 + \underset{\diagdown O \diagup}{CH_2—CH} \sim\sim \longrightarrow R—\underset{|\atop R}{N}—CH_2—\underset{|\atop OH}{CH_3}\sim\sim$$

伯胺与环氧树脂通过上述逐步聚合反应历程交联成复杂的体型高聚物。伯胺与仲胺类固化剂用量的计算，是根据氨基上的一个活泼氢和树脂上的一个环氧基反应来考虑的，一般可以按下式计算。

$$每100g树脂所需要胺的质量(g)=\frac{有机胺的相对分子质量}{有机胺的活泼氢数}\times 树脂的环氧数$$

常用的胺类固化剂的性能、固化条件及参考用量见表2-34。

表2-34　常用胺类固化剂

名称	化学结构式	胺当量	固化条件	沸点/℃	性能	参考用量/%
乙二胺	$H_2NCH_2CH_2NH_2$	15.0	25℃/7d；80℃/3h	116	有刺激性臭味，固化反应放热量大，试用期短，固化后树脂力学强度和热变形温度都较低	6～8

续表

二亚乙基三胺	$H_2NCH_2CH_2NHCH_2CH_2NH_2$	20.6	25℃/7d；100℃/30min	208	有刺激性，反应热大，适用期短，固化后的树脂耐化学药品性较好	8～10
三亚乙基四胺	$H_2N(CH_2CH_2NH)_2CH_2CH_2NH_2$	24.6	25℃/7d；100℃/30min	266	毒性较二亚乙基三胺低	10～12
四亚乙基五胺	$H_2N(CH_2CH_2NH)_3CH_2CH_2NH_2$	27.6	25℃/7d；100℃/30min	340	性能近于三亚乙基四胺	12～15
多亚乙基多胺	$H_2N(CH_2CH_2NH)nCH_2CH_2NH_2$		25℃/7d；100℃/30min			14～16
己二胺	$NH_2(CH_2)_6NH_2$	29	同乙二胺	39	有毒	15～16
双氰胺	$H_2N—C(=NH)—NH—CN$	21	145～165℃/2～4h		不加热使用寿命长达几年；加热，反应很快	6～7
间苯二胺		50	80℃/3～4h；150℃/2h	63（熔点）	耐热、耐腐蚀性好，但要加热固化	14～16
间苯二甲胺		34	25℃/14d；80～100℃/4h	12（熔点）	毒性小，用量大，可使树脂少用稀释剂	18～24
β－羟乙基乙二胺	$NH_2CH_2CH_2NHCH_2CH_2OH$	34.7	25℃/7d；80～100℃/3h	288	毒性低，易吸水	16～18
三乙醇胺	$(HOC_2H_4)_3N$		100～120℃/4h	188～190（100mmHg）	易吸水	10～13

注：$1mmHg = 1.013 \times 10^5 Pa$。

（2）酸酐类固化剂　酸酐是环氧树脂加工工艺中仅次于胺类的最重要的一类固化剂。与胺类相比，酸酐固化的缩水甘油醚类环氧树脂具有色泽浅、良好的力学与电性能以及更高的热稳定性等优点。树脂－酸酐混合物具有黏度低、适用期长、低挥发性以及毒性较低的特点，加热固化时体系的收缩率和放热效应也较低。其不足之处是为了获得合适的性能，需要在较高温度下保持较长的固化周期，但这一缺点可借加入适当的催化剂来克服。

用酸酐固化的环氧树脂其热变形温度较高，耐辐射性和耐酸性均优于胺类固化剂的树脂，固化温度一般需要高于150℃。用酸酐类固化剂时，一对酸酐开环只能与一个环氧基反应，因此，100g 环氧树脂所需要的酸酐用量可用下式计算。

酸酐用量(g) = K × 环氧值 × 酸酐相对分子质量/酸酐基数 = K × 环氧值 × 酸酐当量

式中，K 为常数，依酸酐种类不同而异，对一般的酸酐来说，$K = 0.8 \sim 0.9$；卤化了的酸酐 $K = 0.6$；使用叔胺作催化剂时，$K = 1.0$，酸酐当量 = 酸酐相对分子质量/酸酐基数。

①邻苯二甲酸酐（简称苯酐，PA） 苯酐是最早用于环氧树脂的固化剂，为一种白色固体，相对分子质量为148，熔点128℃。作为固化剂时，其放热量少，放热温度低，适用期长，操作简便。固化产物的耐热性及耐老化性能都比较好，可用于大型浇注件、层压件等。一般用量为树脂质量的30%～50%。这主要是考虑到配胶时苯酐易于析出和升华，因此用量要略高些，固化温度约150～170℃。固化时间为4～24h，其固化树脂的力学强度高，耐酸性强，耐碱性较差，热变形温度在100℃以上。

②顺丁烯二酸酐（简称顺酐，MA） 顺酐的相对分子质量为98.06，相对密度1.509，熔点为53℃，是一种白色晶体。一般用量为树脂质量的30%～40%，混合物的适用期长，室温下可放置2～3d，固化放热温度低，固化产物的耐热性好，但是脆性较大，所以通常要和增韧剂一起使用，或与其他酸酐混合使用。其结构式为

含有不饱和双键的顺丁烯二酸酐作为环氧化聚丁二烯树脂固化剂时，可以起到改善固化物耐热性的作用，如同时使用过氧化物能将热变形温度由120℃提高到200℃。

③均苯四甲酸二酐（PMDA） 均苯四甲酸二酐为白色结晶体，相对分子质量为218，熔点286℃。其结构式为 。均苯四甲酸二酐与环氧树脂的反应活性强，但因熔点高，在室温下不易与树脂混合，加入到环氧树脂中的方法有以下四种：a. 先把均苯四甲酸二酐在高温下溶于树脂，在用第二个酸酐（辅助酸酐）来降低其活性；b. 先将均苯四甲酸二酐溶于溶剂中（如丙酮），然后再混入环氧树脂；c. 将均苯四甲酸二酐在室温下悬浮于液体环氧树脂中，此时其颗粒大小必须小于10μm；d. 将均苯四甲酸二酐与二元醇反应生成以下结构的酸酐，再混入环氧树脂。

此固化产物的交联密度大，压缩强度、耐化学药品性及热稳定性优良，热变形温度约

280℃，高于其他酸酐固化的树脂，但拉伸强度和弯曲强度较低。

④四氢苯酐(THPA) 四氢苯酐不易升华，价格比苯酐便宜，固化物的色泽比较浅。它与树脂混合时的温度必须在80℃～100℃左右，低于70℃时四氢苯酐会析出，四氢苯酐的熔点在102～103℃，是一种低毒固化剂，用量为树脂的57%。

⑤六氢苯酐(HHPA) 六氢苯酐是低熔点(35～36℃)的蜡状固化，在50℃时就易与环氧树脂相容。它与液体双酚A型环氧树脂混合后，混合物的黏度低，适用期长，固化时放热小，能在较短的时间内完成固化，固化物的色泽很浅，耐热性、电性能以及化学稳定性比较好，由于它的活性较低，常与催化剂苄基二甲胺或2，4，6－三(二甲基甲基)酚(DMP－30)混合使用。

(3)阴离子及阳离子型固化剂 前面讲述的一类反应性固化剂主要通过逐步聚合的历程使环氧树脂固化，这类物质大多含有活泼氢，通过固化剂本身使各个树脂分子交联成体型结构的高聚物。而阴离子及阳离子型固化剂是催化性固化剂，它们仅仅起到固化反应的催化作用，这类物质主要是引发树脂分子中环氧基的开环聚合反应，从而交联成体型结构的高聚物。由于树脂分子间的直接相互反应，使固化后的体型结构高聚物基本具有聚醚的结构。这类固化剂的用量主要凭经验，由实验来决定。选择的依据主要是考虑获得最佳综合性能和工艺操作性能间的平衡。常用的是路易斯碱(按阴离子聚合反应的过程)和路易斯酸(按阳离子聚合反应的历程)，它们可以单独用作固化剂，也可用作多元胺或聚酰胺类或酸酐类固化体系的催化剂。

①阴离子型固化剂 这类固化剂中常用的是叔胺类，例如苄基二甲胺、DMP－10(邻羟基苄基二甲胺)和DMP－30[2，4，6－三(二甲氨基甲基)酚]等。它们属于路易斯碱，氮原子的外层有一对未共享的电子对，因此具有亲核性质，是电子给予体。单官能团的仲胺(如咪唑类化合物)当在其活泼氢和氧基反应后，也具有催化作用。苄基二甲胺用量为6%～10%，适用期1～4h，室温固化约6d；DMP－10和DMP－30的酚羟基显著地加速树脂固化速率。用量5%～10%，适用期30min～1h，放热量高，体系固化速度快(25℃一昼夜)。2－甲基咪唑和2－乙基－4－甲基咪唑是近年来发展起来的一类固化剂。毒性小、配料容易，适用期长，黏度小，固化简便，固化物电性能和力学性能良好。用量3%～4%，其交联反应可同时通过仲胺基上的活泼氢和叔胺的催化引发作用，较其他催化型固化剂有较快的固化速率和固化程度。

②阳离子型固化剂 路易斯酸($AlCl_3$、$ZnCl_2$、$SnCl_4$和BF_3等)是电子接受体，这类固化剂中用得最多的是三氟化硼，它是一种有腐蚀的气体，能使环氧树脂在室温下以极快的速度聚合(仅数十秒钟)。三氟化硼不能单独用作固化剂，因为反应太剧烈，树脂凝胶太快，无法操作。为了获得在实际情况下可以操作的体系，常用三氟化硼和胺类(脂肪族胺或芳香族胺)或醚类(乙醚)的络合物。各种三氟化硼胺络合物的特性见表2-35。工业上常用的是三氟化硼－乙胺络合物，它是结晶物质(熔点87℃)，在室温下非常稳定，离解温度约90℃。三氟化硼－乙胺络合物非常亲水，在湿空气中极易水解成不能再作固化剂的黏稠液体。它可以直接和热的树脂(约85℃)相容。也可将它溶解在带羟基的载体中(如二元醇、糠醇等)，再用这种溶液作为固化剂。在使用该络合物时要注意避免使用石棉、云母及某些碱性填料。

表 2-35　各种三氟化硼胺络合物的特性

三氟化硼胺络合物中的胺类	外观	熔点/℃	三氟化硼含量/%	室温下适用期①
苯胺	淡黄色	250	42.2	8h
邻甲苯胺	黄色	250	38.8	7～8d
N-甲基苯胺	淡绿色	85	38.8	5～6d
N-乙基苯胺	淡绿色	48	36.0	3～4d
N，*N*-二乙基苯胺	淡绿色		31.3	7～8d
乙胺	白色	87	59.5	数月
哌啶	黄色	78	44.4	数月
苄胺	白色	138～139	35.9	3～4周

①100g 二酚基丙烷二缩水甘油醚加 1g BF_3。

三氟化硼-乙胺络合物的用量为3%～4%，在室温下的适用期达4个月。加热到100～120℃，络合物离解，使固化反应快速进行。温度对固化反应非常敏感，低于100℃固化速率几乎可以忽略，在120℃时快速反应，并释放出大量的热。

（4）树脂类固化剂　含有活性基团—NH—、—CH_2OH、—SH、—C—OH、—OH 等的线型合成树脂低聚物都可作环氧树脂的固化剂。由于使用的合成树脂种类不同，可对环氧树脂固化物的一些性能起到改善作用。常用的是一些线型合成树脂低聚物，有苯胺甲醛树脂、酚醛树脂、聚酰胺树脂、聚硫橡胶、呋喃树脂和聚氨酯树脂等。

①酚醛树脂　线型的酚醛树脂和热固性酚醛树脂都可作为环氧树脂的固化剂，固化时酚醛树脂中的酚羟基与环氧基反应

$$\text{Ar—OH} + \underset{\text{O}}{H_2C—CH} \longrightarrow \text{Ar—O—}CH_2\text{—}\underset{\text{OH}}{\underset{|}{CH}}\text{—}$$

酚醛树脂中的羟甲基与环氧树脂中的羟基及环氧基反应

$$\sim\sim CH_2OH + HO—\overset{|}{\underset{|}{C}}H \longrightarrow \sim\sim H_2C—O—\overset{|}{\underset{|}{C}}H + H_2O$$

$$\sim\sim CH_2OH + \underset{\text{O}}{H_2C—CH_2} \longrightarrow —CH_2—O—CH_2—\underset{\text{OH}}{\underset{|}{CH}}—$$

最后树脂体系交联成具有复杂三维网状结构的固化产物。

在线型的酚醛树脂与环氧树脂的复合物中，如果不添加促进剂，复合物在常温下有数月的适用期，但固化速率比较慢。添加促进剂就会大大加速固化反应的进行，复合物的适

用期也缩短。由于有较长的适用期，并且固化物的电性能好，耐热冲击性能优良，在涂料、黏结、浇注及层压等方面得到广泛的应用。

②聚酰胺树脂　与多元胺类化合物相似，低相对分子质量聚酰胺树脂中的氨基也可与环氧基反应形成交联结构。目前国内生产用作环氧树脂固化剂的聚酰胺树脂有 650（胺值 200）、651（胺值 400）等几种牌号。低相对分子质量聚酰胺在室温下黏度较大，为了降低其黏度，可以加入少量的活性稀释剂。聚酰胺作为固化剂的用量可以很大，一般为环氧树脂的 40% ~200%。这类固化剂的适用期短，它与脂肪族多胺一样，在低温下也容易进行反应，挥发性与毒性很小。固化物具有韧性，低温性能好，收缩小及尺寸稳定性好，但耐热性、耐湿热性及耐溶剂性能差。

（5）其他固化剂　除了以上介绍的固化剂之外，还有一些固化剂，它们使环氧树脂固化的过程可能不限于某一种反应历程，而真正的反应过程尚不清楚。属于这类固化剂的有双氰胺、含硼化合物、金属盐类和多异氰酸酯类等。

2.5.3.10　环氧树脂的其他辅助剂

为了改进环氧树脂的工艺性能和固化产物的物理机械性能以及降低成本，除了固化剂之外，往往还需要在树脂体系中加入适量的其他辅助剂，如稀释剂、增塑剂、增韧剂、增强剂及填充剂等。

2.5.3.11　环氧树脂的加工性能

环氧树脂的成型方法很多，如压制、浇注、注塑、层压、浸渍、传递模塑成型等成型方法，也可进行涂装（溶液、水性、粉末）、黏结等二次加工。

环氧树脂的压制成型中常常要加入增强材料以及填充材料，充分混合均匀后，在热压机上成型。

浇注成型方法是先将树脂与固化剂、填充材料等按一定比例配好并搅拌均匀，然后浇注在涂有脱模剂的模具中进行固化成型。

注射成型对环氧树脂固化体系的要求是长期储存稳定、流动性好并可保持长时间塑化，高温下固化时间短。

环氧树脂的层压成型是以环氧树脂为黏合剂，以玻璃布、石棉布、牛皮纸等为基材，放入到层压机内通过加热加压成制品，其成型过程与酚醛层压塑料相类似。

其余成型方法不再一一叙述。

环氧树脂主要可应用于增强塑料、浇注塑料、泡沫塑料、黏合剂、涂料等。

玻璃纤维增强的环氧树脂又称为环氧玻璃钢，是环氧树脂的最大用途之一，它具有与基材黏结力强、形状稳定性好等特点，可用于大型壳体，如游船、汽车车身、飞机的升降舵、发动机罩、仪表盘、化工防腐槽等，还可大量用作电气开关装置、印制线路底盘，尤其是可作导弹部件，对国防工业具有特殊的重要意义。

环氧树脂的压制及注塑制品可用于汽车发动机部件、开关壳体、线圈架、电动机外壳等。

环氧树脂的浇注制品可用于各种电子元件的胶封和金属零件的固定，还可用来浇制宇宙飞船部件、地面通信设备等。

环氧树脂还可以发泡制成泡沫塑料。环氧泡沫塑料的长期使用温度可达200℃，可用作绝热材料、轻质高强夹心材料、减震包装材料、漂浮材料及飞机上的吸声材料。

2.5.4 不饱和聚酯树脂

聚酯是主链上含有酯键的高分子化合物的总称，是由二元醇或多元醇与二元酸或多元酸缩合而成的，也可从同一分子内含有羟基和羧基的物质制得。

不饱和聚酯的英文名称为 unsaturated polyesfer，简称 UP。不饱和聚酯是热固性的树脂，在不饱和聚酯的分子主链中同时含有酯键和不饱和双键。因此，它具有典型的酯键和不饱和双键的特性。

典型的不饱和聚酯具有下列结构

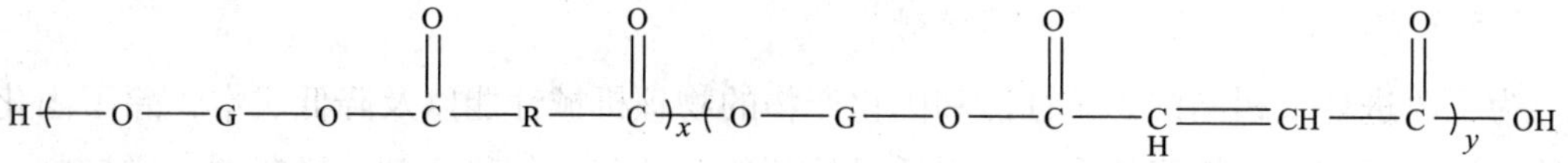

$$H\left(O-G-O-\overset{O}{\overset{\|}{C}}-R-\overset{O}{\overset{\|}{C}}\right)_x\left(O-G-O-\overset{O}{\overset{\|}{C}}-\underset{H}{C}=CH-\overset{O}{\overset{\|}{C}}\right)_y OH$$

式中，G 及 R 分别代表二元醇及饱和二元酸中的二价烷基或芳基；x 和 y 表示聚合度。从上式可见，不饱和聚酯具有线型结构，因此也称为线型不饱和聚酯。由于不饱和聚酯链中含有不饱和双键，因此可以在加热、光照、高能辐射以及引发剂作用下与交联单体（苯乙烯）进行共聚，并联固化成具有三向网络的体型结构。不饱和聚酯在交联前后的性质可以有广泛的多变性，这种多变性取决于以下两种因素：一是二元酸的类型及数量；二是二元醇的类型。

2.5.4.1 不饱和聚酯的合成原料

（1）二元酸　虽然不饱和聚酯链中的双键都是由不饱和二元酸提供的，但为了调节其中的双键含量，工业上合成不饱和聚酯时采用不饱和二元酸和饱和二元酸的混合酸组分。后者还能降低聚酯的结晶性，增加与交联单体苯乙烯的相容性。

①不饱和二元酸　工业上用的不饱和酸是顺丁烯二酸酐（简称顺酐）和反丁烯二酸，主要是顺酐，这是因为顺酐熔点低，反应时缩水量少（较顺酸或反酸少1/2的缩聚水），而且价廉。

顺酐在缩聚过程中，它的顺式双键要逐渐转化为反式双键，但这种转化并不完全。而在不饱和聚酯树脂的固化过程中，反式双键较顺式双键活泼，这就有利于提高固化反应的程度，树脂固化后的性能随反式双键含量提高而有所差异，而顺式双键的异构化程度与缩聚反应的温度、二元醇的类型以及最终聚酯的酸值等因素有关。

反丁烯二酸由于分子中固有的反式双键，使不饱和聚酯不仅具有较快的固化速率和较高的固化程度，还使聚酯分子链排列较规整。因此，固化制品有较高的热变形温度，良好的物理、力学与耐腐蚀性能。

此外，还可以选用其他的不饱和二元酸，见表 2-36。

表 2-36　用于不饱和聚酯合成的其他不饱和二元酸

二元酸	分子式	相对分子质量	熔点/℃
顺丁烯二酸	HOOC—CH = CH - COOH	126	130.5
氯代顺丁烯二酸	HOOC - CCl = CH - COON	150	
2 - 亚甲基丁二酸(衣康酸)	CH_2 = C(COOH)CH_2COOH	130	161(分解)
顺式甲基丁烯二酸(柠康酸)	HOOC - C(CH_3) = CHCOOH	130	161(分解)
反式甲基丁烯二酸(中康酸)	HOOC - C(CH_3) = CHCOOH	130	

②饱和二元酸生产不饱和聚酯树脂时，加入饱和二元酸共缩聚可以调节双键的密度，增加树脂的韧性，降低不饱和聚酯的结晶倾向，改善它在乙烯基类交联单体中的溶解性。

常用的饱和二元酸是邻苯二甲酸酔酐(简称苯酐)。苯酐用于典型的刚性树脂中，并使树脂固化后具有一定的韧性。在混合酸组分中，苯酐还可以降低聚酯的结晶倾向以及由于芳环结构导致的与交联单体苯乙烯有良好的相容性。表 2-37 中列出常用的一些饱和二元酸。

表 2-37　常用的饱和二元酸

二元酸	分子式	相对分子质量	熔点/℃
苯酐	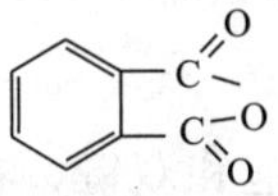 C O O C O	148	131
间苯二甲酸	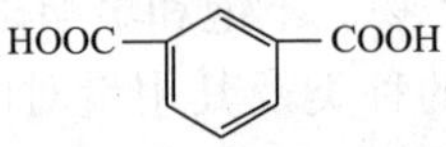 HOOC COOH	166	330
对苯二甲酸	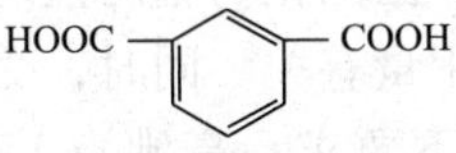 HOOC COOH	166	
纳狄克酸酐(NA)	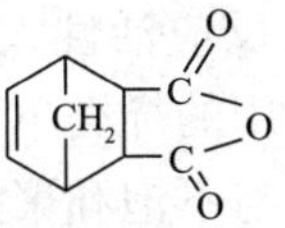 CH_2 C O O C O	164	165
四氢苯酐(THPA)	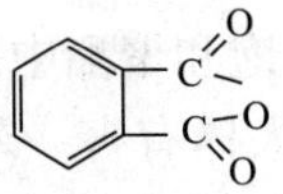 C O O C O	152	102 ~ 103
氯菌酸酐(HET 酸酐)	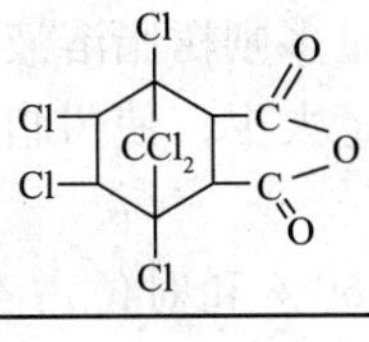 Cl Cl Cl CCl_2 C O O C O Cl	371	239

续表

二元酸	分子式	相对分子质量	熔点/℃
六氢苯酐(HPA)		154	35～36
己二酸	$HOOC(CH_2)_4COOH$	145	152
癸二酸	$HOOC(CH_2)_8COOH$	202	133

③不饱和酸和饱和酸比例　以由顺酐、苯酐和丙二醇缩聚而成的通用不饱和聚酯为例，其中顺酐和苯酐是等摩尔比例投料的，若顺酐/苯酐的摩尔比例增加，则会使最终树脂的凝胶时间、折射率和黏度下降，而固化树脂的耐热性提高，一般的耐溶剂、耐腐蚀性能也提高。若顺酐/苯酐的摩尔比下降，由此制成的聚酯树脂将最终固化不良，制品的力学强度下降。所以，为了合成特殊性能要求的聚酯，可以适当的增加顺酐/苯酐的比例。

(2)二元醇　合成不饱和聚酯主要用二元醇。一元醇用作分子链长控制剂，多元醇可得到高相对分子质量、高熔点的支化缩聚。最常用的二元醇是1，2－丙二醇，由于丙二醇的分子结构中有不对称的甲基，因此得到的聚酯结晶倾向较少，与交联剂苯乙烯有良好的相容性。树脂固化后具有良好的物理和化学性能。乙二醇具有对称结构，由乙二醇制得的不饱和聚酯有强烈的结晶倾向，与苯乙烯的相容性较差。为此，常要对不饱和聚酯的端羧基进行酰化，以降低结晶倾向，改善与苯乙烯的相容性，提高固化物的耐水性及电性能。

2.5.4.2　不饱和聚酯树脂的固化

(1)交联剂　不饱和聚酯分子中含有不饱和双键，在交联剂或热的作用下发生交联反应，成为具有不溶不熔体形结构的固化产物。不饱和聚酯树脂是由不饱和聚酯与烯类交联单体两部分组成的溶液，因此交联单体的种类及其用量对固化树脂的性能有很大的影响。烯类单体在这里既是交联剂，又是溶剂。已固化树脂的性能不仅与聚酯树脂本身的化学结构有关，而且与所选用的交联剂结构及用量有关。同时，交联剂的选择和用量还直接影响着树脂的工艺性能。一般对交联剂有如下要求：高沸点、低黏度，能溶解树脂呈均匀溶液，能溶解引发剂、促进剂及染料；无毒，反应活性大，能与树脂共聚成均匀的聚合物，共聚物反应能在室温或较低温度下进行。常用的烯类单体交联剂有以下几种。

①苯乙烯　苯乙烯是一种低黏度液体，与不饱和聚酯具有良好的相容性，能很好的溶解引发剂及促进剂。苯乙烯的双键活性较大，容易与不饱和聚酯中的不饱和双键发生共聚，生成均匀的共聚物，苯乙烯是目前在不饱和聚酯中用量最大的交联剂。苯乙烯的缺点是沸点低(145℃)，易于挥发，有毒性，对人体有害。苯乙烯用量一般为20%～50%，其用量对顺酐/苯酐不饱和聚酯树脂性能的影响见表2－38。选择一定量的苯乙烯是很重要的。苯乙烯含量不能过多，也不能过少。过多则树脂溶液黏度太稀，不便应用；太少则黏度太大，不便于施工，同时由于苯乙烯含量太少，使树脂固化不够完全，影响树脂固化后的软化温度。

②乙烯基甲苯　乙烯基甲苯是临位占60%和对位占40%的异构混合物。它的工艺性

能与苯乙烯类似，比苯乙烯固化时收缩率低。用乙烯基甲苯固化树脂时的体积收缩率比用苯乙烯固化树脂时的体积收缩率要低约4%。同时，由于乙烯基甲苯的沸点高，挥发性相应较低，对人体的危害性也较苯乙烯要小，产品的柔软性较好。

表2-38　苯乙烯用量对不饱和聚酯树脂固化产物性能的影响

顺酐/苯酐（摩尔比）	苯乙烯含量/%	固化时最高放热温度/℃	弯曲强度/MPa	拉伸强度/MPa	热变形温度/℃	伸长率/%	25℃，14h后的吸水率/%
40/60	20	323	145	57.6	147	1.2	0.17
40/60	30	347	113	55.6	158	1.31	0.21
40/60	40	349	100	64	172	1.73	0.17
40/60	50	340	110	66.8	176	1.85	0.17
50/50	20	340	140	57	158	1.3	0.19
50/50	30	380	134	58.3	194	1.32	0.23
50/50	40	392	120	64.7	201	1.7	0.21
50/50	50	396	105	56.2	199	1.7	0.2
60/40	20	356	134	56.2	169		0.23
60/40	30	400	121	60.5	219	1.38	0.25
60/40	40	407	125	50.6	226	1.46	0.25
60/40	50	404	124	46.5	225	1.23	0.28

③二乙烯基苯　二乙烯基苯非常活泼，它与聚酯的混合物在室温时就易于聚合，常与等量的苯乙烯并用，可得到相对稳定的不饱和聚酯树脂，然而它比单独用苯乙烯的活性要大得多。二乙烯基苯由于苯环上有两个乙烯取代基，因此用它交联固化的树脂有较高的交联密度，它的硬度与耐热性都比苯乙烯交联固化的树脂好，它同时还具有较好的耐酯类、氯代烃及酮类等溶剂的性能，缺点是固化物脆性大。

④甲基丙烯酸甲酯　甲基丙烯酸甲酯的特点是折射率较低，接近与玻璃纤维的折射率，因此具有较好的透光性及耐候性。同时，用甲基丙烯酸甲酯做交联剂的树脂黏度较小，有利于提高对玻璃纤维的浸润速率。其缺点是沸点低(100~101℃)，挥发性大，有难闻的臭味，尤其是由于它与顺酐型不饱和聚酯共聚时，自聚倾向大，因此形成的固化产物网络结构疏松，交联度低，使制品不够刚硬，故一般应与苯乙烯混合使用为宜。

⑤邻苯二甲酸二丙烯酯　邻苯二甲酸二丙烯酯的优点是沸点高、挥发性小、毒性低；缺点是黏度较大。邻苯二甲酸二丙烯酯的反应活性比乙烯类单体及丙烯酸类单体要低，即使有催化剂存在的情况下，也不能使不饱和聚酯树脂室温固化。由于它的固化产物热变形温度高，介电性好，耐老化性能比用苯乙烯的好，所以可用于耐热性能要求高的制品。又因为用邻苯二甲酸二丙烯酯做交联剂，固化时放热少和体积收缩率小，因而又适于大型制件的成型。

⑥三聚氰酸三丙烯酯　三聚氰酸三丙烯酯的固化产物具有很高的耐热性(200℃以上)和力学强度。但这类单体的黏度太大，使用不便，同时操作时刺激性很大，而且固化时放出大量的热，不利于厚制件的成型。

(2)引发剂　引发剂是能使单体分子或含双键的线型高分子活化而成为游离基并进行连锁聚合反应的物质。不饱和聚酯树脂的固化就是遵循游离基反应机理的。制备纤维增强复合材料时，通常是将不饱和聚酯树脂配以适当的有机过氧化物引发剂之后，浸渍纤维，经适当的温度加热和一定时间的作用，把树脂和纤维紧紧地黏结在一起，成为一个坚硬的复合材料整体。在这一过程中，纤维的物理状态前后没有变化，而树脂则从黏流态转变成为坚硬的固态。这种过程称为不饱和聚酯树脂的固化。

①R－O－O－H 烷基(或芳基)过氧化氢　例如异丙苯过氧化氢 $C_6H_5-C(CH_3)_2-O-O-H$

②R－O－O－R 过氧化二烷基(或芳基)　例如过氧化叔丁基 $CH_3-C(CH_3)_2-O-O-C(CH_3)_2-CH_3$ 和过氧化二异丙苯 $C_6H_5-C(CH_3)_2-O-O-C(CH_3)_2-C_6H_5$。

③ $R-\overset{O}{\overset{\|}{C}}-O-O-\overset{O}{\overset{\|}{C}}-R$ 过氧化二酰基　例如过氧化二苯甲酰 $C_6H_5-\overset{O}{\overset{\|}{C}}-O-O-\overset{O}{\overset{\|}{C}}-C_6H_5$

④ $R-\overset{O}{\overset{\|}{C}}-O-O-\overset{O}{\overset{\|}{C}}-R'$ 过酸酯　例如过苯甲酸叔丁酯 $C_6H_5-\overset{O}{\overset{\|}{C}}-O-O-C(CH_3)_2-CH_3$

⑤ $R-O-\overset{O}{\overset{\|}{C}}-O-O-\overset{O}{\overset{\|}{C}}-O-R$ 过碳酸二酯　例如过碳酸二异丙酯 $H_3C-CH(CH_3)-O-\overset{O}{\overset{\|}{C}}-O-O-\overset{O}{\overset{\|}{C}}-O-CH(CH_3)-CH_3$

常用过氧化物的特性见表2－39。

表2－39　常用过氧化物的特性

名称	物态	有效成分/%	临界温度/℃	半衰期		活化能/(kJ/mol)	活化氧/%
				温度/℃	时间/h		
叔丁基过氧化氢	液	72	110	130 145 160 172	520 120 29 10	—	12.7
异丙苯过氧化氢	液	74	100	115 130 145 160	470 113 29 9	125.6	7.7

续表

名称	物态	有效成分/%	临界温度/℃	半衰期		活化能/(kJ/mol)	活化氧/%
				温度/℃	时间/h		
过氧化二叔丁基	液	98～99	100	100 115 126 130	218 34 10 6.4	146.3	10.8
过氧化二异丙苯	固	90～95	120	115 130 145	12 1.8 0.3	170.0	5.5
过氧化二苯甲酰	固 糊	96～98 50(二丁酯)	70	70 85 100	13 2.1 0.4	125.6	6.4 3.3
过氧化二月桂酰	固	98	60～70	60 70 85	13 3.4 0.5	128.5	3.9
过苯甲酸叔丁基	液	98	90	100 115 130	18 3.1 0.55	145.3	8.1
过氧化环己酮(混合物)	固 糊	95 50(二丁酯)	88	85 100 115	20 3.8 1.0	—	12.0 7.0
过氧化甲乙酮(混合物)	液	60(二甲酯) 50(二甲酯)	80	85 100 115	81 16 3.6	119.3	11.0 9.1

为了安全和方便，通常用邻苯二甲酸二丁酯等增塑剂将有机过氧化物调制成一定浓度的糊状物，使用时再加到树脂中去。目前常用的引发剂牌号及组成见表2-40。

表2-40　常用引发剂牌号及组成

牌号	组成	用量①/份	适用条件
1#引发剂	50%过氧化二苯甲酰的邻苯二甲酸二丁酯糊	2～3	热固化100～140℃/1～10min，与促进剂配合冷固化
2#引发剂	50%过氧化环己酮的邻苯二甲酸二丁酯糊	4	与促进剂配合冷固化
3#引发剂	60%过氧化甲乙酮的邻苯二甲酸二丁酯溶液	2	与促进剂配合冷固化

①以100份树脂为基准。

(3)促进剂　虽然有很多有机过氧化物的临界温度低于60℃，但这些过氧化物由于本身的不稳定性而没有工业使用价值。目前，固化不饱和聚酯树脂用的有机过氧化物的临界温度都在60℃以上，对于固化温度要求在室温时，这些过氧化物就不能满足此要求。加入促进剂后，就可使有机过氧化物的分解温度降到室温以下。促进剂的种类有很多并各有其适用性。对过氧化物有效的促进剂有二甲基苯胺、二乙基苯胺、二甲基对本甲胺等。对氢过氧化物有效的促进剂大多是具有变价的金属皂，如环烷酸钴、萘酸钴等。对过氧化物和氢过氧化物两者都有效的促进剂有十二烷基硫醇等。但这类促进剂目前还没有被应用于实际。为了操作方便，计量准确，常用苯乙烯将促进剂配成较稀的溶液。目前，这种促进剂与引发剂和聚酯树脂配套供应，其牌号与组成见表2-41。

表2-41　促进剂的牌号与组成

牌号	组成	用量①/份	适用条件
1#引发剂	10%二甲苯胺的苯乙烯溶液	1~4	与1#引发剂配合使用有效快速冷却固化
2#引发剂	8%~10%萘酸钴的苯乙烯溶液	1~2.5	与2#引发剂或3#引发剂配合，供冷固化使用

①以100份树脂为基准。

(4)有机过氧化物的协同效应　近年来，不饱和聚酯树脂预浸料(prepreg)、料团模塑料(BMC)、片状模塑料(SMC)、连续生产管道和棒状等复合材料的出现，使不饱和聚酯树脂制品的生产由手工间歇式转向自动化、机械化和连续化生产，大大减轻了劳动强度，提高了劳动生产率和制品的性能。在这些成型工艺中，都要求不饱和聚酯树脂引发剂体系具有长的适用期，但能快速凝胶和固化，或能快速凝胶而有长的固化时间。这时候，单组分过氧化物引发剂体系就不能达到上述要求，必须采用有两种或两种以上引发剂组成的复合引发剂体系。

(5)不饱和聚酯固化的特点　黏流态树脂体系发生交联反应而转变成不溶不熔的具有体型网络的固态树脂的全过程称为树脂的固化。不饱和聚酯树脂的固化过程可以分为三个阶段，即凝胶阶段、硬化阶段和完全固化阶段。凝胶阶段是指从黏流态的树脂到失去流动性形成半固体的凝胶状态，这一阶段时间对于复合材料制品的成型工艺起着决定性的作用，是固化过程中最重要的阶段。影响凝胶时间的因素很多，大致归纳，主要有以下几点。

① 阻聚剂、引发剂和促进剂加入量的影响　微量的阻聚剂能阻止树脂的聚合反应发生，甚至会使树脂完全不固化。引发剂和促进剂加入量越少，凝胶时间就越长，若用量不足会导致固化不良。三者对凝胶时间的影响见表2-42。

表2-42　阻聚剂、引发剂和促进剂对凝胶时间的影响

温度/℃	单纯树脂	树脂+阻聚剂(0.01份对苯二酚)	树脂+0.01份对苯二酚+1份过氧化二苯甲酰	树脂+0.01份对苯二酚+1份过氧化苯甲酰+0.5份二甲基苯胺
20	14d	1d	7d	15min
100	30min	5h	5min	2min

②环境温度和湿度的影响　一般来说，温度越低，凝胶时间就越长。湿度过高也会延长凝胶时间，甚至造成固化不良。

③树脂体积的影响　树脂体积越大越不容易散热，凝胶时间也就越短。

④交联剂蒸发损失的影响 在树脂中必须有足够数量的交联剂才能够使树脂固化完全。所以在薄制品成型时，为避免交联剂过度损失，最好使树脂的凝胶时间短一点。

以上四点就是在不饱和聚酯树脂固化过程中影响凝胶时间的主要因素。而对于硬化阶段来讲，是从树脂开始凝胶到一定硬度，能把制品从模具上取下为止的一段时间。完全固化阶段如果是在室温下进行，这段时间可能要几天至几个星期。完全固化通常都是在室温下进行，并用后处理的方法来加速，比如说在80℃的温度下保温3h等。但在后处理之前，在室温下至少要放置24h，这段时间越长，制品吸水率越小，性能也越好。

2.5.4.3　不饱和聚酯树脂的加工性能

不饱和聚酯树脂在固化过程中无挥发物逸出，因此能在常温常压下成型，具有很高的固化能力，施工方便，可采用手糊成型法、模压法、缠绕法、喷射法等工艺来成型加工玻璃钢制品(GFUP)。此外，还发现了预浸渍玻璃纤维毡片的片材成型法SMC(sheet moulding compounding)和整体成型法BMC(bulk moulding compounding)，不饱和聚酯制件也可以采用浇注、注射等成型方法。不饱和聚酯树脂各种成型方法的占有率见表2-43。SMC和BMC的性能见表2-44。

表2-43　不饱和聚酯树脂各种成型方法的占有率

成型方法	占有率/%	成型方法	占有率/%
手糊成型	18	单丝缠绕成型(FW法)	5
喷射成型	21	连续成型	3
BMC、SMC	43	其他	6
其他压制成型	4	合计	100

不饱和聚酯树脂在性能上具有多变性，由于组成的变化，不饱和聚酯树脂可以是硬质的、有弹性的、柔软的、耐腐蚀的，耐候老化的或是耐燃的；不饱和聚酯树脂也可以按纯树脂、填充的、增强的或着色的形式被应用。根据用户的要求，不饱和聚酯树脂可以在室温或在高温下使用。这些性能上的变化形成了不饱和聚酯树脂在应用上的多样化。

表2-44　SMC和BMC的性能

性能	SMC	BMC	性能	SMC	BMC
相对密度	1.75~1.95		介电损耗角正切(10^6Hz)	<0.015	
吸水率/%	0.5		耐电弧/s	>180	
成型收缩率/%	<0.15		阻燃性能	V-1	
热变形温度/℃	>240		简支梁无缺口冲击强度/(kJ/m^2)	>90	>30
体积电阻率/Ω·cm	$>10^{13}$		弯曲强度/MPa	>170	>90
介电强度/(kV/mm)	>12		介电常数(10^6Hz)	4.5	4.8

不饱和聚酯树脂的基本性能是坚硬、不溶、不熔的褐色半透明材料，它具有良好的刚性和电性能。它的缺点是易燃、不耐氧化、不耐腐蚀、冲击强度不高，通过改性可以加以克服。不饱和聚酯树脂的主要用途是制作玻璃钢制品(约占整个树脂用量的80%)，用作承载结构材料。它的比强度高于铝合金，接近钢材，因此常用来代替金属，用于汽车、造

船、航空、建筑、化工等部门以及日常生活中。例如采用手糊和喷涂技术制造各种类型的船体，用SMC技术制造汽车外用部件，用BMC通过模压法生产电子元件、洗手盆等，用缠绕法制作化工容器和大口径管等，通过浇注成型可制作刀把、标本，进行墙面、地面装饰，制造人造大理石、人造玛瑙，具有装饰性好、耐磨等特点。

2.5.4.4 其他类型的不饱和聚酯树脂

其他类型的不饱和聚酯树脂还有二酚基丙烷型不饱和聚酯树脂、乙烯基酯树脂、邻苯二甲酸二烯丙烯酯树脂等。

二酚基丙烷型不饱和聚酯树脂是由二酚基丙烷与环氧丙烷的合成物(又称D－33单体)代替部分二元醇，再通过与二元酸的缩聚反应而合成的。由于在不饱和聚酯的分子链中引进了二酚基丙烷的链节，使这类树脂固化后具有优良的耐腐蚀性能及耐热性。

乙烯基酯树脂是20世纪60年代发展起来的一类新型热固性树脂，其特点是聚合物中具有端基或侧基不饱和双键。合成方法主要是通过不饱和聚酯与低相对分子质量聚合物分子链中的活性点进行反应，引进不饱和双键。常用的骨架聚合物为环氧树脂，常用的不饱和酸为丙烯酸，甲基丙烯酸或丁烯酸等。由于可选用一系列不同的低相对分子质量聚合物作为骨架与一系列不同类型的不饱和酸进行反应，因此可合成一系列不同类型的这类树脂。用环氧树脂作为骨架聚合物制得乙烯基酯树脂，综合了环氧树脂与不饱和聚酯两者的优点。树脂固化后的性能类似于环氧树脂，比聚酯树脂好得多。它的工艺性能与固化性能类似于聚酯树脂，改进了环氧树脂低温固化时的操作性能。这类树脂的另一个突出的优点是耐腐蚀性能优良，耐酸性超过胺固化环氧树脂，耐碱性超过酸固化环氧树脂及不饱和聚酯树脂。它同时具有良好的韧性及对玻璃纤维的浸润性。另外，在不饱和聚酯树脂中添加热塑性树脂以改善其固化收缩率，是一种新型的不饱和聚酯树脂。这种新型的不饱和聚酯树脂不仅可以减少片状模塑料成型时的裂纹，还可以使制品表面光滑，尺寸稳定。常用的热塑性聚酯有聚甲基丙烯酸甲酯，聚苯乙烯及其共聚物，聚乙酸丙酯以及改性聚氨酯等。

2.5.5 聚氨酯

聚氨酯是分子结构中含有许多重复的氨基甲酸酯基团(－NH－COO－)的一类聚合物，全称为聚氨基甲酸酯，英文名称为polyurethane，简称为PU。聚氨酯根据其组成的不同，可制成线型分子的热塑性聚氨酯，也可制成体型分子的热固性聚氨酯。前者主要是用于弹性体、涂料、胶黏剂、合成革等，后者主要是用于制造各种软质、半硬质、硬质泡沫塑料。聚氨酯于1937年由德国化学家首先研制成功，于1939年开始工业化生产。其制造方法是异氰酸酯和含活泼氢的化合物(如醇、胺、羧酸、水等)反应，生成具有氨基甲酸酯基团的化合物。

2.5.5.1 合成聚氨酯的基本原料

合成聚氨酯的基本原料为异氰酸酯、多元醇、催化剂及扩链剂等，见表2－45。

(1)异氰酸酯　异氰酸酯一般含有两个或两个以上的异氰酸酯基团。异氰酸基团很活泼，可以跟醇、胺、羧酸、水等反应发生。目前，聚氨酯产品中主要使用的异氰酸酯为甲苯二异氰酸酯(TDI)、二本基甲烷二异氰酸酯(MDI)和多亚甲基对苯基多异氰酸酯(PA-

PI)。TDI主要用于软质泡沫塑料；MDI可用于半硬质、硬质泡沫塑料及胶黏剂等；PAPI由于含有三官能度，可用于热固性的硬质泡沫塑料，混炼及浇注制品。

(2)多元醇　多元醇构成聚氨酯结构中的弹性部分，常用的有聚醚多元醇和聚酯多元醇。多元醇在聚氨酯中的含量决定聚氨酯树脂的软硬程度、柔顺性和刚性。聚醚多元醇为多元醇、多元胺或其他含有活泼氢的有机化合物与氧化烯烃开环聚合而成，具有弹性大、黏度低等优点。这类多元醇用得比较多，特别是应用于软质泡沫塑料和反应注射成型(RIM)产品中。聚酯多元醇是以各种有机多元酸和多元醇通过酯化反应而得到的。二元酸与二元醇合成的线条聚酯多元醇主要用于软质聚氨酯，二元酸与三元醇合成的支链型聚酯多元醇主要用于硬质聚氨酯。由于聚酯多元醇的黏度大，不如聚醚型应用的广泛。

(3)催化剂　在聚氨酯的聚合过程中还需加入催化剂，以加速聚合过程，一般有胺类和锡类两种，常用的胺类有三乙烯二胺，*N*-烷基吗啡啉等，锡类有二月桂酸二丁基锡、辛酸亚锡等。

(4)扩链剂　常用的扩链剂是低相对分子质量的二元醇和二元胺，它们与异氰酸酯反应生成聚合物中的硬段。常用的扩链剂有乙二醇、丙二醇、丁二醇、已二醇等。二元胺一般都采用芳香族二元胺，如二苯基甲烷二胺、二氯二苯基甲烷二胺等。由于乙二胺反应较快，一般不采用。

其他的添加剂还有发泡剂(如水、液态二氧化碳、戊烷、氢氟烃等)、泡沫稳定剂(用于泡沫制品，如水溶性聚醚硅氧烷等)、阻燃剂、增塑剂、表面活性剂、填充剂、脱膜剂等。聚氨酯树脂在具体制备时，要首先合成预聚体，然后在使用时进行扩链反应，形成软泡、硬泡、弹性体、涂料、黏合剂和密封胶等。

表2-45　聚氨酯主要合成原料

种类	名称	主要用途
异氰酸酯	TDI(甲苯二异氰酸酯) MDI(4，4′-二苯基甲烷二异氰酸酯) PAPI(多苯基多亚甲基多异氰酸酯) HDI(六亚甲基二异氰酸酯) NDI(萘二异氰酸酯)	软质泡沫彩料，涂料，胶黏剂，RIM，半硬质泡沫塑料，硬质泡沫塑料，硬质泡沫材料，混炼，浇注制品，非黄变聚氨酯，弹性体
多元醇 聚醚多元醇 聚酯多元醇	PPG(聚丙二醇) PTMG(聚四氢呋喃) 缩合型(二元酸与二元醇，三元醇缩合) 内酯型(ε-己内酯与多元醇开环聚合)	通用 弹性体 弹性体，涂料，胶黏剂 弹性体，涂料
催化剂	如二月桂酸二丁基锡，辛酸亚锡 三乙烯二胺，*N*-烷基吗啡啉	
扩链剂	乙二醇，丙二醇，丁二醇，二苯基甲烷二胺，二氯二苯基甲烷二胺	

2.5.5.2　聚氨酯泡沫塑料

聚氨酯泡沫塑料是聚氨酯树脂的主要产品，约占聚氨酯产品总量的80%以上。根据所用原料的不同，可分为聚醚型和聚酯型泡沫塑料，根据制品性能不同，可分为软质、半硬质、硬质泡沫塑料。

软质泡沫塑料就是通常所说的海绵，开孔率达95%，密度约为0.02～0.04g/cm^3，具有轻度交联结构，拉伸强度约为0.15MPa，而且韧性好，回弹快，吸声性好。目前软质泡沫塑料的产品占所有泡沫塑料产品的60%以上。软质泡沫塑料是以TDI和二官能团或三官能团的聚醚多元醇为主要原料，利用异氰酸酯与水反应生成的CO_2作为发泡剂，其生产方法有连续式块料法及模塑法。连续式块料法是将反应物料分别计量混合后在连续运转的运输带上进行反应、发泡，形成宽2m、高1m的连续泡沫材料，熟化后切片即得制品。模塑法是把反应物料计量混合后冲模，发泡成型后即得制品。软质泡沫塑料主要用于家居用品织物衬里、防震包装材料等。

半硬质泡沫塑料的主要原料为TDI或MDI，以及3～4官能团的聚醚多元醇，发泡剂为水及物理发泡剂。半硬质泡沫塑料有普通型和结皮型两类，其交联密度大于软质泡沫塑。普通型的开孔率为90%，密度为0.06～0.15g/cm^3，回弹性好。结皮型的在发泡时可形成0.5～3mm厚的表皮，密度为0.55～0.80g/cm^3，其耐磨性与橡胶相似，是较好的隔热、吸声、减震材料。

硬质泡沫塑料的主要原料为MDI以及3～8官能团的聚醚多元醇，发泡剂为水和物理发泡剂。硬质泡沫塑料具有交联结构，基本为闭孔结构，密度为0.03～0.05g/cm^3，并有良好的吸声性，热导率低，为0.008～0.025W/(m·K)，为一种优质绝热保温材料。硬质泡沫塑料的成型加工可采用预聚体法、半预聚体法和一步法。对绝热保温材料可用注射发泡成型和现场喷涂成型；对于结构材料则可用反应注射成型(RIM)或增强反应注射成型(RRIM)。反应注射成型和增强反应注射成型是一种新型成型加工工艺。它是把多元醇、交联剂、催化剂、发泡剂等作为A组分，而B组分通常仅由MDI构成。A、B两组分通过高压或低压反应浇注机，在很短的时间内进行计量、混合、注入，在复杂的模具内发泡而成。若在A组分中加入增强材料，则成为增强反应注射成型(RRIM)。增强反应注射成型中由于加入了增强材料如玻璃纤维、碳纤维、石棉纤维、晶须等，可以改善聚氨酯的耐热性、刚度、拉伸强度、尺寸稳定性等，提高了聚氨酯泡沫塑料的使用性能。例如，采用含5%～10%玻璃纤维增强的RRIM聚氨酯制造的汽车保险杠和仪表板，其制件质量和尺寸稳定性等都得到了提高。硬质泡沫塑料可用作绝热制冷材料，如冰箱、冷藏柜、保温材料；还可用作桌子、门框及窗框等，由于具有可刨、可锯、可钉等特点，还被称作聚氨酯合成木材。

2.5.5.3 聚氨酯弹性体

聚氨酯弹性体具有优异的弹性，其模量介于橡胶和塑料之间，具有耐油、耐磨耗、耐撕裂、耐化学腐蚀、耐射线辐射等优点，同时还具有黏结好、吸振能力强等优异性能，所以近年来有很大的发展。

聚氨酯弹性体主要有混炼型(MPU)、浇注型(CPU)和热塑性(TPU)。

(1)混炼型聚氨酯弹性体　可采用与天然橡胶相同的加工方法制成各种制品。硫化是通过化学键进行交联的硫化成型工艺，硫化剂可以是过氧化物(如DCP)、硫黄和多异氰酸酯；也可以是过氧化物和多异氰酸酯并用的硫化剂。可加填料降低成本，也可加增强剂提高力学性能，还可加入各种助剂来提高某些性能。

(2)浇注型聚氨酯弹性体　可进行浇注和灌注成型，可灌注各种复杂模型的制品。可加溶剂作聚氨酯涂料，进行涂刷或喷涂施工；加溶剂浸渍织物，再加工制成麂皮；可加溶剂喷涂在布匹上，作人造毛皮等。这些产品可以用作室内、汽车、火车内的铺装材料，体育场地板漆；体育场跑道，建筑用防水材料，家具和墙的内外装饰漆等。聚氨酯浇注胶加入适当的催化剂，可以室温硫化制成各种制品；可加发泡剂加工成弹性泡沫橡胶。

(3)热塑性聚氨酯弹性体　可通过像塑料一样的加工方法，制成各种弹性制品，可采取压缩模塑、注塑、挤出、压延和吹塑成型的加工方法。配溶剂可制作涂料，还可制造PU革，应用在衣料、包装材料和鞋面革等。

在加工时可加入各种填料和助剂，以降低成本和提高某些物理性能，也可加入各种着色剂，使制品具有各种鲜艳的色泽。

聚氨酯弹性体具有很好的力学性能，其抗撕裂强度要优于一般橡胶，硬度变化范围比较宽，而且还具有很好的耐磨耗性能(见表2-46)。此外，聚氨酯弹性体还具有很好的减震性能，滞后时间长，阻尼性能好，因而在应力应变时吸收的能量大，减震的效果非常好，因此可在汽车保险杠、飞机起落架方面大量应用。

表2-46　不同高分子材料的磨耗性能

材料	磨耗量/mg	材料	磨耗量/mg
聚氨酯	0.5~3.5	低密度聚乙烯	70
聚酯膜	18	天然橡胶	146
聚酰胺11	24	丁苯橡胶	177
高密度聚乙烯	29	丁基橡胶	205
聚四氟乙烯	42	ABS	275
丁腈橡胶	44	氯丁橡胶	280
聚酰胺66	49	聚苯乙烯	324

注：磨耗条件为CS17轮，1000g/轮，5000r/min，23℃

第3章 工程塑料

工程塑料是指物理机械学性能及热性能比较好、可以当做结构材料使用的且在较宽的温度范围内可承受一定的机械应力和较苛刻的化学、物理环境中使用的塑料材料。工程塑料具有优异的力学性能、化学性能、电性能、尺寸稳定性、耐热性、耐磨性、耐老化性能等。因此，通常可用于电子、电气、机械、交通、航空航天等领域。

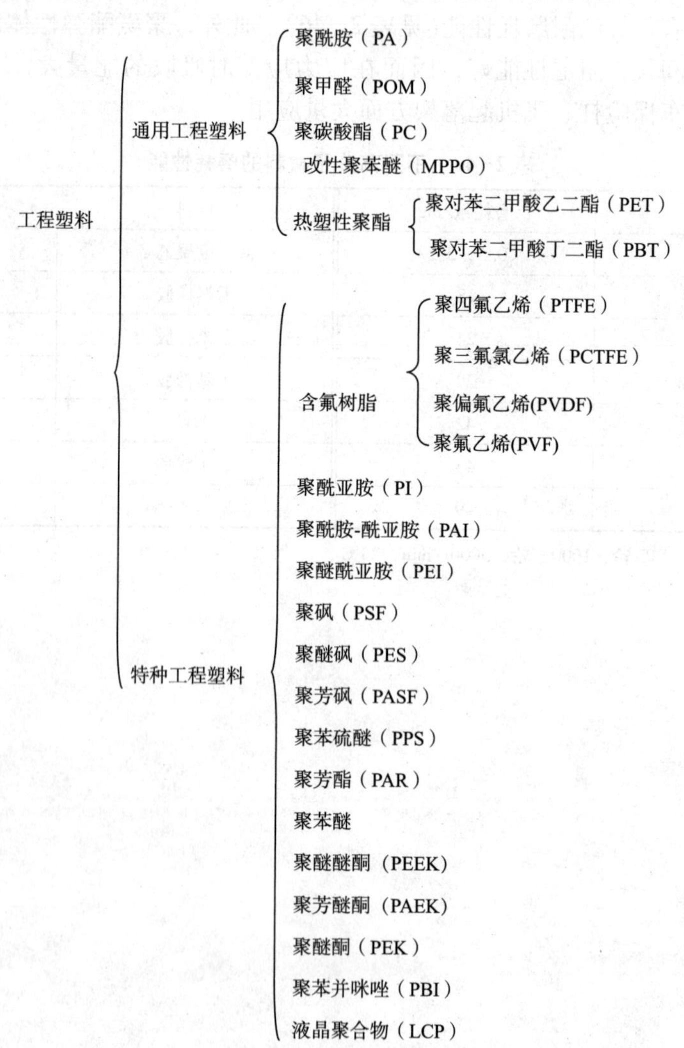

3.1 聚酰胺

3.1.1 聚酰胺概况

聚酰胺(polyamide)简称PA，俗称尼龙(nylon)，是指分子主链上含有酰胺基团(-NHCO-)的高分子化合物。

聚酰胺可以由二元酸和二元胺通过缩聚反应制得，也可由ω-氨基酸或内酰胺自聚而成，分子主要由一个酰胺基和若干个亚甲基或其他环烷基、芳香基构成。聚酰胺的命名是由二元酸和二元胺的碳原子数决定的。例如，己二胺(六个碳原子)和己二酸(六个碳原子)反应得到的缩聚物成为聚酰胺66(或尼龙66)，其中第一个6表示二元胺的碳原子数，第二个6表示二元酸的碳原子数；由ω-氨基己酸或己内酰胺聚合而得的产物就称为聚酰胺6。表3-1表示了几种主要聚酰胺的性能。

表3-1 几种主要聚酰胺的性能

性能	PA6	PA66	PA610	PA1010	PA11	PA12	浇注聚酰胺
密度/(g/cm^3)	1.13~1.45	1.14~1.15	1.8	1.04~1.06	1.04	1.09	1.14
吸水率/%	1.9	1.5	0.4~0.5	0.39	0.4~1	0.6~1.5	—
拉伸强度/MPa	74~78	83	60	52~55	47~58	45~50	77.5~97
伸长率/%	150	60	85	100~250	60~230	230~240	—
弯曲强度/MPa	100	100~110	—	89	76	86~92	160
缺口冲击强度/(kJ/m^2)	3.1	3.9	3.5~4.5	4~5	3.5~4.8	10~11.5	—
压缩强度/MPa	90	120	90	79	80~100	—	100
洛氏硬度(B)	114	118	111	—	108	106	—
熔点/℃	215	250~265	210~220	—	—	—	220
热变形温度(1.86MPa)/℃	55~58	66~68	51~56	—	55	51~55	—
脆化温度/℃	-70~-30	-25~-30	-20	-60	-60	-70	—
线膨胀系数/$\times10^{-5}$℃	7.9~8.7	9.0~10	9~12	10.5	11.4~12.4	10.0	7.1
燃烧性	自熄	自熄	自熄	自熄	自熄	自熄至缓慢燃烧	自熄
介电常数(60Hz)	4.1	4.0	3.9	2.5~3.6	3.7	—	4.4
击穿强度/(kV/mm)	22	15~19	28.5	>20	29.5	16~19	19.1
介电损耗角正切(60Hz)	0.01	0.014	0.04	0.020~0.026	0.06	0.04	—

3.1.2 聚酰胺结构与性能

3.1.2.1 聚酰胺结构

聚酰胺树脂的外观为白色至淡黄色的颗粒，其制品坚硬，表面有光泽。由于分子主链中重复出现的酰胺基团是一个带极性的基团，这个基团上的氢能与另一个酰胺基团上的羰基结合成牢固的氢键，使聚酰胺的结构发生结晶化，从而使其具有良好的力学性能、耐油性、耐溶剂性等。聚酰胺的吸水率比较大，酰胺键的比例越大，吸水率也越高，所以吸水率为聚酰胺 6 > 聚酰胺 66 > 聚酰胺 610 > 聚酰胺 1010 > 聚酰胺 11 > 聚酰胺 12。

(1)力学性能 聚酰胺具有良好的力学性能。其拉伸强度、压缩强度、冲击强度、刚性及耐磨性都比较好。但是聚酰胺的力学性能会受到温度及湿度的影响。它的拉伸强度、弯曲强度和压缩强度随温度与湿度的增加而减小。聚酰胺拉伸屈服强度与温度的关系如图 3-1所示。

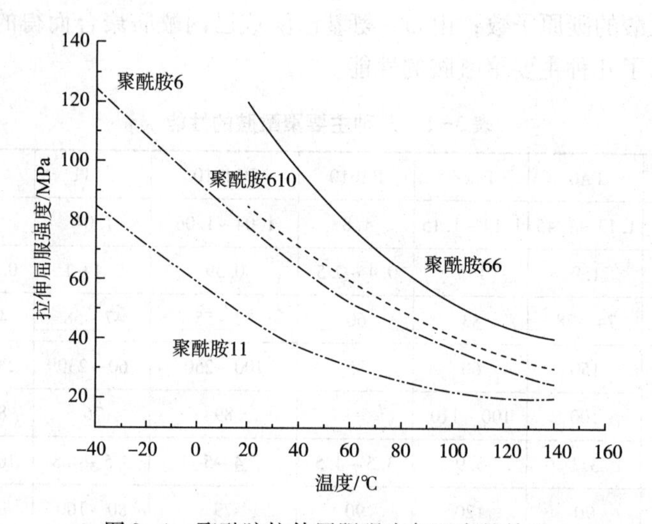

图 3-1 聚酰胺拉伸屈服强度与温度的关系

聚酰胺具有良好的耐磨耗性能。它是一种自润滑材料，做成的轴承、齿轮等摩擦零件，在 *pv* 值不高的条件下，可以在无润滑的状态使用。各种聚酰胺的摩擦系数没有显著的差别，油润滑时摩擦系数小而稳定。聚酰胺的结晶度越高，材料硬度越大，耐磨性能也越好。耐磨性能还可以通过加入二硫化钼、石墨等填料来进一步完善。

(2)电能性 由于聚酰胺分子链中含有极性的酰胺基团，就会影响到它的电绝缘性。聚酰胺在低温和干燥的条件下具有良好的电绝缘性，但在潮湿条件下，体积电阻率和介电强度均会降低，介电常数和介电损耗也会明显增大。温度上升，电性能也会下降。

(3)热能性 由于聚酰胺的分子链之间会形成氢键，因此聚酰胺的熔融温度比较高，而且熔融温度范围比较窄，有明显的熔点。聚酰胺的热变形温度不高，一般为 80℃以下，但用玻璃纤维增强后，其热变形温度可达到 200℃。

(4)耐化学药品性 聚酰胺具有良好的化学稳定性，由于具有高的内聚能和结晶性，所以聚酰胺不溶于普通的溶剂(如醇、酯、酮和烃类)，能耐许多化学药品，它不受弱碱、弱酸、醇、酯、酮、润滑油、油脂、汽油及清洁剂等的影响。对盐水、细菌和霉菌都很稳定。

(5)其他性能　聚酰胺的耐候性能一般，如果长时间暴露在大气环境中，会变脆，力学性能明显下降。如果在聚酰胺中加入炭黑和稳定剂后，可以明显改善它的耐候性。常用的稳定剂有无机碱金属的溴盐和碘盐、铜和铜的化合物以及乙基亚磷酸酯类。

3.1.2.2　聚酰胺的加工性能

聚酰胺是热塑性塑料，可以采用一般热塑性塑料的成型方法，如注射、挤压、模压、吹塑、浇注等。也可以采用特殊工艺方法，如烧结成型、单体聚合成型等，还可以喷涂于金属表面作为耐磨涂层及修复用。其中，最常用的加工方法是注射成型。

聚酰胺成型加工有以下特点。

①原料吸水性大，高温时易氧化变色，因此粒料在加工前必须干燥，最好采用真空干燥以防止氧化。干燥温度为80~90℃，时间为10~12h，含水率$<0.1\%$。

②熔化物黏度低，流动性大，因此必须采用自锁式喷嘴，以免漏料，模具应精确加工以防止溢边。因为熔化温度范围狭窄，约在10℃，所以喷嘴必须进行加热，以免堵塞。

③收缩率大，制造精密尺寸零件时，必须经过几次试加工，测量试制品尺寸，进行修模。在冷却时间上也需给予保证。

④热稳定性较差，易热分解而降低制品性能，特别是明显的外观性能，因此应避免采用过高的熔体温度，且不易过长。

⑤由于聚酰胺为一种结晶型聚合物，成型收缩率较大，且成型工艺条件对制品的结晶度、收缩率及性能的影响比较大。所以，合理控制成型条件可获得高质量产品。

⑥从模中取出的聚酰胺塑料零件，如果吸收少量水分以后，其坚韧性、冲击强度和拉伸强度都会有所提高。如果制品需要提高这些性能，必须在使用之前进行调湿处理。调湿处理是将制件放于一定温度的水、熔化石蜡、矿物油、聚乙二醇中进行处理，使其达到吸湿平衡，这样的制件不仅性能较好，其尺寸稳定不变，而且调湿温度高于使用温度10~20℃即可。

3.1.3　聚酰胺种类及应用

3.1.3.1　单体浇铸聚酰胺

单体浇铸聚酰胺又称为MC(monomer cast)聚酰胺，是目前工业上广泛应用的工程塑料之一。

MC聚酰胺的主要原料是聚酰胺6。其加工方法是将聚酰胺6单体直接浇注到模具内进行聚合并制成成品的一种方法。在聚合过程中，所采用的催化剂以氢氧化钠为主，助催化剂有*N*-乙酰基己内酰胺和异氰酸苯酯两大类。MC聚酰胺的相对分子质量可以高达3.5万~7万，而一般聚酰胺6为2万~3万，提高了1倍，因此各项物理机械性能都比一般聚酰胺6要高。目前，造船、动力机械、矿山机械、冶金、通用机械、汽车、造纸等工业部门，都广泛的应用MC聚酰胺，综合起来它具有下列优点：

(1)只要简单的模具就能铸造各种大型机械零件，质量从几千克到几百千克。实际上可根据设备的生产能力，制得任意的零件。

(2)工艺设备及模具都很简单，容易掌握。

(3)MC聚酰胺的各项物理机械性能，比一般聚酰胺优越。

(4)可以浇注成各种型材，并经切削加工成所需要的零件，因此适合多品种小批量产品的试制。

MC 聚酰胺的基本特性与聚酰胺 6 相似，但由于相对分子质量的提高，使其物理机械性能也相应提高。突出表现在以下几个方面。

(1)物理性能　MC 聚酰胺的吸水性较一般的聚酰胺 6 小约为 0.9%，而一般的聚酰胺 6 在 1.9%。

(2)力学性能　MC 聚酰胺的硬度比一般热塑性塑料高。它的拉伸强度达到 90MPa 以上，超过了大部分热塑性塑料，且弯曲强度和压缩强度均很高。它的冲剂性能较聚酰胺 6、聚酰胺 1010、聚酰胺 66 等都要高些。用各种异氰酸酯作为助催化剂所得的聚合体，其冲击强度(无缺口)可达到 588kJ/m^2 以上，用 *N*－乙酰基己内酰胺为助催化剂时，其冲击强度也有 200kJ/m^2 以上。MC 聚酰胺的刚性也很突出，以 *N*－乙酰基己内酰胺为助催化剂时，在室温下其拉伸模量达 3600MPa，弯曲模量达 4200MPa。它的摩擦、磨损性能可与聚甲醛媲美。同时还具有良好的自润滑性能，当干摩擦时，它的摩擦系数较稳定磨痕宽度只有 4.3mm。

(3)热性能　在 1.81MPa 的负荷下，MC 聚酰胺的热变形温度为 94℃，MC 聚酰胺的马丁耐热温度 55℃，超过聚酰胺 6 和聚酰胺 66，与聚甲醛相接近。

MC 聚酰胺在耐各种化学药品性能上以及电性能上与其他聚酰胺相似。

3.1.3.2　芳香族聚酰胺

芳香族聚酰胺是 20 世纪 60 年代出现的，分子主链上含有芳香环的一种耐高温、耐辐射、耐腐蚀聚酰胺新品种。它是由芳香二元胺和芳香二元酸缩聚而成的。尽管品种很多，但目前应用的品种主要有聚间苯二甲酰间苯二胺和聚对苯酰胺。

芳香族聚酰胺具有很好的热稳定性和优良的物理机械性能性能及电绝缘性，特别是在高温下仍能保持这些优良的性能，而且还有很好的耐辐射、耐火焰性能。

(1)聚间苯二甲酰间苯二胺(nomex)　聚间苯二甲酰间苯二胺的结构式为：

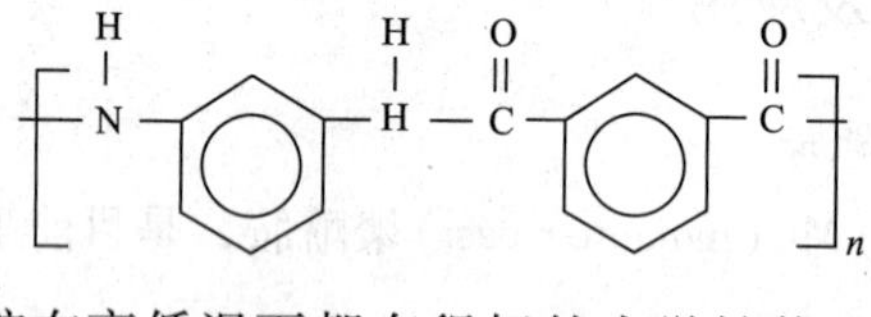

$$\left[-\overset{H}{\overset{|}{N}}-C_6H_4-\overset{H}{\overset{|}{H}}-\overset{O}{\overset{\|}{C}}-C_6H_4-\overset{O}{\overset{\|}{C}}- \right]_n$$

聚间苯二甲酰间苯二胺在高低温下都有很好的力学性能。例如，在 250℃ 的条件下，其拉伸强度为 63MPa，为常温的 60%。此外，连续使用温度可达 200℃。

聚间苯二甲酰间苯二胺的熔点为 410℃，分解温度为 450℃，脆化温度为－70℃；且具有优异的电绝缘性。它的电绝缘性受温度和湿度的影响很小，而且耐酸、耐碱、耐氧化性能优于一般聚酰胺，不易燃烧，而且有自熄性。

这种材料的主要用途是绝缘材料，如耐高温薄膜、绝缘层压板、耐辐射材料等。

(2)聚对苯酰胺(kevlar)　聚对苯酰胺的结构式为：

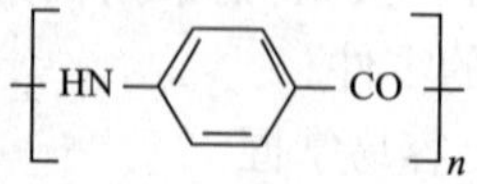

$$\left[-HN-C_6H_4-CO- \right]_n$$

聚对苯酰胺的制备方式有两种，一种是由对苯二胺与对苯二甲酰氯缩聚而成；另一种是由对氨基苯甲酸自缩聚而成。

聚对苯酰胺纤维是近年来开发最快的一种纤维。它具有超高强度、超高模量耐高温、耐腐蚀、阻燃、耐疲劳、线膨胀系数低、尺寸稳定性好等一系列优异的性能。主要用来制作高强力、耐高温的有机纤维，还可用来制作薄膜增强材料。

3.1.3.3　透明聚酰胺

透明聚酰胺是聚酰胺的一个新品种。由于通常的聚酰胺为一种结晶型的聚合物，因此材料为不透明状态。而透明聚酰胺为一种几乎不产生结晶或结晶速率非常慢的特殊聚酰胺，它是通过向分子链中引入侧基的方法来破坏分子链的规整性，抑制晶体的形成，从而获得透明聚酰胺。其具体品种为聚对苯二甲酰三甲基己二胺和PACP9/6。

透明聚酰胺的透光率可达90%以上，而且同时具有很好的力学性能、热稳定性、刚性、尺寸稳定性、耐化学腐蚀性、耐划痕、表面硬度等特性。透明聚酰胺的加工方法可以是注塑、挤出、吹塑等。透明聚酰胺可用作食品(冷冻食品、火腿、肉类、奶酪)包装用的薄膜、饮水瓶、电子部件和燃油桶，目前以食品包装为主。

3.1.3.4 增强聚酰胺

增强聚酰胺主要采用玻璃纤维为增强材料。用玻璃纤维增强的聚酰胺，其力学性能、耐蠕变性、耐热性及尺寸稳定性在原有的基础上可大幅度的提高。例如，用30%玻璃纤维增强的聚酰胺66，其拉伸强度可从未增强的80MPa增加到189MPa；热形变温度从60℃增加到148℃；弯曲模量从3000MPa增加到9100MPa。表3-2为玻璃纤维含量对聚酰胺1010性能的影响。作为增强材料，除了玻璃纤维外，还有金属纤维、陶瓷纤维、石墨纤维、碳纤维及晶须等。

表3-2　玻璃纤维含量对聚酰胺1010性能的影响

性能	未增强	增强20%	增强30%	增强40%	性能	未增强	增强20%	增强30%	增强40%
拉伸强度/MPa	50~55	103	>135	>135	马丁耐热温度/℃	42~45	103	151	168
弯曲强度/MPa	78~82	181	216	226	布氏硬度	—	110	121	126
缺口冲击强度/(J/m)	50	65	85	100					

3.1.3.5　反应注射成型(RIM)聚酰胺和增强反应注射成型(RRIM)聚酰胺

RIM聚酰胺实在MC聚酰胺的基础上发展起来的。其方法是将具有高反应活性的原料(目前采用的多为己内酰胺)在高压下瞬间反应，再注入密封的模具中成型的一种液体注射成型的方法。与聚酰胺6相比，RIM聚酰胺具有更高的结晶性和刚性以及更低的吸湿性。该产品已获得广泛的应用，如用于纺织机的齿轮、叶轮、车用挡泥板等，代表性的产品有荷兰DSM公司的Nyrim1000。

RRIM聚酰胺是在RIM聚酰胺中加入了增强材料。常用的增强材料有纤维类、超细无机填料等。RRIM聚酰胺与RIM聚酰胺相比，不仅保留了其优点，还可大幅度增加弯曲强度，减小热胀系数等。

3.1.3.6　聚酰胺的应用领域

由于聚酰胺具有优良的力学强度和耐磨性、较高的使用温度、自润滑性以及较好的耐腐蚀等性能，因此广泛的用作机械、化学及电器零件，例如轴承、齿轮、凸轮、滚子、辊轴、泵叶轮、风扇叶轮、涡轮、螺钉、螺帽、垫圈、高压密封圈、阀座、输油管、储油容器等；聚酰胺粉末还可喷涂于各种零件表面，以提高摩擦、磨损性能和密封性能。

例如，用玻璃纤维增强的聚酰胺6和聚酰胺66，可用于汽车发动机部件，如气缸盖、进气管、空气过滤器、冷却风扇等；阻燃聚酰胺可用于空调、彩电、复印机、程控交换机等。此外，聚酰胺薄膜可以很好的隔氧，并具有耐穿刺、耐低温、可印刷等特性，所以可用于食品冷藏、保鲜等。

近些年来，在汽车工业、交通运输业、机械工业、电子电气工业、包装业、体育器材以及家具制造业上也越来越广泛的使用聚酰胺塑料。

3.1.3.7　聚酰胺树脂牌号及特性

聚酰胺树脂牌号及特性见表3-3。

表3-3　聚酰胺树脂牌号及特性

牌号	产地及厂商代号	加工级别	聚合物类型	热变形温度	特性及应用
0	中国(117)	注射级	PA66		电绝缘性、化学稳定性、耐磨性好，宜用于制作电子、化工零件、高强电绝缘件
1	中国(119)	注射级	PA1010		含25%～30%玻纤，吸水和耐水性好，宜用于制作高压油管、板、棒、密封圈、管件等
2	中国(119)	注射级	PA1010		含25%～30%玻纤，吸水和耐水性好，宜用于制作高压油管、板、棒、密封圈、管件等
3	中国(119)	注射级	PA1010		含25%～30%玻纤，吸水和耐水性好，宜用于制作高压油管、板、阀门、纺织配件、管件等
3	中国(42)		PA1010		耐油性、耐磨性、耐水性好，宜用于机械、电机、印染、汽车、仪表等工业部门
202	美国(346)	注射级	PA6	63	含40%聚合物
211	美国(47)	注射、挤出级	PA6	54	制品不宜长期与人体或食品接触，高抗冲，耐湿性好，宜用于制作柔韧好的制品
589	美国(339)	挤出级	PA6	57	阻燃UL94V－2级，宜用于制作符合FDA要求的制品
1200	日本(6)	注射、挤出级	PA66		低黏度，流动性好，宜用于生产薄膜和一般制品

3.2　聚碳酸酯

3.2.1　聚碳酸酯概况

聚碳酸酯是指分子主链中含有(—C—R—O—CO—)链节的线型高聚物，英文名称为polycarbonate，简称PC。根据重复单元中R基团种类的不同，可以分为脂肪族、脂环族、芳香族等几个类型的聚碳酸酯。目前最具有工业价值的是芳香族聚碳酸酯，其中以双酚A型聚碳酸酯为主，其产量在工程塑料中仅次于聚酰胺。目前工业化生产中所采用的合成工艺为酯交换法和空气界面缩聚法。

双酚A型聚碳酸酯的结构式为：

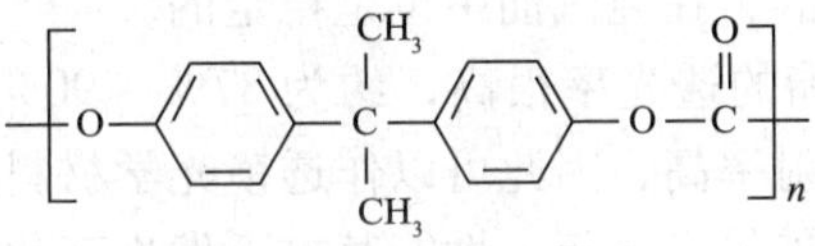

$$\left[-O-C_6H_4-C(CH_3)_2-C_6H_4-O-\overset{\displaystyle O}{\overset{\|}{C}}- \right]_n$$

式中，n 为100～500。

聚碳酸酯可以看成是较为柔软的碳酸酯链与刚性苯环相连接的一种结构，从而使它具有了许多优良的性能，是一种综合性能优良的热塑性工程塑料。聚碳酸酯具有较高的冲击强度、透明性、刚性、耐火焰性，优良的电绝缘性以及耐热性。它的尺寸稳定性高，可以替代金属和其他材料。缺点为容易产生应力开裂、耐溶剂性差、不耐碱、高温易水解、对缺口敏感性大、与其他树脂相容性差、摩擦系数大、无自润滑性。

3.2.2　聚碳酸酯结构与性能

聚碳酸酯的分子主链是由柔顺的碳酸酯链与刚性的苯环相连接，从而赋予了聚碳酸酯许多优异的性能。

聚碳酸酯分子主链上的苯环使聚碳酸酯具有很好的力学性能、刚性、耐热性能，而醚键又使聚碳酸酯的分子链具有一定的柔顺性，所以聚碳酸酯为一种既刚又韧的材料。由于聚碳酸酯分子主链的刚性及苯环的体积效应，使它的结晶能力较差，基本属于无定型聚合物，具有优良的透明性。聚碳酸酯分子主链上的酯基对水很敏感，尤其在高温下易发生水解现象。

聚碳酸酯为一种透明、呈微黄色的坚韧固体。其密度为1.2g/cm^3，透光率可达90%，无毒、无味、无臭，并具有高度的尺寸稳定性、均匀的模塑收缩率以及自熄性。

(1)力学性能　聚碳酸酯为一种既刚又韧的材料，力学性能十分优良。其拉伸、弯曲、压缩强度都较高，且受温度的影响小。尤其是它的冲击性能十分突出，优于一般的工程塑料，抗蠕变性能也很好，要优于聚酰胺和聚甲醛，特别是用玻璃纤维增强改性的聚碳酸酯的耐蠕变性更优异，故在较高温度下能承受较高的载荷，并能保证尺寸稳定性。聚碳酸力学性能方面的主要缺点是易产生应力开裂、耐疲劳性差、缺口敏感性高、不耐磨损等。

(2)热性能　聚碳酸酯具有很好的耐高低温性能，120℃下具有良好的耐热性，热变形温度达130~140℃。同时又具有良好的耐寒性，脆化温度为-100℃，长期使用温度-70~120℃。而且它的导热率及比热容都不高，线膨胀系数也较小，阻燃性也好，并具有自熄性。

(3)电性能　聚碳酸酯是一种弱极性聚合物，虽然电绝缘性不如聚烯烃类，但仍然具有较好的电绝缘性。由于其玻璃化温度高、吸湿性小，因此可在很宽的温度和潮湿的条件下保持良好的电性能。特别是它的介电常数和介电损耗在10~130℃的范围内接近常数，因此适合于制造电容器。

(4)耐化学药品性　聚碳酸酯具有一定的耐化学药品性。在室温下耐水、有机酸、稀无机酸、氧化剂、盐、油、脂肪烃、醇类。但它受碱、胺、酮、酯、芳香烃的侵蚀，并溶解在三氯甲烷、二氯乙烷、甲酚等溶剂中。长期浸在沸水中也会发生水解现象。在某些化学试剂(如四氯化碳)中聚碳酸酯可能会发生“应力开裂”的现象。一般说来，聚碳酸酯与润滑脂、油和酸是没有作用的，在纯汽油中也是稳定的。

(5)其他性能　聚碳酸酯的透光率很高，约为87%~90%，折射率为1.587，比丙烯酸酯等其他透明聚合物的折射率高，因此可以作透镜光学材料。聚碳酸酯还是具有很好的耐候和耐老化的能力，在户外暴露两年，性能基本不发生变化。表3-4为聚碳酸酯的综合性能。

表3-4　聚碳酸酯的综合性能

性能	数值	性能	数值
密度/(g/cm^3)	1.2	布氏硬度/MPa	97~104
吸水率/%	0.15	流动温度/℃	220~230
断裂伸长率/%	70~120	热变形温度(1.82MPa)/℃	130~140
拉伸强度/MPa	66~70	维卡耐热温度/℃	165
拉伸弹性模量/MPa	2200~2500	脆化温度/℃	-100
弯曲强度/MPa	106	导热率/[W/(m·K)]	0.16~0.2
压缩强度/MPa	83~8835	线膨胀系数/$10^{-5}K^{-1}$	6~7
剪切强度/MPa	35	燃烧性	自熄
冲击强度/(kJ/m^2)		介电常数(10^6Hz)	2.9
无缺口	不断	介电损耗角正切(10^6Hz)	$(6\sim7)\times10^{-3}$
缺口	45~60	介电强度/(kV/mm)	17~22
洛氏硬度	M75	体积电阻率/(Ω·cm)	3×10^{16}

3.2.3　聚碳酸酯种类及应用

3.2.3.1　其他聚碳酸酯品种

由于聚碳酸酯的加工流动性差、制品残余内应力大、不耐溶剂、高温易水解、摩擦系数大、不耐磨损等缺陷，限制了它在工业上的应用，为改善这缺点，就产生了各种改性的方法。其中最主要的是增强聚碳酸酯和聚碳酸酯合金两类。

(1)增强聚碳酸酯　聚碳酸酯中常用的增强材料有玻璃纤维、碳纤维、石棉纤维、硼纤维等。用纤维增强后的聚碳酸酯，其拉伸强度、弯曲强度、疲劳强度、耐热性及耐应力开裂性可以明显提高，同时可降低线膨胀系数、成型收缩率以及吸湿性。但冲击强度会下降加工性能变差。例如未增强的聚碳酸酯其疲劳强度仅为7～10MPa，而用20%～40%玻璃纤维增强的聚碳酸酯，其疲劳强度可达到40～50MPa。表3-5为未增强和增强聚碳酸酯的性能比较。

表3-5　未增强和增强聚碳酸酯的性能比较

性能	未增强	30%玻璃强度纤维增强	30%断玻璃纤维增强
密度/g(/cm^3)	1.2	1.45	1.45
拉升强度/MPa	56～66	132	85～90
拉伸模量/MPa	(2.1～2.4)×10^3	10	(6.5～7.5)×10^3
断裂伸长率/%	60～120	<5	<5
弯曲强度/MPa	80～95	170	140～150
缺口冲击强度/(kJ/m^2)	15～25	10～13	7～9
压缩强度/MPa	75～85	120～130	100～110
热变形温度(1.82MPa)/℃	130～135	146	140
线膨胀系数/10^{-5}K^{-1}	7.2	2.4	2.3
体积电阻率/(Ω·cm)	2.1×10^{16}	1.5×10^{15}	1.5×10^{15}
介电常数(10^{6}Hz)	2.9	3.45	3.24
介电损耗角正切(10^{6}Hz)	0.0083	0.007	0.006
吸水率/%	0.15	0.1	—
成型吸水率/%	0.5～0.7	0.2	0.2～0.5

(2)聚碳酸酯合金　聚碳酸酯合金就是把聚碳酸酯与某些高聚物共混改性，这已成为聚碳酸酯改性的一个重要途径，并取得了很好的效果。

① 聚碳酸酯/聚乙烯合金　聚碳酸酯与聚乙烯的共混物可以改善聚碳酸酯的加工流动性、耐应力开裂性及耐沸水性。同时，电绝缘性、耐磨性及加工工艺性都得到了改善，特别是冲击强度会进一步的提高，缺口冲击强度会在原来的基础上提高4倍，但耐热性会有所降低。一般聚乙烯的用量不超过10%。

②聚碳酸酯/ABS树脂合金　这种合金具有较高的热变形温度、表面硬度及弹性模量。随着ABS树脂的增加，加工流动性得到改善，成型温度会降低，但力学性能会有所下降。一般ABS树脂的用量<30%。这种合金可用于汽车的内装材料，如外套及其附属品、门拉手等。在电气、电子领域里用作罩、壳等。

③聚碳酸酯/聚甲醛合金　聚碳酸酯和聚甲醛可以按任意比例共混，当聚甲醛含量为30%时，共混物能保持优良的力学性能，而且耐溶剂性、耐应力开裂性显著提高。当聚甲醛含量为50%时，共混物耐热性及耐应力开裂性会进一步提高，但冲击性能会下降。

④聚碳酸酯/聚四氟乙烯合金　聚碳酸酯与聚四氟乙烯的共混物可以提高聚碳酸酯的

耐磨性，同时又保持其优良的综合性能。聚四氟乙烯的用量一般为10% ~40%，此共混物尺寸稳定性好、强度高，并可以方便地注射成型。可用来制造轴承、轴套、机械、电气设备等。

3.2.3.2 聚碳酸酯的应用

聚碳酸酯可以广泛地应用在交通运输、机械工业、电子电气、包装材料、光学材料、医疗器械、生活日用品等方面。

3.2.3.3 聚碳酸酯牌号、特性及应用

聚碳酸酯牌号、特性及应用见表3-6。

表3-6 聚碳酸酯牌号、特性及应用

牌号	生产商	类别	特性及应用
201-5	DOW化学公司	通用级、食品级	注塑级，高黏度、高机械强度
302-5	DOW化学公司	普通级	适合薄壁复杂制件注塑
303-10	DOW化学公司	耐候级	注塑级，高中黏度，含抗紫外线剂
1080DVD	DOW化学公司	阻燃级	中黏度，不含卤素的环保产品
302-5	DOW化学公司	光盘级	适合挤吹/注吹成型，*MFR* =2.5g/10min，深蓝底色
603-6	DOW化学公司	瓶级	适用于平板、浪板和薄膜挤出，含紫外线剂
DN-1500B	日本帝人化成公司	—	成型加工性能优越，稳定性高，适宜于做各种办公自动化设备机架
121	GE塑料公司	通用级	适用于小型复杂零件
303	GE塑料公司	抗紫外线级	氙气灯
OQ4120R	GE塑料公司	光学级	适用于制作太阳镜

3.3 聚甲醛

3.3.1 聚甲醛概况

聚甲醛是20世纪60年代出现的一种工程塑料，英文名称为polyoxymethylene，简称POM，产量仅次于聚酰胺和聚碳酸酯，为第三大通用工程塑料。

聚甲醛的分子主链上具有重复单元，是一种无侧链、高密度、高结晶度的线型聚合物，具有优异的综合性能。例如，它具有较高的强度、模量、耐疲劳性、耐蠕变性、电绝缘性、耐溶剂性、加工性等。

聚甲醛可采用一般热塑性树脂的成型方法，如挤出、注射、压制等。由于聚甲醛具有良好的物理机械性能和化学稳定性，所以可以用来代替各种有色金属和合金。若用20% ~25%玻璃纤维增强的聚甲醛，其强度和模量可分别提高2~3倍，在1.86MPa载荷下热变形温度可提高到160℃；如用碳纤维增强改性的聚甲醛还具有良好的导电性和自润滑性。聚甲醛特别适合作为轴承使用，因为它具有良好的摩擦、磨损性能，尤其是具有优越的干

摩擦性能，因此被广泛地应用于某些不允许有润滑油情况下使用的轴承、齿轮等。聚甲醛根据其分子链化学结构的不同，分为均聚甲酸和共聚甲醛两种。

3.3.2　聚甲醛结构与性能

3.3.2.1　聚甲醛结构

聚甲醛是一种无侧链、高密度、高结晶度的线型聚合物，它具有优异的综合性能。聚甲醛根据其分子链化学结构的不同，分为均聚甲醛和共聚甲醛两种。

生产聚中醛的单体，工业上一般采用三聚甲醛为原料，因为三聚甲醛比甲醛稳定、容易纯化，聚合反应容易控制。均聚甲醛是以三聚甲醛为原料，以三氟化硼－乙醚络合物为催化剂，在石油醚中聚合，再经端基封闭而得到的，其分子结构式为：

$$CH_3-\underset{\underset{O}{\|}}{C}-O-\!\!\left(CH_2O\right)_n\!\!-\underset{\underset{O}{\|}}{C}-CH_3$$

式中，n 为 1000～1500。

均聚甲醛是一种高结晶度(75%以上)的热塑性聚合物，熔点约为 175℃，并具有较高的力学强度、硬度和刚度，抗冲击性和抗蠕变性好，抗疲劳性也很好，耐磨性与聚酰胺很接近，并且耐油及过氧化物，但不耐酸和强碱，耐候性差，对紫外线敏感。对于共聚甲醛来说，由于在其分子主链上引入了少量的－C－C—键，可防止因半缩醛分解而产生的甲醛脱出，所以共聚甲醛的热稳定性较好，但大分子规整度变差，结晶性减弱。均聚甲醛与共聚甲醛性能上的差异如表 3-7 所示。

表 3-7　共聚甲醛与均聚甲醛的性能差异

性能	均聚甲醛	共聚甲醛	性能	均聚甲醛	共聚甲醛
密度/(g/cm^3)	1.43	1.41	热稳定性	较差，易分解	较好，不易分解
结晶度/%	75～85	70～75			
熔点/℃	175	165	成型加工温度范围	较窄，约 10℃	较宽，约 50℃
力学强度	较高	较低			
			化学稳定性	对酸碱稳定性略差	对酸碱稳定性较好

3.3.2.2　聚甲醛的性能

聚甲醛的外观为白色粉末或粒料，硬而质密，表面光滑且有光泽，着色性好。聚甲醛的吸湿性小，尺寸稳定性好，但热稳定性较差，容易燃烧，长期暴露在大气中易老化，表面会发生粉化及龟裂的现象。

(1)力学性能　聚甲醛具有较高的力学性能，其中最突出的是具有较高的弹性模量、硬度和刚性。此外，它的耐疲劳性、耐磨性以及耐蠕变性都很好。聚甲醛的力学性能随温度的变化小，其中，共聚甲醛比均聚甲醛要稍大一些。聚甲醛的冲击强度较高，但常规冲击强度比聚碳酸酯和 ABS 低，而多次反复冲击时的性能要优于聚碳酸酯和 ABS。聚甲醛对缺口比较敏感，无论是均聚甲醛还是共聚甲醛，有缺口时的冲击强度比无缺口时要下降

90%以上。

(2)热性能　聚甲醛具有较高的热变形温度，均聚甲醛的热变形温度要高于共聚甲醛，但均聚甲醛的热稳定性不如共聚甲醛。在不受力的情况下，聚甲醛的短期使用温度可达140℃，长期使用温度不超过100℃。

(3)电性能　聚甲醛的电绝缘性能优良，它的介电损耗和介电系数在很宽的频率和温度范围内变化很小。聚甲醛的电性能不随温度而变化，即使在水中浸泡或者在很高的湿度下，仍能保持良好的耐电弧性能。

(4)耐化学药品性　在室温下，聚甲醛的耐化学药品性能非常好，特别是对有机溶剂。聚甲醛能耐醛、酯、醚、烃、弱酸、弱碱等。但是在高温下不耐强酸和氧化剂。

(5)其他性能　聚甲醛吸水率 $<0.25\%$，湿度对尺寸无改变，尺寸稳定性好，即使长时间在热水中使用其力学性能也不下降，因此适合于制作精密制件。表3-8为聚甲醛的综合性能。

表3-8　聚甲醛的综合性能

性能	均聚甲醛	共聚甲醛	性能	均聚甲醛	共聚甲醛
密度/(g/cm^3)	1.43		冲击强度/(kJ/m^2)		
成型收缩率/%	2.0~2.5	1.41	无缺口	108	95
吸水率(24h)/%	0.25	2.5~3.0	缺口	7.6	6.5
拉伸强度/MPa	70	0.22	介电常数(10^6Hz)	3.7	3.8
拉伸弹性模量/MPa	3160	62	介电损耗角正切(10^6 Hz)	0.004	0.005
断裂伸长率/%	40	2830	体积电阻率/(Ω·cm)	6×10^{14}	1×10^{14}
压缩强度/MPa	127	60	介电强度/(kV/mm)	18	18.6
压缩弹性模量/MPa	—	113	线膨胀系数/$10^{-5}K^{-1}$	8.1	11
弯曲强度/MPa	98	3200	马丁耐热温度/℃	60~64	57~62
弯曲弹性模量/MPa	2900	91	连续使用温度(最高)/℃	85	104
		2600	热变形温度(1.82MPa)/℃	124	110
			脆化温度/℃	—	-40

3.3.2.3　聚甲醛的加工性能

聚甲醛的加工方法可以是注塑、挤出、吹塑、模压、焊接等，其中最主要的是注塑。

(1) 聚甲醛的吸水性较小，在室温及相对湿度50%的条件下吸水率仅为0.24%，因此水分对其性能影响较小，一般原料可不必干燥，但干燥可提高制品表面光泽度。干燥条件为110℃，2h。

(2) 聚甲醛的热稳定性差，且熔体黏度对温度不敏感，加工中在保证物料充分塑化的条件下，可提高注射速率来增加物料的充模能力。聚甲醛的加工温度一般应控制在250℃以下，且物料不宜在料筒中停留时间过长。

(3) 聚甲醛的结晶度高，成型收缩率大(约为2.0%~3.0%)，因此对于壁厚制件，要采用保压补料方式防止收缩。

(4) 聚甲醛熔体的冷凝速率快，制品表面易产生缺陷，如出现斑纹、皱折、熔接痕等，因此可以采用提高模具温度的方法来减少缺陷。

3.3.3 聚甲醛种类及应用

3.3.3.1 其他聚甲醛品种

(1) 增强聚甲醛　目前聚甲醛所使用的增强材料主要有玻璃纤维、碳纤维、玻璃球等。其中以玻璃纤维增强为主。采用玻璃纤维增强后，拉伸强度、耐热性能明显增加，而线膨胀系数、收缩率会明显下降。但同时耐磨性、冲击强度会下降。

(2) 高润滑聚甲醛　在聚甲醛中加入润滑材料，如石墨、聚四氟乙烯、二硫化钼、机油、硅油等，可以明显提高聚甲醛的润滑性能。高润滑聚甲醛与纯聚甲醛相比，耐磨耗性及耐摩擦性能明显提高，在低滑动速度下的极限 *pv* 值也大幅度增加。含油量对聚甲醛性能的影响见表3-9。

表3-9　含油量对聚甲醛性能的影响

性能	纯聚甲醛	3%油	5%油+1%表面活性剂	7%油+1.4%表面活性剂	10%油+2%表面活性剂
拉伸强度/MPa	59	51.4	47.6	46.3	41.2
伸长率/%	90	72	66	51	31
弯曲强度/MPa	90	75.7	72.9	64.8	57.7
冲击强度/(kJ/m^2)					
无缺口	98	105	81	44	32
缺口	10	9.5	8.2	6.8	6.3
热变形温度/℃	89	83	89	81	82
摩擦系数	0.33~0.56	0.26	0.22	0.23	0.23
磨痕宽度/mm	>12	4.9	4.7	3.4	5.6

3.3.3.2 聚甲醛的应用领域

聚甲醛具有十分优异的综合性能，比强度和比刚度与金属很接近，所以可替代有色金属制作各种结构零部件。聚甲醛特别适合于制造耐摩擦、磨损及承受高载荷的零件，如齿轮、滑轮、轴承等，并广泛地应用于汽车工业、精密仪器、机械工业、电子电气、建筑器材等方面。

在汽车工业方面，可利用其比强度高的优点，替代锌、铜、铝等金属，制作水泵叶轮、燃料油箱盖、汽化器壳体、油门踏板、风扇、组合式开关、方向盘零件、转向节轴承等。

在机械工业方面，由于聚甲醛耐疲劳、冲击强度高、具有自润滑性等特点，被大量地用于制造各种齿轮、轴承、凸轮、泵体、壳体、阀门、滑轮等。

在电子、电气、工业方面，由于聚甲醛介电损耗小、介电强度高、耐电弧性优良等特点，被用来制作继电器、线圈骨架、计算机控制部件、电动工具外壳以及电话、录音机、录像机的配件等。

此外，还可用于建筑器材，如水龙头、水箱、煤气表零件以及水管接头等；用于农业机械，如插种机的连接和联动部件、排灌水泵壳、喷雾器喷嘴等；由于聚甲醛无毒、无味，还可用于食品工业，如食品加工机上的零部件、齿轮、轴承支架等。

3.3.3.3 聚甲醛牌号、特性及应用

聚甲醛牌号、特性及应用见表3-10。

表3-10 聚甲醛牌号、特性及应用

牌号	生产商	级别	特性及应用
4520	日本旭化成	通用级	具有优异的流动性能和机械性能，适用于制作减磨耐磨零件、传动零件等
7520	日本旭化成	高流动级	适宜于薄壁、长流动距离的注塑
M90-45	日本宝理	耐候级	具有很好的耐候性，适用于制作汽车零件、机械部件、电器和电子零件等
DE-8902	美国杜邦	注塑级	高强度、高流动性、高光泽性，适用于运动器材和瓶盖专用料
23P	美国杜邦		耐反复冲击性强，具有自润滑性，耐磨性良好，适用于汽车零部件、仪表内部件、轴承、齿轮等

3.4 聚苯醚

3.4.1 聚苯醚概况

聚苯醚又称为聚亚苯基氧，其分子主链中含有$\left[\!-\!\!\bigcirc\!\!(CH_3)_2\!-\!O\!-\right]$链节，聚合物命名为聚2，6-二甲基-1，4-苯醚，英文名称为poly-phenyleneoxide，简称PPO。

聚苯醚是一种线型的、非结晶性的聚合物，于1965年开始工业化生产。聚苯醚具有许多优异的性能，它的综合性能优良，电绝缘性、耐蠕变性、耐水性、耐热性、尺寸稳定性优异，且具有很宽的使用温度范围。在很多性能上都优于聚甲醛、聚碳酸酯、聚酰胺等工程塑料，应用于国防工业、电子工业、航空航天、仪器仪表、纺织机械及医疗器材等方面。

3.4.2 聚苯醚结构与性能

聚苯醚分子主链中含有大量的酚基芳香环，使其分子链段内旋转困难，从而使得聚苯醚的熔点升高，熔体黏度增加，熔体流动性大，加工困难；分子链中的两个甲基封闭了酚基两个邻位的活性点，可使聚苯醚的刚性增加、稳定性增强、耐热性和耐化学腐蚀性提高。由于聚苯醚分子链中无可水解的基团，因此其耐水性好、吸湿性低、尺寸稳定性好、电绝缘性好。

聚苯醚由于分子链的端基为酚氧基，因而耐热氧化性能不好。可用异氰酸酯将端基封闭或加入抗氧剂等来提高热氧稳定性。

(1) 力学性能　聚苯醚具有很高的拉伸强度、模量和抗冲击性能。硬度和刚性都比较大，其硬度高于聚甲醛、聚碳酸酯和聚酰胺，在 -40 ~140℃的温度范围内均具有优良的力学性能；而且耐磨性好，摩擦系数较低。但聚苯醚的耐疲劳性和耐应力开裂性不好。通过改性后，其耐应力开裂性可明显提高。

(2)热性能　聚苯醚具有很好的耐热性，热变形温度为190℃，玻璃化温度为210℃，熔融温度为260℃，热分解温度为350℃，脆化温度为 -170℃，长期使用温度为 -125 ~120℃。

(3)电性能　聚苯醚具有优异的电绝缘性，它的介电常数和介电损耗都很小，在工程塑料中是最低的，在很宽的温度范围及频率内显示出优异的介电性能，而且不会受湿度的影响。

(4)耐化学药品性　聚苯醚具有优良的耐化学药品性，对稀酸、稀碱、盐及洗涤剂等的高、低温稳定性好。在受力状态下，酮类、酯类及矿物油会导致其产生应力开裂。在卤代脂肪烃和芳香烃中会发生溶胀，在氯化烃中可溶解。

聚苯醚和改性聚苯醚的性能见表3-11。

表3-11　聚苯醚和改性聚苯醚的性能

性能	聚苯醚	30%玻纤增强聚苯醚	共混改性聚苯醚	接枝改性聚苯醚
密度/(g/cm^3)	1.06	1.27	1.10	1.09
吸水率/%	0.03	0.03	0.07	0.07
拉伸强度/MPa	87	102	62	54
弯曲强度/MPa	116	130	86	83
弯曲模量/GPa	2.55	7.7	2.45	2.16
冲击强度/(J/m)	127.4	—	176.4	147
线膨胀系数/$10^{-5}K^{-1}$	4	2.5	6	7.5
热变形温度/℃	173	—	128	120
体积电阻率/(Ω·cm)	7.9×10^{17}	1.2×10^{16}	10^{16}	10^{16}
介电损耗角正切(60Hz)	0.00035	—	0.0004	0.0004

聚苯醚可以用注塑、挤出、吹塑、发泡、真空成型及焊接成型的方法来加工，由于聚苯醚可溶解在氯化烃内，因此可用溶剂浇注以及挤压浇注的方法加工薄膜。其中最主要的是注射成型。

聚苯醚在加工上有如下特性：

(1) 聚苯醚在熔融状态下的熔体黏度很大，且接近于牛顿流体，但随熔体温度升高时会偏离牛顿流体，所以加工时应提高温度并适当增加注射压力，并以提高温度为主。

(2) 聚苯醚分子链的刚性比较大，玻璃化温度高，因此制品易产生内应力，可通过成型后的后处理来消除。后处理条件为：在180℃的甘油中热处理4h。

(3) 聚苯醚的吸水性小，但是为了避免在制品表面形成银丝、起泡，以得到较好的外观，在加工以前，可把聚苯醚置于烘箱内进行干燥，干燥温度为140 ~150℃，约3h，原料厚度不超过50mm。

(4) 聚苯醚的成型收缩率较低，为0.2%～0.6%，且废料可重复使用3次，可用于性能要求不高的制品中。

3.4.3 聚苯醚种类及应用

3.4.3.1 改性聚苯醚

聚苯醚虽然具有许多优异性能，但由于其加工流动性差、易应力开裂、价格昂贵，因此限制了它在工业上的应用。所以，目前工业上使用的聚苯醚主要是改性聚苯醚(MPPO)。

改性聚苯醚的力学性能可与聚碳酸酯相近，其耐热性比聚苯醚低一些。改性聚苯醚耐水解性较好，耐酸、耐碱，但可溶于芳香烃和氯化烃中。它的电性能与聚苯醚一样优越，而且成本低，同时它还具有良好的成型加工性和耐应力开裂性。

改性聚苯醚最显著的应用是代替青铜或黄铜输水管道，其次是耐压管道；其他如电子电气零部件、继电器盒、无线电电视机部件、计算机传动齿轮等；汽车工业中一些精密仪器部件、壳体、加热系统部件等；还可用来制造阀门水泵的零件、部件；医疗器械；在航空航天等其他工业部门也有着广阔的应用领域。

改性聚苯醚目前主要有以下几个品种。

(1)聚苯醚/聚苯乙烯合金　聚苯醚和聚苯乙烯可以按任何比例混合。聚苯乙烯通常选用高抗冲聚苯乙烯(HIPS)，这种合金具有良好的加工性能、物理性能、耐热性和阻燃性，而且已经商业化。聚苯醚与聚苯乙烯混合物的商品名为Noryl，用苯乙烯接枝的聚苯醚商品名为Xyron。

(2)聚苯醚/ABS合金　这种合金具有很好的抗冲击性、耐应力开裂性、耐热性和尺寸稳定性，可以电镀而使其表面金属化。

(3)聚苯醚/聚苯硫醚合金　可以更进一步提高聚苯醚的耐热性、加工性。

(4)聚苯醚/聚酰胺合金　这种合金具有高韧性、尺寸稳定性、耐热性、化学稳定性、低磨损性，可制作汽车挡板、加热器支架等。

(5)玻璃纤维增强聚苯醚　这种改性聚苯醚可以提高聚苯醚的力学性能、耐热性能等。

3.4.3.2 聚苯醚牌号、特性及应用

聚苯醚的牌号、特性及应用如表3-12所示。

表3-12 聚苯醚牌号、特性及应用

牌号	产地	级别	特性及应用
731－701	美国GE	通用级	应用于电子、电器、汽车、机械、办公设备、家电、化工等行业
PX9406	美国GE	注塑级	密度：1.09 g/cm^3；吸水率：0.06%；缺口冲击强度：160kJ/m^2；拉伸强度：75MPa；弯曲强度：112MPa；弯曲模量：2646MPa；维卡软化点：150℃；热变形温度：125℃
SE100X	美国GE	注塑级	加工安定性、机械性能优异。应用于电子电气、汽车工业、机械工业、化工领域；较高温度下工作的齿轮、轴承、化工设备及零部件

续表

牌号	产地	级别	特性及应用
540Z	日本旭化成	注塑级	刚性大、耐热性高、难燃、强度较高、电性能优良等优点。应用于电子电气、汽车工业、机械工业
G702V	日本旭化成	注塑级	良好的机械强度、抗蠕变性、耐应力松弛、抗疲劳强度高。应用于电子电气、汽车工业、机械工业
PCN2910	沙特 sabic	玻纤增强级	刚性大、耐热性高、难燃。应用于电子电气、汽车工业、机械工业

3.5 热塑性聚酯

由饱和二元酸和饱和二元醇缩聚得到的线型高聚物称为热塑性聚酯。其命名根据二元醇的碳数来决定。热塑性聚酯品种很多，但目前最常使用的有两种：聚对苯二甲酸乙二醇酯和聚对苯二甲酸丁二醇酯。

3.5.1 聚对苯二甲酸乙二酯

聚对苯二甲酸乙二酯的英文名称为 polyethylene terephthalate，简称 PET。聚对苯二甲酸乙二酯是由对苯二甲酸或对苯二甲酸二甲酯与乙二醇缩聚的产物，其制备过程可以采用酯交换法和直接酯化法先制得对苯二甲酸双羟乙酯，再经缩聚后得到聚对苯二甲酸乙二酯。其分子结构式为：

$$\left[\overset{O}{\overset{\|}{C}} - C_6H_4 - \overset{O}{\overset{\|}{C}} - O \left(CH_2 \right)_2 O \right]$$

聚对苯二甲酸乙二酯在1947年开始工业化生产，起初主要用于生产薄膜和纤维(俗称涤纶)。聚对苯二甲酸乙二酯在室温下具有优越的力学性能和摩擦、磨损性能。它的抗蠕变性能、刚性和硬度等都很好，而且它的吸水性低，线膨胀系数小，尺寸稳定性很高。其主要缺点是热力学性能与冲击性能很差。

3.5.1.1 结构与性能

聚对苯二甲酸乙二酯的分子链由刚性的苯基、极性的酯基和柔性的脂肪烃基组成，所以大分子链既刚硬，又有一定的柔顺性。聚对苯二甲酸乙二酯的支化程度很低，分子结构规整，属结晶型高聚物，但它的结晶速率很慢，结晶温度又高，所以结晶度不太高，为40%，因此可制成透明度很高的无定形聚对苯二甲酸乙二酯。

(1) 力学性能 具有较高的拉伸强度、刚度和硬度，良好的耐磨性、耐蠕变性，并可以在较宽的温度范围内保持这种良好的力学性能。聚对苯二甲酸乙二酯的拉伸强度与铝膜相近，是聚乙烯薄膜的9倍，是聚碳酸酯薄膜和聚酰胺薄膜的3倍。

(2) 热性能 聚对苯二甲酸乙二酯的熔融温度为255~260℃，长期使用温度为120℃，短期使用温度为150℃。它的热变形温度(1.82MPa)为85℃，用玻璃纤维增强后可达220~240℃，而且其力学性能随温度变化很小。

(3) 电性能　虽然含有极性的酯基，但仍然具有优良的电绝缘性。随温度升高，电绝缘性有所降低，且电性能会受到湿度的影响。作为高电压材料使用时，薄膜的耐电晕性较差。

(4) 耐化学药品性　由于聚对苯二甲酸乙二酯含有酯基，不耐强酸强碱，在高温下强碱能使其表面发生水解，氨水的作用更强烈。在水蒸气的作用下也会发生水解。但在高温下可耐高浓度的氢氟酸、磷酸、甲酸、乙酸。

3.5.1.2　聚对苯二甲酸乙二酯的成型加工性能

聚对苯二甲酸乙二酯可采用注塑挤出、吹塑等方法来加工成型。其中吹塑成型主要用于生产聚酯瓶，其方法是首先制成型坯，然后进行双轴定向拉伸，使其从无定形变为具有结晶定向的中空容器。

聚对苯二甲酸乙二酯在加工上具有如下特性：

①由于熔体具有较明显的假塑体特征，因而黏度对剪切速率的敏感性大而对温度的敏感性小。

②虽然其吸水性较小，但在熔融状态下如果含水率超过0.03%时，就会发生水解而引起性能下降，因此成型加工前必须进行干燥。干燥条件为：温度130~140℃；时间为2~4h。

③成型收缩率较大，而且制品不同方向收缩率的差别较大，经玻璃纤维增强改性后可明显降低，但生产尺寸精度要求高的制品时，还应进行后处理。

3.5.1.3　聚对苯二甲酸乙二酯的改性品种

(1) 纤维增强改性聚对苯二甲酸乙二酯　增强纤维有玻璃纤维、硼纤维、碳纤维等，其中最常用的是玻璃纤维。纤维增强聚对苯二甲酸乙二酯可以明显地改善其高温力学性能、耐热性、尺寸稳定性等。

(2)聚对苯二甲酸乙二醇酯合金　采用共混的方法，制成聚合物合金，可以改善聚对苯二甲酸乙二酯的性能。例如，与聚碳酸酯共混可以改善它的冲击强度，与聚酰胺共混可以改善它的尺寸稳定性和冲击强度，和聚四氟乙烯共混可以改善它的耐磨性能等。

3.5.1.4　聚对苯二甲酸乙二酯的应用领域

聚对苯二甲酸乙二酯的应用领域主要有纤维、薄膜、聚酯瓶及工程塑料几个方面。其纤维的用量很大，目前世界上约有半数左右的合成纤维是由聚对苯二甲酸乙二酯制造的。对于没有增强改性的PET主要用来制作薄膜和聚酯瓶。薄膜可以用作电机、变压器、印刷电路、电线电缆的绝缘膜，还可用来制作食品、药品、纺织品、精密仪器的包装材料，也可用来制作磁带、磁盘、光盘、磁卡以及X射线和照相、录像底片。聚酯瓶具有良好的透明性、阻隔性、化学稳定性、韧性，且质轻，可以回收利用，因此可用于保鲜包装材料。如可用于饮料、酒类、食用油类、调味品、食品等的包装。

增强改性的聚对苯二甲酸乙二酯可用于变压器、电视机、连接器、集成电路外壳、继电器、开关等电子器件，还可用于配电盘、阀门、点火线圈架、排气零件等汽车零件，也可用于齿轮、泵壳、凸轮、皮带轮、叶片、电动机框架等机械零件。

3.5.2　聚对苯二甲酸丙二酯

聚对苯二甲酸丙二酯(PTT)纤维是Shell公司开发的一种性能优异的聚酯类新型纤维，它是由对苯二甲酸(PTA)和1，3-丙二醇(PDO)缩聚而成，其分子式(($(CH_2)_3$OO=CO=CO))。PTT纤维综合了尼龙的柔软性、腈纶的蓬松性、涤纶的抗污性，加上本身固有的弹性，以及能常温染色等特点，把各种纤维的优良性能集于一身，从而成为当前国际上最新开发的热门高分子新材料之一。

3.5.2.1　聚对苯二甲酸丙二酯的结构与性能

聚对苯二甲酸丙二酯(PTT)是一种性能优异的新型聚酯树脂，其结构与对苯二甲酸乙二酯的很接近，它既保持了聚对苯二甲酸乙二酯(PET)的一些优良性能，又有更好的染色性及拉伸回弹性。此外，PTT加工性能好，吸湿性小，尺寸稳定性高，物性变化小。

(1)力学性能　PTT纤维具有良好的延伸性能，PTT纤维的断裂强度虽然比普通PET纤维和高收缩PET纤维低，但断裂伸长率却比普通PET纤维大的多，与高收缩PET纤维相当，其延伸性性相当的好。此外，PTT纤维具有良好的拉伸回弹性能，在拉伸至10%定伸长时，保持10s后放松，PTT纤维的回弹率达到98%。

(2)热性能　半结晶的PTT玻璃化转变温度约为331K，熔融放热峰在480K与505K之间。一定温度下，PTT熔体特性黏度随熔融时间的延长而下降，一定时间下，随温度的升高而下降。PTT端羧基含量随温度升高而增大，PTT的热稳定性较PET明显下降。

(3)电性能　虽然具有极性的酯基，但其抗静电性能很优异。

(4)耐化学药品性　由于结构本身含有酯基，因此不耐强酸强碱，但对一些弱酸弱碱则有一定的抗性。

3.5.2.2　聚对苯二甲酸丙二酯的成型加工性能

(1)PTT共混改性　近年来，由于研发费用的增加，聚合物新品种的研发速度有下降趋势，因此，人们更多地关注现有材料的共混改性和合金化，PTT作为一种工程塑料化的新型聚酯，在韧性、耐热性、成型加工性等方面还有待改进。最近，PTT与其他聚合物共混改性的研究也越来越多。用于PTT共混改性的聚合物主要有EPDM、PE、PET、PBT、PEN、PEI、PTN等。

(2)PTT玻纤增强改性　玻纤增强是热塑性聚合物作为工程塑料应用的一种重要途径，可提高聚合物的耐热性、强度、韧性和尺寸稳定性等。为此，玻纤增强PTT也有不少研究。

(3)PTT纳米复合改性　纳米材料学是近年来受到普遍关注的一个新的科学领域。纳米无机粒子由于其自身独特的“表面效应”、“体积效应”、“量子效应”，显著地区别于一般的填料。目前国内外许多学者采用有机化的层状硅酸盐应用于PTT的改性中，以提高PTT的耐热性、力学性能和结晶性能。

(4)添加成核剂改性　PTT已广泛应用于纤维，作为工程塑料，应用还非常有限，这与PTT较慢的结晶速率和较长的成型周期有一定关系。寻找有效的成核剂，提高结晶速率，改善结晶性能是PTT改性研究的又一重点。

3.5.2.3 聚对苯二甲酸丙二酯的应用领域

PTT 作为 21 世纪的新兴纤维之一，其主要使用领域是纤维，尤其是地毯丝。另外在塑料、薄膜、无纺布等其他领域也有广泛的用途。

(1)纤维和地毯丝领域 PTT 纤维同时具有 PET 的耐化学性及尼龙的回弹性。用 PTT 生产的弹性纤维性能优于 PET、PBT 和 PP 纤维，与 PA6 或 PA66 相当。PTT 织物主要用于运动服、游泳衣、室内装饰及无纺织物。除作衣服用纤维外，还可以加工成高度蓬松的 BCF，作为化纤地毯的原料。PET 地毯在使用以后会很快的纠缠在一起，而 PTT 地毯在频繁的使用和洗涤之后仍有较好的弹性，铺地性优异，抗污性与可回收性优于 PA6 纤维，因此在地毯领域中，具有较强的竞争力，今后可取代 PA 地毯。

(2)热塑性工程塑料 PTT 的熔点与 PBT 相当，其结晶速度可以与 PBT 达到相同的数量级。而且，PTT 的玻璃化转变温度比 PBT 稍高，下限与 PBT 的上限接近。而且，其吸湿性比 PA66 小，尺寸稳定性优异，可作为热塑性塑料用于要求低吸湿性、尺寸稳定、物性变化小的制品以取代 PA66。

(3)其他 PTT 通过纺粘法、针刺或水刺法能纺制无纺布。另外，由于 PTT 纤维模量小，回弹性好，还可以用做安全网，也可用于薄膜。

3.5.3 聚对苯二甲酸丁二酯

聚对苯二甲酸丁二酯的英文名称为 polybutyleneterephthalate，简称 PBT。它是对苯二甲酸和丁二醇缩聚的产物。其制备方法可以采用直接酯化法以及酯交换法。这两种方法都是先制成对苯二甲酸双羟丁酯，然后再缩聚制得聚合物。其分子结构式为：

$$\left[\text{C}_6\text{H}_4 - \overset{\overset{\large O}{\|}}{C} - O - (CH_2)_4 - O - \overset{\overset{\large O}{\|}}{C} \right]_n$$

聚对苯二甲酸丁二酯在工程塑料中属一般性能，其力学性能和耐热性不高，但摩擦系数低，耐磨耗性较好。但是用玻璃纤维增强后，它的性能得到很大的改善。

3.5.3.1 聚对苯二甲酸丁二酯的结构与性能

聚对苯二甲酸丁二酯的分子结构与聚对苯二甲酸乙二酯的很接近，只不过脂肪烃的链节较长，所以前者的柔顺性要好一些，所以它的玻璃化温度、熔融温度都会低一些，刚性也会小一些。

聚对苯二甲酸丁二酯为乳白色结晶固体，无味、无臭、无毒，密度为 1.31g/cm³，吸水率为 0.07%，制品表面有光泽。由于其结晶速率快，因此只有薄膜制品为无定形态。

(1)力学性能 没有增强改性的聚对苯二甲酸乙二酯力学性能一般，但增强改性后其力学性能大幅度提高。例如未增强的聚对苯二甲酸丁二酯缺口冲击强度为 60J/m，拉伸强度为 55MPa；而用玻璃纤维增强后其缺口冲击强度为 100J/m，拉伸强度可达 130MPa，并且屈服强度和弯曲强度都会明显提高。

(2)热性能 聚对苯二甲酸丁二酯的玻璃化温度约为 51℃，熔融温度为 225～230℃，热变形温度在 55～70℃，在 1.85MPa 的应力下热扭变温度为 54.4℃；而经过增强改性后热变形温度可达到210～220℃，1.85MPa应力下的热扭变温度为210℃。且增强后的聚对苯二甲酸丁二酯的线膨胀系数在热塑性工程塑料中是最小的。

(3)电性能 虽然聚对苯二甲酸丁二酯分子链中含有极性的酯基，但由于酯基分布密度不高，所以仍具有优良的电绝缘性。其电绝缘性受温度和湿度的影响小，即使在高频、潮湿及恶劣的环境中，也仍具有很好的电绝缘性。

(4)耐化学药品性 聚对苯二甲酸丁二酯能够耐弱酸、弱碱、醇类、脂肪烃类、高相对分子质量酯类和盐类，但不耐强酸、强碱以及苯酚类化学试剂，在芳烃、二氯乙烷、乙酸乙酯中会溶胀，在热水中，可引起水解而使力学性能下降。聚对苯二甲酸乙二酯对有机溶剂具有很好的耐应力开裂性。表3-13为未增强和增强后的聚对苯二甲酸乙二酯以及几种增强工程塑料的性能比较。

表3-13 聚合物共混物性能比较

性能	未增强PBT	增强PBT	增强PPO	增强PA6	增强PC	增强POM
拉伸强度/MPa	55	119.5	100～117	150～170	130～140	126.6
拉伸模量/MPa	2200	9800	4000～6000	9100	10000	8400
弯曲强度/MPa	87	168.7	121～123	200～240	170	203.9
弯曲模量/MPa	2400	8400	5200～7600	5200	7700	9800
悬臂梁冲击强度(缺口)/(J/m)	60	98	123	109	202	76
最高连续使用温度/℃	120～140	138	115～129	116	127	96

3.5.3.2 聚对苯二甲酸丁二酯的成型加工性能

聚对苯二甲酸乙二酯的加工方法可以是注塑或挤出成型，其中主要是注射成型。聚对苯二甲酸乙二酯具有很好的加工流动性，增强型的加工流动性也很好，因此可以制备厚度较薄的制品，而且黏度随剪切速率的增加而明显下降。聚对苯二甲酸丁二酯虽然吸水性很小，但为防止在高温下产生水解的现象，成型加工前一般要进行干燥，干燥条件为120℃干燥3～5h。使含水率<0.02%。聚对苯二甲酸丁二酯制品在不同方向上的成型收缩率差别较大，而且其成型收缩率不与制品的几何形状、成型条件、储存时间及储存温度有关。

3.5.3.3 聚对苯二甲酸丁二酯的改性

(1) 增强型聚对苯二甲酸丁二酯 目前，增强PBT的97%以上都是用玻璃纤维增强的，而且具有优异的综合性能。例如，具有很好的力学性能、刚性、硬度、自润滑性、抗冲击性、电绝缘性、化学稳定性、尺寸稳定性、加工性和自熄性。但其缺点是制品容易产生各向异性，不能长期经受热水作用，会发生由于成型收缩不均而出现的翘曲现象等。

(2) 聚对苯二甲酸丁二酯合金 把聚对苯二甲酸乙二酯和其他的高聚物进行共混改性，可以改善它的一些不足。比如PBT/PET合金，两者的化学结构相似，熔融温度接近，共混时的相容性也很好。这种合金可以有效地改善PBT制品的翘曲性及增加制品表面的光泽性，也可以提高PBT的热变形温度，提高PBT的冲击强度等。

3.5.3.4 聚对苯二甲酸丁二酯的应用领域

聚对苯二甲酸丁二酯由于性能优良，现已经获得较为广泛的应用。主要应用于电子、电气、汽车、机械等方面。

在电子、电气方面，主要是利用它优良的耐热性、电绝缘性、阻燃性及成型加工性，加入10%～30%玻璃纤维的聚对苯二甲酸丁二酯，其耐热温度可达160～180℃，长期使用温度为135℃，并且有优良的阻燃性、耐锡焊性和高温下的尺寸稳定性。因此可用来制作连接器、线圈架、电机零件、开关、插座、变压器骨架等。

在汽车工业方面，聚对苯二甲酸丁二酯也有很大的市场，尤其是抗冲击的PBT合金可用来制作汽车保险杠以及许多金属件的替代器，并且还可替代热固性树脂用来制作手柄、底座等。

在机械方面，增强改性的聚对苯二甲酸丁二酯主要应用在要求有耐热、阻燃的部位上，如视频磁带录音机的带式传动轴、烘烤机零件、齿轮、按钮等。

3.5.4 其他热塑性聚酯

3.5.4.1 芳香族聚酯

芳香族聚酯又称聚芳酯，是分子主链中带有芳香环和醚键的聚酯树脂，英文名称为polyarylate，简称PAR。聚芳酯与脂肪族聚酯相比，具有更好的耐热性以及其他综合性能。其分子结构式为：

$$\left[-O-\overset{O}{\overset{\|}{C}}-C_6H_4-\overset{O}{\overset{\|}{C}}-O-C_6H_4-\overset{CH_3}{\underset{CH_3}{C}}-C_6H_4- \right]_n$$

聚芳酯是一种非结晶型的热塑性工程塑料，于1973年开始工业化生产。聚芳酯具有很好的力学性能、电绝缘性、耐热性、成型加工性，因此得到了迅速的发展。聚芳酯具有良好的抗冲击性、耐蠕变性、应变回复性、耐磨性以及较高的强度。在很宽的温度范围内可显示出很高的拉伸屈服强度。聚芳酯分子主链上含有密集的苯环，因此具有优异的耐高温性能经受160℃的连续高温，在1.86MPa载荷下，聚芳酯的热变形温度可达175℃。而且它的线膨胀系数小，尺寸稳定性好，热收缩率低，并且有很好的阻燃性。聚芳酯的吸湿性小，其电性能受温度及湿度的影响小，耐电压性特别优良，具有很好的电绝缘性。聚芳酯具有优异的透明性、耐紫外线照射性、气候稳定性。聚芳酯的加工方法可以是注塑、挤出、吹塑等。聚芳酯拉伸屈服强度与温度的关系如图3-2所示。

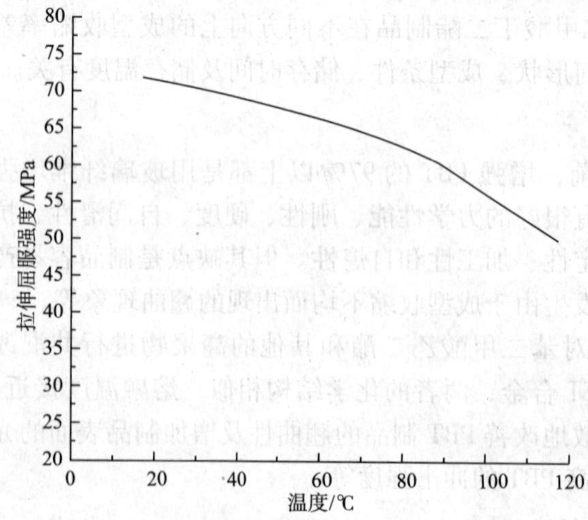

图3-2 聚芳酯拉伸屈服强度与温度关系

聚芳酯目前已广泛应用于电子、电气、医疗器械、汽车工业、机械设备等各个方面，如电位器轴、开关、继电器、汽车灯座、塑料泵、机械罩壳、各种接头、齿轮等。表3-14为聚芳酯的一般性能。

表3-14 聚芳酯的一般性能

性能	通用级聚芳酯	耐热级聚芳酯	30%玻纤增强通用级聚芳酯	性能	通用级聚芳酯	耐热级聚芳酯	30%玻纤增强通用级聚芳酯
密度/(g/cm^3)	1.21	1.21	1.44	洛氏硬士(R)	125	125	112
吸水率/%	0.25	0.26	0.23	介电常数(10^6Hz)	3	3	3.0
伸长率/%	62	50	2.5	介电损耗角正切(10^6Hz)	0.015	0.015	0.015
拉伸强度/MPa	75	71.5	138	体积电阻率/Ω·cm	2×10^{16}	2×10^{16}	4.6×10^{16}
弯曲强度/MPa	95	97	138	耐电弧性/s	129	129	120

3.5.4.2 聚苯酯

聚苯酯又称为聚对羟基苯甲酸酯，也是一种聚芳酯，英文名称为 aromatic polyester，商品名称 Ekonol。其分子结构式为：

$$\left[O-C_6H_4-\overset{O}{\overset{\|}{C}} \right]_n$$

聚苯酯具有优异的综合性能，它的热稳定性、自润滑性、硬度、电绝缘性、耐磨耗性是目前所有高分子材料中最好的，长期使用温度为315℃，短期使用温度可在370~425℃；同时具有极好的介电强度、很小的介电损耗，并且不溶于任何溶剂和酸中，作为一种耐高温工程塑料，聚苯酯越来越被重视。

目前，还有聚苯酯的改性品种，如玻璃纤维增强改性聚苯酯可提高聚苯酯的热变形温度、耐热性、耐药品性、力学性能等；聚苯酯与聚四氟乙烯合金可改善聚苯酯的耐磨耗性、摩擦性能等。

聚1，4-环己二甲基对苯二甲酸酯简称PCT，是耐高温半结晶的热塑性聚酯，它是1，4-环己烷二甲醇与对苯二甲酸二甲酯的缩聚产物。

聚1，4-环己二甲基对苯二甲酸酯的最突出的性能是它的耐高温性。聚1，4-环己二甲基对苯二甲酸酯的熔点为290℃(PBT为225℃，PET为250℃)，与聚苯硫醚(PPS)的熔点相近(PPS为285℃)。聚1，4-环己二甲基对苯二甲酸酯的热变形温度(HDT)值也高于PBT和PET，例如玻纤增强的聚1，4-环己二甲基对苯二甲酸酯在1.86MPa的应力下HDT为260℃，与其相应，PBT为204℃，PET为224℃。聚1，4-环己二甲基对苯二甲酸酯的长期使用温度高达149℃。

聚1，4-环己二甲基对苯二甲酸酯具有物理性能、热性能和电性能的最佳均衡，聚1，4-环己二甲基对苯二甲酸酯也显示低的吸湿性和突出的耐化学药品性能。聚1，4-环己二甲基对苯二甲酸酯及其共聚物及其他工程塑料例如PC的合金具有优异的光学透明性、韧性、耐化学药品性、高流动性和光泽度。

聚 1，4 - 环己二甲基对苯二甲酸酯常以混合料、共聚物和共混物的形式在很宽广的应用领域内使用，包括电子、电气工业、医疗用品、仪器设备、光学用品等。

3.6 特种工程塑料

3.6.1 聚酰亚胺

聚酰亚胺是分子主链中含有酰亚胺基团(- CO- N- CO-)的一类芳杂环聚合物，一般是二酐和二胺的缩聚物，可以由芳二酐和酯二胺或芳二胺缩聚而成。英文名称为 polyimide，简称 PI。

聚酰亚胺是芳杂环耐高温聚合物中最早工业化的品种，也是工程塑料中耐热性能最好的品种之一。

聚酰亚胺的制备方法首先是由芳香族二元羧酸和芳香族二元胺经缩聚反应生成聚酰胺酸，然后经热转化或化学转化环化脱水形成聚酰亚胺，其分子结构式为：

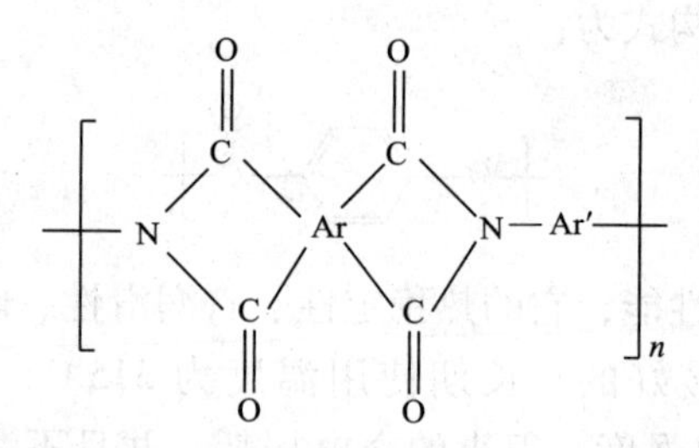

式中，Ar 为二酸酐的芳基；Ar′为二胺的芳基。

如果芳香族二酸酐和芳香族二胺采用不同的组合，则聚酰亚胺就可以为不同类型的品种。目前，聚酰亚胺的品种约有 20 多种。图 3-3 为聚酰亚胺的分类。

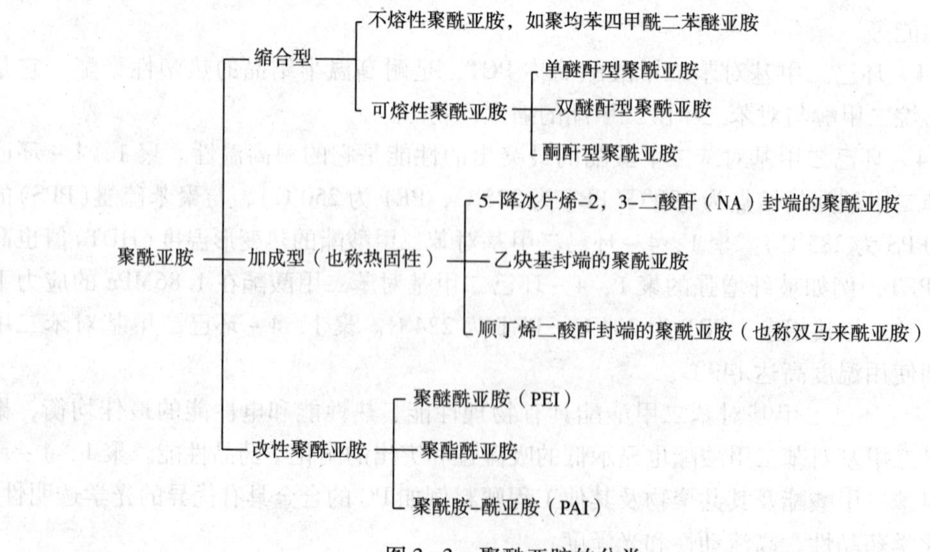

图 3-3 聚酰亚胺的分类

3.6.1.1　聚酰亚胺的结构与性能

由于聚酰亚胺含有大量含氮的五元杂环及芳环，分子链的刚性大，分子间的作用力强，由于芳杂环的共轭效应，使其耐热性和热稳定性很高，力学性能也很高，特别是在高温下的力学性能保持率很高。此外，电绝缘性、耐溶剂性、耐辐射性也非常优异。不同品种的聚酰亚胺由于二酐和二胺的结构不同，其性能也会有所不同。例如，纯芳香族二胺合成的聚均苯四甲酰亚胺具有最高的热稳定性；而对苯二胺合成的聚均苯四甲酰亚胺热氧稳定性最高。

(1)力学性能　聚酰亚胺具有优良的力学性能，拉伸强度、弯曲强度以及压缩强度都比较高，而且还具有突出的抗蠕变性、尺寸稳定性，因此非常适于制作高温下尺寸精度要求高的制品。

(2)热性能　聚酰亚胺具有极其优异的耐热性，这是因为组成聚酰亚胺分子主链的键能大，不易断裂分解。

(3)电性能　聚酰亚胺分子结构中虽然含有相当数量的极性基团，如羰基、氨基、醚基、硫醚基等，但因结构对称、玻璃化温度高和刚性大而影响了极性基团的活动，因此聚酰亚胺仍然具有优良的电绝缘性能。在较宽的温度范围内偶极损耗小，而且耐电弧性突出，介电强度高，电性能随频率变化小。

(4)耐化学药品性　聚酰亚胺可以耐油、耐有机溶剂、耐酸，但在浓硫酸和发烟硝酸等强氧化剂作用下会发生氧化降解，且不耐碱。在碱和过热水蒸气作用下，聚酰亚胺会发生水解。

3.6.1.2　聚酰亚胺的主要品种

(1) 不熔性聚酰亚胺　不熔性聚酰亚胺的主要品种是聚均苯甲酰二苯醚亚胺，其分子结构式为

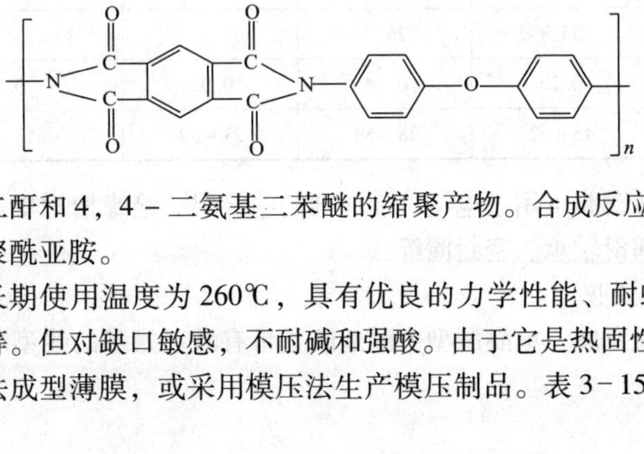

它是均苯四酸二酐和4，4－二氨基二苯醚的缩聚产物。合成反应为先缩聚成聚酰胺酸，再脱水环化成聚酰亚胺。

这种聚酰亚胺长期使用温度为260℃，具有优良的力学性能、耐蠕变性、电绝缘性、耐辐射性、耐磨性等。但对缺口敏感，不耐碱和强酸。由于它是热固性聚合物，通常采用连续浸渍法和流延法成型薄膜，或采用模压法生产模压制品。表3－15为均苯型聚酰亚胺模塑料的性能。

表3－15　均苯型聚酰亚胺模塑料的性能

性能	100%树脂	15%石墨	40%石墨	15%石墨＋10%PTFE	15% MoS_2
相对密度	1.43	1.51	1.65	1.55	1.6
吸水率/%	0.24	0.19	0.14	0.21	0.23

续表

性能	100%树脂	15%石墨	40%石墨	15%石墨+10%PTFE	15% MoS_2
洛氏硬度(M)	92~102	82~94	68~78	69~79	
拉伸强度/MPa					
23℃	89.6	62.1	52.4	41.4	81.4
250℃	45.5	41.4	29	20.7	44.8
316℃	35.9	34.5	24.1	17.2	34.5
伸长率/%					
23℃	7~9	4~6	2~3	3~4	6~8
250℃	6~8	3~5	1~2	2~3	5~7
弯曲强度/MPa					
73℃	117	103	89.6	70.3	131
316℃	62.1	55.3	48.3	27.6	
弯曲模量/GPa					
23℃	3.1	3.72	5.17	3.17	3.45
250℃	2	2.55	3.65	1.86	
316℃	1.79	2.24	3.17	1.59	
压缩强度/MPa					
23℃	276	221	124	125	
150℃	207	145	103	105	
250℃	138	89.6	82.7	82.7	
冲击强度/(J/m)	53.3	26.7			
摩擦系数	0.29	0.24	0.03	0.12	0.25
线膨胀系数/$10^{-6}K^{-1}$	45~52	38~59	23~59	13~63	49~59

均苯型聚酰亚胺薄膜可用于电机、变压器的绝缘层、绝缘槽衬里等；模压料可制作精密零件、耐高温自润滑轴承、密封圈等。

(2)可熔性聚酰亚胺

①单醚酐型聚酰亚胺　单醚酐型聚酰亚胺是带有酰亚氨基的线型聚合物，其分子结构式为：

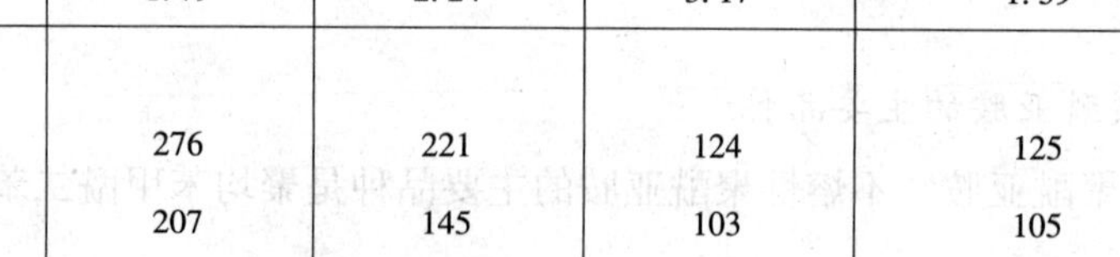

这种聚酰亚胺在成型过程中不发生化学交联，可以反复加工。除了耐热性稍低于均苯型外，其他物理性能、力学性能基本相同，可在－180~230℃条件下长期使用。

加工方法可采用模压、挤出、注塑等方法成型，也可进行二次加工，如车削、铣、刨、磨等。可制得轴承、齿轮、刹车片、薄膜等。

②双醚酐型聚酰亚胺 双醚酐型聚酰亚胺的化学结构与单醚酐型的接近，也为可熔可溶的聚酰亚胺。其分子结构式为：

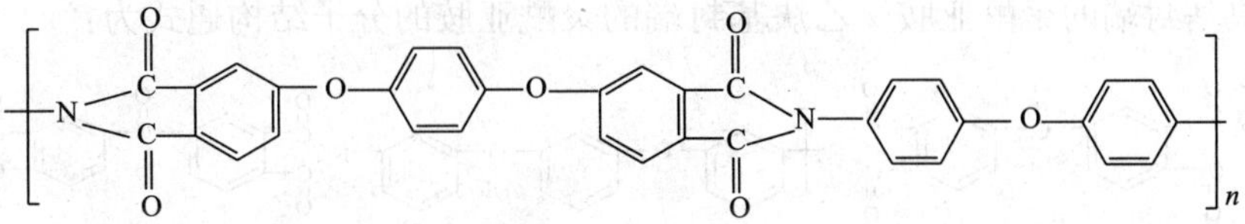

双醚酐型聚酰亚胺具有良好的综合性能，长期使用温度在 -250 ~ 230℃。可用模压、注射、挤出等方法加工。其产品可以是薄膜、油漆、层压板、胶黏剂等。

③酮酐型聚酰亚胺 酮酐型聚酰亚胺与醚酐型聚酰亚胺的不同之处是在二酐中间以酮键(-CO-)替代了醚键(-O-)，也是一种线型聚合物。其分子结构式为：

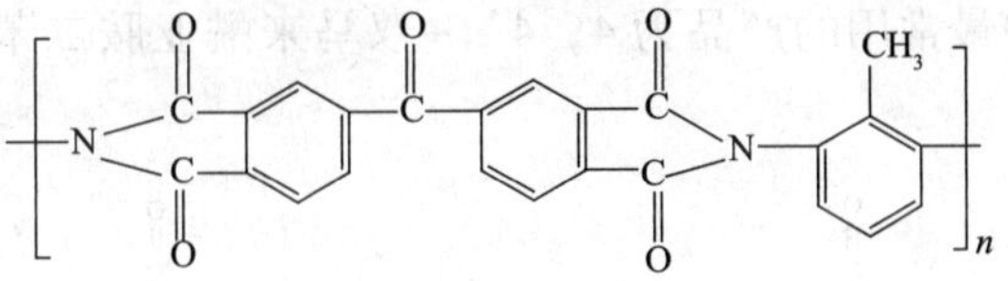

这种聚酰亚胺具有优良的耐热性、耐磨性、阻燃性、电绝缘性、力学性能。其最高连续使用温度可达 260 ~ 300℃，短期使用温度达 400℃，与玻璃、金属有良好的粘接力，可溶于丙酮中。

酮酐型聚酰亚胺可以按照模压、层压、挤出、注射、烧结等方法成型各种制品。

酮酐型聚酰亚胺可用于薄膜、复合材料、层压制品、黏合剂、涂料等，还可制备飞机、火箭等的耐高温结构件。

(3)热固性聚酰亚胺 热固性聚酰亚胺是指分子两端带有可反应活性基团(如乙烯基、乙炔基等)的低相对分子质量聚酰亚胺，在加热或有固化剂存在时依靠活性端基交联反应形成大分子结构的聚酰亚胺。常用的有以下三种：

①NA 基封端的聚酰亚胺 用 NA(5 - 降冰片烯 - 2，3 - 二羧酸单甲酯)进行封端的聚酰亚胺品种主要有 P105AC、P13N、PMR - 15、LaRc13、PMR - Ⅱ、LaRc - 160 等牌号，其化学结构通式为：

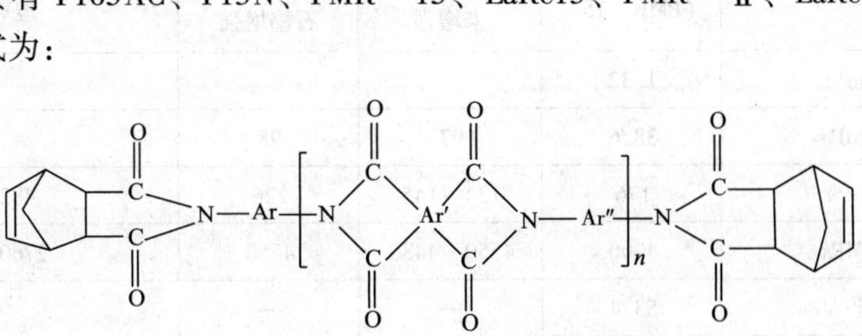

式中，Ar 为 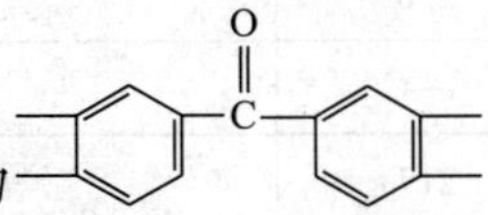 或

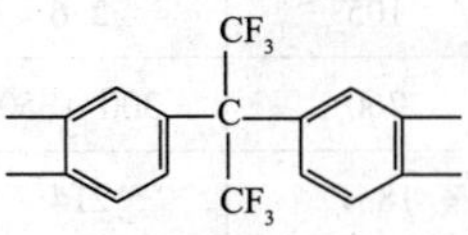

Ar、Ar 为 CH₂ 、 S 、 、 CH₂ 。

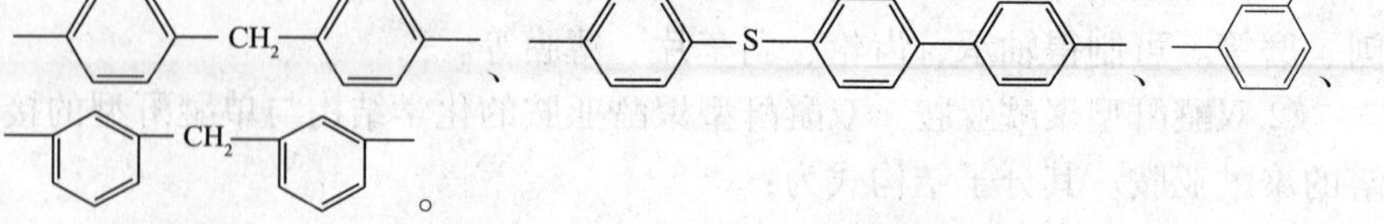

②乙炔基封端的聚酰亚胺　乙炔基封端的聚酰亚胺的分子结构通式为：

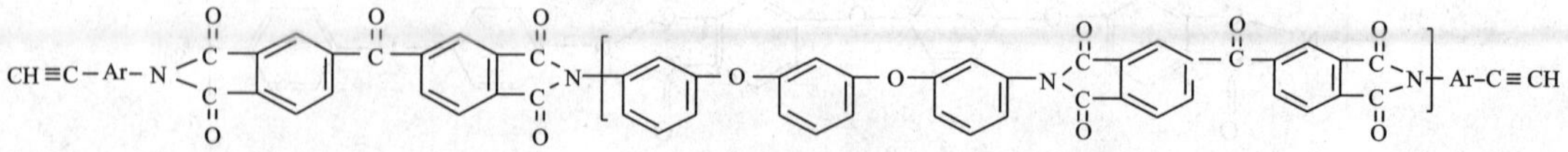

CH≡C－Ar－N ... O ... O ... N－Ar－C≡CH

式中，Ar 为 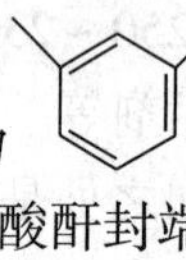 或 O 等。

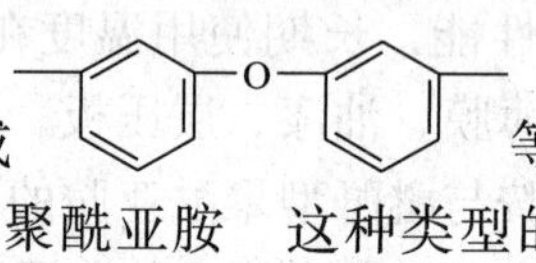

③顺丁烯二酸酐封端的聚酰亚胺　这种类型的聚酰亚胺也称为双马来酰亚胺，简称BMI。它是一类以马来酰亚胺为活性端基的低相对分子质量化合物，由二元胺和马来酸酐经缩合反应得到，其中最常用的产品为4，4’－双马来酰亚胺二苯甲烷（BDM），其分子结构式为

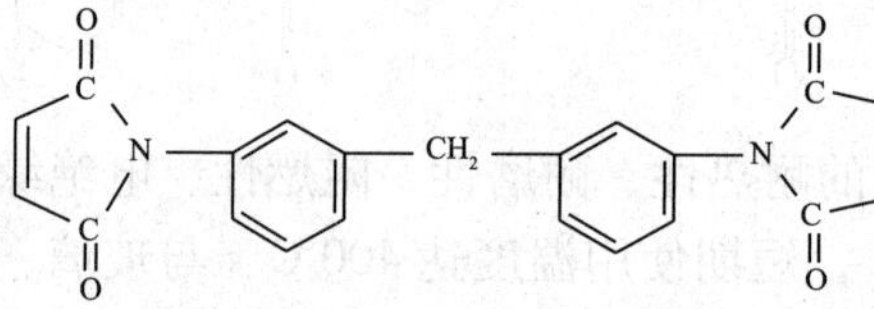

N ... CH_2 ... N

双马来酰亚胺的优点是具有高活性的双键，可进行均聚，也可进行共聚反应。它的固化反应属加成反应，无低分子物析出。其固化产物具有耐高温、耐湿热、耐辐照等特征，连续使用温度可达204～230℃，分解温度大于420℃。此外，还具有高模量、高强度、优异的绝缘性、耐化学腐蚀性。

热固性聚酰亚胺的性能如表3－16所示。

表3－16　热固性聚酰亚胺的性能

性能	NA 封端（PMR－15）	乙炔封端型（HR－600）		马来酸酐封端型 Kermid 601/181E 玻璃布增强
		未增强	石墨增强	
密度/（g/cm^3）	1.32			—
拉伸强度/MPa	38.6	97	98	344
断裂伸长率/%	176	124～145	126	482（25℃）
弯曲强度/MPa	4000	4550～4480	4550	27600（25℃）
弯曲弹性模量/MPa	53.4	—	—	232
压缩强度/MPa	105	2.6	2.6	—
缺口冲击强度/（J/m^2）	260	300～350	—	—
长期使用温度/℃	18.7	214	217	344

(4)改性聚酰亚胺 改性聚酰亚胺是在聚酰亚胺分子主链上引入醚键、酯键等柔性基以改善它的加工性能等。

①聚醚酰亚胺 聚醚酰亚胺是一种琥珀色透明的热塑性塑料，其分子结构式为：

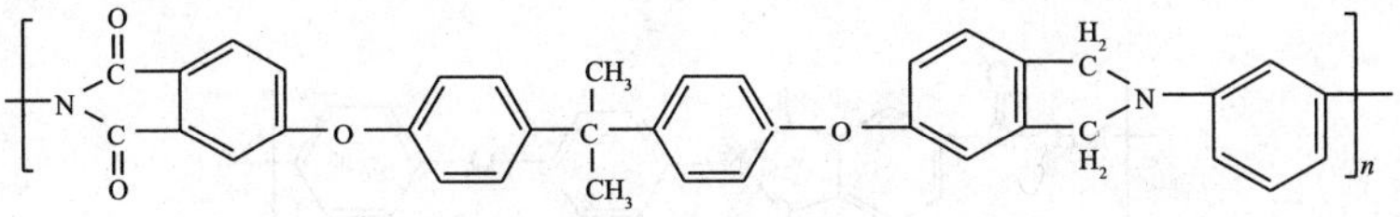

由于在分子主链中引入了柔性的醚键和异丙基，因而聚醚酰亚胺熔体流动性得到很大的改善，可采用普通热塑性塑料的加工方法来加工，如注塑、挤出、热成型等。

聚醚酰亚胺具有良好的力学性能、热性能、耐辐射性、阻燃性能等，可应用于交通运输、航空、航天、医疗器械、电子、电气等领域。聚醚酰亚胺的性能如表3-17所示。

表3-17 聚醚酰亚胺的性能

性能	未增强	20%玻纤增强	性能	未增强	20%玻纤增强
拉伸强度/MPa	105	140	热变形温度/℃		
拉伸模量/GPa	3	6.9	0.46MPa	210	210
伸长率/%	68~80	3	1.86MPa	200	209
弯曲强度/MPa	145	210	线膨胀系数/10^{-5} K^{-1}	5.6	2.5
弯曲模量/GPa	3.3	6.2	密度/(g/cm^3)	1.27	1.42
压缩强度/MPa	140	170	吸水率/%	0.25	0.26
压缩模量/GPa	2.9	3.5	氧指数/%	47	50
冲击强度/(J/m)			介电常数(10^3 Hz)	3.15	3.5
缺口	50	90	体积电阻率/Ω·m	6.7×10^{13}	0.7×10^{13}
无缺口	1300	480	成型收缩率/%	0.5~0.7	—
玻璃化温度/℃	217	—			

②聚酯酰亚胺 聚酯酰亚胺的分子主链上带有柔性的酯键，目前工业上最常使用的聚酯酰亚胺的分子结构式为：

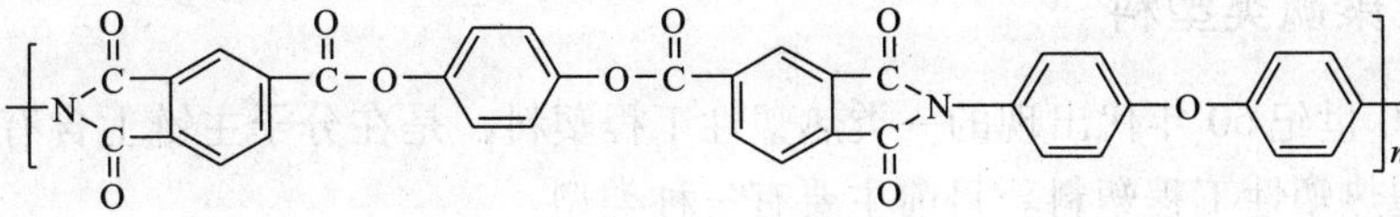

聚酯酰亚胺具有芳香族聚酯优异的电性能、力学性能、耐热性能、耐溶剂性、耐辐射性，而且加工性能也很好，可以注塑、挤出、压制成型，尺寸稳定性好，成本低。聚酯酰亚胺可用于绝缘漆、耐热薄膜、电线电缆包皮以及纤维等。

③聚酰胺-酰亚胺 聚酰胺-酰亚胺的化学结构式有以下两种：

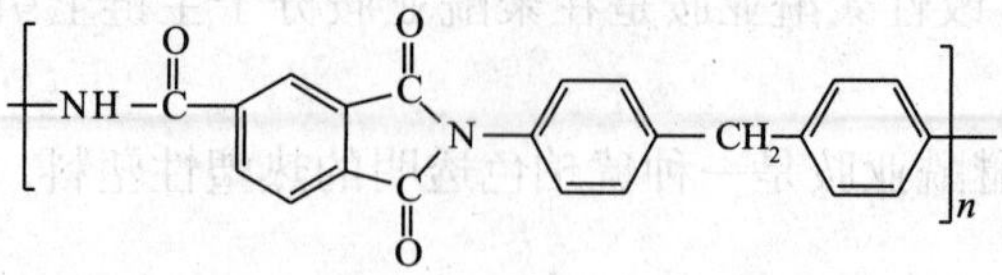

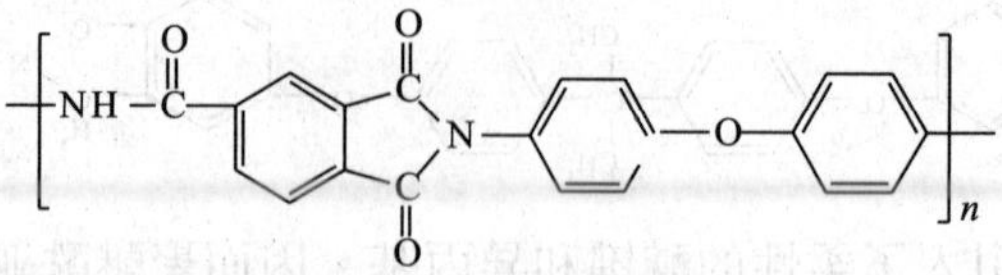

聚酰胺－酰亚胺具有优良的综合性能，可在250℃的高温下连续使用，在室温下的拉伸强度可高达200MPa；抗蠕变性能优异，阻燃性能好，具有自熄性，耐化学药品性优良，能耐绝大部分的化学药品，耐辐射性好。此外，它的粘接性、韧性、耐碱性、耐磨性均优于均苯型聚酰亚胺，并可进行填充、增强和共混改性。聚酰胺－酰亚胺的加工方法有注塑、挤出、流延、模压等。聚酰胺－酰亚胺可加工成复杂而精密的制件，而且其质量轻、比强度高，可替代金属制作飞机的结构件、罩壳，还可用来制作薄膜、层压板、齿轮、轴承、透波材料、发动机零部件等。

3.6.1.3　聚酰亚胺的牌号、特性及应用

聚酰亚胺的牌号、特性及应用如表3－18所示。

表3－18　聚酰亚胺的牌号、特性及应用

牌号	生产商	特性	应用
H	上海合成树脂研究所	薄膜级，属于不熔性聚酰亚胺，综合性能优良	用于薄膜及其制品、电器绝缘衬里、电缆、半导体包装材料
HF	上海合成树脂研究所	不熔性聚酰亚胺，综合性能优良	用于薄膜、涂布纤维、漆、涂料和胶黏剂等
PFI－P	上海合成树脂研究所	可熔性聚酰亚胺，优异的耐高温工程塑料，高强度、低翘曲	用于汽车的热交换器元件、机械工业中的轴承保持架、轴承、电绝缘制品、防弹衣等
B－1000	日本三井石油化学工业公司	阻燃可溶马来酰亚胺，电气特性优良，介电常数低	适用于多层印刷基板、溶剂可溶的双马来酰亚胺制品

3.6.2　聚砜类塑料

聚砜是20世纪60年代出现的一类热塑性工程塑料，是在分子主链上含有芳香基和砜基的非结晶型热塑性工程塑料。目前主要有三种类型。

3.6.2.1　双酚A型聚砜

双酚A型聚砜(简称聚砜)的英文名称为polysulfone，简称PSU。分子结构式为：

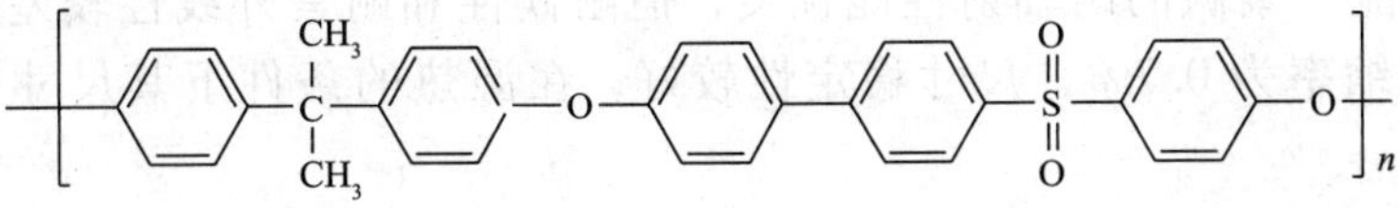

$$\left[-C_6H_4-C(CH_3)_2-C_6H_4-O-C_6H_4-C_6H_4-SO_2-C_6H_4-O-\right]_n$$

聚砜具有优异的力学性能，由于大分子链的刚性，使得它在高温下的拉伸性能好，抗蠕变性能突出，如在100℃，20MPa的载荷下，经一年之后的蠕变量仅为1.5%～2%，所以它可以作为较高温度下的结构材料。聚砜最高使用温度可达150～160℃，长期使用温度在-100～150℃，即使在-100℃时仍能保持75%的力学强度。聚砜还具有优良的电性能，表现在高频下电性能指标没有明显变化，即使在水、湿气或190℃的高温下，仍可保持高的介电性能，这是其他工程塑料无法相比的。聚砜除了强溶剂、浓硫酸、硝酸外，对其他化学试剂都稳定，在无机酸、碱的水溶液、醇、脂肪烃中不受影响，但能溶于氯化烃和芳烃，并在酮和酯类中发生溶胀，且有部分溶解。聚砜的主要缺点是它的疲劳强度比较低，所以，在受振动负荷的情况下，不能选用聚砜作为结构材料。

(1)聚砜的结构与性能　聚砜可以看作是由异亚丙基($-C(CH_3)_2$)、醚基($-O-$)、砜基($-SO_2$)和亚苯基连接起来的线型高分子聚合物。

异亚丙基为脂肪基，有一定的空间体积，减少分子间相互作用力可赋予聚合物韧性和熔融加工性。醚基也可增加分子链的柔顺性，并且也可改善熔融加工性。砜基和亚苯基提供了刚性、耐热性及抗氧化能力。聚砜在性能上主要具有以下几个方面的特点：

①力学性能　聚砜具有优异的力学性能，其拉伸强度和弯曲强度都高于一般的工程塑料，如聚碳酸酯、聚甲醛、聚酰胺等，而且在高温下的力学性能保持率高，冲击强度在-60～20℃范围内变化不大，聚砜的主要缺点是抗疲劳性及寿命不如聚甲醛和聚酰胺，此外还易出现内应力开裂现象。

②热性能　聚砜具有优异的耐热性，其玻璃化温度为190℃，脆化温度为-101℃，热变形温度为175℃，长期使用温度在-100～150℃。聚砜在高温下的耐热老化性能极好，在150℃经过2年的热老化后，其拉伸屈服强度和热变形温度反而有所提高，而冲击强度仍能保持55%；聚砜还具有优良的耐氧老化性及自熄性。

③电性能　聚砜在宽广的温度和频率范围内具有优异的电性能，在水及潮湿的空气中电性能的变化很小。其电性能如表3-19所示。

表3-19　聚砜的电性能

性能	数值	性能	数值
介电常数		10^3 Hz	0.0010
60Hz	3.07	10^6 Hz	0.0034
10^3 Hz	3.06	表面电阻率/Ω	3×10^{16}
10^6 Hz	3.03	体积电阻率/Ω·cm	5×10^{16}
介电损耗角正切		介电强度/(kV/mm)	14.6
60Hz	0.0008	耐电弧性/s	122

④耐化学药品性　聚砜的化学稳定性较好，对无机酸、碱、盐溶液都很稳定，但受某些极性有机溶剂如酮类、卤代烃、芳香烃等的作用会发生腐蚀的现象。

⑤其他性能　聚砜的耐辐射性能优良，但耐候性和耐紫外线性较差。其吸水率为0.22%成型收缩率为0.7%，尺寸稳定性较好，在湿热的条件下其尺寸变化较小，见表3-20。

表3-20　聚砜的其他性能

条件	质量变化/%	尺寸变化/(mm/mm)
22℃，50%相对湿度，28d	0.23	<0.001
22℃，水中，28d	0.62	<0.001
100℃，水中，7d	0.85	0.001
150℃空气中和60℃水中各4h为7d期，经7d后再在150℃经24h	-0.03	-0.001
150℃，空气中，28d	-0.10	-0.001

(2)聚砜的成型加工性能　聚砜的成型方法可按热塑性塑料的加工方法，如注塑、挤出、吹塑、热成型及二次加工。聚砜的熔体黏度大，流体接近牛顿流体，黏度对温度敏感而受剪切速率的影响较小。

聚砜在高温及有负荷的条件下，水分会促使它应力开裂，还会造成制品表面银纹现象及水泡。因此在加工前应干燥，干燥条件为120～125℃，时间为5h，使其吸水率为0.05%。以下由于聚砜分子刚性大、冷凝温度高，因此制品内部易产生内应力，所以需要进行后处理。处理条件为150～160℃，时间为5h。

由于聚砜是无定形聚合物，因此成型收缩率低，制品的尺寸精度高。

(3)聚砜的应用领域　聚砜具有优异的综合性能，适宜制造各种高强度、高尺寸稳定性、低蠕变、耐蒸煮的制品，可应用于电子、电气、精密仪器，交通运输、医疗器械等方面。如可用来制造需蒸煮的医疗设备、食品加工设备；电子电气方面的电池盒、衬板、接触器、印制线路板等；以及交通运输方面的仪表盘、汽车防护罩、电动齿轮等。

3.6.2.2　聚芳砜

聚芳砜是由双芳环磺酰氯和芳环进行缩聚得到的。它是一种非双酚A型聚芳砜，也可称为聚苯醚砜，它的英文名称为polyarylsulphone，简称PAS其分子结构式为：

$$\left[-C_6H_4-C_6H_4-\overset{O}{\underset{O}{\overset{\|}{\underset{\|}{HS}}}}-C_6H_4-C_6H_4-\overset{O}{\underset{O}{\overset{\|}{\underset{\|}{S}}}}- \right]_n$$

由于聚芳砜的分子链中不含有异亚丙基和脂肪族的C－C键，却含有大量的联苯结构，因此具有更为突出的耐热性和耐氧化降解性能。由于聚芳砜的刚性很大，因此有很高的熔融温度和熔体黏度，加工性能会变差，其加工要难于聚砜。聚芳砜的综合性能如表3-21所示。

表3-21 聚芳砜的综合性能

性能	数据	性能	数据
相对密度	1.36	压缩弹性模量/GPa	2.4
吸水率/%	1.4	弯曲弹性模量/GPa	2.78
收缩率/%	0.8	伸长率/%	13
拉伸强度/MPa		缺口冲击强度/(J/m)	163
23℃	91	洛氏硬度(M)	110
260℃	30	玻璃化温度 T/℃	288
压缩强度/MPa		热变形温度(1.86MPa)/℃	274
23℃	126	最高连续工作温度/℃	260
260℃	52.8	线膨胀系数/K^{-1}	4.68×10^{-5}
弯曲强度/MPa		介电常数(60Hz)	3.94
23℃	121	介电损耗角正切(60Hz)	0.003
260℃	62.7	表面电阻率/Ω	6.2×10^{15}
拉伸弹性模量/GPa	2.6	体积电阻率/Ω·m	3.2×10^{14}

3.6.3 聚醚砜塑料

聚醚砜也可称为聚芳醚砜，英文名称为 polyether sulfone，简称 PES。其分子结构式为：

$$\left[-C_6H_4-SO_2-C_6H_4-O- \right]_n$$

聚醚砜的分子结构是由醚基、砜基和亚苯基组成，醚基可以赋予聚合物柔顺性及提高熔体流动性，而砜基可以赋予聚合物耐热性，所以聚醚砜是一种高耐热性、高抗冲击强度和优良成型加工性能的工程塑料。聚醚砜为一种琥珀色透明的无定形聚合物，它的耐蠕变性极为突出，在较高的温度及较大的负荷下，抗蠕变性能仍然极其优异。聚醚砜的基本性能如表3-22所示。

表3-22 聚醚砜的基本性能

性能	数据	性能	数据
相对密度	1.37	维卡软化点/℃	
收缩率/%	0.6	0.1MPa	226
吸水率/%	0.43	0.5MPa	223
折射率	1.62	线膨胀系数/K^{-1}	5.5×10^{-5}
拉伸强度(20℃)/MPa	83	热导率/[W/(m·K)]	0.18
伸长率/%	40~80	比热容/[J/(kg·K)]	1.1×10^{3}
拉伸弹性模量/GPa	2.4	燃烧性	自熄
弯曲强度/GPa	130	介电常数	

续表

性能	数据	性能	数据
弯曲弹性模量/GPa		60Hz	3.5
20℃	2.6	10^6Hz	3.5
150℃	2.5	介电消耗角正切(60Hz)	
180℃	2.3	60Hz	1.0×10^{-3}
冲击强度/(J/m)		10^6Hz	3.5×10^{-3}
缺口	87	体积电阻率/Ω·m	7×10^{15}
无缺口	不断	介电强度/(kV/mm)	16
洛氏硬度 R	120	耐电弧时间/s	70
热变形温度/℃		极限氧指数/%	38
0.46MPa	210		
1.86MPa	204		

聚醚砜易于加工成型，可用一般热塑性塑料的方法进行成型加工，如注型、挤出、模压、流延、吹塑、真空成型、溶液涂覆、粉末烧结等。它具有良好的加工流动性，但加工前要进行干燥，把水分控制在 0.12% 以下。

聚醚砜由于在很宽的温度范围内能保持良好的力学性能，而且它的耐热性、耐老化性能都很好，所以可广泛用于电子电气、机械、医疗以及航空航天领域。它还可以跟纤维材料复合制成高性能复合材料，用于宇航、飞机、军事工业等领域。还可用来制造超滤膜、渗透膜、反渗透膜以及防腐涂料等。

3.6.3.1　聚砜的改性品种

(1)玻璃纤维　增强聚砜　在聚砜当中加入玻璃纤维增强后，可明显提高聚砜的强度、刚度、尺寸稳定性、阻燃性和应力开裂性等。

(2)聚砜合金　聚砜合金品种有很多，其中最常见的是聚砜与 ABS 以及聚甲基丙烯酸甲酯的合金。这些合金可以改善聚砜的耐溶剂性、抗冲击性、成型加工性、耐应力开裂性等。与纯聚砜相比，耐溶剂性可大幅度提高，熔融流动性提高 4 倍，加工温度也可下降，一般为 260~340℃。

聚砜合金最常见的成型方法为注射成型。在加工前，要进行干燥，以避免在制品内部出现气泡，在制品表面出现银纹。干燥条件为 120~135℃，时间 2~3h。聚砜合金的废料可以循环使用，一般重复使用 6 次后，伸长率会略有上升，而冲击强度会略有下降。此外，在聚砜当中还可加入聚四氟乙烯共混以改变聚砜的耐摩擦磨耗性能。这种聚砜合金的耐磨耗性能超过了耐磨耗很好的聚苯硫醚和聚甲醛。

3.6.3.2　聚醚砜牌号、特性及应用

聚醚砜牌号、特性及应用如表 3-23 所示。

表 3-23　聚醚砜牌号、特性及应用

牌号	类型
PES 工程塑料级	用于注塑用纯树脂粒料
PESGF 增强改性级	玻璃纤维增强改性级粒料

续表

牌号	类型
PESCF 增强改性级	碳纤维增强改性级粒料
PES 涂料级	用于喷涂用纯树脂粉类
PES 超滤膜级	用于制膜用纯树脂精细粉类

3.6.4 聚醚醚酮塑料

聚醚醚酮是指大分子主链由芳基、酮键和醚键组成的线型聚合物，它是目前可大批量生产的唯一的聚芳醚酮品种，英文名称为 polyetherether ketone，简称 PEEK，分子结构式为：

$$\left[-O-C_6H_4-O-C_6H_4-\overset{O}{\overset{\|}{C}}-C_6H_4- \right]_n$$

聚醚醚酮具有热固性塑料的耐热性、化学稳定性和热塑性塑料的成型加工性。聚醚醚酮还具有优异的耐热性能。其变形温度为160℃，当用20% ~30%的玻璃纤维增强时，热变形温度可提高到280 ~300℃。聚醚醚酮的热稳定性很好，在空气中420℃，2h 情况下失重仅为2%，500℃时为2.5%，550℃时才产生显著的热失重。聚醚醚酮的长期使用温度约为200℃，在此温度下，仍可保持较高的拉伸强度和弯曲模量，它还是一种非常坚固的材料，有优异的长期耐蠕变性和耐疲劳性能。表3-24 为聚醚醚酮的力学性能。

表3-24 聚醚醚酮的力学性能

性能	未增强	30%玻纤增强	30%碳纤增强	性能	未增强	30%玻纤增强	30%碳纤增强
拉伸强度/MPa				弯曲模量/GPa			
23℃	100	162	215	23℃	3.9	8	15.4
100℃	66	129	185	100℃	3	—	12.2
150℃	34	75	107	150℃	2	—	10
冲击强度/(J/m)				伸长率/%	150	3	3
缺口	41	65	—	弯曲强度/MPa	170	—	248
无缺口	不断	—	—				

3.6.5 聚芳醚酮塑料

3.6.5.1 聚芳醚酮塑料的概况

聚芳醚酮类塑料又称为聚醚酮类塑料，英文名称为 polyarylether ketones，简称 PAEK，是一类耐高温、高结晶性的聚合物，它是在芳基上由一个或几个醚键和酮键连接而成的一类聚合物。醚键和酮基通过亚苯基以不同序列相连接，构成了各种类型的聚芳醚酮。

目前已开发出来的聚芳醚酮有聚醚醚酮(PEEK)、聚醚酮(PEK)、聚醚酮酮(PEKK)、聚醚酮醚酮酮(PEKEKK)。

3.6.5.2　聚芳醚酮的其他品种

近年来，英国的ICI、美国的Amoco、Du Pont、Hoechst等公司在PEEK工作的基础上，又开发了PEEK同系物耐高温树脂PEK、PEKK、PEEKK。PEK的耐温性和力学强度比PEEK稍高，但成型加工稍困难些。PEEK玻璃化温度为165℃，熔点为350℃，玻璃纤维增强后，连续使用温度为240℃。PEEKK尺寸稳定性好，玻璃化温度比PEEK高20℃，韧性好。PEEKK目前有10%、20%、30%和40%玻璃纤维增强级以及30%碳纤维增强级产品，无机物增强级产品尚在开发之中。

3.6.6　有机硅塑料

3.6.6.1　有机硅塑料概况

有机硅塑料是指分子主链结构中含有元素硅的一类高分子合成材料，学名聚硅氧烷，又称为硅油；英文名称为SiliconePolymers，简称SI。其聚合物的主链为一条由硅原子和氧原子交替组成的稳定骨架，侧链的基团为有机基团如甲基、苯基及乙烯基等。

3.6.6.2　有机硅塑料的性能

(1)结构性能　由于SI的分子的主链近似无机的，而侧基为有机物，所以它集无机与有机特性于一体。SI中的R取代基不同，其物性大不相同。可从油状液体到弹性体，从柔软体到刚性塑料。按用途分包括硅油、硅橡胶、硅树脂及硅烷偶联剂四大类；按具体功能又包括耐高温和耐低温型，高绝缘和高导热、高导电型，高粘接和高润滑型，发泡和消泡型，高弹性和高刚性型，密封和透气型，耐辐射和阻燃型等。

(2)物理性能　相对密度1.75～1.95，成型收缩率0.5%，成型温度160～180℃，具有无机物的耐高温性、耐气候老化性、耐臭氧性、电绝缘性、无毒、无腐蚀性、生理惰性及相容性等优点。

(3)成型性能　流动性好，硬化速度慢，压缩成型时需要较高的成型温度。压缩成型后，须经高温固化处理。

3.6.6.3　有机硅塑料的分类及应用

有机硅塑料按其成型的方法不同，主要可分为层压塑料、模压塑料和泡沫塑料三种类型。

(1)有机硅层压塑料

目前使用最多的有机硅层压塑料是由硅树脂和玻璃布制得的，它具有突出的耐热性和电绝缘性能，可在250℃长期使用，吸水率低，耐电弧性和耐火焰性好，介电损耗小。也可用石棉布或石棉纸代替玻璃布制取层压塑料，价格便宜，但机械强度较差。

(2)有机硅模压塑料

结构材料用有机硅模压塑料习惯被称为有机硅压塑料，它的特点是耐高温、防潮，机械强度和电绝缘性随温度变化很小。广泛应用于火箭、宇航、飞机、无线电、电器和仪器工业中，用来制作大功率直流电机的接触器、接线板、各种耐热的绝缘材料，以及能在200℃以上长期使用的仪器壳体和电器装置的零部件，如刷架环、灭弧罩、换向开关、配电盘等。

(3)有机硅泡沫塑料

有机硅泡沫塑料是一种低密度的具有泡孔结构的材料，可经受360℃的高温并且阻燃，是隔音、隔热和电绝缘的优良材料。

3.6.7　氟塑料

氟塑料是含氟塑料的总称，它与其他塑料相比，具有更优越的耐高、低温，耐腐蚀，耐候性，电绝缘性能，不吸水以及低的摩擦系数等特性，其中尤以聚四氟乙烯最为突出。

由于氟塑料具有上述各方面的特性，因此已成为现代尖端科学技术、国防、航空、军工生产和各工业部门所不能缺少的新型塑料之一，它的产量和品种都在不断地增长。从品种上来说，主要有聚四氟乙烯、聚三氟乙烯、聚全氟乙丙烯、聚偏氯乙烯、四氟乙烯与乙烯的共聚物、四氟乙烯与偏氯乙烯的共聚物以及三氟氯乙烯和偏氯乙烯的共聚物等。

3.6.7.1　聚四氟乙烯

氟塑料中最重要的产品是聚四氟乙烯，其总产量占氟塑料的85%以上，用途非常广泛。其英文名称为 polytetrafluoroethylene，简称 PTFE。其分子结构式为：

$$\left[\begin{array}{cc} F & F \\ | & | \\ C - & C \\ | & | \\ F & F \end{array} \right]_n$$

聚四氟乙烯具有优异的耐腐蚀性、自润滑性、耐热性、电绝缘性以及极低的摩擦系数，因此可广泛应用于化学工业的防腐材料、机械工业的摩擦材料、电气工业的绝缘材料以及防粘连材料、分离材料和医用高分子材料。

3.6.7.1.1　聚四氟乙烯的结构与性能

聚四氟乙烯的侧基全部为氟原子，分子链的规整性和对称性极好，大分子为线型结构，几乎没有支链，容易形成有序排列，所以聚四氟乙烯为一种结晶聚合物，结晶度一般为55%～75%。氟原子对骨架碳原子有屏蔽作用，而且氟－碳键具有较高的键能，是很稳定的化学键，使分子链很难破坏，所以聚四氟乙烯具有非常好的耐腐蚀性和耐热性。由于聚四氟乙烯分子链上与碳原子连接的2个氟原子完全对称，因此它为非极性聚合物，具有优异的介电性能和电绝缘性能。此外，聚四氟乙烯分子是对称排列，分子没有极性，大分子间及与其他物质分子间相互吸引力都很小，其表面自由能很低，因此它具有高度的不黏附性和极低的摩擦系数。

聚四氟乙烯外表为白色不透明的蜡状粉体，密度为2.14～2.20g/cm^3，是塑料材料中密度最大的品种，结晶时在19℃以上为六方晶形，19℃以下为三斜晶形，熔点为320～345℃。

(1)力学性能 聚四氟乙烯在力学性能方面最为突出的优点是它具有极低的摩擦系数和极好的自润滑性。其摩擦系数是塑料材料中最低的，且动、静摩擦系数相等，对钢为0.04，自身为0.01～0.02。由于聚四氟乙烯的耐磨损性不好，可加入二硫化钼、石墨等耐磨材料改性。而聚四氟乙烯的其他力学性能，如拉伸强度、弯曲强度、冲击强度、刚性、硬度、耐疲劳性能都比较低。聚四氟乙烯在受到载荷时容易出现蠕变现象，是典型的具有冷流性的塑料。

(2)热性能 聚四氟乙烯具有优异的耐热性和耐寒性，长期使用温度为-195~250℃，短期使用温度可达300℃。聚四氟乙烯的线膨胀系数比较大，而且会随温度升高而明显增加。

(3)电性能 聚四氟乙烯的电性能十分优异，其介电性能和电绝缘性能基本上不受温度、湿度和频率变化的影响。在所有塑料中，体积电阻率最大(>18Ω·cm)，介电常数最小(1.8~2.2)。但聚四氟乙烯的耐电晕性不好，不能用作高压绝缘材料。

(4)耐化学药品性 聚四氟乙烯的耐化学药品性在所有塑料中是最好的，可耐浓酸、浓碱、强氧化剂以及盐类，对沸腾的王水也很稳定。只有氟元素或高温下熔融的碱金属才会对它有侵蚀作用。除了卤化胺类和芳烃对其有轻微溶胀外，其他所有有机溶剂对聚四氟乙烯都无作用。

(5)其他性能 聚四氟乙烯的耐候性能优良，通常耐候性可在10年以上，0.1mm聚四氟乙烯薄膜在室外暴露6年，外观和力学性能均无明显变化。

聚四氟乙烯分子中无光敏基团，对光和臭氧的作用很稳定，因此具有很好的耐大气老化性能。但耐辐射性不好，经γ射线照射后会变脆。聚四氟乙烯还具有自熄性，不能燃烧，极限氧指数>95%，是所有塑料中最大的。此外，聚四氟乙烯的表面自由能很低，几乎和所有材料都无法黏附。聚四氟乙烯及填充聚四氯乙烯的性能如表3-25所示。

表3-25 聚四氟乙烯及填充聚四氟乙烯的性能

性能	聚四氟乙烯	20%玻纤+聚四氟乙烯	20%玻纤+5%石墨+聚四氟乙烯	60%锡青铜+聚四氟乙烯
相对密度	2.14~2.20	2.26	2.24	3.92
吸水率/% <	0.01	0.01	0.01	0.01
氧指数/%	>95	—	—	—
断裂伸长率/%	233	207	193	101
拉伸强度/MPa	27.6	17.5	15.2	12.7
压缩强度/MPa	13	17	16	21
弯曲强度/MPa	21	21	32.5	28
缺口冲击强度/(kJ/m^2)	2.4~3.1	1.8	7.6	6.8
无缺口冲击强度/(kJ/m^2)	—	5.4	1.77	1.66
布氏硬度(HB)	456	546	554	796
最高使用温度/℃	288	—	—	—
最低脆化温度/℃	-150	—	—	—
线膨胀系数/$10^{-5}K^{-1}$	10~15	7.1	12	10.7
热导率/[W/(m·K)]	0.24	0.41	0.36	0.47
摩擦系数	0.04~0.13	0.2~0.4	0.18~0.20	0.18~0.20

续表

性能	聚四氟乙烯	20%玻纤+聚四氟乙烯	20%玻纤+5%石墨+聚四氟乙烯	60%锡青铜+聚四氟乙烯
磨痕宽度/mm	14.5	5.5~6.0	5.5~6	7.0~8.0
极限pv值/(0.5cm/s)	—	5.5	4.5	3
体积电阻率/(Ω·cm)	$>10^{18}$	—	—	—
介电强度/(kV/mm)	60~100	—	—	—
介电常数	1.8~2.2	—	—	—
介电损耗角正切	2×10^{-4}	—	—	—
耐电弧时间/s	360	—	—	—

3.6.7.1.2 聚四氟乙烯的成型加工性能

聚四氟乙烯的烧结可采用模压烧结、挤压烧结、推压烧结等制备管材、棒材等。薄膜的制造方法是将模压的毛坯经过切削成薄片，然后再用双辊辊压机压延成薄膜。

聚四氟乙烯根据其聚合方法的不同，可分为悬浮聚合和分散聚合两种树脂，前者适用于一般模压成型和挤压成型，后者可供推压加工零件及小直径棒材。若制成分散乳液时，则可作为金属表面涂层、浸渍多孔性制品及纤维织物、拉丝和流延膜用。表3-26列出了目前国产的各种牌号聚四氟乙烯及用途。

表3-26 各种牌号聚四氟乙烯树脂及用途

牌号	聚合方法	用途	牌号	聚合方法	用途
SFX-1-M	悬浮聚合	成型薄膜，特殊薄板制品	SFF-1-G	分散聚合	成型薄板及电缆等制品
SFX-1-B	悬浮聚合	成型板、棒、管材大型制件	SFF-1-D	分散聚合	成型棒及非绝缘性密封带等
SFX-1-D	悬浮聚合	成型垫圈及一般制件			

3.6.7.1.3 聚四氟乙烯的应用领域

聚四氟乙烯具有优异的耐腐蚀性、耐热性、热稳定性、很宽的使用温度范围以及极低的摩擦系数、突出的阻燃性、良好的电绝缘性、不粘性和生理相容性，可广泛地应用于密封材料、滑动材料、绝缘材料、防腐材料以及医用材料等。

在防腐材料方面，可用于制造各种化工容器和零件，如蒸馏塔、反应器、阀门、阀座、隔膜、反应釜、过滤材料和分离材料等；在摩擦、磨损方面，可用来制造各种活塞环、动密封环、静密封环、垫圈、轴承、轴瓦、支承块、导向环等；在绝缘材料方面，可用来制作耐高温、耐电弧和高频电绝缘制品，如高频电缆、耐潮湿电缆、电容器线圈等。聚四氟乙烯还可用来制造医用材料，如人工心脏、人工食道、人工血管、人工腹膜等。此外，还可以用于不粘材料，如各种不粘锅、食品加工机器等。聚四氟乙烯的主要缺点是在常温下的力学强度、刚性和硬度都比其他塑料差些，在外力的作用下易发生“冷流”现象，此外，它的热导率低、热膨胀大且耐摩耗性能差。

3.6.7.2 聚三氟乙烯

聚三氟乙烯的英文名称为ploychlorotrifluoroethylene，简称PCTFE，是由三氟聚氯乙烯单体经过自由基引发聚合得到的线型聚合物。

聚三氟乙烯是一种重要的氟塑料，它的耐化学腐蚀性和耐热性能等虽然不如聚四氟乙烯，但是它可用热塑性塑料的加工方法成型，因此对于一些耐腐蚀性能要求不高、聚四氟乙烯又无法加工成型的制品，就可选用聚三氟氯乙烯。

3.6.7.2.1　聚三氟氯乙烯的结构与性能

聚三氟氯乙烯与聚四氟乙烯相比，分子链中由一个氯原子取代了一个氟原子，而氯原子的体积大于氟原子，破坏了原聚四氟乙烯分子结构的几何对称性，降低了其规整性，因此，聚三氟氯乙烯的结晶度要低于聚四氟乙烯，但仍然可以结晶。由于氯原子的引入，其分子间作用力会增大，因此聚三氟氯乙烯的拉伸强度、模量、硬度等均优于聚四氟乙烯。此外，由于氯原子和氟原子的体积均大于氢原子，对骨架碳原子均有良好的屏蔽作用，使得聚三氟氯乙烯仍具有优异的耐化学腐蚀性。由于碳－氯键不如碳－氟键稳定，因此，聚三氟氯乙烯的耐热性不如聚四氟乙烯。

(1)力学性能—聚三氟氯乙烯的力学性能要优于聚四氟乙烯，而且冷流性比聚四氟乙烯明显降低。聚三氟氯乙烯的力学性能受其结晶度的影响较大，随其结晶度增加，硬度、拉伸强度、弯曲强度等都会提高，而冲击强度和断裂伸长率会下降。表3-27表示了聚三氟氯乙烯与聚四氟乙烯力学性能的比较。

表3-27　聚三氟氯乙烯与聚四氟乙烯力学性能的比较

力学性能	聚三氟氯乙烯	聚四氟乙烯
拉伸强度/MPa	30～40	14～35
拉伸模量/GPa	1.0～2.1	0.4
弯曲模量/GPa	1.7	0.42
冲击强度/(J/m)	180	163
伸长率/%	80～250	200～400

(2)热性能　聚三氟氯乙烯的熔点为218℃，玻璃化温度为580℃，热分解温度为2600℃，聚三氟氯乙烯具有十分突出的耐寒性能，可在－200℃的条件下使用，长期耐热温度达1200℃。

(3)电性能　聚三氟氯乙烯具有较好的电绝缘性能，其体积电阻率和介电强度都很高，环境湿度对其电性能无影响。但由于氯原子破坏了其分子链的对称性，使介电常数和介电损耗增大，而且介电损耗会随频率和温度的升高而增大。

(4)耐化学药品性　聚三氟氯乙烯具有优良的化学稳定性，在室温下不受大多数反应性化学物质的作用，但乙醚、乙酸乙酯等能使它溶胀。在高温下，聚三氟氯乙烯能耐强酸、强碱、混合酸及氧化剂，但熔融的碱金属、氟、氨、氯气、氯磺酸、氢氟酸、浓硫酸、浓硝酸以及熔融的苛性碱可将其腐蚀。

(5)其他性能　聚三氟氯乙烯具有很好的耐候性，其耐辐射性是氟塑料中最好的；而且还具有优良的阻气性，聚三氟氯乙烯薄膜在所有透明塑料膜中水蒸气的透过率最低，是塑料中最好的阻水材料。此外，聚三氟氯乙烯还具有极优异的阻燃性能，其氧指数值高达95%。

3.6.7.2.2 聚三氟氯乙烯的成型加工性

聚三氟氯乙烯可采用一般热塑性塑料的成型加工方法，如注塑、压铸、压缩、模塑或挤出成型等。但由于它的熔体黏度高，必须采用较高的成型温度和压力。由于其加工温度为250℃~300℃，分解温度约为310℃，所以加工温度范围较窄，加工比较困难。聚三氟氯乙烯的加工腐蚀性强，分解后会放出腐蚀性气体，因此加工设备接触熔体部分要进行镀硬铬处理。聚三氟氯乙烯的热导率较小，传热慢，因此加工中升温和冷却速率不要太快。

3.6.7.2.3 聚三氟氯乙烯的应用领域

聚三氟氯乙烯由于其力学性能较好、耐腐蚀性好、冷流性小，且比聚四氟乙烯易于加工成型等特点，可用于制造一些形状复杂且聚四氟乙烯难以成型的耐腐蚀制品，如耐腐蚀的高压密封件、高压阀瓣、泵和管道的零件、高频真空管底座、插座等。利用其阻气性能，可用来制造高真空系统的密封材料；利用其涂覆性能，可对反应器、冷凝加热器、搅拌器、分馏塔、泵等进行防腐涂层；还可用来制造光学视窗，如导弹的红外窗。

3.6.7.3 聚偏氟乙烯

聚偏氟乙烯的英文名称为polyvinylidene fluoride，简称PVDF。聚偏氟乙烯为一种结晶型聚合物，其结晶度约为68%，比聚四氟乙烯具有更高的强度、耐腐蚀性。聚偏氟乙烯的吸水性低（<0.04%），长期使用温度为150℃，玻璃化温度为-35℃，熔点为165~185℃。聚偏氟乙烯能能够耐大多数化学药品药剂，但在较高的温度下不耐极性溶剂。

聚偏氟乙烯具有良好的耐辐射性，在空气中不燃烧。聚偏氟乙烯具有较大的极性，其介电常数和介电损耗都很大，比其他氟聚合物都高。

聚偏氟乙烯加工性能比较好，可采用注塑、挤出、模压及浇注方法加工，也可用作涂层。聚偏氟乙烯具有良好的压电性能，可在传感器中作压电装置；还可用于麦克风设备，可产生连续而清晰地电信号，并可将信号记录在磁带上，并通过放大器传送出去。

3.6.7.4 聚氟乙烯

聚氟乙烯的英文名称为polyvinyl floride，简称PVF。聚氟乙烯是含氟塑料中氟含量最低的一种，是一种结晶型聚合物。

聚氟乙烯是拉伸强度高，在室温下可达80~100MPa，耐磨性好，长期使用温度为-100 ~150℃，其介电常数、介电损耗角正切及介电强度都比较高。

聚氟乙烯的耐腐蚀性好，但不如聚四氟乙烯，在室温下能耐大多数酸、碱及溶剂，但在高温下可溶于二甲基甲酰胺、二甲基乙酰胺中。

聚氟乙烯主要用于薄膜制品，其薄膜制品的耐折性能特别好，在室温下可折7万次。由于聚氟乙烯的加工温度和分解温度十分接近，其熔解温度可达210℃，而通常在220℃即开始分解，因此难以用熔融方法加工，一般必须加入增塑剂才可加工，使它的最低成膜温度降至熔点以下。常用的增塑剂有邻苯二甲酸二辛酯、磷酸三甲酚酯等。

聚氟乙烯除用于薄膜外，还可用于涂料，涂层与金属塑料的粘性特别好，涂层可用于高层建筑的耐候保护层，还可用作工厂、住宅、露天石油化工设备以及飞机、太阳能装置等的外层涂料覆层。

3.6.7.5 其他氟塑料

3.6.7.5.1 聚全氟乙丙烯

聚全氟乙丙烯是四氟乙烯与六氟丙烯两种单体的共聚物，其英文名称为 fluorinated ethylenepropylene，简称 FEP。

聚全氟乙丙稀是一种线性聚合物，与聚四氟乙烯相比，由于分子链的对称性、规整性被破坏，使得分子链的刚性降低，柔顺性增加，流动性增大，耐热性降低，结晶度也会降低。

3.6.7.5.2 全氟烷氧基树脂

全氟烷氧基树脂又可称为可溶性聚四氟乙烯，英文名称为 perfluoroalkoxy resins，简称 PFA，是一类新型的可熔融加工的氟塑料。

全氟烷氧基树脂的密度为 2.13 ~ 2.16g/cm^3，熔点约为 302 ~ 315℃，吸水率 < 0.03%。它的性能与聚四氟乙烯相似，如优良的耐化学腐蚀性、润滑性、电绝缘性、不粘性、低摩擦系数、不燃性、耐候性等。其耐高温力学性能优于聚四氟乙烯，最突出的优点是加工性能好的耐蠕变性，长期使用温度可达 260℃。

全氟烷氧基树脂可采用注塑、挤出、模压等方法成型。可用于高频及超高频绝缘材料、层压材料，还可用于耐腐蚀设备衬里和耐高温、耐油及阻燃材料等。全氟烷氧基树脂的性能如表 3-28 所示。

表 3-28 全氟烷氧基树脂的性能

性能	全氟烷氧基树脂	性能	全氟烷氧基树脂
相对密度	2.13 ~ 2.16	体积电阻率/(Ω·cm)	10^{18}
吸水率/%	<0.03	介电强度/(kV/mm)	19
氧指数/%	>95	介电常数	
折射率	—	10^3 Hz	2.1
邵氏硬度(或洛氏硬度)	60	10^6 Hz	2.1
拉伸强度/MPa	28 ~ 32	介电损耗角正切	
弯曲强度/MPa	—	10^3 Hz	0.0003
长期使用温度/℃	260	10^6 Hz	0.003
线膨胀系数/10^{-5} K^{-1}	12	耐电弧时间/s	180

3.6.7.5.3 四氟乙烯 - 乙烯共聚物

四氟乙烯 - 乙烯共聚物共聚物是四氟乙烯单体与乙烯单体交替共聚的产物，英文名为 ethylen tetrafluoroethylene copolymer，简称 ETFE。

四氟乙烯 - 乙烯共聚物兼有聚乙烯的耐辐射性和聚四氟乙烯的耐腐蚀性。它具有良好的耐热性和耐磨性、优良的冲击强度、电绝缘性和耐化学药品性。连续使用温度为 150℃，短期使用温度可达 200℃。四氟乙烯 - 乙烯共聚物耐候性能优良，能耐高能辐射和紫外线照射，具有良好的水解稳定性。

3.6.7.5.4 三氟氯乙烯 - 乙烯共聚物

三氟氯乙烯 - 乙烯共聚物为三氟氯乙烯单体与乙烯单体交替共聚的产物，英文名称为 ethylene-chlorotrufluorothylene copolymer，简称 E - CTFE。

三氟氯乙烯－乙烯共聚物具有聚四氟乙烯的耐腐蚀性和聚乙烯的加工性能。它在室温及高温下可耐一般的酸、碱、有机溶剂及王水的腐蚀，但在高温下会被苯胺和二甲基酰胺腐蚀，在热卤代烃中会溶胀。它的介电常数低，并能在很快的温度和频率范围内保持恒定。三氟氯乙烯－乙烯的拉伸强度、硬度、抗冲击性、耐蠕变性以及耐磨蚀性能与聚酰胺6相近，长期使用温度为－80～170℃，并且具有很好的耐辐射性。

3.6.8 氯化聚醚塑料

氯化聚醚又称为聚氯醚，其学名为聚3，3－双(氯甲基)氧杂环烷，英文名称为chlorinated ployether，简称CP。聚3，3－双(氯甲基)氧杂环丁烷单体在催化剂作用下开环聚合的产物。

氯化聚醚具有突出的耐化学腐蚀性。它的耐化学腐蚀性仅次于聚四氟乙烯，它的尺寸稳定性、耐磨性、电绝缘性、热稳定性能优良，吸水率低，因此是一种综合性能优良的工程塑料，主要可用于化工防腐、机械零件及潮湿状态下的绝缘材料。

3.6.8.1 氯化聚醚的结构与性能

氯化聚醚为一种线型聚合物，含氯量可达45%，虽然分子链上的氯甲基为极性的，但由于其主链化学结构规整对称，不显示出极性，因此为一种非极性聚合物，且具有极低的吸水率和良好的电绝缘性。又由于分子链中含有醚键，因此可赋予大分子链良好的柔顺性。

由于氯化聚醚的大分子链结构规整，同时又具有良好的柔顺性，所以它为一种半结晶型聚合物，结晶度可达40%。结晶使得它具有较高的密度、硬度、刚度和低的透气性。

(1)力学性能　氯化聚醚具有优异的耐磨性能，其耐磨性为聚酰胺6的2倍、聚酰胺66的3倍、环氧树脂的5～6倍，聚三氟氯乙烯的17倍。氯化聚醚除了冲击强度偏低外，其他力学性能与聚烯烃塑料、聚氯乙烯及ABS相当。

(2)热性能　氯化聚醚具有较好的耐热性，长期使用温度为120℃，短期使用温度为130～140℃，脆化温度为－40℃。它的热导率很低，是一种优良的绝热材料，而且由于含氯量较高，因此具有很好的阻燃性能。

(3)电性能　氯化聚醚具有良好的电绝缘性，除介电损耗稍大外，基本与聚碳酸酯相当，特别适宜在潮湿、有腐蚀介质和温度较高的场合下使用。

(4)耐化学药品性　氯化聚醚具有十分优异的耐化学介质腐蚀性，其耐腐蚀性仅次于聚四氟乙烯，且价格比聚四氟乙烯低很多，一般的有机溶剂如烃类、醇类、醚类、酮类以及多种酸、碱都很稳定，只有少数几种强酸、强氧化剂以及强极性溶剂如浓硫酸、浓硝酸、液氯、四氢呋喃等可不同程度地腐蚀它。

(5)其他性能　氯化聚醚的吸水率很低，在室温下24h的吸水率仅为0.01%，其成型收缩率为0.4%～0.6%，特别适合在湿度变化大的场合使用。氯化聚醚的综合性能如表3-29所示。

表 3-29　氯化聚醚的综合性能

性能	数据	性能	数据
相对密度	1.4	无缺口冲击强度/(kJ/m^2)	750
吸水率/%	0.01	缺口冲击强度/(kJ/m^2)	1.57～2.16
成型吸收率/%	0.4～0.6	热变形温度(1.86MPa)/℃	99
拉伸强度/MPa	43～55	体积电阻率/(Ω·cm)	$(3\sim7)\times10^{16}$
断裂伸长率/%	60～130	介电强度/(kV/mm)	20～25
压缩强度/MPa	62～75	介电常数	3.2
弯曲强度/MPa	61～70	介电损耗角正切(50Hz)	0.01

3.6.8.2　氯化聚醚的加工性能

氯化聚醚具有与聚烯烃类相似的良好的成型加工性，可采用注塑、挤出、吹塑、模压、喷涂等方法成型。

氯化聚醚的熔体黏度低，加工流动性好，其流变性属于非牛顿流体，黏度对剪切速度非常敏感，基本与聚乙烯相似。

由于氯化聚醚的吸水率低，在空气中的吸水率更小，因此加工前原料可不必干燥，特殊情况下若需干燥，则干燥条件为80～120℃，时间为2h。

由于氯化聚醚在加工时易放出腐蚀性气体，因此料筒和螺杆要进行镀铬或防腐处理。

3.6.8.3　氯化聚醚的应用领域

氯化聚醚可应用于化工、机械、矿山、冶金、电气、医疗机械等各个方面。

例如，在化工防腐方面，氯化聚醚可用于120℃以下的耐磨蚀环境中，主要用作防腐涂层及制品，如耐酸、碱及有机溶剂的壳体、阀门、化工管道及容器等。

在机械方面，由于其具有耐磨性好、蠕变小、尺寸稳定性好等优点，可用来制作轴承、导轨、齿轮、轴套、齿条等。

在电气方面，由于它在潮湿环境下具有优良的性能，因此可作为在潮湿环境、有盐雾环境中的电气绝缘材料。如海底电缆、化工电缆、亚热带和盐雾环境中工作的电气配件。

在医疗器械方面，由于对人体无生理副作用，所以可用于外科手术的医疗器械。

第4章　合成纤维

4.1　引言

纤维是制造织物和绳线的原料。根据材料标准和检测学会(ASTM)定义，纤维长丝(filament)必须具有比其直径大100倍的长度，并不能小于5mm，短纤维(staple)长度是小于150mm的纤维。合成纤维是用石油、天然气、煤或农副产品为原料合成的聚合物经加工制成纤维，诞生于20世纪30年代。1931年，美国化学家W. Carothers合成出聚酰胺(尼龙)66，尼龙66纤维于1939年投入工业化生产。1938年，德国的P. Schlack合成出尼龙6，此后，合成纤维工业开始蓬勃发展。1939年聚氯乙烯纤维(氯纶)、1949年聚对苯二甲酸乙二醇纤维(涤纶)、1950年聚丙烯腈纤维(腈纶)和聚乙烯醇纤维、1958年聚丙烯纤维(丙纶)和聚乙烯醇缩甲醛纤维(维纶)、1961年聚对苯二甲酰对苯二胺纤维(芳纶)、1983年聚苯并咪唑(PBI)和聚苯硫醚(PPS)纤维相继加入到纺织工业的行列。合成纤维不仅为人类提供了“衣”，而且也广泛应用到国民经济的各个领域。2002年全球共生产了6273万吨纤维，合成纤维产量为3380万吨(54%)，其中涤纶为2096万吨(33%)，丙纶为591万吨(9%)，锦纶为391万吨(6%)，腈纶为274万吨(4%)。

合成纤维可分类为通用合成纤维、高性能合成纤维和功能合成纤维。涤纶、聚酰胺、腈纶和丙纶是四大通用合成纤维，产量大，应用广。高性能合成纤维是指强度>18cN/dtex(1cN/dtex=91MPa，余同)、模量>440cN/dtex的纤维，可由刚性链聚合物(芳香聚酰胺、聚芳酯和芳杂环聚合物)和柔性链聚合物(聚烯烃)纺丝制造，不但能作为纺织品应用，也是先进复合材料的增强体。功能合成纤维是具有除力学和耐热性能(因为耐热性通常使用在高温时力学性能的保留率表征)外的特殊性能，如光、电、化学(耐腐蚀、阻燃)、高弹性和生物可降解性等的纤维，产量虽小，但附加值高。目前合成纤维的发展已经从仿天然纤维进入超天然纤维阶段。合成纤维的分类见图4-1。

合成纤维的制造过程包括成纤聚合物的制备和纺丝。纺丝工艺可分为熔体纺丝和溶液纺丝两大类。熔体纺丝分为两种，一是将聚合所得的聚合物熔体直接进行纺丝，称为直接纺丝；二是切片纺丝，是将聚合物熔体先造粒(切片)，然后再在纺丝机中重新熔融进行纺丝，称为间接纺丝。熔体纺丝过程包括四个步骤：①纺丝熔体的制备；②熔体经喷丝板孔眼压出形成熔体细流；③熔体细流被拉长变细并冷却凝固(拉伸和热定型)；④固态纤维上油和卷绕。熔体纺丝所用喷丝板的孔径为0.2~0.4mm，一般纺丝速率为1000~2000m/min，

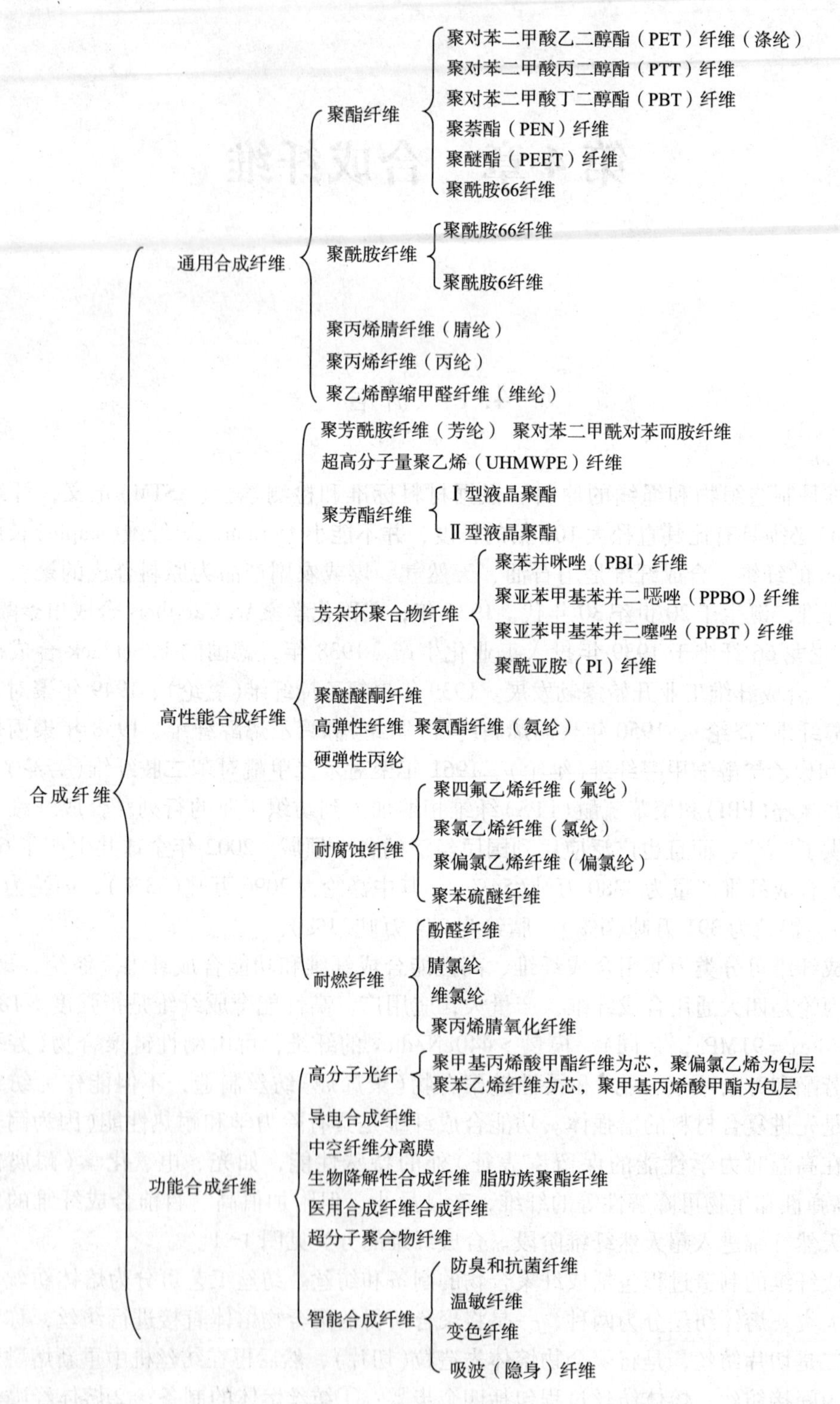

图4-1 合成纤维的分类

高速纺丝速率为4000~6000m/min。涤纶、聚酰胺、丙纶的生产采用熔体纺丝法。双组分纺丝是利用两种不同的成纤聚合物（熔体或溶液），通过不同的组合方式从同一喷丝孔挤出，得到复合纤维。溶液纺丝依据聚合物溶液来源的不同分为一步法和二步法。一步法溶液纺丝是直接将聚合后得到的聚合物溶液作为纺丝液进行纺丝。二步法溶液纺丝是将固体聚合物配置成纺丝液，再进行溶液纺丝。在溶液纺丝过程中，根据凝固方式的不同有干法和湿法两种工艺。在干法纺丝中，原液细流不是进入凝固浴，而是进入纺丝甬道。由于通入甬道中的热空气流的作用，使原液细流中的溶剂挥发，原液细流凝固并伸长变细形成初生纤维。干法纺丝液的浓度为25%～35%，一般纺丝速率为200～500m/min，较高的纺丝速率为700～1500m/min。溶液纺丝用的喷丝头孔径为0.05～0.1mm。湿法纺织主要有四种成型方式：浅浴成型、深浴成型、漏斗浴成型、管浴成型。湿法纺织过程包括四个步骤：①纺丝液的制备；②纺丝液经过纺丝泵计量进入喷丝头的毛细孔压出形成原液细流；③原液细流中的溶剂向凝固浴扩散，浴中的沉淀剂向细流扩散，聚合物在凝固浴中析出形成出生纤维；④纤维拉伸和热定型，上油和卷绕。湿法纺丝液的浓度为12%～25%，纺丝速率为1000～2000m/min。干湿法纺丝时，纺丝液从喷丝头压出后先经过一段空间（空气层），然后再进入凝固浴。干湿法纺丝的速率比湿法提高了5～10倍，喷丝孔径为0.15～0.3mm。腈纶的生产采用溶液纺丝（干或湿）法。除了上述纺丝工艺之外，还有液晶纺丝、凝胶纺丝、电纺丝等特殊纺丝工艺。一些刚性棒状分子链结构的聚合物在溶液中呈现液晶态，可采用液晶纺丝工艺。芳纶的生产就是用液晶纺丝技术（干湿法）。凝胶纺丝法是针对高相对分子质量的聚合物发展的，超高相对分子质量聚乙烯纤维的生产采用凝胶纺丝法。电纺丝是通过施加到聚合物熔体或溶液外部电场制备具有纳米尺寸（直径）的连续纤维。

控制合成纤维（包括初生纤维）的取向和结晶结构是非常重要的。纺丝工艺参数（纺丝速率、熔体温度、纺丝液浓度、热定型温度等）对合成纤维的结构和性能的影响很大，因为成纤聚合物经过纺丝过程后，不仅形成了纤维的外部形态（截面），也形成了纤维的结晶相取向和非晶相取向结构，导致纤维的力、光、电、声、热等性能的各相异性。对于无定形聚合物，取向系数f为：

$$f = \left(1 - \frac{2}{3}\sin^2\varphi\right)\frac{1 - \frac{3h}{l}}{\frac{Lh}{l}}$$

式中，h为高分子链末端距；l为伸直高分子链的长度；φ为末端距矢量与纤维轴夹角；L为反函数。对于刚性链聚合物和晶区取向：

$$f = 1 - \frac{3}{2}\sin^2\varphi$$

用双折射（Δn）可表示结晶度聚合物的取向度：

$$\Delta n = xf_c\Delta n_c^0 + (1 - x)f_\alpha\Delta n_\alpha^0$$

式中，x为晶区体积分数；f_c和f_α分别为晶区和非晶区取向系数；Δn_c^0和Δn_α^0分别为晶区折射率和非晶区折射率。

聚合物在纺丝过程中遭受剪切和拉伸力。在剪切和拉伸力作用下聚合物的链结构发生变化。一般无定形的合成纤维具有皮芯结构，结晶的合成纤维具有晶区、无定形区和界面区三相结构。

4.2 成纤聚合物的基本性能和纤维衡量标准

4.2.1 成纤聚合物的基本性能

纤维的性质取决于原料聚合物的性质，也取决于纺丝成型及后加工条件所决定的纤维结构。

作为成纤聚合物有其独特的结构和性质，具体要求如下：

(1)成纤聚合物大分子必须是线性的，能伸直，大分子上的支链尽可能少，且没有庞大侧基及大分子间没有化学键；

(2)聚合物分子之间有适当的相互作用力，或具有一定规律性的化学结构和空间构型；

(3)聚合物应具有适当高的相对分子质量和较窄的相对分子质量分布；

(4)聚合物应具有较好的热稳定性，且有可溶性或可熔性，其熔点或软化点应比允许使用的温度高的多。

4.2.2 纤维主要性能衡量标准

一种纤维的优劣，可以从多个方面去进行衡量，但主要有以下几个方面。

4.2.2.1 线密度(纤度)

表示纤维粗细程度的指标，简称“纤度”，在我国的法定计量单位中称“线密度”。纤维的粗细或截面可用直径或截面积表示，但测量较繁、误差较大，一般采用与粗细有关的间接指标——线密度和支数表示。

(1)线密度　指一定长度纤维具有的质量，单位名称为特克斯，单位符号为 tex，其 1/10 称为分特克斯，单位符号为 dtex。1000m 长纤维质量的克数即为该纤维的特数。线密度是纤维的重要指标。纤维越细，手感也越柔软，光泽柔和且易变形加工。

(2)支数(或公支)　单位质量(以克计)的纤维所具有的长度。对于同一种纤维，支数越高，表示纤维越细。

4.2.2.2 断裂强度

常用相对强度表示化学纤维的断裂强度，即纤维在连续增加负荷的外力作用下时，直至断裂所能承受的最大负荷与纤维的线密度之比。单位为牛顿/特克斯(N/tex)、厘牛顿/特克斯(cN/tex)。

断裂强度是反映纤维质量的一项重要指标。断裂强度越高，纤维在加工过程中不易断头、绕辊，最终制成的纱线和织物的牢度也高；但断裂强度太高，纤维的刚性增加，手感变硬。

4.2.2.3 断裂伸长率

纤维的断裂伸长率一般用断裂时的相对伸长率，即纤维在伸长至断裂的长度比原来长度增加的百分率表示：

$$\varepsilon = \frac{L_1 - L_0}{L_0} \times 100\%$$

式中　L_0——纤维的原长；

L_1——纤维伸长至断裂的长度。

纤维的断裂伸长率是决定纤维加工条件及其制品使用性的重要指标之一。断裂伸长率大的纤维比较柔软，在纺织加工时，可以缓冲受到的力，出现毛丝、断头较少；但断裂伸长率也不宜过大，否则织物易变形，一般在10%~30%的范围内。

4.2.2.4　初始模量

模量是纤维抵抗外力作用下形变能力的量度。纤维的初始模量即弹性模量是指纤维受拉伸而当伸长为原长的1%时所需的应力。

初始模量表征纤维对小形变的抵抗能力。纤维的初始模量越大，越不易形变，即在纤维制品的使用过程中形状的改变就越小。纤维的初始模量取决于聚合物的化学结构以及分子间相互作用力的大小。也与纤维的取向度和结晶度有关。例如在主要的合成纤维品种中，以涤纶的初始模量最大，其次为腈纶，锦纶则较小；因此，涤纶织物不易起皱，而锦纶易起皱，保型性差。

4.2.2.5　回弹率

将纤维拉伸至产生一定伸长，然后撤去负荷，经松弛一定时间后，测定纤维弹性回缩后的剩余伸长。可回复的弹性伸长与总伸长之比称为回弹率。回弹率可用下式表示：

$$\text{回弹率} = \frac{\varepsilon_{弹}}{\varepsilon_{总}} \times 100\% = \frac{\varepsilon_{总} - \varepsilon_{塑}}{\varepsilon_{总}} \times 100\%$$

式中　$\varepsilon_{弹}$——可回复的弹性伸长；

$\varepsilon_{塑}$——不能回复的塑性伸长或剩余伸长；

$\varepsilon_{总}$——总伸长。

需要说明的是，除以上衡量纤维性能的主要指标外，还可以从纤维所承受的耐溶剂性、耐酸碱性、使用温度范围、阻燃性等方面考察纤维的性能。

4.3　天然纤维与人造纤维

4.3.1　天然纤维

在人类的历史上，天然纤维很早就被人们所掌握和利用。天然纤维包括植物纤维和动物纤维。植物纤维主要是棉纤维和麻纤维；动物纤维主要是羊毛和蚕丝。

4.3.1.1　棉纤维

棉纤维主要成分是纤维素，占90%~94%，其次是水分、脂肪、蜡质及灰分等。纤维素是由许多失水β-葡萄糖基连接而成的天然高分子，分子式可表示为$(C_6H_{10}O_5)_n$，式中n为平均聚合度，一般可达1000~15000，棉纤维的截面是由许多同心层组成，外形层为纺锤形，纤维长度与直径之比为1000~3000。

棉纤维长度较低，延伸率较低，但湿强度较高。

4.3.1.2 麻纤维

麻纤维是一年或多年生草本双子叶植物的韧皮纤维和单子叶植物的叶纤维的总称。以苎麻纤维和亚麻纤维为主。

麻纤维的组成物质与棉纤维相似。纤维细胞的断面形状有扁圆形、椭圆形、多角形等。

苎麻纤维和亚麻纤维的性能特点是：干、湿强度均较高，延伸率低，初始模量高，耐腐蚀性好。

4.3.1.3 毛纤维

毛纤维是以羊毛纤维为主，其组成物质主要是蛋白质，毛纤维弹性好，吸湿率较高，耐酸性好，但强度低，耐热性和耐碱性较差。

4.3.1.4 蚕丝

蚕丝又称为天然丝。生丝是由两根丝纤朊(约75%~82%)被丝胶朊(约18%~25%)粘结而成。丝胶朊能溶于热水或弱碱性溶液中。除去丝胶朊而得到的丝纤朊，俗称熟丝，白色，柔软，有光泽，强度高，是热和电的不良导体。

4.3.2 人造纤维

人造纤维是以天然聚合物为原料，经过化学处理与机械加工而制得的化学纤维。人造纤维具有良好的吸湿性、透气性和染色性，手感柔软，富有光泽，是一类重要的纺织材料。

人造纤维按化学组成可分为再生纤维素纤维、纤维素酯纤维、再生蛋白质纤维三类。再生纤维素纤维是以含纤维素的农林产物如木材、棉短绒等为原料制得，纤维的化学组成与原料相同，但物理结构发生变化。纤维素酯纤维是以纤维素为原料，经酯化纺丝制得的纤维，纤维的化学组成与原料不同。再生蛋白质纤维的原料则是玉米、大豆、花生以及牛乳酪素等蛋白质。

下面介绍几种重要的人造纤维。

4.3.2.1 黏胶纤维

黏胶纤维于1905年开始工业化生产，是化学纤维中发展最早的品种。由于原料易得，成本低廉，应用广泛。至今，在合成纤维生产中仍占有相当重要的地位。

黏胶纤维是以木材、棉短绒、甘蔗渣、芦苇为原料，以纤维素磺酸酯为溶液，经湿法纺织制成的。先将原料经预处理提纯，得到α-纤维素含量较高的"浆粕"，再依次通过浓碱液和二硫化碳处理，得到纤维素磺原酸钠，再溶于稀氢氧化钠溶液中而成为黏稠纺丝液，称为黏胶。黏胶经过滤、熟化(在一定温度下放置约18~30h，以降低纤维素磺原酸钠的酯化度)、脱泡后，进行湿法纺丝，凝固浴由硫酸、硫酸钠和硫酸锌组成。其纤维素磺原酸钠与硫酸作用而分解，从而使纤维素再生而析出。最后经过水洗、脱碱、漂白、干燥即可得到黏胶纤维。

黏胶纤维的基本化学组成与棉纤维相同，因此某些性能与棉相似，如吸湿性和透气性，染色性以及纺织加工性等均较好。但由于黏胶纤维的大分子链聚合度较棉纤维低，分子取向度较小，分子链间排列也不如棉纤维紧密，因此某些性能较棉纤维差，如干态强度比较接近于棉纤维，而湿态强度远低于棉纤维。棉纤维的湿态强度往往大于干态强度，约增加2%～10%，而黏胶纤维湿态强度大大低于干态强度，通常只有干态强度的60%左右。另外，黏胶纤维缩水率较大，可高达10%。同时由于黏胶纤维吸水后膨化，使黏胶纤维在水中变硬。此外，黏胶纤维的弹性、耐磨性、耐碱性较差。

黏胶纤维可以纯纺，也可与天然纤维或其他化学纤维混纺。黏胶纤维应用广泛，黏胶纤维长丝又称为人造丝，可织成各种平滑柔软的丝织品。毛型短纤维俗称人造毛，是毛纺厂不可缺少的原料。棉型黏胶纤维俗称人造棉，可以织成各种色彩绚丽的人造棉布，适用于做内衣、外衣以及各种装饰织物。

近年来发展起来的新型黏胶纤维——高湿模量黏胶纤维，我国称之为富强纤维。其大分子取向度高、结构均匀；在坚牢度、耐水洗性、抗皱性和形状稳定性方面更接近优质棉。黏胶强力丝有高的强度，适用于轮胎的帘子线。

4.3.2.2 铜氨纤维

铜氨纤维是经提纯的纤维素溶解于铜氨溶液中，纺制而成的一种再生纤维素纤维。与黏胶纤维相同，一般采用经提纯的α－纤维素含量高的“浆粕”作原料，溶于铜氨溶液中，制成浓度很高的纺丝液，采用溶液法纺丝。由喷丝头的细口压入纯水或稀酸的凝固浴中，在高度拉伸(约400倍)的同时，逐渐固化形成纤维。可制得极细的单丝。

铜氨纤维在外观、手感和柔软性方面和蚕丝很相似，它的柔韧性大，富有弹性和极好的悬垂性。其他性质和黏胶纤维相似，纤维截面呈圆形。一般铜氨纤维纺制成长纤维，特别适合于制造变形竹节丝，纺成很像蚕丝的粗节丝。铜氨纤维适于织成薄如蝉翼的织物和针织内衣，穿着舒适。

4.3.2.3 醋酯纤维

醋酯纤维又称醋酸纤维素纤维，是以醋酸纤维素为原料，乙酰化后经纺丝而制得的人造纤维。醋酸纤维是以精制的棉短绒为原料，与醋酸酐进行酯化反应得到三醋酸纤维素(酯化度为93%～100%)。将三醋酸纤维用稀醋酸进行部分水解，可得到二醋酸纤维素(酯化度为75%～80%)。因此，醋酸纤维根据所用原料、醋酸纤维素的酯化度不同，分为二醋酯纤维和三醋酯纤维两类。通常醋酯纤维即二醋酯纤维，目前，醋酯纤维不仅用于制造工业用品，其长丝正在广泛应用于我国丝绸工业。

4.3.2.4 再生蛋白纤维

再生蛋白纤维简称蛋白质纤维，是用动物或植物蛋白质为原料制成。主要品种有酪朊纤维、大豆蛋白纤维、玉米蛋白纤维和花生蛋白纤维。其物理和化学性质与羊毛相似，染色性能很好。但一般强度较低，湿强度更差，因而应用不普遍。通常切断成短纤维，可以纯纺或与羊毛、黏胶纤维和锦纶短纤维等混纺。

4.4 合成纤维的主要品种

合成纤维工业是20世纪40年代才发展起来的，由于合成纤维性能优异，用途广泛，原材料来源丰富易得，其生产不受自然条件限制，因此，发展速率十分迅速。

合成纤维具有优良的物理、机械和化学性能，如轻度高、密度小、弹性高、耐磨性好、吸水性低、保暖性好、耐酸碱性好、不会发霉或虫蛀等。某些特种纤维还具有耐高温、耐辐射、高弹力、高模量等特殊性能。因此，合成纤维的应用已经远远超出了纺织工业的传统概念的范围，而深入到国防工业、航空航天、交通运输、医疗卫生、海洋水产、通信联络等重要领域，成为不可缺少的重要材料。不仅可以纺制轻暖、耐穿、易洗快干的各种衣料，而且可用作轮胎帘子线、运输带、传送带、渔网、绳索、耐酸碱的滤布和工作服等。高性能的特种纤维则用作高空降落伞、飞行服，飞机、导弹和雷达的绝缘材料，原子能工业中做特殊的防护材料等。合成纤维品种繁多，但从性能、应用范围和技术成熟程度方面看，重点发展的是聚酰胺、聚酯和聚丙烯腈纤维三类。

4.4.1 聚酰胺纤维

聚酰胺是脂肪族和半芳香聚酰胺（PA，锦纶）经熔融纺丝制成的合成纤维。脂肪族聚酰胺4、聚酰胺46、聚酰胺6、聚酰胺66、聚酰胺7、聚酰胺9、聚酰胺10、聚酰胺11、聚酰胺610、聚酰胺612、聚酰胺1010等和半芳香聚酰胺6T、聚酰胺9T等都可以纺丝制成纤维，其中聚酰胺66和聚酰胺6是最重要的两种聚酰胺前驱体（precursor）。聚酰胺和蚕丝（主要成分是氨基酸，也含酰胺基团）的结构相似，其特点是耐磨性好，有吸水性。聚酰胺的吸水机理如图4-2所示。聚酰胺是制作运动服和休闲服的好材料。聚酰胺的主要工业用途是轮胎帘子线、降落伞、绳索、渔网和工业滤布。

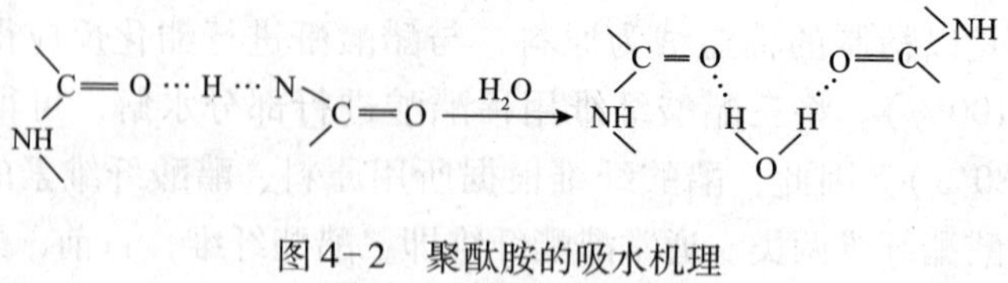

图4-2 聚酞胺的吸水机理

4.4.1.1 聚酰胺66

制备聚酰胺66时，其相对分子质量控制在20000～30000，纺丝温度控制在280～290℃（聚酰胺66的熔点为255～265℃）。聚酰胺66的性能见表4-1。用FTIR二向色性比可测定聚酰胺66的拉伸比和链取向的关系，如图4-3所示。

表4-1 聚酰胺66的性能

性能	普通型	高强型	性能	普通型	高强型
断裂强度/(cN/dtex)					
干	4.9~5.7	5.7~7.7	回弹率(伸长3%时)/%	95~100	98~100
湿	4.0~5.3	4.9~6.9	弹性模量/(GN/m^2)	2.30~3.1	3.66~4.38
干湿强度比/%	90~95	85~90	吸湿性/%		
伸长率/%			湿度65%时	3.4~3.8	3.4~3.8
干	26~40	16~24	湿度95%时	5.8~6.1	5.8~6.1
湿	30~52	21~28			

注：1cN/dtex=93MPa。

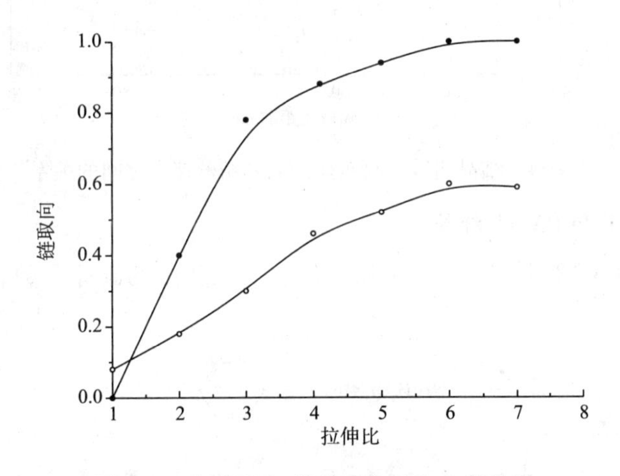

图4-3 聚酰胺66拉伸比和链取向的关系

4.4.1.2 聚酰胺6

制备聚酰胺6时，其相对分子质量控制在14000~20000，纺丝温度控制在260~280℃（聚酰胺6的熔点为215℃）。聚酰胺6的性能见表4-2。通过原位宽角*X*散射研究发现，聚酰胺6纺丝过程的结晶指数、喷丝头距离和纺丝速率之间的关系如图4-4所示，表明在刚出喷丝头时，聚酰胺6不结晶；结晶指数在一定喷丝头距离时突然增加且随纺丝速率提高而减小。

表4-2 聚酰胺6的性能

性能	普通型	高强型	性能	普通型	高强型
断裂强度/(cN/dtex)			回弹率(伸长3%时)/%	98~100	98~100
干	4.4~5.7	5.7~7.7	弹性模量/(GN/m^2)	1.96~4.41	2.75~5.00
湿	3.7~5.2	5.2~6.5	吸湿性/%		
干湿强度比/%	84~92	84~92	湿度65%时	3.5~5.0	3.5~5.0
伸长率/%			湿度95%时	8.0~9.0	8.0~9.0
干	28~42	16~25			
湿	36~52	20~30			

注：1cN/dtex=93MPa。

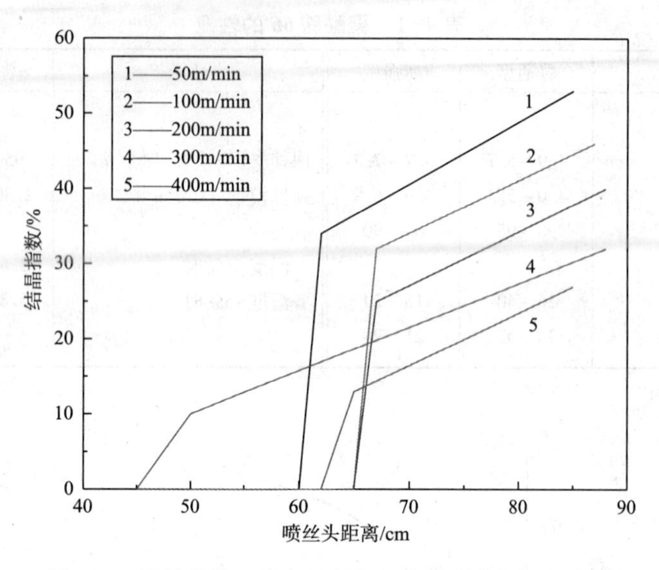

图 4-4 结晶指数、喷头丝距离和纺丝速率之间的关系

4.4.1.3 PA 6T 和 PA 9T 纤维

半芳香聚酰胺 PA 6T 和 PA 9T，6 和 9 代表二元胺中的碳原子数，T 代表对苯二酸，其结构式分别为：

$$—NH(H_2C)_6NHCO—\langle C_6H_4 \rangle—CO$$

$$—\!\!\left[\underset{\underset{O}{\|}}{C}—\langle C_6H_4 \rangle—\underset{\underset{O}{\|}}{C}—\underset{\underset{H}{|}}{N}—(CH_4)_9—\underset{\underset{H}{|}}{N} \right]\!\!—$$

PA 6T 经熔体纺丝制成的纤维的强度为 5.005×10^3 MPa，伸长率为 12%，耐热温度为 300℃。PA 9T 纤维的力学性能与纺丝速率的关系见表 4-3。

表 4-3 PA 9T 纤维的力学性能与纺丝速率的关系

纺丝速率/(m/min)	双折射/×1000	密度/(g/cm^3)	拉伸强度/MPa	杨氏模量/GPa	断裂伸长率/%
100	32.8	1.1334	87	2.17	335
200	32.9	1.1341	99	2.19	292
500	36.1	1.1350	116	2.27	161
1000	63.1	1.1366	168	2.40	91
2000	74.7	1.1395	203	2.89	77

4.4.1.4 氢化芳香聚酰胺纤维

氢化芳香聚酰胺的合成路线是：

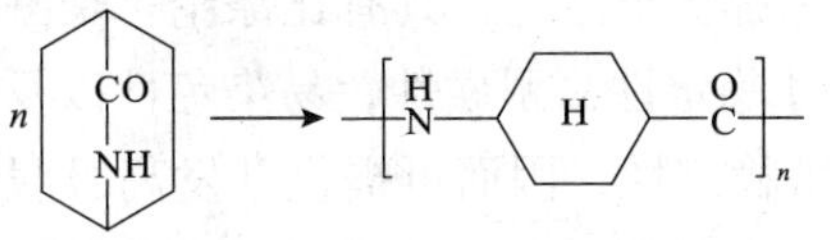

所用单体为双环内酰胺(4－氨基环六烷羧酸内酰胺)。氢化芳香聚酰胺可在浓硫酸中纺丝制成纤维。纤维的强度为3.64×10³MPa，伸长率为10%，在300℃的强度保留率为40%。

4.4.2　聚酯纤维

聚酯纤维是含芳香族取代羧酸酯结构的纤维，主要包括聚对苯二甲酸乙二酯(PET)、聚对苯二甲酸丙二酯(PTT)、对苯二甲酸丁二酯(PBT)、聚萘酯(PEN)等纤维。

4.4.2.1　涤纶

涤纶是聚对苯二甲酸乙二酯(PET)经熔融纺丝制成的合成纤维，相对分子质量为15000~22000。PET的纺丝温度控制在275~295℃(PET的熔点为262℃，玻璃化转变温度为80℃)。PET成纤的结构中，典型的纤维直径约为5mm，由数百个直径约为25μm的单丝组成，而单丝由直径约为10nm的原纤组成。原纤由直径为10nm的片晶所堆砌而成，片晶间由无定形区域连接，片间的堆砌长度为50nm。在拉伸过程中，堆砌的片晶沿纤维轴方向取向，而在松弛过程中，堆砌的片晶发生扭曲，涤纶的力学性能见表4－4。涤纶是最挺括的纤维，易洗、快干、免烫。但涤纶的透气性、吸湿性、染色性差限制了涤纶在时装行业的应用，需要通过化学接枝或等离子体表面处理改性以引入亲水性基团。

表4－4　涤纶的力学性质

性能	数值	性能	数值
强度/(cN/dtex)	36~48	弹性回复/%	
断裂伸长率/%	30~55	变形4%~5%	98~100
吸湿性/%	0.3~0.9	变形10%	50~65

注：1cN/dtex=91MPa。

4.4.2.2　聚对苯二甲酸丙二酯(polytrimethylene terephthalate，PTT)纤维

PTT纤维是由对苯二甲酸和1，3－丙二醇的缩聚物经熔体纺丝制备的纤维，具有反－旁－反－旁式构象。

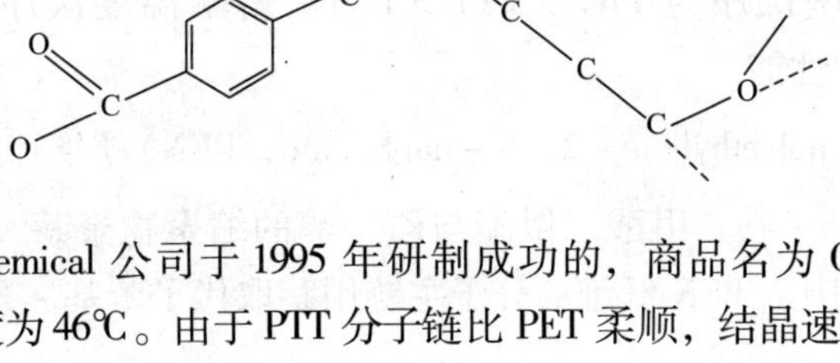

它是美国Shell Chemical公司于1995年研制成功的，商品名为Corterra。PTT的熔点为230℃，玻璃化转变温度为46℃。由于PTT分子链比PET柔顺，结晶速率比PET大(图4－5)，

PTT 纤维的主要物理性能指标都优于涤纶，具有比涤纶、聚酰胺更优异的柔软性和弹性回复性，优良的抗折皱性和尺寸稳定性，耐候性，易染色性以及良好的屏障性能，能经受住γ射线消毒，并改进了抗水解稳定性，因而可提供开发高级服饰和功能性织物，被认为是最有发展前途的通用合成纤维新品种。由于在高于玻璃化转变温度时无定形相不会显示橡胶和液体行为，PTT 纤维的高弹性回复被认为是硬无定形相(rigid amorphous phase，RAP)即取向的无定形相的存在所致。RAP 存在于晶相和非晶相的界面，其含量随结晶温度的增加而提高。纺丝速率对 PTT 纤维取向的影响见图 4-6，表明纺丝速率 <3000m/min 时，PTT 纤维的结晶度和取向因子很小。PTT 纤维的取向度的突变发生在很窄的纺丝速率范围内(3500~4000m/min)。

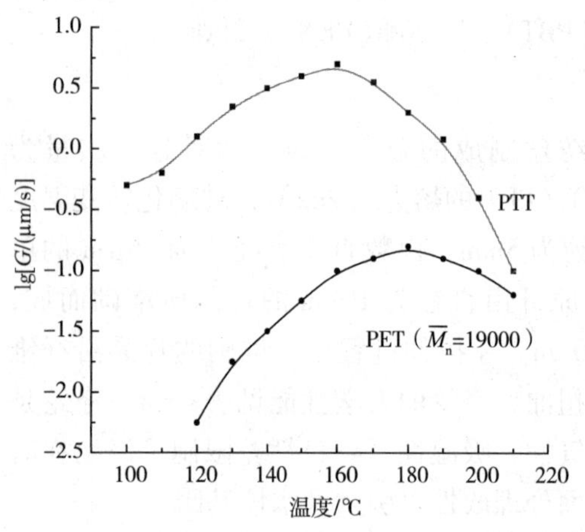

图 4-5　球晶生长速率与结晶温度的关系

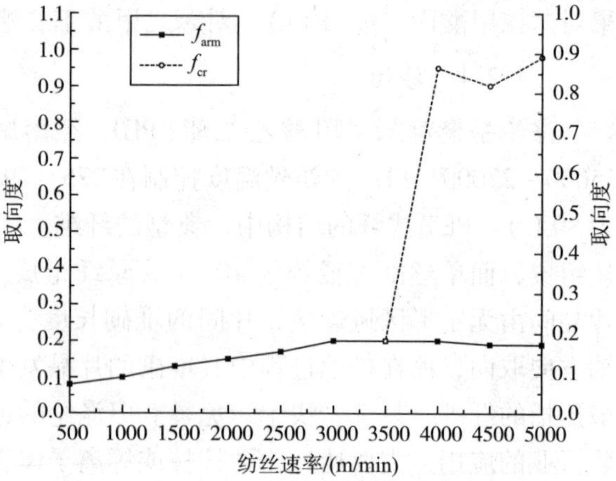

图 4-6　纺丝速率对晶区和非晶区取向度的影响

4.4.2.3　聚对苯二甲酸丁二酯(polybutylene terephthalate，PBT)纤维

PBT 纤维是由对苯二甲酸或对苯二甲酸二甲酯与 1，4-丁二醇经熔体纺丝制得的纤维。该纤维的强度为 30.91~35.32cN/dtex，伸长率 30%~60%。由于 PBT 分子主链的柔性部分较 PET 长，因而使 PBT 纤维的熔点(228℃)和玻璃化转变温度(29℃)较涤纶低，其结晶化速率比聚对苯二甲酸乙二醇酯快 10 倍，有极好的伸长弹性回复率和柔软易染色的特点，特别适于制作游泳衣、连裤袜、训练服、体操服、健美服、网球服、舞蹈紧身衣、弹力牛仔服、滑雪裤、长统袜、医疗上应用的绷带等弹性纺织品。

和聚酰胺家族类似，聚酯系列也存在亚甲基单元的奇-偶效应。PET 和 PBT 含偶数的亚甲基单元，PTT 含奇数的亚甲基单元。PET 和 PBT 分子链与苯连接的两个羰基处于相反方向，亚甲基键为反式构象，而 PTT 分子链与苯连接的两个羰基处于相同方向，亚甲基键为旁式构象。结晶速率次序为 PBT > PTT > PET。熔融温度次序为 PET > PTT > PBT。奇-偶效应也影响力学性能。

4.4.2.4　聚萘酯(polyethylene-2，6-naphtalate，PEN)纤维

PEN 纤维是用 2，6-萘二甲酸二甲酯与乙二醇的缩聚物聚萘二甲酸乙二酯熔体纺丝制备的纤维。与涤纶相比，PEN 纤维的分子主链用萘取代了苯基。

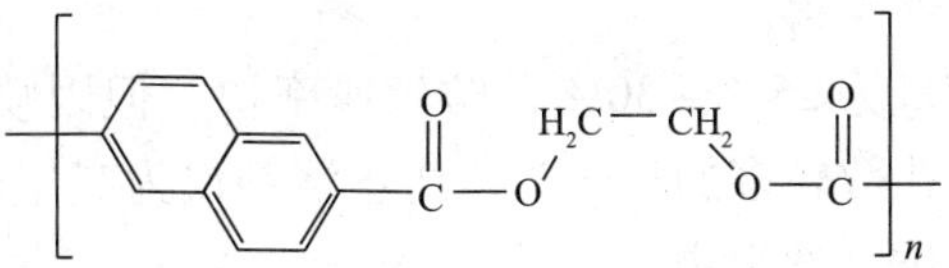

$$\left[-C_{10}H_6-\overset{O}{\overset{\|}{C}}-O-H_2C-CH_2-O-\overset{O}{\overset{\|}{C}}- \right]_n$$

因此熔点(272℃)、玻璃化转变温度(124℃)和熔体黏度高于PET并具有高模量、高强度，抗、拉伸性能好(伸长率可达14%)、尺寸稳定性好、热稳定性好，化学稳定性和抗水解性能优异等特点。PEN属于慢结晶和多晶型(α晶型和β晶型)的聚合物。

4.4.3 聚丙烯腈纤维

聚丙烯腈纤维(polyacrylonitrile fibre，简称PAN)是以丙烯腈($H_2C=\underset{H}{\underset{|}{C}}-CN$)为原料聚合合成，而后纺制成的合成纤维。我国商品名称为“腈纶”，国外商品名称有“奥纶”、“铂纶”、“开司米纶”等。

早在100多年前人们就已制得聚丙烯腈，但因没有合适的溶剂，一直未制成纤维。1942年，德国人莱茵和美国人莱塞姆几乎同时发现了二甲基酰胺溶剂，并成功地得到了聚丙烯腈纤维。1950年，美国杜邦公司首先进行工业生产，此后，又发现了多种溶剂，形成了许多种生产工艺。

聚丙烯腈纤维自1950年投入工业生产以来，发展速率一直很快，目前产量仅次于聚酯纤维和聚酰胺纤维，其世界产量居合成纤维第三位。

由于聚丙烯腈大分子链上的氰基极性大，使分子间的作用力强，分子排列紧密，因此其纺织的纤维硬而脆，难易染色。1954年，德国法本-拜耳公司用丙烯腈甲酯与丙烯腈的共聚物制得纤维，改进了纤维性能，提高了其实用性，促进了聚丙烯腈的发展。目前大量生产的聚丙烯腈纤维大多数由丙烯腈三元共聚物制得。

4.4.3.1 生产方法

聚丙烯腈纤维对原料丙烯腈的纯度要求较高，杂质的总含量应低于0.005%。聚合物的第二单体主要为丙烯酸甲酯，也可用甲基丙烯酸甲酯，目的是改善可纺性及纤维的手感、柔软性和弹性；第三单体主要是改进纤维的染色性，一般为含有弱酸性染色基团的衣康酸，含强酸性染色基团的丙烯磺酸钠、甲基丙烯磺酸钠、对甲基丙烯酰胺苯磺酸钠，含有碱性的染色基团的α-甲基以及嘧啶等。

(1)聚合　聚合工艺分为以水为介质的悬浮聚合和以其他溶剂为介质的溶液聚合两类。悬浮聚合所得聚合体以絮状沉淀析出，需再溶解于溶剂中制成纺丝溶液。溶液聚合所用溶剂既能溶解单体，又能溶解聚合物，所得聚合液用于纺丝。溶液聚合所用溶剂有二甲基甲酰胺、二甲基亚砜、硫氰酸钠和氯化锌等。采用前两种有机溶剂的聚合时间一般在10h以上，但溶解能力强，纺丝溶液的浓度较高，可适当提高纺丝速率，溶剂回收也较简便，所得纤维性能较好，且对设备的材质要求较低；而后两种无机溶剂，聚合时间仅需2h，所得纤维白度较好。

(2)纺丝　纺丝液一般为聚丙烯腈聚合体，数均相对分子质量为53000~106000，其纤维白度较好，热分解温度为200~250℃，熔点达317℃。通常，聚丙烯腈纤维用高聚物溶液的湿法纺丝或干法纺丝制得。

干法纺丝的纺丝液含量为25%～30%，纺丝速率快，但因喷丝头喷出的细流凝固慢，凝固前易粘结，不能采用孔数较多的喷丝头，纺丝溶剂仅为二甲基酰胺的一种，所得纤维结构均匀致密，适于纺制仿真丝织物。

湿法纺丝适用于制作短纤维，纤维蓬松柔软，宜织制仿毛织物，所用的纺丝溶剂除溶液聚合用的溶剂外，还有二甲基乙酰胺、碳酸乙烯酯、硝酸等；不利因素是大部分溶剂的沸点较高，在纺丝过程不易蒸出。

4.4.3.2 性能

(1)柔软性和保暖性好 外观和手感都很像羊毛，因此有"合成羊毛"之称。

(2)耐光性和耐辐射性优异 在所有大规模生产的合成纤维中，以腈纶对日光及大气作用的稳定性最好。经日光和大气作用一年后，大多数纤维均损失原强度的90%～95%，而腈纶只下降20%左右。

(3)弹性模量高 腈纶的弹性模量仅次于聚酯纤维，比聚酰胺纤维高2倍，因此腈纶的保型性良好。

(4)很高的化学稳定性和较好的耐热性 腈纶对酸、氧化剂及有机溶剂极为稳定。

(5)优良的耐霉菌和耐虫蛀性 腈纶对空气、土壤、淡水和海水中的霉菌都能抵抗。如将腈纶埋在热带气候(31℃，相对湿度97%)的土壤中，经6个月后未发现受损伤的痕迹，而棉制帆布在同样条件下进行试验，10天内即完全腐烂，腈纶通常不发生虫蛀现象。

4.4.3.3 应用

腈纶被广泛用来代替羊毛，或与羊毛混纺制成毛织物，可代替部分羊毛制作成毛毯和地毯等织物，还可用作室外织物，如滑雪外衣、船帆、军用帆布、帐篷等。聚丙烯腈中空纤维膜具有透析、超滤、反渗透和微过滤等功能，可用于医用器具、人工器官、超纯水制造、污水处理等。共聚单体含量尽量降低的普通腈纶，经预氧化和碳化，可获得含碳量93%左右的耐1000℃高温碳纤维，在更高温度下热处理可得到耐3000℃高温的石墨纤维。

4.4.4 聚乙烯醇纤维

聚乙烯醇纤维(polyviny acetals，简称PVA)是以聚乙烯醇为原料纺丝制得的合成纤维。因其具有水溶性，起初无法用作纺织纤维，将这种纤维经甲醛处理得到的聚乙烯醇缩甲醛纤维，具有良好的耐热性能和机械性能，于1950年进行工业化生产。我国商品名为"维纶"，国外商品名有"维尼纶"、"维纳轮"等。以低相对分子质量聚乙烯醇为原料经纺丝制得的纤维是水溶性的，称为水溶性聚乙烯醇纤维。一般的聚乙烯醇纤维不具备必要的耐热水性，实际应用价值不大。

20世纪30年代初期，德国瓦克化学公司首先制得聚乙烯醇纤维。1939年，日本的樱田一郎、矢泽将英，朝鲜的李升基将这种纤维用甲醛处理，制得耐热水的聚乙烯醇缩甲醛纤维，1950年由日本仓敷人造丝公司(现为可乐丽公司)建成工业化生产装置。1984年聚乙烯醇纤维世界产量为94kt。20世纪60年代初，日本维尼纶公司和可乐丽公司将生产的水溶性聚乙烯醇纤维投放市场。

4.4.4.1　生产方法

聚乙烯醇纤维所用的原料聚乙烯醇的平均相对分子质量为60000～150000，热分解温度为200～220℃，熔点为225～230℃。

聚乙烯醇纤维可用湿法纺丝和干法纺丝制得。将热处理后的聚乙烯醇纤维经缩醛化处理可得聚乙烯醇缩甲醛纤维。缩醛化处理过程是将丝束经水洗除去芒硝（硫酸钠）后，从醛化溶液（由全醛化剂甲醛、稀释剂水、催化剂硫酸、助剂硫酸钠组成）中通过，再经水洗的过程。也可将丝束切成短纤维，用气流输送至后处理机，在不锈钢网上进行缩醛化处理。

为改善纤维性能，可将含有交联剂硼酸的聚乙烯醇溶液（含量为16%）进行湿法纺丝所得到的初生纤维在碱性凝固浴中凝固，经中和、水洗、多段高倍拉伸和热处理，可获得强度达106～115cN/dtex的长丝。这种产品称为含硼酸湿法长丝。

4.4.4.2　性能特点

由于聚乙烯醇纤维原料易得、性能良好，用途广泛，性能近似棉花，因此有“合成棉花”之称。该产品的最大特点是吸湿性好，可达5%，与棉花（7%）接近；是高强度纤维，强度为棉花的1.5～2倍，不亚于以高强度著称的锦纶和涤纶。此外，耐化学腐蚀、耐日晒、耐虫蛀等性能均很好。

聚乙烯醇纤维的缺点是弹性较差，织物易皱，染色性能较差，并且颜色不鲜艳；耐热性差，软化点只有120℃；耐水性不好，不宜在热水中长时间浸泡。

4.4.4.3　主要用途

聚乙烯醇缩甲醛纤维在工业领域中可用于制作帆布、防水布、滤布、运输带、包装材料、工作服、渔网和海上作业用缆绳。高强度、高模量长丝可用作运输带的骨架材料、胶管、胶布和胶鞋的衬里材料，还可制作自行车胎帘子线。由于这种纤维能够耐水泥碱性，且与水泥的粘接性和亲和性好，可代替石棉作为水泥制品的增强材料。

可与棉混纺，制作各种衣料和室内用品，也可生产针织品。但耐热性差，制得的织物不挺括，且不能在热水中洗涤。此外，在无纺布、造纸等方面也有使用价值。

水溶性聚乙烯醇纤维可与其他纤维混纺，再在纺织加工后被溶去，得到细纱高档纺织品，也可制得无捻纱或无纬毯。还可作为胶黏剂用于造纸，以提高纸的强度和韧性。此外，还可制得特殊用途的工作服、手术缝合线等。

4.4.5　聚丙烯纤维

4.4.5.1　分类

聚丙烯纤维，我国商品名称为“丙纶”，可分为长纤维、短纤维、纺黏无纺布、熔喷无纺布等。

聚丙烯长纤维可分为普通纤维和细旦纤维（单丝纤度≤2.2dtex），可用于装饰与生产服装，部分产业用长丝制品。聚丙烯细旦纤维光泽好、手感柔软、悬垂性良好、密度小，适用于针织行业，与棉、黏胶丝、真丝、氨纶等交织成棉盖丙、丝盖丙等产品，是制作高档运动服、T恤等的理想材料。

聚丙烯短纤维的生产工艺大部分采用多孔、低速、连续化工艺，即短纺工艺。聚丙烯短纤维与棉花混纺，可做成丙棉布、床单，纤维与黏胶混纺可做毛毯、聚丙烯纯纺和混纺毛线、聚丙烯毛毯、地毯、聚丙烯棉絮烟用滤嘴。纺黏无纺布，亦称长丝无纺布，是聚丙烯原料熔融后经挤压纺丝、拉伸、铺网、粘合成型制成。它具有流程短、成本低、生产率高、产品性能优良、用途广泛等特点。聚丙烯无纺布广泛应用于生产、生活的各个领域(如一次性医疗卫生用品、一次性防污服、农业用布、制鞋业的衬里等)。

熔喷无纺布技术的纤维很细(可至0.25μm)，熔喷布具有较大的比表面积、孔隙小而孔隙率大，故其过滤性、屏蔽性和吸油性等应用特性是用其他单独工艺生产的无纺布难以具备的。熔喷无纺布广泛应用于医疗卫生、保暖材料、过滤材料等领域。

4.4.5.2 性能

(1)质轻　聚丙烯纤维的密度为0.90～0.92g/cm³，在所有化学纤维中是最轻的，比棉纶轻30%，因此很适合做冬季服装的絮填料或滑雪服、登山服等面料。

(2)强度高、弹性好、耐磨、耐腐蚀　丙纶强度高(干态、湿态下相同)，是制造渔网、缆绳的理想材料；耐磨性和回弹性好，强度与涤纶和锦纶相似，回弹率可与锦纶、羊毛相媲美，比涤纶、黏胶纤维大得多；丙纶的尺寸稳定性差，易起球和变形，抗微生物，不耐虫蛀；耐化学药品性优于一般纤维。

(3)具有电绝缘性和保暖性　聚丙烯纤维电阻率很高($7\times10^{19}\ \Omega\cdot m$)，导热系数小，与其他化学纤维相比，丙纶的电绝缘性和保暖性最好，但加工时易产生静电。

(4)耐热及耐老化性能差　聚丙烯纤维的熔点低(165～173℃)，对光和热的稳定性差，所以，丙纶的耐热性、耐老化性差，不耐熨烫。但可以通过在纺丝时加入防老化剂来提高其抗老化性能。

(5)吸湿性及染色性差　聚丙烯纤维的吸湿性和染色性在化学纤维中是最差的，几乎不吸湿，其回潮率小于0.03%。细旦丙纶具有较强的芯吸作用，水汽可以通过纤维中的毛细管来排除。制成服装后，服装的舒适性较好，尤其是超细丙纶纤维，由于表面积增大，能更快地传递汗水，使皮肤保持舒适感。由于纤维不吸湿且缩水率小，丙纶织物具有易洗快干的特点。

丙纶的染色性较差，颜色淡，染色牢度差。普通燃料均不能使其染色，有色丙纶多数是采用纺前着色生产的。可采用原液着色、纤维改性，在熔融纺丝前掺混燃料络合剂。

4.4.5.3 用途

(1)产业用途　聚丙烯纤维具有强度高、韧性好、耐化学品性和抗微生物性好及价格低等优点，因此广泛用于绳索、渔网、安全带、箱包带、安全网、缝纫线、电缆包皮、土工布、过滤布、造纸用毡和纸的增强材料等产业领域。

(2)装饰用途　聚丙烯纤维密度小(仅为聚酯纤维的65%)、重量轻、覆盖力强、耐磨性好、抗微生物、抗虫蛀、易清洗，特别适于制造装饰织物。用聚丙烯纤维制成的地毯、沙发布和贴墙布等装饰织物及絮棉等，不仅价格低廉，而且具有抗沾污、抗虫蛀、易洗涤、回弹性好等优点。装饰和日用领域消费的聚丙烯纤维主要是长丝、中空短纤维和纺粘法非织造布，产品主要是汽车和家庭用装饰材料、絮片、玩具等。

(3)服装用途　由于聚丙烯纤维熔点低，易折皱，不易染色，因此聚丙烯纤维在服装领域的应用曾受到限制。随着纺丝技术的进步及改性产品的开发，其在服装领域的应用日渐广泛，服装用产品将是丙纶发展的希望，如聚丙烯纤维可制成针织品，如内衣、袜类等；可制成长毛绒产品，如鞋衬、大衣衬、儿童大衣等；可与其他纤维混纺用于制作儿童服装、工作衣、内衣、起绒织物及绒线等。

(4)非织造布及医疗卫生用聚丙烯纤维　聚丙烯纤维的非织造布可用于一次性卫生用品，如卫生巾、手术衣、帽子、口罩、床上用品、尿片面料等。妇女用卫生巾、一次性婴儿和成人尿布目前已成为人们日常消费的普通产品。另外，通过化学或物理改性后的聚丙烯纤维，可以具备交换、蓄热、导电、抗菌、消味、紫外线屏蔽、吸附、脱屑、隔离选择、凝集等多种功能，将成为人工肾脏、人工肺、人工血管、手术线和吸液纱布等多种医疗领域的重要材料。劳保服装、一次性口罩、帽子、手术服、被单枕套、垫褥材料等都有越来越大的市场。

(5)其他用途　聚丙烯烟用丝束可作为香烟过滤嘴填料。目前，香烟中、低档品种所用的过滤嘴，有一半以上是用聚丙烯纤维制造的。聚丙烯纤维制成的编织袋广泛地替代了黄麻编织成的麻袋，此外还可以用作毯子。聚乙烯薄膜或增塑聚氯乙烯等用熔融涂层技术涂到聚丙烯纤维织物上，可制作防护布、防风布和矿井排气管。用沥青或焦油作涂层的聚丙烯纤维织物可作池塘的衬底，其他涂层的织物可作保持性盖布和临时遮雨布等。

4.5 高弹性纤维

高性能合成纤维分为差别化纤维和特种纤维。差别化纤维一般特指对常规化品种有所创新或具有某一特性的化学纤维，主要是改进其使用性能。如易染性合成纤维、亲水性纤维、高收缩纤维、异性纤维、变形纱等。特种纤维是具有特殊的物理化学结构、性能和用途，或具有特殊功能的化学纤维的统称，用于尖端技术。特种纤维又可分为功能纤维和高性能纤维两大类。医用功能纤维、中空纤维膜、离子交换纤维以及塑料光导纤维属功能纤维；耐高温纤维、弹性纤维、高强度高模量纤维以及碳纤维为高性能纤维。

4.5.1 耐高温纤维

耐高温纤维是指在250~300℃温度范围内可长期使用的纤维。主要特点是在高温环境下尺寸稳定性好和物理力学性能变化小、软化点或热分解温度高等。

耐高温纤维可分为无机耐高温纤维和有机耐高温纤维。与无机耐高温纤维相比，有机耐高温纤维具有密度小、强度高、延展度较大、柔软性好、伸长回弹率高等特点。

按照聚合物结构特性，耐高温聚合物主要有五大类：

①主链含芳环的聚合物，如聚苯、聚对二甲苯等；

②主链含芳环和杂原子的聚合物，如聚苯醚、聚苯甲酰胺、聚芳砜等；

③主链含杂环的聚合物，这类聚合物的耐热性能较高，其中有聚酰亚胺、聚苯并咪唑、聚苯并噻唑等；

④梯形聚合物；

⑤元素有机聚合物。

目前已应用的耐高温纤维有十几种，如聚间苯二甲酰间苯二胺(Nomex)、聚苯并咪唑(PBI)、聚酰亚胺(PI)、芳香族酰胺-酰亚胺(Kermel)、聚苯砜酰胺等。其中应用最广的是聚间苯二甲酰间苯二胺纤维，其次是聚酰胺-酰亚胺纤维。

4.5.1.1 芳香族聚酰胺纤维

芳香族聚酰胺纤维是大分子由酰胺基和芳基连接的一类合成纤维。我国商品名为“芳纶”。

(1)芳纶 1313 即聚间苯二甲酰间苯二胺(polymetaphenylene isophalamide, PMIA)纤维，是杜邦公司 1967 开始生产的一种间位型芳香族聚酰胺纤维，其商品名为 Nomex，日本帝人公司于 1972 年开发出类似产品，商品名为 Conex。前者采用界面缩聚和干法纺丝，后者采用低温溶液缩聚和湿法纺丝。是目前所有耐高温纤维产量最大、应用最广的一个品种。

芳纶的结构式为：

$$\left[-\overset{O}{\overset{\|}{C}}-C_6H_4-\underset{O}{\underset{\|}{C}}-NH-C_6H_4-\overset{H}{\overset{|}{N}}-\right]_n$$

它是由酰胺桥键互相连接的芳基所构成的线性大分子。它的晶体氢键在两个平面内排列，从而形成了氢桥的三维结构。由于极强的氢键作用，使之结构稳定，具有优良的耐热性能，可在大多数合成纤维的熔点以上的高温条件下长期使用，在 220℃ 持续使用十年之久，仍可保留相当高的力学强度。

通过对这种纤维的结构分析可知，这种纤维具有优良的综合性能，耐磨、耐多次曲折性好，在高温下不熔融，耐穿透，抗氧性和耐辐射性优良，并耐各种化学试剂，因此它的首要用途是制作易燃易爆环境中的工作服，尽管在价格上比棉织品贵三倍，但寿命却高过 6~12 倍。这类工作服已广泛用于铁矿、金属、化学、石油以及石油化工诸领域中。也可用作赛车服、宇航服和消防服。它的另一类用途是高温下使用的过滤材料、输送带以及电绝缘材料等，也可用于制作民航客机或某些高级轿车的装饰织物等。

(2)芳纶 1414 即聚对苯二甲酰对苯二胺(PPTA)纤维，最早由美国杜邦公司于 1971 年试制成功，美国商品名为 Kevlar。PPTA 的结构式为：

$$\left[-\overset{O}{\overset{\|}{C}}-C_6H_4-\underset{O}{\underset{\|}{C}}-\overset{H}{\overset{|}{N}}-C_6H_4-\overset{H}{\overset{|}{N}}-\right]_n$$

Kevlar 纤维的结构特征使它具有极好的力学性能，强度可达 22.07cN/dtex 以上，弹性模量可达 476.82cN/dtex，约为锦纶的 9~10 倍，涤纶的 3~4 倍；另外它的密度不大，和橡胶有良好的黏着力，被认为是一种比较理想的帘线纤维。此外，这种纤维还具有高韧性和高抗冲击性。由于芳链的刚性结构，使高聚物具有晶体的本质和高度的尺寸稳定性，玻璃化温度很高(300℃)，且制成的纤维不发生高温分解，因此 Kevlar 纤维是优秀的耐高温纤维之一。

Kevlar纤维的优良力学性能和耐高温性，使其应用范围十分广泛，在工业方面如轮胎帘子线、高强度绳索、传送带及耐压容器等：军事方面如防弹衣、防弹头盔、降落伞、装甲板等；航空航天方面如飞机结构和内部装饰材料、机身、机翼、火箭发动机外壳等；体育器材如高尔夫球杆、网球拍、钓鱼竿、滑雪板、游艇等。

4.5.1.2 碳纤维

碳纤维是主要的耐高温纤维之一，是用再生纤维素纤维或聚丙烯腈纤维高温碳化而制得的。依据含碳量，碳纤维可分为碳素纤维和石墨纤维两种，前者含碳量为80%～95%，后者含碳量在99%以上。

碳纤维可耐1000℃高温，石墨纤维可耐3000℃高温。并具有高强度、高模量、高温下持久不变形、高化学稳定性、良好的导电性和导热性等特点。碳纤维是宇宙航行、飞机制造、原子能工业的优良材料。

4.5.2 弹性纤维

弹性纤维是指具有类似橡胶丝的高伸长性（>400%）和回弹力的一类纤维。通常用于制作各种紧身衣、运动衣、游泳衣及各种弹性织物。目前主要品种有聚氨酯弹性纤维和聚丙烯酸酯弹性纤维。

4.5.2.1 聚氨酯弹性纤维

聚氨酯弹性纤维在我国的商品名为“氨纶”。它是由柔性的聚醚或聚酯链段和刚性的芳香族二异氰酸链段组成的嵌段共聚物，再与脂肪族二胺进行交联，因而获得类似橡胶的高伸长性和回弹力。聚氨酯弹性纤维伸长600%～700%时，其回弹率仍可达95%以上。

4.5.2.2 聚丙烯酸酯弹性纤维

聚丙烯酸酯类弹性纤维商品名为“阿尼姆8”。此类纤维是由丙烯酸乙酯或丁酯与某些交联性单体乳液共聚后，再与偏二氯乙烯等接枝共聚，经乳液纺丝法制得。这类纤维的强度和伸长特性不如聚氨酯类弹性纤维，但它的耐光性、抗老化性和耐磨性、耐溶剂及漂白剂等性能均比聚氨酯类纤维性能好，而且还具有难燃性。

乳液纺丝是包括乳液和悬浮液纺丝在内的合成纤维纺丝方法，是20世纪40～50年代发展起来的新纺丝技术。把某种难以用溶液或熔体纺丝成纤的高聚物分散在易成纤的载体中形成均匀的纺丝液，借助载体成纤，称载体纺丝法。这种方法适用于某些不能用干法纺丝、湿法纺丝成型的成纤高聚物。这一类高聚物在熔融成黏流态以前就已剧烈分解，而且没有合适的溶剂能使它溶解或塑化，聚四氟乙烯（PTFE）便是一例。

为了纺制聚四氟乙烯纤维，将单体在压力釜中进行乳液聚合，得到水相聚四氟乙烯分散液。用聚乙烯醇（PVA）水溶液或胶黏作为载体，与聚四氟乙烯分散液混合成均匀的乳液，把它作为纺丝原液，经过滤、脱泡后用通常的维纶纺丝法或黏胶纺丝法制成纤维。初生纤维经水洗和干燥后，进行高温烧结，这时载体被分解出去，而聚四氟乙烯粒子则发生粘接（或称“连续化”）而形成纤维。然后进行高温拉伸，以提高纤维的强度。

改性聚乙烯醇纤维－维氯纶也是采用乳液纺丝法成纤的。将氯乙烯在原乙烯醇水溶液中进行乳液聚合(产品中含有一部分聚氯乙烯与聚乙烯醇接枝共聚物)，把所得的乳液再分散在聚乙烯醇水溶液中配置成一定浓度、一定黏度的纺丝原液进行纺丝。维氯纶的纺丝和后处理工艺与维纶基本相同，这种纤维兼具维纶与氯纶的特性。

采用乳液纺丝扩大了化学纤维的品种，开阔了化学纤维改性的途径。

4.5.3 吸湿纤维

吸湿性纤维是利用纤维表面微细沟槽所产生的毛细现象使汗水经芯吸、扩散、传输等作用，迅速迁移至织物的表面并发散，从而达到导湿快干的目的。近年来，人们对服装面料的舒适性、健康性、安全性和环保性等要求越来越高，随着人们在户外活动时间的增加，休闲服与运动服相互渗透和融为一体的趋势也日益受广大消费者的青睐，这类服装的面料，既要求有良好的舒适性，又要求在尽情活动时，一旦出现汗流浃背的情况，服装不会粘贴皮肤而产生冷湿感。

4.5.4 抗静电纤维

容易带静电是合成纤维的又一缺点，这是由于分子链主要由共价键组成，不能传递电子之故。通常把经过改性而具有良好导电性的纤维呈抗静电纤维(antistatck fiber)。合成纤维的静电性与疏水性密切相关，吸湿性越大，则导电性越好。

加工方法主要有：

①抗静电剂进行表面处理；

②用亲水性聚合物整理剂处理；

③与含导电或抗静电性能的聚合物复合纺丝或共混纺丝；

④与抗静电单体共聚。

目前，抗静电纤维主要有耐久性抗静电锦纶和耐久性抗静电涤纶，是通过添加抗静电组分共聚等方法制得。主要用于制作无尘衣、无菌衣、防爆衣等。

第5章 橡 胶

5.1 引言

橡胶具有独特的高弹性，用途十分广泛，应用领域包括人们的日常生活、医疗卫生、文体生活、交通运输、电子通信和航空航天等，是国民经济建设与社会发展不可缺少的高分子材料之一。

橡胶制品的种类繁多，大致可分为轮胎、胶管、胶带、鞋业制品和其他橡胶制品等，其中轮胎制品的橡胶消耗量最大，约占世界橡胶总消耗量的50%～60%，全世界年橡胶用量约2500万吨。

5.1.1 橡胶材料的特征

根据ASTM D1566定义，橡胶是一种材料，它在大的形变下能迅速而有力恢复其形变，能够被改性。改性的橡胶实质上不溶于(但能溶胀于)沸腾的苯、甲乙酮、乙醇－甲苯等溶剂中。改性的橡胶在室温下(18～29℃)被拉伸到原长度的2倍并保持1min后除掉外力，它能够在1min内恢复到原长度的1.5倍以下。改性实质上是指硫化。

常温下的高弹性是橡胶材料的独有特征，因此橡胶也被称为弹性体。橡胶的高弹性本质是由大分子构象变化而来的熵弹性，这种高弹性表现为，在外力作用下具有较大的弹性变形，最高可达1000%，除去外力后变形很快恢复，它截然不同于由键角变化而引起的普弹性。橡胶材料的弹性模量低。

橡胶也属于高分子材料。具有高分子材料的共性，如黏弹性、绝缘性、环境易老化性、密度低以及对流体的渗透性低等。此外，橡胶比较柔软，硬度低。

5.1.2 橡胶的发展历史

橡胶工业的发展大致可以分为两个发展阶段。

(1)天然橡胶的发现和利用时期(1900年以前)　1493～1496年哥伦布第二次航行发现新大陆到美洲时，发现当地人玩的球能从地上跳起来，经了解才知道球是由一种树流出的浆液制成的，此后欧洲人才知道橡胶这种物质。但直到1823年，英国人创办了第一个生产橡胶防水布工厂，这才是橡胶工业的开始。1826年Hancock发明了开放式炼胶机，1839年Goodyear发现了加入硫黄和碱式碳酸铝可以使橡胶硫化，这两项发明奠定了橡胶加工业的基础。1888 年 Dunlop 发明了充气轮胎，汽车工业的发展促进了橡胶工业真正的起飞。1904 年 S. C. Mote 用炭黑使天然橡胶的拉伸强度提高，找到了橡胶增强的有效途径。

(2)合成橡胶的发展和应用时期(1900 年以后) 在橡胶工业发展的同时，高分子化学家及物理学家研究证明天然橡胶是异戊二烯的聚合物，确定了链状分子结构，揭示了橡胶弹性的本质。1900 年人们了解天然橡胶的分子结构后，人类合成橡胶才真正成为可能。1932 年前苏联在工业生产丁钠橡胶后，相继生产了氯丁橡胶、丁腈橡胶和丁苯橡胶。20 世纪50 年代 Zeigler – Natta 催化剂的发现，导致了合成橡胶工业的新飞跃，出现了顺丁橡胶、乙丙橡胶、异戊橡胶等新品种。1965 ~ 1973 年间出现了热塑性弹性体，又称第三代橡胶。1984 年德国用苯乙烯、异戊二烯、丁二烯作为单体合成集成橡胶(SIBR)。1990 年 Goodyear 橡胶轮胎公司将 SIBR 作为生产轮胎的新型橡胶。茂金属催化剂的出现，给合成橡胶工业带来了新的革命，现在已合成了茂金属乙丙橡胶等新型橡胶品种。

近年来，橡胶工业新技术发展迅速，通过卤化、氢化、环氧化、接枝、共混、增容、动态硫化等方法开发了许多新橡胶材料，橡胶制品也向着高性能化、功能化、特种化方向发展，橡胶材料以其独有的特性发挥着重要的作用。

5.1.3 橡胶的分类与加工工艺

按照分类方法的不同，可以形成不同的橡胶类别。按照橡胶的来源和用途，可以分为天然橡胶和合成橡胶。最初橡胶工业使用的全是天然橡胶，它是从自然界的植物中采集出来的一种弹性体材料。合成橡胶是各种单体经聚合反应合成的高分子材料。此外，还可以按照橡胶的化学结构、形态和交联方式进行分类，见图 5-1。

对不同的制品，加工工艺过程不相同。橡胶制品的制备工艺过程复杂，一般包括塑炼、混炼、压延、压出、成型、硫化等加工工艺。

(1)塑炼 塑炼是使生胶由弹性状态转变为具有可塑性状态的工艺过程。生胶具有很高的弹性，不便于加工成型。经塑炼后，相对分子质量降低，黏度下降，可获得适宜的可塑性和流动性，有利于后面工序的正常进行，如混炼时配合剂易于均匀分散，压延时胶料易于渗入纤维织物等。塑炼过程实质上就是依靠机械力、热或氧的作用，使橡胶的大分子断裂，大分子链由长变短的过程。塑炼常用的设备有开炼机和密炼机。

(2)混炼 将各种配合剂混入生胶中制成质量均匀的混炼胶的过程称为混炼。混炼是橡胶加工工艺中最基本和最重要的工序之一，混炼胶的质量对半成品的加工工艺性能和橡胶制品的质量具有决定性的作用。在生产中，每次的混炼胶料都要进行快速检验，检查的目的是为了判断混炼胶料中配合剂是否分散良好，有无漏加、错加，以及操作是否符合工艺要求等，以便及时发现问题和采取补救措施。混炼采用的设备有开炼机和密炼机，密炼机的混炼室是密闭的，混合过程中物料不会外泄，有效地改善了工作环境。

一般混炼过程中加料顺序的原则是：如用量少、难分散的配合剂，则先加；如用量大、易分散的配合剂，则后加；为了防止焦烧，硫黄和超速促进剂一般最后加入。一般加料顺序为：塑炼胶、再生胶、母炼胶→促进剂、活性剂、防老剂→增强剂、填充剂→液体软化剂→硫黄、超速促进剂。

(3)压延和压出 混炼胶通过压延和压出等工艺，可以制成一定形状的半成品。

①压延 是利用压延机辊筒之间的挤压力作用，使物料发生塑性流动变形，最终制成

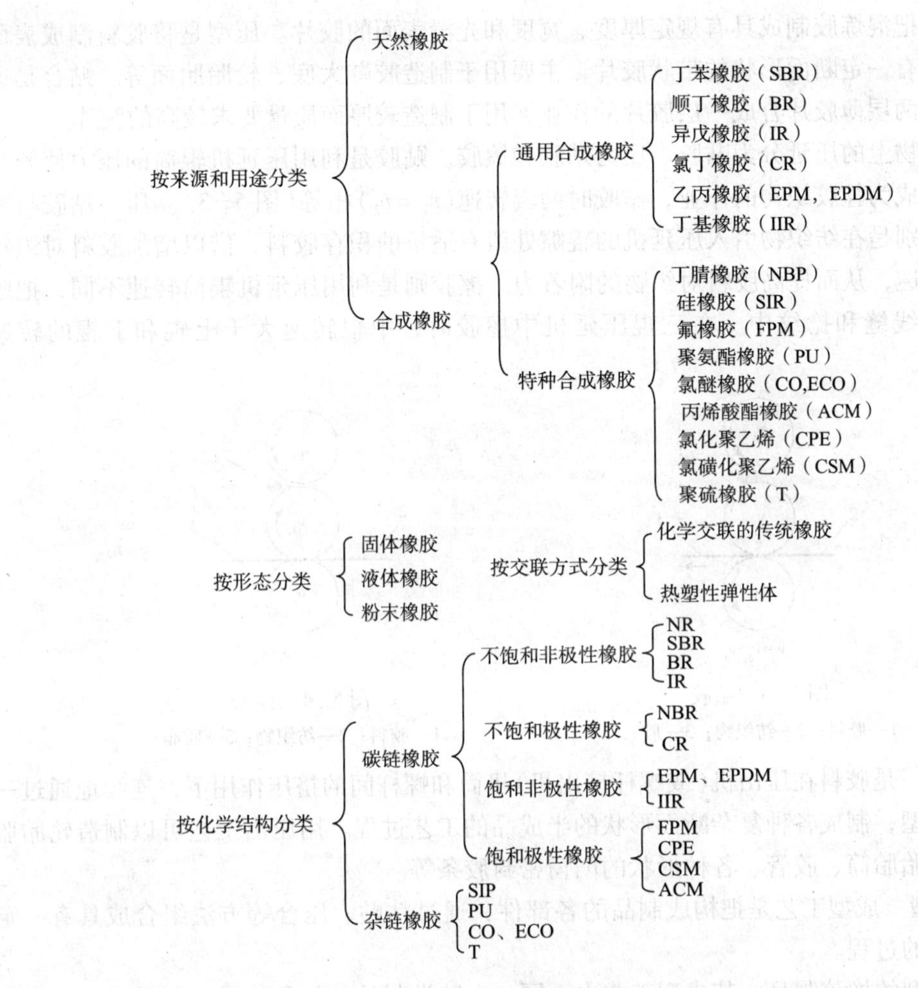

图5-1 橡胶的分类

具有一定断面尺寸规格和规定断面几何形状的片状材料或薄膜状材料；或者将聚合物材料覆盖并附着于纺织物表面，制成具有一定断面厚度和断面几何形状要求的复合材料，如胶布。压延工艺能够完成的作业形式有胶片的制造，如胶料的压片、压型和胶片的贴合；胶布的压延，如纺织物的贴胶、擦胶和压力贴胶。压延机是压延工艺的主要设备，压延机的类型依据辊筒数目和排列方式不同而异。最普遍使用的类型为三辊压延机和四辊压延机。压延机的辊筒排列方式有I形、L形、倒L形、Z形和S形(或斜Z形)等，三辊压延机还有一种三角形排列方式，如图5-2所示。

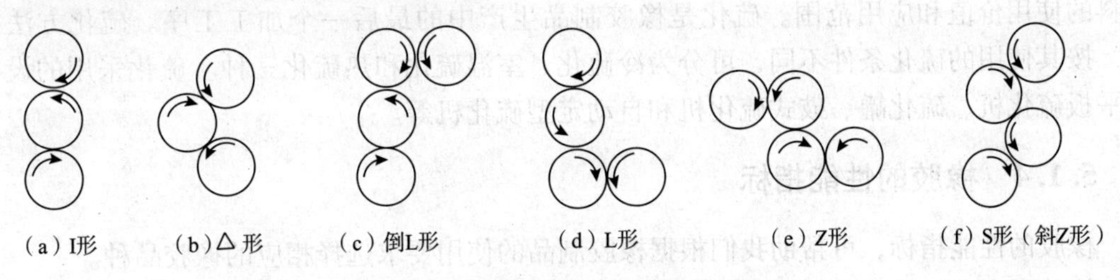

图5-2 压延机的类型与辊筒排列方式

压片是把混炼胶制成具有规定厚度、宽度和光滑表面的胶片。压型是将胶料制成表面有花纹并具有一定断面形状的带状胶片，主要用于制造胶鞋大底、轮胎胎面等。贴合是通过压延机使两层薄胶片合成一层胶片的作业，用于制造较厚而质量要求较高的胶片。

在纺织物上的压延分为贴胶、压力贴胶和擦胶。贴胶是利用压延机辊筒的压力使胶片和织物贴合成为挂胶织物的作业，贴胶时两辊转速（$v_1=v_2$）相等（图5-3）。压力贴胶与贴胶的唯一差别是在纺织物引入压延机的辊隙处留有适量的积存胶料，借以增加胶料对织物的挤压和渗透，从而提高胶料对织物的附着力。擦胶则是利用压延机辊筒转速不同，把胶料擦入织物线缝和捻纹中。在三辊压延机中擦胶时，中辊转速大于上辊和下辊的转速（图5-4）。

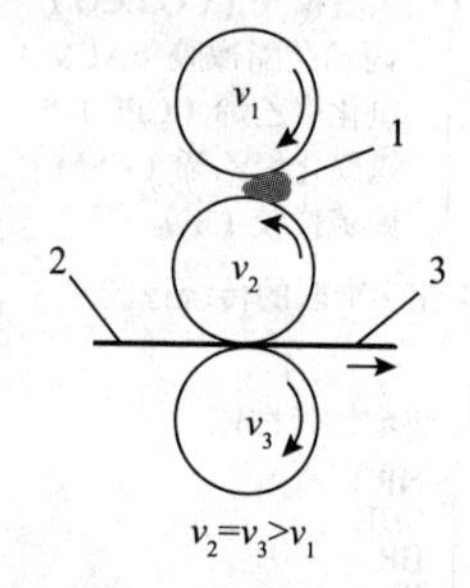

图5-3　贴胶

1—胶料；2—纺织物；3—胶布

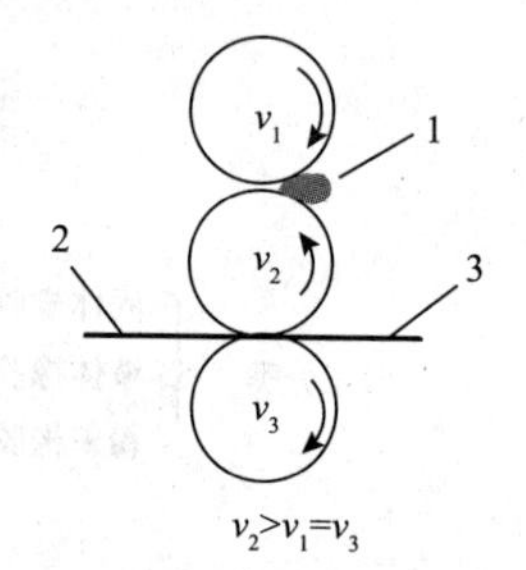

图5-4　擦胶

1—胶料；2—纺织物；3—胶布

②压出　是胶料在压出机（或螺杆挤出机）机筒和螺杆间的挤压作用下，连续地通过一定形状的口型，制成各种复杂断面形状的半成品的工艺过程。用压出工艺可以制造轮胎胎面胶条、内胎胎筒、胶管、各种形状的门窗密封胶条等。

（4）成型　成型工艺是把构成制品的各部件，通过粘贴、压合等方法组合成具有一定形状的整体的过程。

不同类型的橡胶制品，其成型工艺也不同，全胶类制品，如各种模型制品，成型工艺较简单，即将压延或压出的胶片或胶条切割成一定形状，放入模型中经过硫化即可得到制品。含有纺织物或金属等骨架材料的制品，如胶管、胶带、轮胎、胶鞋等，则必须借助一定的模具，通过粘贴或压合方法将各零件组合而成型。粘贴通常是利用胶料的热黏性能，或使用溶剂、胶浆、胶乳等黏合剂粘接成型。

（5）硫化　硫化是胶料在一定的压力和温度下，橡胶大分子由线型结构变为网状结构的交联过程。在这个过程中，橡胶经过一系列复杂的化学变化，由塑性的混炼胶变为高弹性的或硬质的交联橡胶，从而获得更完善的物理机械性能和化学性能，提高和拓宽了橡胶材料的使用价值和应用范围。硫化是橡胶制品生产中的最后一个加工工序。硫化方法很多，按其使用的硫化条件不同，可分为冷硫化、室温硫化和热硫化三种。硫化采用的设备有平板硫化机、硫化罐、鼓式硫化机和自动定型硫化机等。

5.1.4　橡胶的性能指标

橡胶的性能指标，可帮助我们根据橡胶制品的使用要求选择相应的橡胶品种。

拉伸强度：试样在拉伸破坏时，原横截面上单位面积上所受的力，单位为 MPa。虽然橡胶很少在纯拉伸条件下使用，但是橡胶的很多其他性能与该性能密切相关，如耐磨性、弹性、应力松弛、蠕变、耐疲劳性等。

扯断伸长率：试样在拉伸破坏时，伸长部分的长度与原长度之比，通常以百分率(%)表示。

硬度：硬度是橡胶抵抗变形的能力指标之一。用硬度计来测试，最常用的是邵氏硬度计，其值的范围为0～100。其值越大，橡胶越硬。

定伸应力：试样在一定伸长(通常300%)时，原横截面上单位面积所受的力，单位为MPa。

撕裂强度：表征橡胶耐撕裂性的好坏，试样在单位厚度上所承受的负荷，单位为kN/m。

阿克隆磨耗：在阿克隆磨耗机上，使试样与砂轮呈15°倾斜角和受到26.7N的压力情况下，橡胶试样与砂轮磨耗1.61km时，用被磨损的体积来表征橡胶的耐磨性，单位为cm^3/1.61km。

另外还有许多其他性能指标，如回弹性、生热、压缩永久变形、低温特性、耐老化特性等，可参考有关的文献。

5.2　通用橡胶

5.2.1　天然橡胶

天然橡胶(natural rubber，NR)是指从植物中获得的橡胶，这些植物包括巴西橡胶树(也称三叶橡胶树)、银菊、橡胶草、杜仲草等。巴西橡胶树含胶量多，质最好，产量最高，采集最容易。目前世界天然橡胶总产量的98%以上来自巴西橡胶树，巴西橡胶树适于生长在热带和亚热带的高温地区。全世界天然橡胶总产量的90%以上产自东南亚地区，主要是马来西亚、印度尼西亚、斯里兰卡和泰国；其次是印度、中国南部、新加坡、菲律宾和越南等。由于天然橡胶具有很好的综合性能，至今天然橡胶的消耗量仍约占橡胶总消耗量的40%。

5.2.1.1　天然橡胶的制备与分类

制备天然橡胶的主要原材料是新鲜胶乳，将从树上流出的新鲜胶乳经过一定的加工和处理可制成浓缩胶乳和干胶。浓缩胶乳中的总固体物含量在60%以上，主要用于乳胶制品。干胶按制造方式的不同，又可分为不同的品种。制造烟片胶、皱片胶、风干片胶和颗粒胶的原则步骤基本相同，包括稀释、除杂质、凝固、脱水分、干燥、分级和包装几个步骤，但各步骤的实施工艺方法略有不同。固体天然橡胶可以分为通用固体天然橡胶、特制固体天然橡胶和改性天然橡胶及其衍生物。

5.2.1.2　天然橡胶的组成和结构

1. 天然橡胶的组成

天然橡胶的主要成分是橡胶烃，另外还含有5%～8%左右的非橡胶烃成分，如蛋白质、丙酮抽出物、灰分、水分等，通过对 35 种烟片胶和 102 种皱片胶的组成分析，其结果如表 5-1 所示。

表 5-1　天然橡胶的化学组成(平均值)　　%

品种	橡胶烃	丙酮抽出物	蛋白质	灰分	水分
烟片胶	93.30	2.89	2.82	0.39	0.61
皱片胶	93.58	2.88	2.82	0.30	0.42

天然橡胶中的非橡胶成分含量虽少，但对天然橡胶的加工和使用性能却有不可忽视的影响。蛋白质具有吸水性，会影响天然橡胶的电绝缘性和耐水性，但其分解产生的胺类物质又是天然橡胶的硫化促进剂和天然防老剂。丙酮抽出物主要是一些类酯物和分解物。类酯物主要由脂肪、蜡类、甾醇、甾醇酯和磷酯组成，这类物质均不溶于水，除磷酯之外均溶于丙酮。甾醇是一类以环戊氢化菲为碳架的化合物，通常在第 10、第 13 和第 17 位置上有取代基，它在橡胶中有防老化作用。胶乳加氨后，类酯物分解会产生脂肪酸，脂肪酸、蜡在混炼时起分散剂的作用，脂肪酸在硫化时也起活性剂作用。灰分主要是无机盐类及很少量的铜、锰、铁等金属化合物。其中金属离子会加速天然橡胶的老化，必须严格控制其含量。水分过多易使生胶发霉，硫化时产生气泡，并降低电绝缘性能。1% 以下的少量水分在加工的过程中可以挥发除去。

2. 天然橡胶的结构

天然橡胶的主要成分橡胶烃是顺式-1，4-聚异戊二烯的线型高分子化合物，其结构式为：

$$\left[\overset{H_2}{C} - \overset{\overset{CH_3}{|}}{C} = \underset{\underset{H}{|}}{C} - \overset{H_2}{C} \right]_n$$

n 值平均为 5000~10000 左右，相对分子质量分布指数(M_w/M_n)很宽(2.8~10)，呈双峰分布，相对分子质量在 3 万~3000 万之间。因此，天然橡胶具有良好的物理机械性能和加工性能。

天然橡胶在常温下是无定形的高弹态物质，但在较低的温度(-50~10℃)下或应变条件下可以产生结晶。天然橡胶的结晶为单斜晶系，晶胞尺寸 $a=1.246$nm，$b=0.899$nm，$c=0.810$nm，$\alpha=\gamma=90°$，$\beta=92°$。在 0℃，天然橡胶结晶极慢，需几百个小时，在-25℃结晶最快。天然橡胶在拉伸力作用下容易发生结晶，拉伸结晶度最大可达 45%。

5.2.1.3　天然橡胶的性能和应用

天然橡胶具有很好的弹性，在通用橡胶中仅次于顺丁橡胶。这是由于天然橡胶分子主链上与双键相邻的 σ 键容易旋转，分子链柔性好，在常温下呈无定形状态；分子链上的侧甲基体积小，数目少，位阻效应小；天然橡胶为非极性物质，分子间相互作用力小，对分子链内旋转约束和阻碍小。例如，天然橡胶的回弹率在 0~100℃范围内，可达 50%~

85%以上，弹性模量为2～4MPa，约为钢铁的1/30000；伸长率可达1000%以上，为钢铁的300倍。随着温度的升高，生胶会慢慢软化，到130～140℃时完全软化，200℃开始分解；温度降低则逐渐变硬，0℃时弹性大幅度下降。天然橡胶的 $T_g = -72℃$。冷到 −72～−70℃以下时，弹性丧失变为脆性物质。受冷冻的生胶加热到常温，仍可恢复原状。

天然橡胶具有较高的力学强度。天然橡胶能在外力作用下拉伸结晶，是一种结晶性橡胶，具有自增强性，纯天然橡胶硫化胶的拉伸强度可达17～25MPa，用炭黑增强后可达25～35MPa。天然橡胶的撕裂强度也很高，可达98kN/m。

天然橡胶具有良好的耐屈挠疲劳性能，滞后损失小，生热低，并具有良好的气密性、防水性、电绝缘性和隔热性。天然橡胶良好的工艺加工性能，表现为容易进行塑炼、混炼、压延、压出等，但应防止过炼，降低力学性能。

天然橡胶的缺点是耐油性、耐臭氧老化和耐热氧老化性差。天然橡胶为非极性橡胶，易溶于汽油、苯等非极性有机溶剂；天然橡胶分子结构中含有大量的双键，化学性质活泼，容易与硫黄、卤素、卤化氢、氧、臭氧等反应，在空气中与氧进行自动催化的连锁反应，使分子断链或过度交联，使橡胶发生黏化或龟裂，即发生老化现象，与臭氧接触几秒钟内即发生裂口。

天然橡胶具有最好的综合力学性能和加工工艺性能，被广泛应用于轮胎、胶管、胶带以及桥梁支座等各种工业橡胶制品，是用途最广的橡胶品种，它可以单用制成各种橡胶制品，如胎面、胎侧、输送带等，也可与其他橡胶并用以改进其他橡胶或自身的性能。

聚异戊二烯橡胶(IR)的结构单元为异戊二烯，与天然橡胶相同，两者的结构、性质类似，但是也有差别：聚异戊二烯橡胶的顺式含量低于天然橡胶；结晶能力比天然橡胶差：相对分子质量分布窄，分布曲线为单峰。此外，聚异戊二烯橡胶中不含有天然橡胶那么多的蛋白质和丙酮抽出物等非橡胶烃成分。

与天然橡胶相比，聚异戊二烯橡胶具有塑炼时间短、混炼加工简便、膨胀和收缩小、流动性好等优点，并且聚异戊二烯橡胶的质量均一、纯度高，外观无色透明。适于制造浅色胶料和医用橡胶制品。但聚异戊二烯橡胶中不含脂肪酸和蛋白质等能在硫化中起活化作用的物质，其硫化速率比天然橡胶的慢。为获得与天然橡胶相同的硫化速率，一般是将聚异戊二烯橡胶的促进剂用量相应地增加10%～20%。天然橡胶中的非橡胶烃物质具有一定的防老化作用，因此，聚异戊二烯橡胶的耐老化性能相对天然橡胶差。

5.2.2　丁苯橡胶

5.2.2.1　丁苯橡胶的制备与品种

丁苯橡胶(styrene－butadiene rubber，SBR)是丁二烯和苯乙烯的共聚物，是最早工业化的合成橡胶。目前丁苯橡胶(包括胶乳)约占合成橡胶总产量的55%，约占天然橡胶和合成橡胶总产量的34%，是产量和消耗量最大的合成橡胶胶种。聚合方法有乳液聚合和溶液聚合两种，主要品种如图5-5所示。

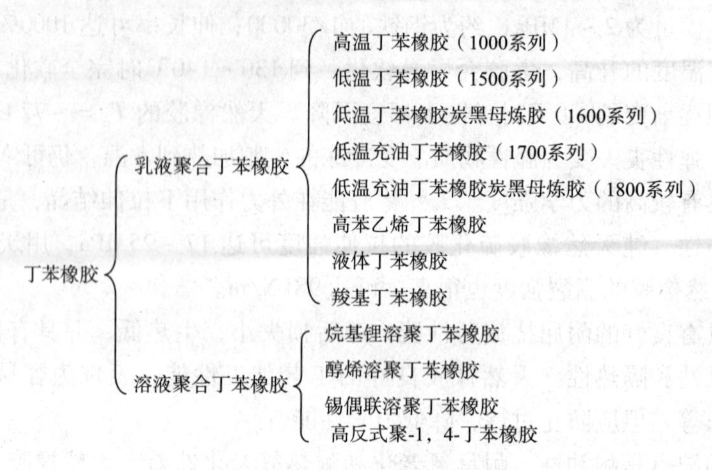

图 5-5　丁苯橡胶的主要品种

丁苯橡胶的分子结构式：

$$\left[\left(CH_2-CH=CH-CH_2\right)_x\left(CH_2-\underset{\substack{|\\ CH\\ \|\\ CH_2}}{CH}\right)_y\left(CH_2-\underset{\substack{|\\ C_6H_5}}{CH}\right)_z\right]_n$$

乳液聚合丁苯橡胶(简称乳聚丁苯)是通过自由基聚合得到的，在 20 世纪 50 年代以前，均是高温丁苯橡胶，之后才出现了性能优异的低温丁苯橡胶。目前所使用的乳液聚合丁苯橡胶基本上为低温乳液聚合丁苯橡胶。羧基丁苯橡胶是在丁苯橡胶聚合过程中加入少量(1% ~3%)的丙烯酸类单体共聚而制成，其物理机械性能和耐老化性能等较丁苯橡胶好。但这种橡胶吸水后容易早期硫化，工艺上不易掌握。高苯乙烯丁苯橡胶是将苯乙烯含量为85% ~87%的高苯乙烯树脂胶乳与丁苯橡胶(常用 SBR1500)胶乳以一定比例混合后经共絮凝得到的产品。

20 世纪 60 年代中期，由于阴离子聚合技术的发展，溶液聚合丁苯橡胶(简称溶聚丁苯)开始问世。它是采用阴离子型(丁基锂)催化剂，使丁二烯与苯乙烯进行溶液聚合的共聚物。根据聚合条件和所用催化剂的不同，可以分为无规型和无规 - 嵌段型两种。随着汽车工业的发展，溶液聚丁苯橡胶正日益受到重视，产量处在稳步增长阶段。

5.2.2.2　丁苯橡胶的结构、性能与应用

不同品种的丁苯橡胶分子的宏观、微观结构是不同的。宏观结构参数包括：单体比例、平均相对分子质量、相对分子质量分布、分子结构的线性或非线性、凝胶含量等。微观结构参数主要包括：丁二烯链段中顺式 -1，4 - 结构、反式 -1，4 - 结构和 1，2 - 结构的比例，苯乙稀、丁二烯单元的分布等。丁苯橡胶的性能是由其宏观和微观结构共同决定的。

单体比例直接影响聚合物的性能。随着丁苯橡胶中结合苯乙烯含量的增加，其玻璃化温度升高(图 5-6)，模量增加，弹性下降，拉伸强度先升高后下降，在苯乙烯含量为

50%时出现极值，热老化性能变好，耐低温性能下降，压出制品收缩率下降，表面光滑。此外，侧乙烯基含量对丁苯橡胶的性能也有很大的影响，如图5-7所示。随着侧乙烯基及苯乙烯含量的增加，溶聚丁苯橡胶的磨耗指数下降，加工性能和抗湿滑性能提高。乳聚丁苯橡胶中苯乙烯含量一般为23.5%，其综合性能最好，多数溶聚丁苯橡胶中苯乙烯含量为18%或23.5%~25%之间。

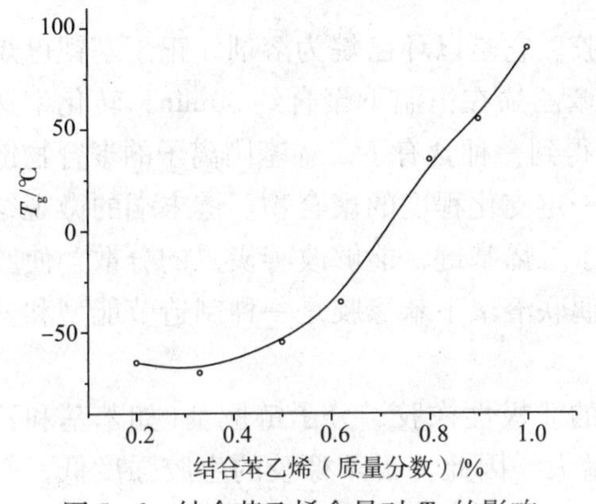

图5-6 结合苯乙烯含量对 T_g 的影响

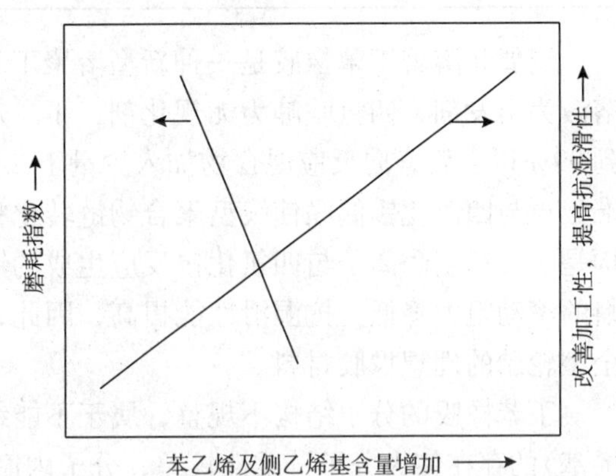

图5-7 苯乙烯及侧乙烯基含量对溶聚丁苯橡胶磨耗指数、抗湿滑性、加工性能的影响

高苯乙烯丁苯橡胶中苯乙烯含量一般为50%~70%，开始流动温度为70~80℃；高苯乙烯含量(80%)丁苯橡胶开始流动温度在110℃以上。高苯乙烯丁苯橡胶具有增强作用，可与天然橡胶、丁苯橡胶、丁腈橡胶及氯丁橡胶等二烯烃类橡胶共混，采用硫黄硫化，提高二烯烃类橡胶的硬度、耐老化性、耐磨性、电绝缘性、着色性，改善加工性能和成型流动性，但耐低温性差，永久变形大，适合制造色彩鲜艳、低密度高硬度、形状复杂的橡胶制品。在丁苯橡胶配合中，随着高苯乙烯橡胶用量的增加，硫化胶的定伸应力、拉伸强度、撕裂强度和耐磨耗性提高，抗压缩永久变形和抗屈挠龟裂性能降低。

低温乳聚丁苯与高温乳聚丁苯相比，反式-1，4-丁二烯含量较高，聚合度较大，凝胶含量较低，相对分子质量分布较窄，因而性能较好。

乳聚丁苯橡胶中顺式-1，4-丁二烯含量约为18%，反式-1，4-丁二烯含量为65%，乙烯基含量为17%，单体单元无规排列。乳聚丁苯橡胶的相对分子质量分布比溶聚丁苯橡胶宽，乳聚丁苯橡胶的相对分子质量分布指数(M_w/M_n)约为4~6，而溶聚丁苯橡胶的 M_w/M_n 值均为1.5~2.0，因而乳聚丁苯橡胶的加工性能较好。

溶聚丁苯橡胶中顺式-1，4-丁二烯含量为34%~36%，乙烯基含量为8%~10%，与乳聚丁苯橡胶相比，顺式-1，4-丁二烯含量较高，反式-1，4-丁二烯及乙烯基含量较低；单体单元的排列方式可控，无规与部分嵌段并存，并且聚合链支化程度低，一般不含有凝胶。用于轮胎胎面胶时，与乳聚丁苯橡胶相比，溶聚丁苯橡胶具有较低的滚动阻力，较好的抗湿滑性能和耐磨性。表5-2为溶聚丁苯橡胶轮胎性能试验结果，与乳聚丁苯橡胶轮胎相比较，其滚动阻力降低约30%，抗湿滑性能约提高3%，耐磨性提高约10%。

表5-2 轮胎性能(指数)对比

性能	锡偶联丁苯橡胶轮胎	乳聚丁苯橡胶轮胎
滚动阻力指数	129	100
抗湿滑性能指数	103	100
磨耗指数	111	100

锡偶联溶聚丁苯橡胶是一种新型溶聚丁苯橡胶。它是以环己烷为溶剂，正丁基锂己烷溶液为引发剂，四氢呋喃为无规化剂，丁二烯和苯乙烯在恒温下聚合约30min，转化率达到99%以上后，向反应混合物加入少量丁二烯，得到一种含有丁二烯基阴离子的聚合物链端，再与四氯化锡偶联使线型聚合物链转化具有一定支化程度的聚合物。链末端的微观结构是丁二烯基阴离子与四氯化锡反应生成的锡-丁二烯基键，能够改善炭黑的分散，使胶料的滚动阻力降低，抗湿滑性能提高，因此，锡偶联溶聚丁苯橡胶是一种制造节能型和安全型轮胎的理想橡胶材料。

丁苯橡胶的分子结构不规整，属于不能结晶的非极性橡胶，分子链侧基(如苯基和乙烯基)的存在使大分子链柔性较差，分子内摩擦增大。因此，丁苯橡胶的生胶强度低，必须加入炭黑、白炭黑等增强剂增强，才具有实际使用价值。此外，丁苯橡胶的弹性、耐寒性较差，滞后损失大、生热高，耐屈挠龟裂性、耐撕裂性和黏着性能均较天然橡胶差。

丁苯橡胶的不饱和度(双键含量)比天然橡胶低，由于分子链侧基的弱吸电子效应和位阻效应，双键的反应活性也略低于天然橡胶，因此，丁苯橡胶的耐热性、耐老化性、耐磨性均优于天然橡胶，但高温撕裂强度较低。而且在加工过程中分子链不易断裂，硫化速率较慢，不容易发生焦烧和过硫现象。

丁苯橡胶的加工性能不如天然橡胶，不容易塑炼，对炭黑的润湿性差，混炼生热高，压延收缩率大等。丁苯橡胶的力学性能和加工性能的不足可以通过调整配方和工艺条件得到改善或克服。

丁苯橡胶的抗湿滑性能好，对路面的抓着力大，且具有一定的耐磨性，是轮胎胎面胶的好材料。目前，丁苯橡胶主要应用于轮胎工业，也应用于胶管、胶带、胶鞋以及其他橡胶制品。高苯乙烯丁苯橡胶适于制造高硬度、质轻的制品，如鞋底、硬质泡沫鞋底、硬质胶管、软质棒球、打字机用滚筒、滑冰轮、铺地材料、工业制品和微孔海绵制品等。

5.2.3 异戊橡胶

异戊橡胶(IR)全名为顺-1，4-聚异戊二烯橡胶。由异戊二烯制得的高顺式(顺-1，4-含量为92%~97%)合成橡胶，因其结构和性能与天然橡胶近似，故又称合成天然橡胶。它是一种综合性能很好的通用合成橡胶，主要用于轮胎生产，除航空和重型轮胎外，均可代替天然橡胶。但它的生胶强度、黏着性、加工性能以及硫化胶的抗撕裂强度、耐疲劳性等均稍低于天然橡胶。

异戊橡胶的生产有两种流程：①用齐格勒-纳塔催化剂，过程包括：催化剂(四氯化钛-三烷基铝或四氯化钛-聚亚胺基铝烷)制备、聚合、脱除催化剂残渣、脱水干燥及成型包装。②用锂或烷基锂(RLi)为催化剂，因锂系催化剂用量少，转化率高，故流程中可省去单体回收和脱除催化剂残渣工序。与连续溶液聚合相比，该工艺对原料纯度要求高，聚合条件更需严格控制，所得异戊橡胶的性能稍差。

1974年，我国首次发表了用环烷酸稀土-三异丁基铝-卤化物合成顺-1，4-聚异戊二烯的实验结果，之后进行了催化剂筛选、聚合物结构和性能以及中间试验开发工作，这种稀土催化剂可在加氢汽油中制得顺-1，4-含量高达94%以上的异戊橡胶，是一种有工业化前途的新型催化剂体系。

5.2.4 氯丁橡胶

5.2.4.1 氯丁橡胶的制备与品种

氯丁橡胶(chloroprene or neoprene rubber，CR)最早由美国杜邦公司在1931年生产。全世界年产约70万吨。氯丁橡胶是利用2-氯-1，3-丁二烯单体采用自由基乳液聚合制备的。氯丁橡胶按其特性和用途可分为通用型、专用型和氯丁胶乳三大类，如图5-8所示。通用型氯丁橡胶大致可分为两类，即采用硫黄作调节剂，用秋兰姆作稳定剂的硫黄调节型，以及不含这些化合物的非硫黄调节型。硫调型氯丁橡胶的聚合温度约40℃，非硫调型氯丁橡胶的聚合温度在10℃以下。

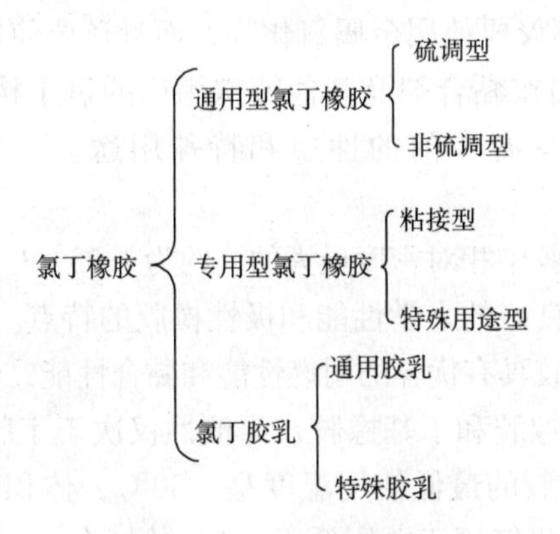

图5-8 氯丁橡胶的分类

5.2.4.2 氯丁橡胶的结构、性能与应用

氯丁橡胶的结构式如下：

硫调型 $\left(\overset{H_2}{C}-\underset{|}{\overset{Cl}{C}}=\underset{H}{C}-\overset{H_2}{C}\right)_n-S_x-$ x=2~6；n=80~100

非硫调型 $\left(\overset{H_2}{C}-\overset{Cl}{C}=\underset{H}{C}-\overset{H_2}{C}\right)_n$

分子结构中反式-1，4-加成结构占80%~92%，顺式-1，4-结构占7%~12%，约1%~5%的1，2-结构和3，4-结构，属结晶不饱和极性橡胶。氯丁橡胶的大分子键上主要含有反式-1，4-加成结构，易于结晶，且其结晶能力高于天然橡胶、顺丁橡胶和丁基橡胶，结晶温度范围为-35~+50℃，最大结晶速率的温度为-12℃。氯丁橡胶大分

子链中95%以上的氯原子直接地连在有双键的碳原子上，即 —CH ═ CCl—结构，氯原子的p电子与π键形成$p-\pi$共轭，氯原子又具有吸电子效应，综合作用的结果使C—Cl键的电子云密度增加，氯原子不易被取代，双键的电子云密度降低，也不易发生反应，所以氯丁橡胶的硫化反应活性和氧化反应活性均比天然橡胶、丁苯橡胶、丁腈橡胶和顺丁橡胶低，不能采用硫黄硫化体系硫化，耐老化性能、耐臭氧老化性能比一般的不饱和橡胶好得多。

硫黄调节型氯丁橡胶(简称为G型)采用硫黄和秋兰姆作调节剂，结构比较规整，分子链中含有多链键。由于多硫键的键能远低于C—C键或C—S键的键能，在一定条件下(如热、氧、光的作用)容易断裂，生成新的活性基团，导致发生交联，生成不同结构的聚合物，所以储存稳定性较差。正是由于存在多硫键，在塑炼时才使其分子在多硫键处断裂，形成硫氢化合物(—SH)，使相对分子质量降低，故塑炼效果与天然橡胶近似。G型氯丁橡胶硫化时必须使用金属氧化物(MgO和ZnO)。

非硫黄调节型氯丁橡胶(简称为W型)采用硫醇(或调节剂丁)作调节剂。与G型氯丁橡胶相比，储存稳定性好，加工性好，加工过程中不容易焦烧，也不容易粘辊，操作条件容易掌握，制得的硫化胶有良好的耐热性和较低的压缩变形；但硫化速率慢，结晶性较大。W型氯丁橡胶硫化时不仅要使用金属氧化物，而且还要使用硫化促进剂。

专用型氯丁橡胶系指用作黏合剂及其他特殊用途的氯丁橡胶。这些橡胶多为结晶性很大的均聚物或共聚物，具有专门的性质和特殊用途。可分为粘接型和其他特殊用途型。

氯丁橡胶是所有合成橡胶中相对密度最大的，约为1.23~1.25。由于氯丁橡胶的结晶性和氯原子的存在，使它具有良好的力学性能和极性橡胶的特点。氯丁橡胶属于自增强橡胶，生胶具有较高的强度，硫化胶具有优异的耐燃性能和黏合性能，耐热氧化、耐臭氧老化和耐天候老化较好，仅次于乙丙橡胶和丁基橡胶，耐油性仅次于丁腈橡胶。氯丁橡胶的低温性能和电绝缘性较差。氯丁橡胶的最低使用温度是-30℃，体积电阻率为$10^{10}\sim10^{12}\Omega\cdot cm$，击穿电压为16~24MV/m，只能用于电压低于600V的场合。

氯丁橡胶主要应用在阻燃制品、耐油制品、耐天候制品、胶黏剂等领域，如广泛用于耐热、耐燃输送带，耐油、耐化学腐蚀的胶管，电线电缆外包皮、门窗密封条、公路填缝材料和桥梁支座垫片等，用作胶黏剂，其粘接强度高。耐热胶黏剂的标准配方如表5-3所示。

表5-3　氯丁橡胶耐热胶黏剂标准配方

物质	成分/份	物质	成分/份
CR	100	叔丁基苯酚树脂	45
MgO	4	MgO	4
ZnO	5	水	1
防老剂	2	溶剂	适量(固体20%~30%)

5.2.5 乙丙橡胶

5.2.5.1 乙丙橡胶的制备与品种

乙丙橡胶是在齐格勒－纳塔立体有规催化体系开发后发展起来的一种通用合成橡胶，增长速率在合成橡胶中最快。乙丙橡胶是以乙烯、丙烯为主要单体，采用过渡金属钒或钛的氯化物与烷基铝构成的催化剂共聚而成，主要生产方法为悬浮法或溶液法。根据是否加入非共轭二烯单体作为第三单体，乙丙橡胶分为二元乙丙橡胶（ethylene-propylene copolymer，EPM）和三元乙丙橡胶（ethylene-propylene-diene copolymer，EPDM）两大类。最早开始生产的二元乙丙橡胶，由于其分子链没有可以发生交联反应点的双键，不能用硫黄硫化，与通用二烯烃类橡胶不能很好的共混并用，因此应用受到限制，后来开发了三元乙丙橡胶，目前使用最广泛的也是三元乙丙橡胶。三元乙丙橡胶和其他橡胶特性的比较如表5-4所示。三元乙丙橡胶使用的第三单体主要有三种：降冰片烯（ENB）、双环戊二烯（DCPD）、1，4－己二烯（HD）。此外，近年来还出现了各种商品牌号的改性乙丙橡胶和热塑性乙丙橡胶。乙丙橡胶的主要品种如图5-9所示。

表5-4 三元乙丙橡胶和其他橡胶特性的比较

性能		EPDM	IR/NR	SBR	BR	IIR	CR
相对密度		0.86	0.93	0.94	0.91	0.92	1.23
抵抗性能	耐候性	极优	好	好	差	优	优
	耐臭氧性	极优	差	差	差	优	优
	耐热性	极优	好	好~优	优	极优	优
	耐寒性	优	优	好~优	极优	好	好
	耐酸性	极优	优	优	优	优	好
	耐碱性	极优	优	优	优	优	优
	耐油性	差	差	差	差	差	优
	耐磨性	优	优	优	极优	优	优
	抗撕裂性	好	极好	好	好	优	优
	耐蒸汽性	极优	优	优	优好	极优	好
气密性		好	差~好	好	差	极优	优
黏合性		差	优	优	好	好	极优
绝缘性		极优	优	优	优	极优	差~好
色稳定性		极优	优~极优	优	优	优~极优	差
动态特征		优	极优	优	极优	差	好
阻燃性		差	差	差	差	好	优
压缩变形		优	极优	极优	优	差~好	优
同帘布黏合性		差	极优	优	优	差	优
充油性		极优	优	好~优	优~好	差	好
炭黑填充性		极优	优~极优	优	优		好~优

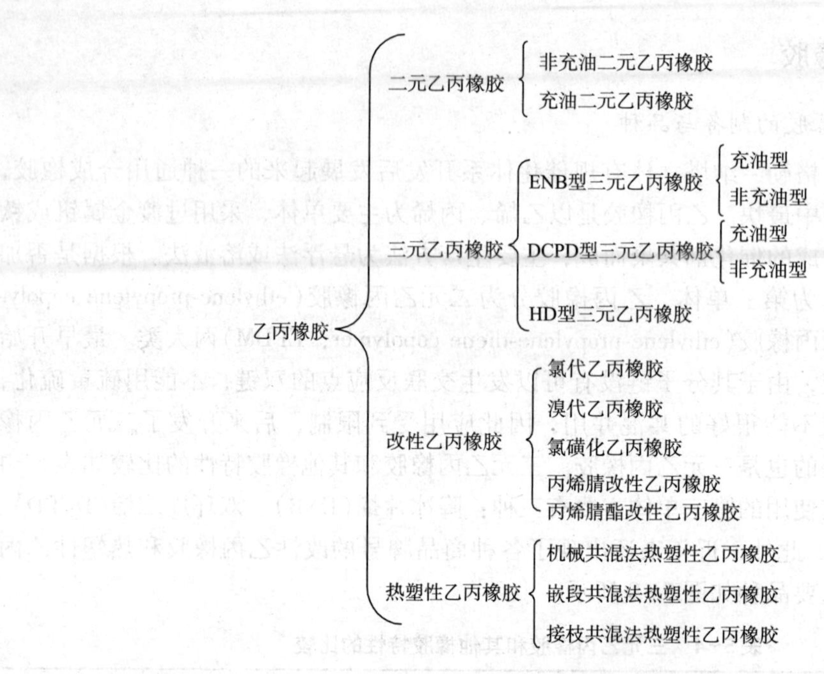

图 5-9　乙丙橡胶的主要品种

5.2.5.2　乙丙橡胶的结构、性能与应用

乙丙橡胶的化学结构式如下：

$$-\!\left(CH_2-CH_2\right)_x\!\left(CH_2-CH(CH_3)\right)_y\!-$$

EPM

EPDM，E型

EPDM，D型

EPDM，H型

二元乙丙橡胶是完全饱和的橡胶，三元乙丙橡胶分子主链是完全饱和的，侧基仅为1% ~2%(摩尔分数)的不饱和第三单体，不饱和度低，所以 EPM 和 EPDM 同属非极性饱和橡胶。三元乙丙橡胶既保持了二元乙丙橡胶的各种优良特性，又实现了用硫黄硫化的目的。乙丙橡胶分子结构中丙烯的引入，破坏了乙烯的结晶，分子主链的乙烯与丙烯单体单元虽无规排列，常用的乙丙橡胶是一种无定形橡胶。乙丙橡胶的内聚能密度低，无庞大的侧基阻碍分子链运动，因而能在较宽的温度范围内保持分子链的柔性和弹性。

乙丙橡胶的非极性、饱和分子主链赋予它一系列独特性能。

①乙丙橡胶具有优异的热稳定性和耐老化性能，是现有通用橡胶中最好的，主要表现在：可在120℃的环境中长期使用，在150℃或更高温度下可间断或短期使用。从图5-10看出，天然橡胶开始失重的温度为315℃，丁苯橡胶开始失重的温度为391℃，三元乙丙橡胶开始失重的温度为485℃。二元乙丙橡胶的耐热老化性能优于三元乙丙橡胶，前者老化时裂解与交联之间有平衡现象，后者交联占优势。H型EPDM在150℃的耐热老化性能优于E型和D型EPDM。

耐天候老化性能好，能长期在阳光、潮湿、寒冷的自然环境中使用，如含炭黑的乙丙橡胶硫化胶在日光下曝晒3年不发生龟裂，具有突出的耐臭氧性能，优于ⅡR、CR，如图5-11所示。

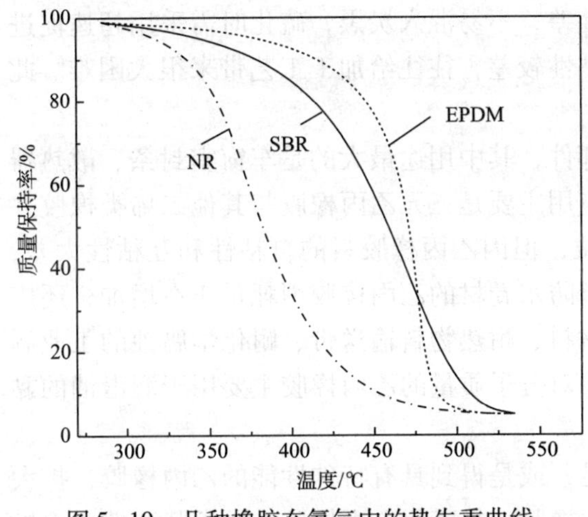

图5-10 几种橡胶在氮气中的热失重曲线

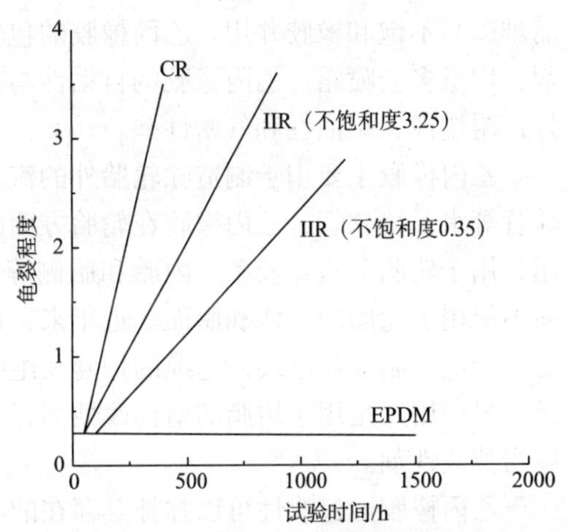

图5-11 乙丙橡胶、丁基橡胶、氯丁橡胶耐臭氧性能的对比

表5-5 相对分子质量增高对三元乙丙橡胶的性能影响

对物理性能的首要影响	对物理和加工性能的次要影响	对物理性能的首要影响	对物理和加工性能的次要影响
门尼黏度升高	生胶强度升高 加工和分散性下降 填充量升高	交联密度升高	模量升高 伸长率下降 压缩变形下降

②耐化学腐蚀性能好，乙丙橡胶对各种极性的化学药品和酸、碱有较强的抗耐性，长时间接触后其性能变化不大。

③具有较好的弹性和低温性能，在通用橡胶中弹性仅次于天然橡胶和顺丁橡胶，在低温下仍能保持较好的弹性，其最低极限使用温度可达-50℃或更低。

④电绝缘性能优良，尤其是耐电晕性能极好。另外，乙丙橡胶的吸水性小，故浸水后的电绝缘性能变化不大。乙丙橡胶的体积电阻率在$10^{16}\ \Omega\cdot cm$数量级，击穿电压为30~40MV/m，介电常数也较低。

⑤乙丙橡胶具有优异的耐水、耐热水和水蒸气性能。从表5-6看出，在四种橡胶中，EPDM耐热水性能是最突出的。

表 5-6　160℃过热水中 EPDM 与其他橡胶的性能对比

橡胶类型	拉伸强度下降 80% 的时间/h	5 天拉伸强度下降/%	橡胶类型	拉伸强度下降 80% 的时间/h	5 天拉伸强度下降/%
EPDM	10000	0	NBR	600	10
ⅡR	3600	0	MVQ	480	58

⑥乙丙橡胶密度为 0.86g/cm³，在所有橡胶中最低，具有高填充性，可大量填充油和填料，有利于降低成本。

乙丙橡胶也存在一些缺点：采用硫黄体系硫化速率慢，难以与不饱和橡胶共硫化，因而难以与不饱和橡胶并用。乙丙橡胶的包辊性差，不易混入炭黑，硫化时需采用超速促进剂，用量多会喷霜。乙丙橡胶的自粘性与互粘性较差，往往给加工工艺带来很大困难。此外，耐燃性、耐油性和气密性差。

乙丙橡胶主要用于制造除轮胎外的汽车部件，其中用途最大的是车窗密封条、散热器软管等水系统软管，乙丙橡胶在轮胎方面的应用主要是三元乙丙橡胶与其他二烯类橡胶并用，用于轮胎侧覆盖胶条、内胎和胎侧等部位，但因乙丙橡胶料的自粘性和互粘性太差，尚不能用于轮胎的胎体和胎面。近年来，用于防水卷材的乙丙橡胶消耗量正在增加，还广泛用于电气制品如电线、电缆的护套及绝缘材料、耐热物料输送带、耐化学腐蚀的工业制品，另一用途是用于树脂的增韧改性剂，低相对分子质量的乙丙橡胶主要用于润滑油的黏度指数改性剂。

乙丙橡胶通过改性可以弥补其存在的不足，或是得到具有特殊性能的乙丙橡胶，扩大其应用范围。常见的改性乙丙橡胶有卤化乙丙橡胶、氯磺化乙丙橡胶、丙烯腈改性乙丙橡胶、丙烯酸酯改性乙丙橡胶等。经卤化改性的乙丙橡胶由于分子链上引入了活性较高的卤元素极性基团，与乙丙橡胶相比，它的硫化速率更快，定伸应力、撕裂强度较高，黏着性能较好，与不饱和橡胶的相容性得到改善，耐燃性、耐油性也得到一定程度的提高；乙丙橡胶经磺化后的产品具有优异耐候性、耐臭氧性、低韧性，还具有形状记忆特性；丙烯腈改性乙丙橡胶随丙烯腈接枝量的增加，硫化胶的定伸应力和硬度提高，伸长率和弹性降低。接枝 25% 丙烯腈的改性三元乙丙橡胶的综合性能和加工性能均较优，物理机械性能也较好，可用于制造耐水、耐油和耐化学腐蚀性介质、耐高低温的工业橡胶制品。

茂金属催化剂合成乙丙橡胶标志着乙丙橡胶进入一个崭新的发展阶段，茂金属催化乙丙橡胶与传统乙丙橡胶相比，其产物相对分子质量分布较窄，产品纯净、颜色透亮、聚合结构均匀，尤其是通过改变茂金属结构可以准确地调节乙烯、丙烯和二烯烃的组成，在很大范围内调控聚合物的微观结构，从而合成具有新型链结构、不同用途的产品。5-乙烯基-2-降冰片烯（VNB）作为第三单体或第四单体与乙烯、丙烯发生共聚合反应，生成 EPDM-VNB 三元共聚物或四元共聚物，与普通 EPDM 相比，它具有更低的黏度、更快和更全面的硫化性能，耐热性和耐热老化性方面也得到了很好的改善。EPDM-VNB 通常与普通 EPDM 并用，制造特殊用途的制品。如由 $VOCl_3-Et_2AlCl-Et_3AlCl_3$ 组成的催化剂体系合成的 EPDM-VNB 与 EPDM-ENB 并用，制品显示出极好的共硫化性。目前，茂金属乙丙橡胶主要应用在聚合物改性、电缆电线绝缘材料、汽车部件等方面。

5.2.6 丁腈橡胶

5.2.6.1 丁腈橡胶制备与品种

丁腈橡胶是目前用量最大的一种特种合成橡胶，以丁二烯和丙烯腈为单体经乳液共聚而制得的高分子弹性体，于1937年工业化生产。聚合方法包括高温乳液聚合(25 ~ 50℃)和低温乳液聚合(5 ~ 10℃)。目前主要采取低温乳液聚合。丙烯腈的含量是影响丁腈橡胶性能的重要指标，其含量一般在15% ~ 50%范围内。丁腈橡胶的分类如图5-12所示。

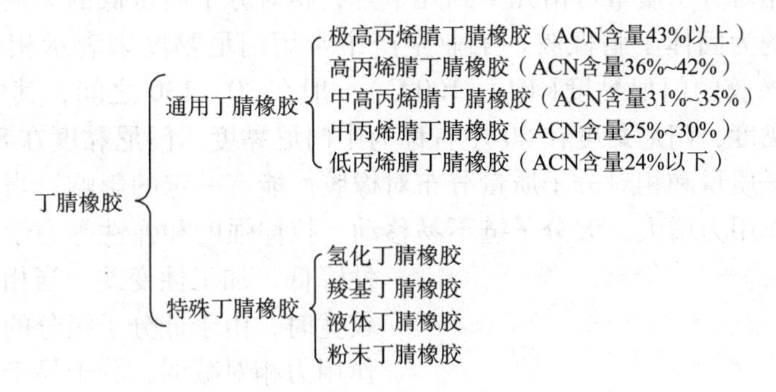

图5-12 丁腈橡胶的分类

5.2.6.2 丁腈橡胶的结构、性能与应用

丁腈橡胶的化学结构式：

$$\sim\left(\mathrm{CH_2-CH=CH-CH_2}\right)_x\left(\mathrm{CH_2-CH(CN)}\right)_y\left(\mathrm{CH_2-CH(CH=CH_2)}\right)_z\sim$$

通用型丁腈橡胶的分子结构包括共聚物组成(用丙烯腈含量表示)、组成分布、相对分子质量、相对分子质量分布、支化度、凝胶含量、丁二烯链段的微观结构、链段分布等。丁腈橡胶中丙烯腈的存在使分子具有强的极性。丙烯腈含量增加，大分子极性增加，内聚能密度迅速增高，溶度参数迅速增加，从而引起一系列性能上的变化。如表5-7所示，丙烯腈含量对丁腈橡胶的性能影响很大。随着丙烯腈含量增加，加工性能变好，硫化速率加快，耐热性能、耐磨性能、气密性提高，但弹性降低，永久变形增大。不同类型的丁腈橡胶都存在一个丙烯腈含量分布范围，范围若较宽，则硫化胶的物理机械性能和耐油性较差，因此聚合时设法使其分布范围变窄。通常所说丙烯腈含量是指平均含量。

表5-7 共聚物组成(丙烯腈含量)对丁腈橡胶性能的影响

ACN 含量	耐热性	耐臭氧老化	溶度参数	玻璃化温度	耐油性	气密性	抗静电性	强度	耐磨性
↑	↑	↑	↑	↑	↑	↑	↑	↑	↑
ACN 含量	密度	常温硬度	加工生热量	耐压缩变形	弹性	低温性能	绝缘性	包辊性	
↑	↑	↑	↑	↓	↓	↓	↓	↓	

丁腈橡胶分子中，丁二烯的加成方式有以下三种：顺式－1，4－加成、反式－1，4－加成和1，2－加成。不同加成方式对橡胶的性能也有一定的影响，丁腈橡胶分子中丁二烯链节大多数以1，4－加成的方式与丙烯腈结合。顺式－1，4－加成增加有利于提高橡胶的弹性。降低玻璃化温度。反式－1，4－加成增加，拉伸强度提高，热塑性好，但弹性降低。1，2－加成增加时，导致支化度和交联度提高，凝胶含量较高，使加工性不好，低温性能变差，并降低力学性能和弹性。冷聚丁腈橡胶比热聚丁腈橡胶具有较高的反－1，4－含量，其工艺性能和硫化胶的力学性能较好。

丁腈橡胶的相对分子质量可由几千到几十万，相对分子质量低的为液体丁腈橡胶，相对分子质量较高的为固体丁腈橡胶。工业生产中常用门尼黏度来表示相对分子质量的大小，通用型丁腈橡胶的门尼黏度（ML_{1+4}100℃）一般在30～130之间，其中门尼黏度在45左右称为低门尼黏度，门尼黏度在60左右称为中门尼黏度，门尼黏度在80以上称为高门尼黏度。相对分子质量和相对分子质量分布对橡胶性能有一定的影响。当相对分子质量大时，由于分子间作用力增大，大分子链不易移动，拉伸强度和弹性等力学性能提高，可塑性降低，加工性变差。当相对分子质量分布较宽时，由于低分子级分的存在，使分子间作用力相对减弱，分子易于移动，故改进了可塑性，加工性较好。但相对分子质量分布过宽时，因为低分子级分过多而影响硫化交联，反而会使拉伸强度和弹性等力学性能受到损害。因此，聚合时必须控制适当的相对分子质量和相对分子质量分布范围。

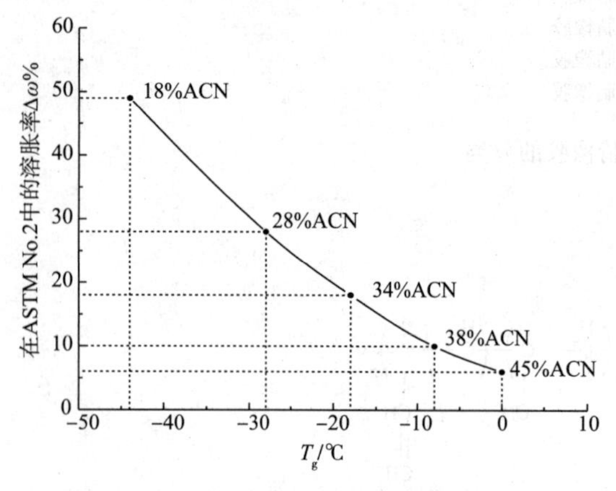

图5－13　ACN含量与丁腈橡胶在ASTM No. 2油中的溶胀及T_g的关系

丁腈橡胶属于非结晶性的极性不饱和橡胶，具有优异的耐非极性油和非极性溶剂的性能，耐油性仅次于聚硫橡胶、氟橡胶和丙烯酸酯橡胶，并随着丙烯腈含量的增加而提高，同时耐寒性却降低，因此应注意两者之间的平衡。图5－13是丙烯腈含量与丁腈橡胶在ASTM No. 2油中的溶胀及T_g的关系。

丁腈橡胶属于非自增橡胶，需加入炭黑、白炭黑等增强性填料增强后才具有较好的力学性能和耐磨性。丁腈橡胶的耐臭氧性能优于通用的二烯烃类不饱和橡胶，逊于氯丁橡胶；耐热性好于NR、SBR和BR，长时间使用温度为100℃，可在120～150℃短期或间断使用；ACN含量为40%的丁腈橡胶的气密性与丁基橡胶相当；丁腈橡胶的体积电阻率为10^9～10^{10}Ω·cm，具有良好的抗静电性能。总体上讲，丁腈橡胶易于加工，但由于ACN单元会使硫黄溶解度下降，所以混炼时硫黄应先加为宜。此外，丁腈橡胶的自粘性较低，混炼生热量较大，包辊性不够好，加工中应予注意。丁腈橡胶广泛用于耐油制品，如接触油类的胶管、胶辊、密封垫圈、储槽衬里、飞机油箱衬里以及大型油囊等以及抗静电制品。

5.2.6.3　丁腈橡胶的改性与特种丁腈橡胶

NBR的极性非常强，与氯丁橡胶、改性酚醛树脂和PVC等极性强的聚合物，与含氯的聚合物具有较好的相容性，常进行并用，NBR与悬浮法PVC并用胶的门尼黏度值高达90；耐臭氧和耐天候老化性能比通常NBR显著提高；耐燃性提高；耐磨性、耐油性、耐化学药品性能等比通常NBR有所改善；挤出压延工艺性能改善；但低温性能和弹性降低，压缩永久变形增大。

NBR与酚醛树脂的相容性随着NBR中丙烯腈含量的增加而提高，当酚醛树脂作为增强硬化剂掺用于NBR中时，可提高硫化胶的拉伸强度、撕裂强度、耐磨性和硬度，改进耐热、耐屈挠、电绝缘性及耐化学腐蚀性，而且加工成型性能良好。在NBR中加入50～100份酚醛树脂，可用硫黄/促进剂DM进行硫化。当树脂用量增至100份时，不用硫黄和促进剂也可使胶料发生交联。为了改进通用型丁腈橡胶的性能，各国开发了一些特种丁腈橡胶，下面就介绍几种特种丁腈橡胶。

(1)羧基丁腈橡胶　它是由含羧基单体(丙烯酸或甲基丙烯酸)和丁二烯、丙烯腈三元共聚制得的。由于引进了羧基，增加了橡胶的极性，可进一步提高耐油性，同时羧基丁腈橡胶还具有突出的高强度，因此又称为高强度型橡胶。该橡胶还具有良好的黏着性和耐老化性能，但因羧基的活性较高，胶料容易焦烧。羧基丁腈橡胶可用硫黄硫化，也可用多价金属氧化物硫化。

(2)部分交联型丁腈橡胶　它是丙烯腈、丁二烯和二乙烯基苯(用量1～3份)的三元共聚物。由于引进第三单体产生部分交联，故加工性较好，但力学性能较差，只宜作加工助剂使用。当这种橡胶以20%～30%的比例并用于通用型丁腈橡胶中时，可大大改善胶料的压延、压出性能，而且包辊性好，胶片表面光滑，收缩小，半成品尺寸稳定，压出速率快。部分交联型丁腈橡胶常与极性树脂并用，以改进树脂的性能，是一种有效的非挥发性、非迁移性、非抽出性高分子增塑剂。部分交联型丁腈橡胶的另一个特点是在用直接蒸汽硫化时，可防止制品产生下垂变形，这一特征是其他丁腈橡胶所不具备的。

(3)液体丁腈橡胶　分为两种类型，一类是低相对分子质量(600～7000)的丁二烯和丙烯腈共聚物；另一类是含有端基的低相对分子质量液体丁腈橡胶。后者根据所含端基的种类不同，又分为含羧基和含硫醇基液体丁腈橡胶两种。

液体丁腈橡胶主要用途是作固体丁腈橡胶的增塑剂。它和任何丁腈橡胶都能完全互溶，用量不受限制。用于耐油制品中时，这种增塑剂不会被油抽出迁移而影响制品性能。另外，它还可和树脂并用，对树脂进行改性，也可用来配制胶黏剂等。

(4)高饱和丁腈橡胶　这种橡胶也叫氢化丁腈橡胶(hydrogenated nitrile rubber，HNBR)，它是橡胶溶于适当的溶剂中，催化加氢得到的。加氢反应的关键是控制腈基不发生氢化，仅使双键氢化，饱和度为80%～99%以上；随着饱和度的增加，胶料的门尼黏度有所增加，力学性能变化不大，耐热、耐臭氧、耐化学药品性能提高，玻璃化温度随着氢化度的增加变窄，在－40～－15℃之间。

高饱和丁腈橡胶硫化胶比氯丁橡胶、氯磺化聚乙烯、丙烯酸酯橡胶具有更优异的耐油性能，而耐热性能介于氯磺化聚乙烯、氯醚橡胶和三元乙丙橡胶之间，优于普通丁腈橡胶(约高40℃)低温性能优于丙烯酸酯橡胶。耐胺性和耐蒸汽性优于氟橡胶，与三元乙丙橡胶相似；压缩永久变形接近乙丙橡胶；压出性能优于氟橡胶。

氢化丁腈橡胶主要用于油气井和汽车工业方面。在油井深处的高温、高压下，丁腈橡胶和氟橡胶受盐酸、氢氟酸、硫化氢、二氧化碳、甲醇、蒸汽等的作用很快破坏，而氢化丁腈橡胶在上述环境中，综合性能优于丁腈橡胶和氟橡胶。

氢化丁腈橡胶用于汽车配件，如输油软管、传动带等。输油软管要求橡胶有较好的耐酸性汽油性能，传动带要求橡胶在较宽的温度范围内有稳定的硬度、模量和动态性能以及良好的耐油性能，氢化丁腈橡胶的上述综合性能优于丁腈橡胶和氯醚橡胶。氢化丁腈橡胶还适于制造汽车润湿油系统的零件以及核电装置的零部件(耐辐射)。

5.3 特种橡胶

特种橡胶是指具有耐高温、耐油、耐臭氧、耐老化和高气密性等特点的橡胶，常用的有硅橡胶、各种氟橡胶、聚硫橡胶、氯醇橡胶、聚丙烯酸酯橡胶、聚氨酯橡胶和丁基橡胶等，主要用于要求某种特性的特殊场合。

5.3.1 硅橡胶

5.3.1.1 硅橡胶制备与品种

硅橡胶是由硅氧烷与其他有机硅单体共聚的聚合物。硅橡胶是一种分子链兼具有无机和有机性质的高分子弹性体，按其硫化机理分为三大类：有机过氧化物引发自由基交联型(也称热硫化型)、缩聚反应型(也称室温硫化型)和加成反应型三大类。

热硫化型硅橡胶是指相对分子质量为40万~60万的硅橡胶。采用有机过氧化物作硫化剂，经加热产生自由基使橡胶交联，从而获得硫化胶，是最早应用的一大类橡胶，品种很多。按化学组成的不同，主要有以下几种：二甲基硅橡胶、甲基乙烯基硅橡胶、甲基乙烯基苯基硅橡胶、甲基乙烯基三氟丙基硅橡胶、亚苯基硅橡胶和亚苯醚硅橡胶等。

室温硫化型(缩合硫化型)硅橡胶相对分子质量较低，通常为黏稠状液体，按其硫化机理和使用工艺性能分为单组分室温硫化硅橡胶和双组分室温硫化硅橡胶。它的分子结构特点是在分子主链的两端含有羟基或乙酰氧基等活性官能团，在一定条件下，这些官能团发生缩合反应，形成交联结构而成为弹性体。

加成硫化型硅橡胶是指官能度为2的含乙烯基端基的聚二甲基硅氧烷在铂化合物的催化作用下，与多官能度的含氢硅烷加成反应，从而发生链增长和链交联的一种硅橡胶。生胶一般为液态，聚合度为1000以上，通常称液态硅橡胶。例如，采用官能度为4的含氢硅烷，液态硅橡胶的链增长过程如下：

$$H_2C{=}CH-Si(CH_3)(C_6H_5)-O-[Si(CH_3)_2-O]_n-Si(CH_3)(C_6H_5)-CH{=}CH_2 + H-Si(CH_3)_2-O-Si[O-SiH(CH_3)_2]_2-O-Si(CH_3)_2-O-Si(CH_3)_2-H \xrightarrow{\text{铂化合物}}$$

$$\sim Si-O-Si(CH_3)_2-CH_2-CH_2-Si(CH_3)(C_6H_5)-O-[Si(CH_3)_2-O]_n-SiH(C_6H_5)-CH_2-CH_2\sim$$

无疑的，这里既有链增长，也有链支化，所以，选择适当的官能度的含氢硅氧烷是重要的。这种反应又叫氢硅化反应。

5.3.1.2 结构、性能及应用

硅橡胶的分子结构式：

$$*\!-\!\left[\begin{array}{c}R\\|\\Si\\|\\R\end{array}\!-\!O\right]_m\!\left[\begin{array}{c}R'\\|\\Si\\|\\R''\end{array}\!-\!O\right]_n\!-\!*$$

式中，R、R′、R″为甲基、乙烯基、氟基、氰基、苯基等有机基团。

甲基乙烯基硅橡胶是一种典型产品，乙烯基单元含量为0.1%～0.3%（摩尔分数），提供反应交联点。

硅橡胶的分子主链由硅原子和氧原子交替组成(－Si－O－Si－)，主链高度饱和，Si－O键的键能为165kJ/mol，比C－C键的键能（84kJ/mol）要大得多，Si－O柔顺性好，分子内、分子间的作用力较弱，硅橡胶属于一种半无机的饱和、杂链、非极性弹性体。通用型硅橡胶具有优异的耐高、低温性能，在所有的橡胶中具有最宽广的工作温度范围（－100～350℃）；优异的耐热氧老化、耐天候老化及耐臭氧老化性能；极好的疏水性，使之具有优良的电绝缘性能、耐电晕性和耐电弧性；低的表面张力和表面能，使其具有特殊的表面性能和生理惰性以及高透气性，适于做生物医学材料和保鲜材料。硅橡胶不耐酸碱，遇酸或碱发生解聚；硅橡胶的生胶强度很低，仅有0.3MPa左右，必须用增强剂增强。最有效的增强剂是气相法白炭黑，同时需配合结构控制剂和耐热配合剂。常用的耐热配合剂为金属氧化物，一般用Fe_2O_3 3～5份。常用的结构控制剂如二苯基硅二醇、硅氮烷等。采用有机过氧化物作交联剂，如过氧化苯甲酰（BPO）、过氧化二异丙苯（DCP）等。硅橡胶一般需要二段硫化，使低分子物挥发，进一步提高交联程度，从而提高硫化胶的性能。

氟硅橡胶具有优良的耐油、耐溶剂性能，对脂肪族、芳香族和氯化烃类溶剂、石油基的各种燃料油、润滑油、液压油以及某些合成油（如二酯类润滑油和硅酸酯类液压油）等在常温和高温下的稳定性都很好，其使用温度范围为－50～250℃；亚苯基或亚苯醚硅橡胶具有优良的耐高温辐射性能，但耐寒性较差。

单组分室温硫化型硅橡胶是以羟基封端的低相对分子质量硅橡胶与增强剂混合后干燥去水，然后加入交联剂（含有能水解的多官能团硅氧烷），此时，混炼胶已成为含有多官能团端基的聚合物，封装于密闭容器内。使用时挤出与空气中水分接触，官能团水解形成不稳定羟基，然后缩合交联成弹性体。由于单组分室温硫化硅橡胶依赖空气中的水分进行硫化，故在使用前应密闭储存。

单组分室温硫化硅橡胶对多种材料，例如金属、玻璃、陶瓷等有良好的黏结性，使用时特别方便，一般不需称量、拌匀、除泡等操作。其硫化速率取决于环境的相对湿度、温度以及胶层厚度。厚制品的深部硫化困难，因为硫化是从表面开始，逐渐向深处进行，胶层越厚，硫化越慢，如果内层胶料硫化不完全，高温使用时会变软、发黏，一般采用分层浇注的方法来解决。单组分室温硫化硅橡胶主要用作胶黏剂，在建筑工业中作为密封填缝材料。

双组分室温硫化硅橡胶是由生胶的羟基在催化剂(有机锡盐，如二丁基二月桂酸锡或辛酸亚锡等)作用下与交联剂(烷氧基硅烷，如正硅酸乙酯或其部分水解物)的烷氧基缩合反应而成。双组分室温硫化硅橡胶通常是将生胶、填料与交联剂混为一个组分，生胶、填料与催化剂混成另一组分，使用时再将两个组分经过计量进行混合。双组分的硫化时间主要取决于催化剂用量，用量越多，硫化速率越快；此外，环境温度越高，硫化速率也越快；硫化时无内应力，不收缩，不膨胀；硫化时缩合反应在内部和表面同时进行，不存在厚制品深部硫化困难问题。它对其他材料无黏结性，与其他材料黏结时，需采用表面处理剂作底涂，双组分室温硫化硅橡胶可用于制造模具、灌封材料等。

液态硅橡胶主要应用于制造注压制品、压出制品和涂覆制品。压出制品如电线、电缆，涂覆制品是以各种材料为底衬的硅橡胶布或以纺织品增强的薄膜，注压制品为各种模型制品。由于液态硅橡胶的流动性好，强度高，更适宜制作模具和浇注仿古艺术品。因为硫化时没有交联剂等产生的副产物逸出，生胶的纯度很高和生产过程中环境的洁净，液态硅橡胶尤其适合制造要求高的医用制品。

硅橡胶的力学性能较低，室温硫化硅橡胶的机械强度低于高温硫化和加成硫化型硅橡胶。

硅橡胶具有卓越的耐高低温性能、优异的耐候性、电绝缘性能以及特殊的表面性能，广泛应用于宇航工业、电子、电气工业的防震、防潮灌封材料、建筑工业的密封剂、汽车工业的密封件(氟硅胶)以及医疗卫生制品等。

5.3.2 氟橡胶

5.3.2.1 氟橡胶的种类

氟橡胶是指主链或侧链的碳原子上含有氟原子的一类高分子弹性体，主要分为四大类：①含氟烯烃类氟橡胶；②亚硝基类氟橡胶；③全氟醚类氟橡胶；④氟化磷腈类氟橡胶。其中最常用的一类是含氟烯烃类氟橡胶，是偏氟乙烯与全氟丙烯或再加上四氟乙烯的共聚物，主要品种有：偏氟乙烯(VDF)－六氟丙烯(HFP)共聚物(26 型氟橡胶)、偏氟乙烯(VDF)－四氟乙烯(TFE)－六氟丙烯(HFP)共聚物(246 型氟橡胶)、偏氟乙烯－四氟乙烯－六氟丙烯－可硫化单体共聚物(改进性能的 G 型氟橡胶)、偏氟乙烯－三氟氯乙烯的共聚物(23 型氟橡胶)以及四氟乙烯(TFE)－丙烯(PP)共聚物(四丙氟胶)。26 型氟橡胶用量最大。

5.3.2.2 结构、性能与应用

26 型氟橡胶(Viton A)的结构式：

$$-\!\!\left(CH_2-CF_2\right)_x\!\!\left(CH_2-\underset{\displaystyle CF_3}{\underset{|}{CF}}\right)_y\!\!-$$

氟橡胶的分子主链高度饱和，氟原子的原子半径小，极性非常大，分子间作用力大，属于碳链饱和极性橡胶。氟橡胶中氟原子的存在赋予氟橡胶优异的耐化学品特性和热稳定

性，耐化学药品和腐蚀性在所有橡胶中最好，可以在250℃下长期使用，燃烧后放出氟化氢具有一定的阻燃性，但弹性小，低温性能差，不易加工。氟橡胶中的氟含量直接影响其性能，氟含量提高，耐化学品性能提高(表5-8)，但低温性能下降。

表5-8 氟含量对氟橡胶耐溶剂性能的影响

氟橡胶种类	氟含量	体积溶胀度/%	
		苯(21℃)	飞机液压油(121℃)
VDF-HFP	65	20	171
VDF-HFP-TFE	67	15	127
VDF-HFP-TFE-CSM	69	7	45
TFE-PMVE-CSM	71	3	10

26型氟橡胶具有优异的耐燃料油、润滑油以及脂肪族和芳香族烃类溶剂的能力，但由于偏氟乙烯单元的存在，易脱去氟化氢，形成双链，对低相对分子质量的脂类、醚类、酮类胺类等亲核性的化学品抗耐性较差，这些化学品会使氟橡胶的交联度增加，发生脆化。如油品有抗氧添加剂胺类物质，燃料油中的甲醇、叔丁基醚以及脂类和酮溶剂易使氟橡胶受到破坏。四丙氟橡胶的氟含量相对较低，然而由于分子链中没有偏氟乙烯单元，通常采用过氧化物硫化，因而对丙酮类、胺类、蒸汽、热酸等极性物质的抗耐性较强，但对芳烃类、氯代烃及乙酸等物质的抗耐性较差。23型氟橡胶对含氯、氟烃类溶剂的抗耐能力较26型氟橡胶和氟醚强。

氟醚橡胶除对液压油(尤其是含磷酸三乙酯)、二乙胺、发烟硝酸、氟代烃类溶剂的抗耐力较差外，对各种级别的化学品均有较强的抗耐性。

氟橡胶常用的硫化体系有三种：过氧化物硫化体系、二胺类硫化体系和双酚硫化体系。不同的硫化体系硫化的氟橡胶对化学品的抗耐能力也有所差别，如过氧化物硫化的氟橡胶比双酚硫化体系具有更好的耐酸、耐水蒸气的能力，二胺类硫化体系形成的亚胺交联键易水解。值得注意的是，双酚硫化体系对混合过程中的污染物较为敏感，即极少量的硫就能完全阻碍硫化。与硅橡胶一样，氟橡胶在硫化过程中会产生低分子物质(如HF/HCl、H_2O)及过氧化物的分解产物等)，因此尚需在高温敞开系统中进行二段硫化，以使低分子物质充分逸出，提高硫化胶的交联密度，提高硫化胶的定伸应力，降低压缩永久变形。

氟硅橡胶由于分子主链上氧原子的存在使之具有高度柔顺性，因而其低温性能优异；在高低温下，均具有较小的压缩永久变形。但由于氟含量较低，耐溶剂性能和高温性能因此受到影响。氟化磷腈橡胶的耐高、低温性能与氟硅橡胶相当，在使用温度范围内还具有优异的阻尼特性和耐弯曲疲劳性，适于制造在动态条件下使用的制品。

氟橡胶的最主要用途是密封制品，因而压缩永久变形、伸长率、热膨胀特性等是重要的性能指标。选择高相对分子质量氟橡胶和双酚硫化体系硫化，硫化胶的耐压缩永久变形性能优异，过氧化物硫化体系的硫化胶在高温下具有良好的耐压缩永久变形特性；压缩永久变形对填料的类型也具有较强的依赖性，常用的填料为热裂法炭黑(MT)、半补强炭黑(SRF)、硅藻土、硫酸钡和粉煤灰等。使用粉煤灰时，硫化胶的拉伸强度和伸长率较低。氟橡胶中的全氟橡胶的热膨胀系数最大。

氟橡胶具有优异的耐高温以及耐化学品性能，但价格昂贵，主要用于现代航空、导弹、火箭、宇宙航行等尖端科学技术部门，以及其他工业部门的特殊场合下的防护、密封材料以及特种胶管等。

氟橡胶种类繁多，不同牌号的氟橡胶进行共混可以降低胶料的硬度、拉伸强度，提高断裂伸长率，改善氟橡胶的加工性能，如在氟橡胶2601中掺混氟橡胶2605，能使胶料更容易挤出，并且不会影响氟橡胶2601的耐热性。氟橡胶/丙烯酸酯橡胶的共混体系一直是一个研究的热点，丙烯酸酯橡胶价格较低，约为氟橡胶的1/10，两者共混制造的耐油、耐高温、低成本制品在某些场合可以取代氟橡胶。氟橡胶与乙丙橡胶共混，能提高材料的弹性、耐低温性能并且降低成本。氟橡胶中添加丁腈胶则会改善氟橡胶的加工性能，制得低硬度的氟橡胶产品，提高氟橡胶的耐疲劳性能，并在耐热性和耐化学介质性方面处于中间状态。

5.3.3 氯醚橡胶

氯醚橡胶又称氯醇橡胶，系指侧基上含有氯原子、主链上含有醚键的饱和极性杂链高分子弹性体，氯醚橡胶(epichlorohrdrin rubber)是由环氧氯丙烷均聚或环氧氯丙烷与环氧乙烷共聚的高分子弹性体，前者为均聚氯醚橡胶(CO)，后者为共聚氯醚橡胶(ECO)。其结构式如下：

CO的结构式：

$$-\!\!\left(\overset{H_2}{C}-\underset{\underset{CH_2Cl}{|}}{\overset{H}{C}}-O\right)_{\!n}\!\!-$$

ECO的结构式：

$$-\!\!\left(\overset{H_2}{C}-\underset{\underset{CH_2Cl}{|}}{\overset{H}{C}}-O\right)_{\!n}\!\!\left(\overset{H_2}{C}-\overset{H_2}{C}-O\right)_{\!m}\!\!-$$

氯醚橡胶的分子主链上含有醚键$\left(C-C-O\right)_n$，使之具有良好的耐低温性、耐热老化性和耐臭氧性，侧基含极性的氯甲基，使之具有优良的耐燃性、耐油性和耐气透性，具有良好耐油性和耐寒性的平衡，特别耐制冷剂氟利昂。氯醚橡胶的耐热性能大致上与氯磺化聚乙烯相当，介于丙烯酸酯与中高丙烯腈含量的丁腈橡胶之间，热老化变软，但耐压缩永久变形性较大，可用三嗪类交联或者通过二段硫化改进，粘着性与氯丁橡胶相当。共聚氯醚橡胶由于是与环氧乙烷共聚，醚键的数量约为氯甲基的两倍，因此具有更好的低温性能。氯醚橡胶可用作汽车飞机等垫圈、密封圈，也可用于印刷胶辊、耐油胶管等。

5.3.4 丙烯酸酯橡胶

5.3.4.1 丙烯酸酯橡胶的制备与品种

丙烯酸酯橡胶(acrylate rubber)是由丙烯酸酯($CH_2=CHCOOR$)，通常是烷基酯为主要单体，与少量带有可提供交联反应的活性基团的单体共聚而成的一类弹性体，丙烯酸酯一般采用丙烯酸乙酯和丙烯酸丁酯。含有不同的交联单体的丙烯酸酯橡胶，加工性能和硫化特性也不相同，较早使用的交联单体为2－氯乙基乙烯酸和丙烯腈。由于硫化活性低，近年来逐步开发了一些反应活性高的交联单体，主要有以下四种类型。

(1)烯烃环氧化物　烯丙基缩水甘油醚、缩水甘油丙烯酸酯、缩水甘油甲基丙烯酸酯等。

(2)含活性氯原子的化合物　氯乙酸乙烯酯、氯乙酸丙烯酸酯(其氯原子被羧基活化)等。

(3)酰胺类化合物　*N*－烷氧基丙烯酰胺、羟甲基丙烯酰胺。

(4)含非共轭双烯烃单体　二环戊二烯、甲基环戊二烯及其二聚体、亚乙基降冰片烯等。

如前所述，含有不同的交联单体的丙烯酸酯橡胶，硫化体系亦不相同，由此可将丙烯酸酯橡胶划分为含氯多胺交联型、不含氯多胺交联型、自交联型、羧酸铵盐交联型、皂交联型等五类，此外，还有特种丙烯酸酯橡胶，见表5－9。

表5－9　丙烯酸酯橡胶品种和性能特点

丙烯酸酯橡胶品种	交联单体	主要特性
含氯多胺交联型	2－氯乙基乙烯基醚	耐高温老化、耐热油性最好、加工性及耐寒性能差
不含氯多胺交联型	丙烯腈	耐寒、耐水性好，耐热、耐油及工艺性能差
自交联型	酰胺类化合物	加工性能好，腐蚀性小
羧酸铵盐交联型	烯烃环氧化物	强度高、工艺性能好、硫化速率快，耐热性较含氯多胺交联型差
皂交联型	含活性氯原子的化合物	交联速率快、加工性能好、耐热性能差
特种丙烯酸酯橡胶		
含氟塑料		耐油、耐热、耐溶剂性良好
含锡聚合物		耐热、耐化学药品性能良好
丙烯酸乙酯－乙烯共聚物		热塑性、耐寒性能良好

5.3.4.2　结构、性能及应用

丙烯酸酯橡胶分子主链的饱和性以及含有的极性酯基侧链决定了它的主要性能。饱和的分子主链结构使丙烯酸酯橡胶具有良好的耐热氧老化和耐臭氧老化性能，且耐热性优于乙丙橡胶。含有的极性酯基侧链，使其溶度参数与多种油的溶度参数，特别是矿物油相差甚远，因而表现出良好的耐油性。在室温下，丙烯酸酯橡胶的耐油性能与中高丙烯腈含量的丁腈橡胶接近，但在热油中，其性能远优于丁腈橡胶。在低于150℃温度的油中，丙烯酸酯橡胶具有近似氟橡胶的耐油性能；在更高温度的油中，仅次于氟橡胶。此外，耐动植物油、合成润滑油、硅酸酯类液压油性能良好。对含有氯、硫、磷化合物为主的极压剂的各种油和含胺类添加剂的油类也十分稳定，使用温度可达150℃。应该指出，丙烯酸酯橡胶耐芳烃油的性能较差，也不适于在与磷酸酯型液压油、非石油基制动油接触的场合使用。

丙烯酸酯橡胶的酯基侧链损害了其低温性能，耐寒性差，酯基易于水解，耐热水、耐蒸汽性能差，耐极性溶剂能力差，在酸碱中不稳定。丙烯酸酯橡胶自身的强度较低，经增强后拉伸强度可达 12.8～17.3MPa。丙烯酸酯橡胶广泛用于耐高温、耐热油的制品中，尤其作各类汽车密封配件。在美国，80%以上的丙烯酸酯橡胶消耗在这一方面，常被人们称为车用橡胶。汽车上用量最大的是变速箱密封和活塞杆密封。此外，在电气工业和航空工业中也有应用。

丙烯酸酯橡胶耐高温、耐油性能优异，但是耐寒性差，通过在丙烯酸酯橡胶中添加硅橡胶，可有效地提高丙烯酸酯橡胶的耐寒性，获得耐热性、耐低温性和耐油性之间的平衡。丙烯酸酯橡胶适量并用丁腈橡胶，可在保持机械强度、耐油性能基本不变的情况下，降低材料的成本，但随着丁腈橡胶用量的增多，热老化性能会受到影响。此外，丙烯酸酯橡胶还可以与氯醚橡胶并用，扩大氯醚橡胶的使用温度范围。

5.3.5 聚氨脂橡胶

聚氨酯是以多元醇、多异氰酸酯和扩链剂为原料在催化剂作用下经缩聚而成，因其分子中含有氨基甲酸酯(—NH—COO—)基本结构单元，所以称为聚氨基甲酸酯(简称聚氨酯)。根据分子链的刚性、结晶性、交联度及支化度等，聚氨酯可以制成橡胶、塑料、纤维及涂料等，如图 5-14 所示。聚氨酯橡胶(PU)是聚氨基甲酸酯橡胶的简称，由聚酯(或聚醚)二元醇与二异氰酸酯类化合物缩聚而成。通常，聚氨酯橡胶分为浇铸型(CPU)、混炼型(MPU)和热塑性(TPU)三类。CPU 又派生出具有泡孔结构的橡胶，称为微孔 PU。

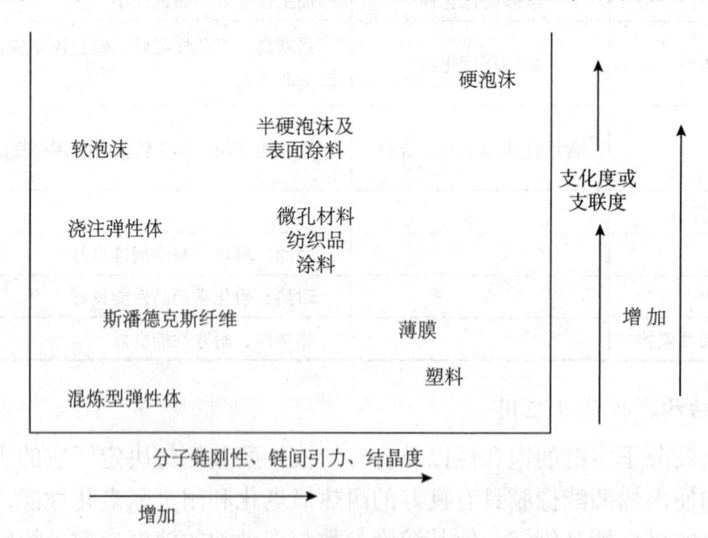

图 5-14 聚氨酯的结构与性能的关系

浇注型聚氨酯橡胶(CPU)的生产方法有两步法和一步法。前者最常用，后者即反应注射成型法(RIM)。浇注型聚氨酯橡胶的基本工艺按以下步骤进行，采用二胺类或二醇类扩链剂。

聚醚（或聚酯）二元醇 ⟶ 预聚体 ⟶ 液体聚氨酯 ⟶ 浇注成型 ⟶ 加热硫化

预聚体 ↓ 扩链剂；加热硫化 ↓ 最终产品

混炼型聚氨酯橡胶采用原料与浇注型聚氨酯橡胶相同，它是一种相对分子质量较低的聚合物，大约在2万~3万之间，分子链是直链，支链很少，不能加入扩链剂形成三维空间结构。在分子链中带有双键的MPU可用硫黄硫化，若分子链中不含双键的MPU可用过氧化物硫化，不含双键但分子链端基为羟基的MPU可用异氰酸酯硫化。

聚氨酯橡胶通过改变原料的组成和相对分子质量以及原料配比来调节橡胶的弹性、耐寒性、模量、硬度和拉伸、撕裂强度等力学性能。该橡胶最大的优点是具有优异的耐磨性拉伸强度和撕裂强度。耐磨性约为NR的3~5倍，在静态拉伸条件下，最高拉伸强度可达80MPa。硬度变化范围为任何其他橡胶所不及，可从邵氏硬度(A)10变到邵氏硬度(D)80，在高硬度下仍具有良好的弹性和伸长率，这使得比其他橡胶有更高的承载能力，如用它做实芯轮胎，在相同规格情况下，PU轮胎的承载能力为NR轮胎的7倍。PU是耐辐射性能最好的橡胶。另外，还具有优异的耐油、耐氧和臭氧性能，但耐热性差，滞后损失大，生热量高，导致动态疲劳强度低，这就是PU制品在多次弯曲和高速滚动条件下，经常出现损坏的原因。即使在静态条件下，对绝大多数PU来说，其最高使用温度也不能超过80℃，因为在70~80℃温度时，其撕裂强度仅为室温时的50%，在110℃温度时，撕裂强度会下降到室温时的20%，拉伸强度和耐磨耗性具有同样的变化规律。在高温下PU性能迅速下降，除与物理键的削弱有关外，也与分子主链中酯键和醚键的氧化断裂有关。PU不耐酸碱，耐水解性能差。故主要用于高强度、高耐磨和耐油制品，如胶辊、胶带、耐辐射制品等。

5.4 热塑性弹性体

热塑性弹性体指在常温下具有橡胶的弹性，高温下可塑化成型的一类弹性体材料。热塑性弹性体是一类既具有类似橡胶的力学性能及使用性能，又能按热塑性塑料进行加工和回收的材料。它在塑料和橡胶之间架起了一座桥梁。例如热塑性弹性体的硬度，可以用图5-15表示。

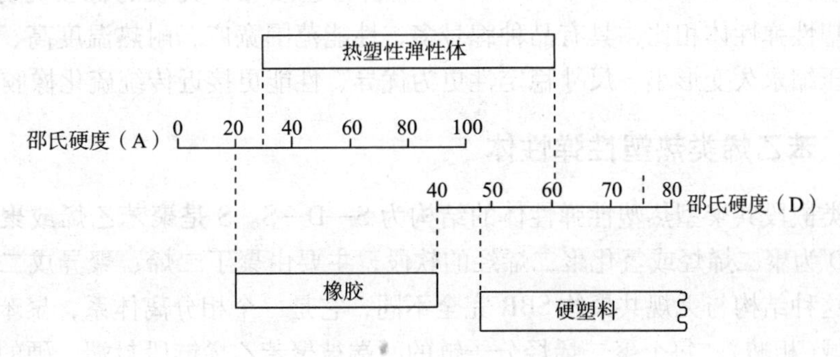

图5-15 热塑性弹性体的硬度

最早商业化的热塑性弹性体是20世纪50年代开发出的聚氨酯热塑性弹性体，20世纪60年代早期出现了丁二烯-苯乙烯共聚型热塑性弹性体(SBS)，从20世纪70年代到90年代，热塑性弹性体呈迅速增长的趋势，现阶段正处于热塑性弹性体发展接近成熟的时期。热塑性弹性体已经成为材料领域中不可忽视的一族。

与橡胶相比，热塑性弹性体具有以下优点：

①取消了传统橡胶的硫化工艺过程，可像塑料采用注压、吹塑、模压等方法成型，加工工艺简单，成型周期短，生产效率高，节省加工费用，最终降低产品的成本；

②加工助剂的配合剂较少，可节省产品质量控制和检测的费用；

③材料反复使用，有利于资源回收和保护环境；

④产品质量精度高，质量轻。

不过，热塑性弹性体也有自身的缺点，限制了其应用：

①对于橡胶加工厂来说，需添置新的设备才能进行热塑性弹性体的加工；

②热塑性弹性体加工前须干燥，这也是一般橡胶加工厂所不熟悉的；

③热塑性弹性体适合于大批量的生产，小批量生产时，加工成本偏高。

热塑性弹性体的性能是由其结构决定的。一般为多相结构，至少两相组成，各相的性能及它们之间的相互作用将决定热塑性弹性体的最终性能。

热塑性弹性体按照制备方法分为共聚型和共混型两大类。共聚型热塑性弹性体是采用嵌段共聚的方式将柔性链(软段)同刚性链(硬段)交替连接成大分子，在常温下软段呈橡胶态，硬段呈玻璃态或结晶态聚集在一起，形成物理交联点，材料具有橡胶的许多特性；在熔融状态，刚性呈黏流态，物理交联点被解开，大分子间能相对滑移，因而材料可用热塑性方式加工。共聚型热塑性弹性体按照化学结构可分为苯乙烯嵌段共聚物(S—D—S)、聚氨酯类(TPU)、聚酯类(TPEE)、聚酰胺类和聚烯烃类等。

共混型热塑性弹性体是采用机械共混方式使橡胶与塑料在熔融共混时形成两相结构。采用共混技术制备热塑性弹性体(TPE)的发展可以分为三个阶段。第一个阶段为简单的橡塑共混。如 PP 和非硫化的乙丙胶掺混制备的共混型热塑性弹性体，也称 TPO，一般塑料为连续相，橡胶为分散相。第二阶段为部分动态硫化阶段。这类 TPE 由于橡胶有少量的交联结构存在，一般塑料为连续相，或者为双连续相。第三阶段为动态全硫化阶段。采用独特的动态全硫化技术制备了完全交联的 EPDM 和 PP 的共混热塑性弹性体，也称热塑性硫化胶(thermoplastic vulcanzate，TPV)，TPV 中塑料为连续相，交联的橡胶为分散相。TPV 同共聚型热塑性弹性体相比，具有品种牌号多、性能范围宽广、耐热温度高、耐老化性能优异、高温压缩永久变形小、尺寸稳定性更为优异、性能更接近传统硫化橡胶的特点。

5.4.1 苯乙烯类热塑性弹性体

苯乙烯类嵌段共聚型热塑性弹性体的结构为 S—D—S。S 是聚苯乙烯或聚苯乙烯衍生物的硬段；D 为聚二烯烃或氢化聚二烯烃的软段，主要由聚丁二烯、聚异戊二烯或氢化聚丁二烯烃。这种结构与无规共聚物 SBR 完全不同，它是一个相分离体系，聚苯乙烯相为分离的球形区域(相畴)，每个聚二烯烃分子链的两端被聚苯乙烯链段封端，硬的聚苯乙烯相畴作为多功能连接点形成了交联的网络结构，但此结构属于物理交联，不稳定。室温下，此类嵌段共聚物具有硫化橡胶的许多性能，但受热后，聚苯乙烯相畴软化，原有交联网络的强度下降，最终嵌段共聚物可以流动，再冷却，聚苯乙烯相畴又重新变硬，原有的性能恢复。三种常见苯乙烯类热塑性弹性体的化学结构见图 5-16。

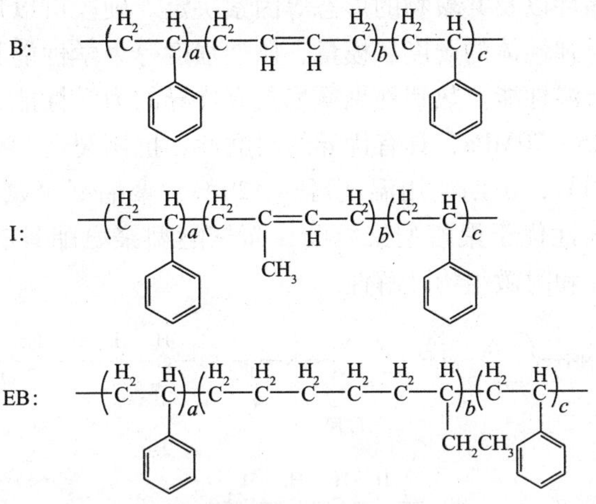

$$B:\ -\!\!\left(\overset{H_2}{C}-\underset{C_6H_5}{\overset{H}{C}}\right)_a\!\!\left(\overset{H_2}{C}-\underset{H}{C}=\underset{H}{C}-\overset{H_2}{C}\right)_b\!\!\left(\overset{H_2}{C}-\underset{C_6H_5}{\overset{H}{C}}\right)_c\!\!-$$

$$I:\ -\!\!\left(\overset{H_2}{C}-\underset{C_6H_5}{\overset{H}{C}}\right)_a\!\!\left(\overset{H_2}{C}-\underset{CH_3}{C}=\underset{H}{C}-\overset{H_2}{C}\right)_b\!\!\left(\overset{H_2}{C}-\underset{C_6H_5}{\overset{H}{C}}\right)_c\!\!-$$

$$EB:\ -\!\!\left(\overset{H_2}{C}-\underset{C_6H_5}{\overset{H}{C}}\right)_a\!\!\left(\overset{H_2}{C}-\overset{H_2}{C}-\overset{H_2}{C}-\overset{H_2}{C}-\overset{H_2}{C}-\underset{CH_2CH_3}{\overset{H}{C}}\right)_b\!\!\left(\overset{H_2}{C}-\underset{C_6H_5}{\overset{H}{C}}\right)_c\!\!-$$

图 5-16　三种常见苯乙烯类热塑性弹性体的化学结构（a，c = 50 ~ 80，b = 20 ~ 100）

SBS 是苯乙烯和丁二烯的嵌段共聚型热塑性弹性体。SBS 的性能依赖于苯乙烯与二烯烃的比例、单体和化学结构和序列分布，低苯乙烯含量的热塑性弹性体比较柔软、拉伸强度低，随着苯乙烯含量的增加，材料的硬度增加，最终变成一种类似于冲击改性的聚苯乙烯材料。SBS 的某些物理化学性能与 SBR 类似，由于本身的自增强型，配合加工时不需要增强剂和硫化剂。SBS 中的二烯烃上存在的双键易氧化降解，而氢化 SBS 即 SEBS 具有较强的耐热氧化性能。

SEBS 是由 SBS 在一定的温度和压力下进行加氢反应制得。由于 SEBS 主链上无不饱和双键，与 SBS 相比，它的耐热性、抗氧和臭氧、耐紫外线照射的能力有很大提高，同时耐磨性和柔性也得到改善。SEBS 产品具有常温下橡胶的高弹性，又具有非氢化产品的热塑性，高温下表现出填料的流动性，可以直接加工成型，广泛用于生产高档弹性体、塑料改性、胶黏剂、润滑油、增黏剂、电线电缆的填充料和护套料等。

苯乙烯类热塑性弹性体的模量与单位体积内聚二烯烃软段的数量以及长度有关，长度越长，模量越低。它具有较宽的使用温度范围（ - 70 ~ 100℃），耐水和其他极性溶剂，邵氏硬度为 A20 ~ D60，但不耐油和其他非极性溶剂。温度高于 70℃时，压缩永久变形明显增大。

苯乙烯类热塑性弹性体是目前用量最大的一类热塑性弹性体，主要用于使用温度低于 70℃、要求有较好的力学性能或非耐油的场合，最大的用途是代替 PVC 和硫化橡胶做鞋底，此外，还应用于塑料改性、橡胶改性、沥青改性、密封剂、胶黏剂等，特别是用作无溶剂的热熔胶胶黏剂。

5.4.2 聚氨酯类热塑性弹性体（TPU）

热塑性聚氨酯通常由二异氰酸酯和聚醚或聚酯多元醇以及低相对分子质量二元醇类扩链剂反应而得。聚醚或聚酯链段为软段，而氨基甲酸酯链段为硬段。其结构如图 5-17 所示。

热塑性聚氨酯的性能主要由所用的单体、硬段与软段的比例、硬段和软段的长度及其长度分布、硬段的结晶性以及共聚物的形态等因素决定。硬段可以形成分子内或分子间氢键，提高其结晶性，对弹性体的硬度、模量、撕裂强度等力学性能具有直接的影响，软段决定弹性体的弹性和低温性能。热塑性聚氨酯具有优异的力学性能，根据其化学结构和硬度不同，拉伸强度从25～70MPa，具有优异的耐磨性、抗撕裂性和耐非极性溶剂性能，使用温度大多在－40～80℃，短期使用温度可达120℃，聚酯型聚氨酯的拉伸和撕裂强度、耐磨性和耐非极性溶剂性优于聚醚型聚氨酯，而聚醚型聚氨酯具有更好的弹性、低温性能、热稳定性、耐水性和耐微生物降解性。

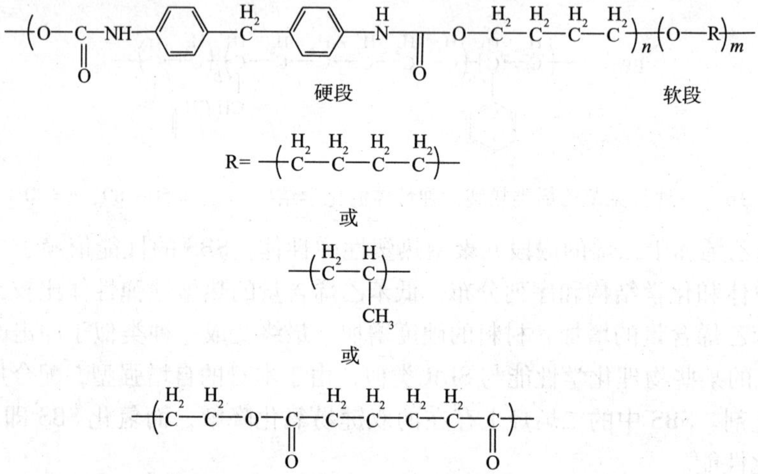

$$-\!\left[O-\underset{\underset{O}{\|}}{C}-NH-C_6H_4-CH_2-C_6H_4-NH-\underset{\underset{O}{\|}}{C}-O-CH_2-CH_2-CH_2-CH_2\right]_n\!\left[O-R\right]_m-$$

硬段　　　　软段

$$R=-\!\left[CH_2-CH_2-CH_2-CH_2\right]\!-$$

或

$$-\!\left[CH_2-\underset{\underset{CH_3}{|}}{CH}\right]\!-$$

或

$$-\!\left[CH_2-CH_2-O-\underset{\underset{O}{\|}}{C}-CH_2-CH_2-CH_2-CH_2-\underset{\underset{O}{\|}}{C}\right]\!-$$

图5-17　TPU的一般结构（$n=30\sim120$，$m=8\sim50$）

热塑性聚氨酯主要用于耐磨制品、高强度耐油制品及高强度高模量制品等，如脚轮、鞋底、汽车仪表盘等，此外，还可挤出成型制作薄膜、片材和管材，由于低摩擦系数导致牵引力低，而不适合制造轮胎。

5.4.3　聚酯型热塑性弹性体

聚酯型热塑性弹性体是二元羟酸及其衍生物、长链二醇及低相对分子质量二醇混合物通过熔融酯交换反应制得。其中常用的单位为对苯二甲酸、间苯二甲酸、1，4－丁二醇、聚环氧丁烷二醇，图5-18是一种商业化的聚酯型热塑性弹性体的化学结构。

$$-\!\left[O-(CH_2)_4-O-\underset{\underset{O}{\|}}{C}-C_6H_4-\underset{\underset{O}{\|}}{C}\right]_a\!\left[O-\left(CH_2-CH_2-CH_2-CH_2-O\right)_x-\underset{\underset{O}{\|}}{C}-C_6H_4-\underset{\underset{O}{\|}}{C}\right]_b\!-$$

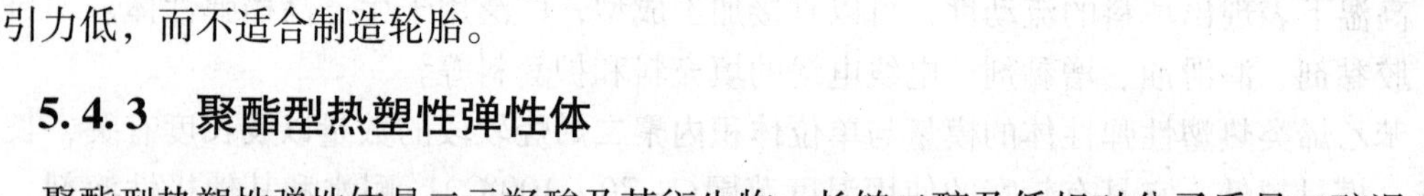

图5-18　聚酯型热塑性弹性体的化学结构（a，$b=16\sim40$，$x=10\sim50$）

聚酯类热塑性弹性体的硬段是由对苯二甲酸与1，4－丁二醇缩合生成，软段是由对苯二甲酸和聚丁二醇醚缩合而成。硬段的熔点约200℃，软段的T_g约－50℃。

聚酯类热塑性弹性体的邵氏温度（D）通常在40～63范围内，使用温度为－40～150℃，抗冲击性能和弹性较好，优异的耐弯曲疲劳性，不易蠕变，良好的耐极性有机溶剂及烃类溶剂的能力，但不耐酸、碱，易水解。

聚酯类热塑性弹性体价格较高，主要用于要求硬度较高、弹性好的制品，如液压软管、小型浇注轮胎、传动带等。

5.4.4　聚酰胺类型热塑性弹性体

聚酰胺类型热塑性弹性体是最新发展起来的、性能最好的一类弹性体，硬段是聚酰胺，软段是脂肪族聚酯或聚醚，硬段和软段之间以酰胺键连接，典型的化学结构如图5-19所示。聚酰胺类型热塑性弹性体的性能决定于软、硬段的化学组成、相对分子质量和软/硬段的质量比。表5-10可以看出这类热塑性弹性体的结构参数与性能之间的一般规律。硬段的相对分子质量越低，硬段的结晶度越大，熔点越高，耐化学品性越好。软段在聚酰胺类型热塑性弹性体中所占比例较高，其化学结构和组成对热氧稳定性和 T_g 影响很大。酰胺键比酯键和氨基键有更好的耐化学品性能，因此，聚酰胺类型热塑性弹性体比热塑性聚氨酯和聚酯型热塑性弹性体具有更好的热稳定性和耐化学品腐蚀性能，但价格也较高。

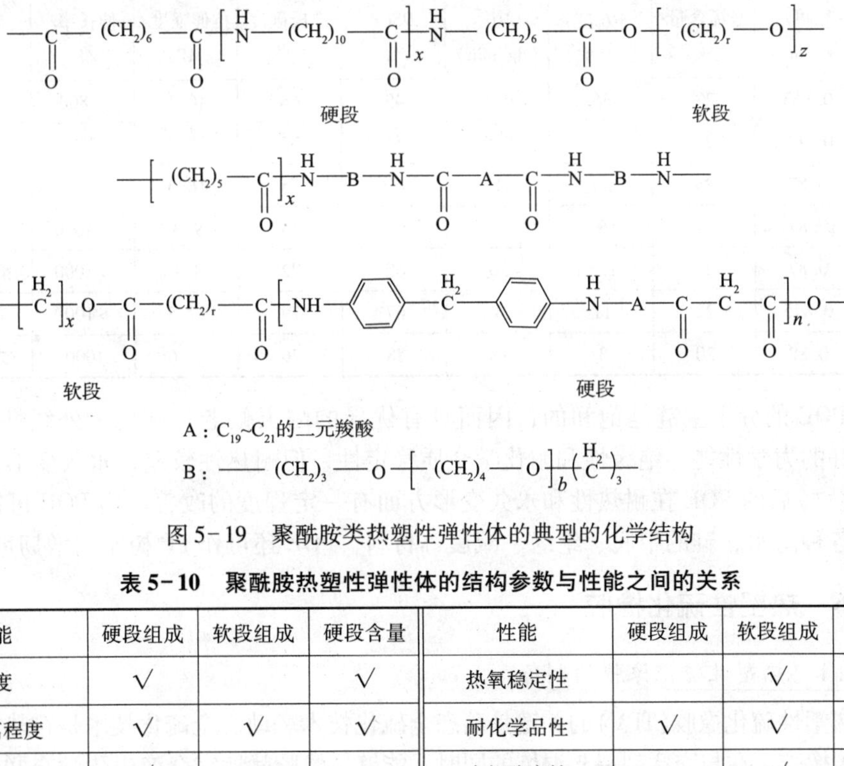

$$—\underset{\|}{\overset{}{C}}(O)—(CH_2)_6—C(O)—\left[NH—(CH_2)_{10}—C(O)\right]_x—NH—(CH_2)_6—C(O)—O—\left[(CH_2)_r—O\right]_z—$$

硬段　　　　软段

$$—\left[(CH_2)_5—C(O)\right]_x—NH—B—NH—C(O)—A—C(O)—NH—B—NH—$$

$$—\left[CH_2\right]_x—O—C(O)—(CH_2)_r—C(O)—\left[NH—C_6H_4—CH_2—C_6H_4—NH—A—C(O)—CH_2—C(O)\right]_n—O—$$

软段　　　　硬段

A：C_{19}~C_{21}的二元羧酸

B：$—(CH_2)_3—O—\left[(CH_2)_4—O\right]_b—(CH_2)_3—$

图5-19　聚酰胺类热塑性弹性体的典型的化学结构

表5-10　聚酰胺热塑性弹性体的结构参数与性能之间的关系

性能	硬段组成	软段组成	硬段含量	性能	硬段组成	软段组成	硬段含量
硬度	√		√	热氧稳定性		√	√
相分离程度	√	√	√	耐化学品性	√	√	√
T_m	√			水解稳定性		√	√
拉伸性能	√		√	低温性能		√	√

聚酰胺类型热塑性弹性体的邵氏硬度范围为A60~D65，使用温度范围为-40~170℃，具有良好的耐油性能、耐磨性、耐老化性和抗撕裂性。耐磨性可与相同硬度的热塑性聚氨酯相媲美；当温度高于135℃时，其力学性能和化学稳定性可与硅橡胶和氟橡胶媲美。加工温度较高(220~290℃)，加工前须在80~110℃下干燥4~6h。主要用于耐热、耐化学品条件下的软管、密封圈及保护性材料等。

5.4.5 乙烯-辛烯共聚热塑性弹性体

它是近年来使用茂金属催化剂合成的一种新型的聚烯烃热塑性弹性体，是乙烯和辛烯的嵌段共聚物，其中辛烯单体的质量分数超过20%。通过调整共聚组分配比及其相对分子质量控制，可合成一系列具有不同密度、不同熔融温度、不同黏度、不同硬度的POE。商品牌号为Engage的乙烯-辛烯共聚热塑性弹性体热塑性弹性体(POE)的主要力学性能如表5-11所示。POE中聚乙烯结晶区提供物理交联点的作用；一定量的辛烯引入削弱了聚乙烯的微晶区，形成了表现出橡胶弹性的无定形区。POE的相对分子质量分布很窄(小于2)，但由于茂金属催化剂在聚合过程中能在聚合物线型短链支化结构中引入长支化链，高度规整的乙烯短链和一定量的长的辛烯侧链使POE既有优良的力学性能，又有良好的加工性能。

表5-11 Engage POE热塑性弹性体的主要力学性能

牌号	密度/(g/cm^3)	辛烯含量/%	ML^{1+4} (121℃)	*MI*/(dg/min)	*DSC*/℃	邵氏硬度(A)	拉伸强度/MPa	伸长率/%	建议应用
8180	0.863	28	35	0.5	49	66	10.1	>800	通用品
8150	0.868	25	35	0.5	55	75	15.4	750	通用品
8100	0.87	24	23	1	60	75	16.3	750	通用品
8200	0.87	24	8	5	60	75	9.3	>1000	通用品
8400	0.87	24	1.5	30	60	72	4.1	>1000	柔性模制品
8452	0.875	22	11	3	67	79	17.5	>1000	通用品
8411	0.88	20	3	18	78	76	10.6	1000	柔性模制品

由于POE的分子主链是饱和的，因而具有优异的耐天候老化和抗紫外线性能。POE还具有良好的力学性能、绝缘性和耐化学介质稳定性，但耐热性较差，永久变形大。交联(用过氧化物)后的POE在耐热性和永久变形方面有一定程度的改善。用POE可制成性价比极佳的各种防水、鞋的中底、绝缘、减震等材料，POE还可作PP树脂的增韧剂。

5.4.6 热塑性硫化橡胶

5.4.6.1 热塑性硫化橡胶的制备

制造热塑性硫化橡胶(TPV)的关键是动态全硫化技术。动态全硫化技术是在热塑性树脂基体中混入橡胶，在与交联剂一起混炼的同时，能够使橡胶就地完全产生化学交联，并在高速混合和高剪切力作用下，交联的橡胶被破碎成大量的微米级颗粒(<2μm)，分散在连续的热塑性树脂基体中，从而形成TPV。全硫化是指橡胶的交联密度至少为7×10^{-5}mol/mL(溶胀法测定)或97%的橡胶被交联。这一过程涉及共混物中相界面作用热力学参数控制和动力学过程、动态交联反应、橡胶的剪切分散、橡胶/塑料共混物的相反转问题。

制备工艺师先将一些配合剂与橡胶在常温下制成母胶，再在高温密炼机中与树脂共混进行动态硫化。对于制备橡胶含量较高的TPV，可采用二阶二段共混法，即首先在橡胶并用比较小的情况下共混，形成互锁结构，然后再补加剩余橡胶进行二次动态硫化与共混，这样可使橡胶相粒径降低，从而改善 TPV 的力学性能。混合温度高于树脂的熔点 20 ~ 30℃为好，若温度过高，则硫化剂可能在与其他组分混合均匀之前分解而失效。

5.4.6.2 热塑性硫化橡胶性能的影响因素

(1)形态 典型硫化橡胶的弹性是由硫化反应形成的交联网络结构提供。TPV 具有两相结构，交联的橡胶粒子作为分散相，赋予 TPV 优异的高弹性和低压缩永久变形性能，热塑性树脂为连续相，为 TPV 提供了热塑性加工性能。白色为交联的三元乙丙橡胶(EPDM)粒子，黑色为聚丙烯(PP)。橡胶相粒径对 TPV 力学性能和加工性能有重要的影响，橡胶的粒径越小，拉伸强度越高，伸长率越大，其加工性能也越好，最佳的橡胶粒径应该在1 ~ 2μm。

(2)橡塑的选择与共混比 要制备力学性能优良的 TPV，需要合理选择橡胶和塑料，要求橡塑溶度参数(δ)相近、树脂的结晶度(W_c)高、橡胶大分子的临界缠结间距(N_c)小。随着树脂用量的增加，TPV 性能越接近塑料，表现为模量、硬度、永久变形随之增大；反之，TPV 性能更也表现出橡胶特性。

(3)交联体系及交联密度 交联体系的选择，除了要根据橡胶的品种，在熔融共混温度下，既能使橡胶充分硫化，又不产生硫化返原或树脂降解外，还应考虑橡胶相的硫化速率与分散程度的匹配，即应保证在橡胶充分混匀后才开始硫化。TPV 的强度随橡胶相交联密度的提高呈线性增加，拉伸或压缩永久变形降低，耐化学品性提高，加工成型性好。

(4)增塑剂及填料 为了改善 TPV 的加工流动性和弹性，需加入一定量与橡胶相容性好的增塑剂。增塑剂在熔融温度下是加工助剂，改善流动性，而在使用温度下增塑剂转移到橡胶相(一部分仍残留在树脂相的无定形区)起软化剂作用，赋予 TPV 弹性和柔软性。通常在传统橡胶中能起增强作用的炭黑与白炭黑，一般对于 TPV 没有明显的增强效果。填充剂的加入利于降低成本。

5.4.6.3 热塑性硫化橡胶的种类

制备热塑性硫化橡胶(TPV)可选择的橡胶至少 14 种，塑料至少有 22 种，但实际上研究只选择了 11 种常用橡胶和 9 种常用塑料，可以制备 99 种橡胶共混物。按照 ASTM 1566 和 ASTM D42，作为弹性体，材料的伸长率应大于 100%，100% 拉伸后拉伸永久变形不超过 50%。

(1)非极性橡胶与非极性塑料 非极性塑料一般选择 PE 或 PP，与碳氢链橡胶具有类似的分子结构、极性，无氢键，相容性好，此外原材料来源广泛，具有密度低、耐化学药品性、绝缘性好等特点。

①EPDM/PP TPV 根据 EPDM/PP(20/80 ~ 80/20)比例的不同，TPV 的邵氏硬度从 A35 ~ D50可调。随着 EPDM 含量的增加，TPV 的硬度降低，性能更接近橡胶。

用硫黄硫化体系制备的 TPV 具有较好的力学性能，但加工性能较差，因为硫黄硫化体系生成的多硫键是可逆的，导致橡胶粒子重新聚集，从而增大橡胶粒子分散相的尺寸。过氧化物体系制备的 TPV 力学性能较差，这是因为过氧化物对连续相的 PP 有严重降解作用。而用酚醛树脂体系制备的 TPV 具有较好的力学性能和流变加工性能的平衡性。制备 EPDM/PP TPV 一般在 180 ~ 200℃时混合 5min 即可。

EPDM/PP TPV　具有优异的耐臭氧、耐天候、耐热老化性能、优良的加工性能和弹性，比热固性 EPDM 具有更好的抗压缩变形性(对低硬度级 TPV)、耐油性、耐热性以及更优异的耐动态疲劳性能。

②NR/聚乙烯(PE)、NR/PP TPV　NR 高度不饱和，高温时易氧化分解，且 NR 中蛋白质易分解产生臭味。制备 TPV 时一般采用过氧化物或有效硫黄硫化体系，以防止 NR 硫化返原。一般在 150℃混合 4min 即可。用硫黄硫化体系制得的 NR/PE TPV 具有更好的力学性能。若加入少量 EPDM、CPE、CSPE、PE - g - MAH 或 ENR 可以大大提高 NR/PE TPV 的力学性能。NR/PE TPV 具有比热固性 NR 更好的耐热、耐老化性能。

制备 NR/PP TPV 要求 NR 初始黏度较低，不含有凝胶，并需要在交联剂存在下被破碎以降低黏度，在 165 ~ 185℃混合 5min 即可。硫化体系可用硫黄硫化体系、酚醛树脂、过氧化物等，尽管 NR/PP TPV 强度低于热固性 NR 的最大值，但压缩变形性相当，并且耐溶剂、耐热氧老化。

③ⅡR/PP TPV　丁基橡胶、氯化丁基橡胶具有优异的阻气性和阻水性，ⅡR/PP TPV 具有热固性ⅡR 类似的低气体渗透性。制备ⅡR/PP TPV 的硫化体系有硫黄、酚醛树脂等，国外大多采用酚醛树脂硫化，但制备的 TPV 会变黄。所以也可采用马来酰亚胺(HVA - 2)体系硫化，制备的 TPV 具有较好的力学性能和流动性能。

(2)极性橡胶和非极性橡胶　采用极性橡胶和非极性塑料制备 TPV，由于分子结构和极性不同，需要加入一定量的增容剂以改善两相的界面压力，减少表面能的差异，以使硫化前橡胶达到精细分散。另一方面，增容剂能增强两相界面的相互作用，从而提高 TPV 的性能。

①NBR/PP TPV　NBR 是综合性能良好的耐油橡胶。为了制得耐油、耐热、耐老化和较高力学性能的 TPV 材料，先将 PP 改性官能化。如可将羟甲基酚醛树脂(MP)改性 PP(MP - PP)，也可用马来酸(酐)(MA)改性 PP(MA - PP)，或用羟甲基马来酰胺(CMMA)改性 PP(CMMA - PP)，使之与 NBR 就地生成 NBR - PP 嵌段共聚物，提高共混物的相容性。同时为了提高改性 PP 与 NBR 的化学反应活性，在 NBR 中使用部分活性较大的端氨基液体 NBR(ATBN)。这种接枝嵌段共聚物可预先合成，然后加至 NBR/PP 共混物中。

美国 Monsanto 公司(现为 AES 公司)生产的热塑性丁腈橡胶 Geolast 系列产品就是采用这种增容技术开发的。Geolast 具有良好的力学性能、耐酸、碱性、耐热氧、臭氧性和低温性、耐热油性能与热固性 NBR、CR、ECO 相当。

②丙烯酸酯橡胶/PP TPV　丙烯酸酯橡胶和 PP 的相容性很差，制备丙烯酸酯橡胶/PP TPV 需要增容化技术，一般采用马来酸酐改性 PP 提高丙烯酸酯橡胶和聚丙烯的相容性。增容体系中 PP - g - MAH 的质量分数应低于 5%，过多的 PP - g - MAH 可能与交联剂中的氨基反应，在两相间产生强的化学键形成互穿网络结构，导致 TPV 热塑性下降；同时由于消耗交联剂，使橡胶相交联不完全，TPV 力学性能下降。

(3)非极性橡胶与极性塑料

①EPDM/PA6 TPV　聚酰胺用弹性体改性可以提高冲击强度，但由于聚合物之间不相容，其力学性能较差。采用 EPDM 马来酸酐化或环氧化与 PA6 共混，利用酸酐与聚酰胺中氨基的反应性制备 TPV。这种 TPV 具有优异的耐溶剂性和耐化学腐蚀性。共混温度必须高

于尼龙6的软化点，通常的动态硫化温度为190~300℃。

②EPDM/PBT TPV　制备EPDM/PBT TPV时，需对EPDM接枝3%丙烯酸单体(或丁基苯烯酸、甘油丙烯酸)，以降低EPDM与PBT的界面张力，减小EPDM分散相尺寸，用过氧化物交联制备的TPV具有优良的拉伸性能。

(4)极性橡胶与极性塑料

①丙烯酸酯橡胶/聚酯TPV　丙烯酸酯橡胶和聚酯塑料可以制备耐烃类溶剂的TPV，在烃类溶剂中具有低的吸收率和性能损失。热塑性塑料可选用PET、PBT或PC，丙烯酸酯橡胶能给予柔软性和低的Tg，若橡胶含有-COOH或环氧官能团有利于提高橡胶与塑料的相容性。

②NBR/PA TPV　这种TPV具有优异的耐高温、耐油性、耐溶剂及力学性能。制备TPV时，如用高熔点PA，可预先用双马来酰亚胺或酚醛树脂将橡胶硫化；若用低熔点PA，则用硫磺硫化体系最有效。

5.4.7 橡胶材料的再生利用

2007年我国橡胶消耗量超500万吨，生产出橡胶制品近1000万吨，均居世界第一，橡胶消耗量自给率约50%，仍大量依赖进口。另一方面，我国每年生产废旧轮胎上亿条，产生大量的废橡胶材料，形成所谓的“黑色污染”，严重污染环境，浪费石油资源(如合成1kg三元乙丙橡胶，需要2.5kg原油炼制单体)。发展废旧橡胶循环利用产业，充分利用废旧橡胶资源，对于改变中国橡胶对外依存度过高的局面，保障产业安全具有战略意义。

废旧轮胎再利用主要途径有：①原型改造废旧轮胎。原型改造是一种非常有价值的回收方法，但是该方法消耗的废旧轮胎量并不大，仅占废旧轮胎量的1%，所以作为一种辅助途径。②热解废轮胎。废轮胎经高温裂解可提取具有高热值的燃气、富含芳烃的油和炭黑等，但是该方法技术复杂、成本高，易造成二次污染，且回收物质质量欠佳又不稳定。③翻新旧轮胎。轮胎翻新不仅延长了汽车轮胎使用寿命、促进了旧轮胎的减量化，而且减少环境污染，是循环经济的重要产业。④利用废轮胎生产再生橡胶。但再生胶生产存在着利润低、劳动强度大、生产流程长、能源消耗大、环境污染严重等缺点。⑤利用废轮胎生产硫化橡胶粉。与传统的再生胶相比，胶粉生产没有二次污染，废轮胎利用率100%，可以延伸成高附加值且能够循环使用的新型产品。因此这是集环保与资源再生利用为一体的循环利用方式，也是发展循环经济最佳的利用途径。20世纪90年代初，美国、德国相继发明了低温液氮法生产精细胶粉的工业化技术，80~120目精细胶粉的产率约为25%，最大的缺点是一次性投资大，生产成本高。我国开发出适合国情的常温粉碎胶粉生产技术，大大降低成本。

第6章　涂料与黏合剂

6.1　涂料

6.1.1　概述

涂料是指涂布在物体表面而形成的具有保护和装饰作用的膜层材料。最早的涂料是采用植物油和天然树脂熬炼而成，其作用与我国的大漆相近，因此被称为“油漆”。随着石油化工和合成聚合物工业的发展，植物油和天然树脂已经逐渐被合成聚合物改性和取代，涂料所包括的范围已远远超过“油漆”原来的狭义范围。

6.1.1.1　涂料的组成和作用

涂料是多组分体系，主要由成膜物质、颜料和溶剂三种组分，此外还包括催干剂、填充剂、增塑剂、增稠剂和稀释剂等。

成膜物质也称基料，它是涂料最主要的成分，其性质对涂料的性能(如保护性能、力学性能等)起主要作用。作为成膜物质应能溶于适当的溶剂，具有明显结晶作用的聚合物一般不适合作为成膜物质。结晶的聚合物一般不溶解于溶剂，聚合物结晶后会使软化温度提高，软化温度范围变窄，且会使漆膜失去透明性，从涂料的角度来看，这些都是不利的。作为成膜物质还必须与物体表面和颜料具有良好的结合力。为了得到合适的成膜物质，可用物理方法或化学方法对聚合物进行改性。原则上，各种天然或合成的聚合物都可以作为成膜物质。与塑料、橡胶和纤维等所用聚合物的最大差别是，涂料所用聚合物的平均相对分子质量一般较低。

成膜物质分为两大类，一类是转化型或反应型成膜物质，另一类是非转换型或挥发型(非反应性)成膜物质。植物油或具有反应活性的低聚物、单体等所构成的成膜物质称为反应性成膜物质，将它涂覆在物体表面后，在一定条件下进行聚合或缩聚反应，从而形成坚韧的膜层。由于在成膜过程中伴有化学反应，形成网状交联结构，因此，此类成膜物质相当于热固性聚合物，如环氧树脂、天然树脂、氨基树脂和醇酸树脂等。非反应性成膜物质是由溶解或分散于液体介质中的线性聚合物构成，涂布后，由于液体介质的挥发而形成聚合物膜层，由于在成膜过程中未发生任何化学反应，成膜仅是溶剂挥发，成膜物质为热塑性聚合物，如纤维衍生物、氯丁橡胶、乙烯基聚合物和热塑性丙烯酸树脂等。

颜料主要起遮盖、赋色和装饰作用，并对表面起抗腐蚀的保护作用。颜料一般粒径为

0.2~10μm的无机或有机粉末，无机颜料如铅铬黄、铁黄、镉黄、铁红、钛白粉、氧化锌和铁黑等，有机颜料如炭黑、酞菁蓝、耐光黄和大红粉等。有些颜料除了具有遮盖和赋色作用外还有增强、赋予特殊性能、改善流变性能、降低成本的作用，如锌铬黄、红丹(铅丹)、磷酸锌和铝粉具有防锈功能。

溶剂通常是用以溶解成膜物质的易挥发性有机液体。涂料涂覆在物体表面后，溶剂基本上应尽快挥发，不是一种永久性的组分，但溶剂对成膜物质的溶解能力决定了所形成的树脂溶液的均匀性、漆液的黏度和漆液的储存稳定性，溶剂的挥发性会极大地影响涂膜的干燥速率、涂膜的结构和涂膜外观的完美性。为了获得满意的溶解和挥发成膜效果，在产品中常用的溶剂有甲苯、二甲苯、丁醇、丁酮和乙酸乙酯等。溶剂的挥发是涂料对大气污染的主要根源，溶剂的安全性、对人体的毒性也是涂料工作者选择溶剂时应该考虑的。

涂料的上述三组分中溶剂和颜料有时可被除去，没有颜料的涂料被称为清漆，而含颜料的漆料被称为色漆。涂料粉末和光敏涂料(或称光固化涂料)则属于无溶剂的涂料。

填充剂又称增量剂，在涂料工业中也称为体质颜料，它不具有遮盖力和着色力，而是起改进涂料的流动性能、提高膜层的力学性能和耐久性、光泽，并可降低成本。常用的填充剂有重晶石粉、碳酸钙、滑石粉、云母粉、石棉粉和石英粉等。

增塑剂是为提高漆膜柔性而加入的有机添加剂。常用的有氯化石蜡、邻苯二甲酸二丁酯(DBP)和邻苯二甲酸二辛酯等。

对聚合物膜层的聚合或交联称为漆膜的干燥。催干剂就是促使聚合或交联的催化剂。常用的催干剂有环烷酯、辛酸、松香酸及亚油酸铝盐、钴盐和锰盐，其次是有机盐的铅盐和锆盐。

增稠剂是为提高涂料的黏度而加入的添加剂，常用的有纤维素醚类、细粒径的二氧化硅和黏土等。稀释剂是为降低黏度，便于施工而加入的添加剂，常用的有乙醇和丙酮等。涂料中的其他添加成分还有杀菌剂、颜料分散剂以及为延长储存而加入的阻聚剂和防结皮剂等。

6.1.1.2　涂料的分类

涂料的种类繁多，可从不同的角度分类，如根据成膜物质、溶剂、施工方法、功能和用途等的不同进行分类。

既然成膜物质的性能是决定涂料性能的主要因素，按成膜物质的种类，一般将涂料分为17大类，详见表6-1。

表6-1　涂料按成膜物质分类

涂料类别	主要成膜物质
油脂漆	天然植物油、动物油、合成油等
天然树脂漆	松香及其衍生物、虫胶、乳酪素、动物胶、大漆及其衍生物等
酚醛树脂漆	酚醛树脂、改性酚醛树脂、甲苯树脂
沥青漆	天然沥青、(煤)焦油沥青、石油沥青等
醇酸树脂漆	醇酸树脂及改性醇酸树脂
氨基树脂漆	脲醛树脂、三聚氰胺甲醛树脂

续表

涂料类别	主要成膜物质
硝基漆	硝基纤维素、改性硝基纤维素
纤维素漆	苄基纤维、乙基纤维、羟甲基纤维、乙酸纤维、乙酸丁酸纤维
过氯乙烯漆	过氯乙烯树脂(氯化聚乙烯)、改性过氯乙烯树脂
乙烯树脂漆	氯乙烯共聚树脂、聚乙酸乙烯及其衍生物、聚乙烯醇缩醛树脂含氯树脂、氯化聚丙烯、石油树脂等
丙烯酸树脂漆	热塑性丙烯酸树脂、热固性丙烯酸树脂等
聚酯树脂漆	不饱和聚酯、聚酯
环氧树脂漆	环氧树脂、改性环氧树脂
聚氨酯漆	聚氨酯
元素有机漆	有机硅树脂、有机氟树脂
橡胶漆	天然橡胶、合成橡胶及其衍生物
其他漆类	聚酰亚胺树脂、无机高分子材料等

按涂料的使用层次分为底漆、腻子、二道底漆和面漆。按涂料的外观分类，如按涂膜的透明情况分为清漆(清澈透明)和色漆(带有颜色)；按涂膜的光泽状况分为光漆、半光漆和无光漆。

按涂料的形态分为固态涂料(即粉末涂料)和液态涂料，后者包括溶剂涂料与无溶剂涂料。有溶剂涂料又可分为水性涂料和溶剂型涂料，溶剂含量低的又称高固体份涂料。无溶剂涂料主要包括通称的无溶剂涂料和增塑剂分散型涂料(即塑性溶胶)等。

水性涂料分为两大类，一是乳胶(或乳液)，二是水性树脂体系。水性树脂体系可分为水溶性体系和水分散性体系，水溶性体系的成膜物质有两种：①成膜物质具有强极性结构，可在水中溶解；②成膜物质通过化学反应形成水溶性的盐，此类成膜物质一般含有酸性基团或者碱性基团，可与氨或酸反应，其中氨和酸是挥发性的，在涂料干燥的过程中能够逸出。为保证成膜物质的水溶性，成膜物质的相对分子质量相对较低，从 1000 ~ 6000，极少数情况可达到 20000。水分散性成膜物质的相对分子质量较高，一般为 30000 左右。

水性涂料中作为溶剂和分散介质的水与通常的有机溶剂的性质有很大的差异，如表 6-2所示，因而水性涂料的性质与溶剂型涂料的性质也有很大的不同。主要表现在：水的凝固点为 0℃，因而水性涂料必须在 0℃以上保存。水的沸点 100℃，虽比溶剂低，但汽化蒸发热为 2300J/g，远远高于一般溶剂，因而干燥时耗能多，蒸发慢，在涂装时易产生流挂，影响表面质量，这也是水性涂料涂装技术上的难点之一。水的表面张力为 73.0mN/m，比一般溶剂高许多，因而水性涂料在涂装时易产生下列缺陷和漆膜弊病：①不易渗入被涂物质表面的细缝中；②易产生缩孔；③展平性不良；④易流性；⑤不易消泡；⑥浸渍涂装时易产生下沉、流迹等。一般需加入助溶剂来降低表面张力，提高表面质量。另外，水分散体系的水性涂料对于剪切力、热、pH 值等较敏感，因而在制造、输送水性涂料过程中应加以考虑。水性树脂分子在颜料表面吸附性差，乳胶涂料的光泽低，不鲜艳，在装饰性上欠佳。即使初期的光泽鲜艳性好，在室外暴露后光泽保持率差。现在，水性涂料在人工老化试验3000h后，光泽保持率能维持在85%以上已是最好的。

表6-2　水和溶剂的性质比较

性质	水	有机溶剂（二甲苯）	性质	水	有机溶剂（二甲苯）
沸点/℃	100.0	144.0	比热容/[J/(g·℃)]	4.2	1.7
凝固点/℃	0.0	-25.0	蒸发热/(J/g)	2300	390
氢键指数	39.0	4.5	热传导率/[10^3W/(m^2·℃)	5.8	1.6
表面张力/(mN/m)	73.0	30.0	相对密度 d_4^{20}	1.0	0.9
黏度/mPa·s	1.0	0.8	折射率 n_D^{20}	1.3	1.5
相对挥发性(乙醚=1)	80.0	14.0	闪点/℃	—	23
蒸气压(25℃)/kPa	2.38	0.7	低爆炸极限(体积分数)/%	—	1.1

6.1.1.3　膜的形成

用涂料的目的是在被涂物的表面形成一层坚韧的薄膜。涂料的成膜包括将涂料施工在被涂物表面和使其形成固态的连续涂膜两个过程，成膜方式包括物理成膜方式和化学成膜方式。物理成膜方式又分为溶剂或分散介质的挥发成膜和聚合物粒子凝聚两种形式，主要用于热塑性涂料的成膜。

(1)溶剂或分散介质的挥发成膜　这是溶液型或分散型液态涂料在成膜过程中必须经过的一种形式。液态涂料涂在被涂物上形成“湿膜”，其中所含有的溶剂或分散介质挥发到大气中，涂膜粘度逐步加大至一定程度而形成固态涂膜。涂料品种中硝酸纤维素漆、过氯化乙烯漆、沥青漆、热塑性乙烯树脂漆、热塑性丙烯酸树脂漆和橡胶漆都以溶剂挥发方式成膜。

(2)聚合物粒子凝聚成膜　这种成膜方式是涂料依靠其中作为成膜物质的高聚物粒子在一定的条件下互相凝聚而成为连续的固态膜。含有挥发性分散介质的分散型涂料，如水乳胶涂料、非水分散型涂料和有机溶胶等，在分散介质挥发的同时产生高聚物粒子的接近、接触、挤压变形而聚集起来，最后由粒子状态的聚集变为分子状态的聚集而形成连续的涂膜。含有不挥发的分散介质的涂料如塑性溶胶，由分散在介质中的高聚物粒子溶胀、凝聚成膜。热塑性的固态粉末涂料在受热的条件下通过高聚物热熔、凝聚而成膜。

化学成膜是指先将可溶的(或可熔的)低相对分子质量的聚合物涂覆在基材表面以后，在加温或其他条件下，分子间发生化学反应而使相对分子质量进一步增加或发生交联而成坚韧薄膜的过程。这种成膜方式是一种特殊形式的高聚物合成方式，它完全遵循高分子合成反应机理，是热固性涂料包括光敏涂料、粉末涂料、电泳漆等的共同成膜方式。

6.1.1.4　涂装技术

将涂料均匀地涂在基材表面的施工工艺称为涂装。为了使涂料达到应有的效果，涂装施工非常重要，俗话说“三分油漆，七分施工”，虽然夸张一点，但也说明施工的重要性。涂料的施工首先要对被涂物表面进行处理，然后才可以进行涂装。

表面处理有两方面的作用，一方面是消除被涂物表面的污垢、灰尘、氧化物、水分、锈渣、油污等；另一方面是要对表面进行适当改造，包括进行化学处理和机械处理，以消除缺陷或提高附着力。不同的基质有不同的处理方法。

金属的表面处理主要包括除锈、除油、除旧漆、磷化处理和钝化处理等。

木材施工前要先晾干或低温烘干(70～80℃)，控制含水量在7%～12%，还要除去未完全脱离的毛束(如木质纤维)。表面的污物要用砂纸或其他方法除去，并要挖去或用有机溶剂溶解木材中的树脂。有时为了美观，在涂漆前还需漂白和染色。

塑料一般为低能表面，为了增加塑料表面的极性，可用化学氧化处理，例如用酪酸、火焰、电晕或等离子体等进行处理；另一方面为了增加涂料中成膜物质在塑料表面的扩散速度，也可用溶剂如三氯乙烯蒸气进行浸蚀处理。另外，在塑料表面上往往残留有脱模剂和渗出的增塑剂，必须预先进行清洗。

涂装的方法有很多，一般要根据涂料的特性、被涂物的性质、形状及质量要求而定。关于涂装技术已有不少专著可供参考，这里只作简单的介绍。

(1)手工涂装　手工涂装包括刷涂、滚涂和刮涂等。其中刷涂是最常见的手工涂装法，适用于多种形状的被涂物。滚涂主要用于乳胶涂料的涂装，刮涂是用于黏度高的厚膜涂装方法，一般用来涂覆腻子和填孔剂。

(2)浸涂和淋涂　将被涂物浸入涂料中，然后吊起，滴尽多余的涂料，经过干燥而达到涂装的目的称为浸涂。淋涂则是用喷嘴将涂料淋在被涂物上以形成涂层，它和浸涂方法一样适用于大批量流水线生产方式。对于这两种涂装方法最重要的是要控制好黏度，因为黏度直接影响漆膜的外观和厚度。

(3)空气喷涂　空气喷涂是通过喷枪使涂料雾化成雾状液滴，在气流带动下，喷到被涂物表面的方法。这种方法效率高、作业性好。

(4)无空气喷涂　无空气喷涂法是靠高压泵将涂料增压至5～35MPa，然后从特制的喷嘴小孔(口径为0.2～1mm)喷出，由于速度高(100m/s)，随着冲击空气和压力的急速下降，涂料中的溶剂急速挥发，体积骤然膨胀而分散雾化，并高速地涂着在被涂物上。这种方法大大减少了漆雾飞扬，生产效率高，适用于高黏度的涂料。

(5)静电喷涂　静电喷涂是利用被涂物为阳极，涂料雾化器或电栅为阴极，形成高压静电场，喷出的漆滴由于阴极的电晕放电而带上负电荷，它们在电场作用下，沿电力线高效地被吸附在被涂物上。这种方法易实现机械化和自动化，生产效率高，适用于流水线生产，且漆膜均匀，质量好。

(6)电泳涂装　电泳涂装是水稀释性涂料特有的一种涂装方式。通常把电泳施工的水溶性涂料称为电泳漆。电泳涂装是在一个电泳槽中进行的，涂料置于槽中。由于水稀释性漆是一个分散体系，水稀释性树脂的聚集体作为黏合剂，将颜料、交联剂和其他添加剂包覆于微粒内，微粒表面带有电荷，在电场的作用下，带电荷微粒向着与所带电荷相反的电极移动，并在电极表面失去电荷，沉积在电极表面上，此电极为被涂物。将被涂物取出冲洗后加温烘干，便可得到交联固化的漆膜。电泳涂装广泛用于汽车、电器、仪表等的底漆涂装。

另外还有粉末涂料的涂料方法。粉末涂料涂装的两个要点是：一是如何使粉末分散和附着在被涂物的表面；二是如何使它成膜。粉末涂料的涂料方法近年发展很快，方法很多，常用的涂装方法有火焰喷涂法、流化床法和静电涂装法三种。

涂装技术正在日新月异的发展，新的涂装方法不断涌现，此处不再一一介绍。

6.1.2　溶剂型涂料

此类涂料是以有机高分子合成树脂为主要成膜物质，以有机溶剂如脂烃、芳香烃、酯类等为分散介质(稀释剂)，加入适当颜料、填料及辅助材料，经研磨等加工制成，涂装后溶剂挥发而成膜。传统的以干性油为基础的油性涂料(或称油基涂料)——油漆，也属于溶剂型涂料。

溶剂型涂料施工后所产生的涂膜细腻坚硬，结构致密，表面光泽度高，具有一定的耐水及耐污染性能。但是，溶剂型涂料有突出的缺点和局限性，一是该类产品所含的有机溶剂易燃且挥发后有损于大气环境和人体健康；二是由于其涂膜的透气性差，故不宜使用在容易潮湿的墙体表面涂装。该种类型的涂料出现最早，应用时间最长，研究最成熟。按其用途进行分类又可分为建筑涂料、汽车漆、飞机蒙皮漆、木器漆等。尽管溶剂的挥发极大地影响大气环境，但是由于某些特殊需求以及该类涂料所有的优异性能及市场成熟度高，从而使其仍然占据着涂料行业内的很大份额。下面仅就其中几类不同基料的典型溶剂型涂料加以介绍。

6.1.2.1　油基树脂涂料

油脂树脂涂料是以植物油或植物油加天然树脂或改性酚醛树脂为基料的涂料，有清油、色漆等不同类型之分。清油是干性油的加工产品，含有树脂时称为清漆，清漆中加有染料即为色漆(磁漆)。在配方中1份树脂所使用油的分数称为油度比。以质量比计算，树脂:油比为1:3时，称为长度油；为1:(2~3)时，称为中度油；为1:(0.5~2)时，称为短度油。下面对油脂类涂料所用的主要成分简介如下。

①油类　植物油主要成分为甘油三脂肪酸酯，此外尚含有一些非脂肪成分如磷脂，固醇，色素等杂质，这类物质通常对制漆不利，生产时需除去。形成甘油三脂肪酸脂的脂肪酸分为饱和、不饱和两种。饱和脂肪酸分子内不含双键，因而不能发生聚合反应；不饱和脂肪酸如油酸，桐油酸等含有双键，可在空气中氧的作用下进行聚合与交联反应。含有不饱和脂肪酸的植物油，可进行氧化聚合而干燥成膜，故称为干性油，不能进行氧化聚合的植物油称为不干性油。涂料工业应用的植物油可分为干性油、半干性油和不甘性油三种，是依碘值进行划分的。在100g油中所能吸收碘的克数称为碘值。碘值是油性涂料的一项重要物理化学指标，它反映油脂不饱和键数目的多少。碘值在140以上的为干性油，如桐油、梓油、亚麻油、大麻油等。不干性油包括蓖麻油、椰子油、米糠油等，一般用作增塑剂和制造合成树脂。

②松香加工树脂　松香的主要成分为树脂酸($C_{19}H_{29}COOH$)。树脂酸有多种异构体，包括松香酸、新松香酸、海松酸等，其中最主要成分是松香酸，它是一种不饱和酸。涂料中用的松香酸加工树脂是松香酸经过加工处理可制得的松香皂类、酯类或其他材料改性的树脂，如松香改性酚醛树脂。

③催干剂　催干剂即油类氧化聚合的催化剂，常用的有钴、锰的有机酸皂类，其中最重要的是环烷酸钴。钙和锌的有机酸皂常用作助催干剂。

④其他树脂　油性涂料常用的其他树脂有松香改性酚醛树脂、丁醇醚化酚醛树脂、酚

醛树脂、石油树脂、古马隆树脂等。

⑤溶剂　油基树脂涂料主要使用油漆溶剂油、二甲苯及松节油。

⑥大漆　大漆是一种天然漆，俗称土漆或生漆。生漆经加工即成熟漆。生漆是漆树的分泌物，是一种天然水乳胶漆。生漆的主要成分是漆酚。漆酚是含有不同脂肪烃取代基的邻苯二酚混合物，其在生漆中的含量为50%～80%，是生漆的成膜物质。生漆中含有不到1%的漆酶，它是一种氧化酶，为生漆的天然有机催干剂。生漆中还含有20%～40%的水分，1%～5%的油分，3.5%～9%的树脂质。树脂质即松香脂，是一种多糖类化合物，在生漆中起悬浮剂和稳定剂的作用。生漆可用油类改性或其他树脂改性。

⑦沥青漆　沥青漆是以沥青为基料加有植物油、树脂、催干剂、颜料、填料等助剂而制成的涂料。沥青漆具有耐水、耐酸、耐碱和电绝缘性。因其成本底，用途比较广泛。

6.1.2.2　合成树脂涂料

(1)醇酸树脂涂料　以醇酸树脂为基料加入植物油类而成的涂料为醇酸树脂涂料。醇酸树脂是由多元醇、多元酸与脂肪酸制得的，常用的多元醇有甘油、季戊四醇，常用的多元酸有邻苯二甲酸酐，常用的油类有椰子油、蓖麻油、豆油、亚麻油、桐油等。醇酸树脂约占用于涂料的合成树脂量的一半。醇酸树脂又分为两类，一类是干性油醇酸树脂，是采用不饱和脂肪酸制成的，能直接固化成膜；另一类是不干性油醇酸树脂，它不能直接做涂料用，需与其他树脂混合使用。

醇酸树脂涂料的特点是附着力强，光泽好，硬度大，保光性和耐候性好等，可制成清漆、磁漆、底漆和腻子，用途也十分广泛。醇酸树脂可与硝基纤维素、过氧乙烯树脂、氨基树脂、氧化橡胶并用改性，也可在制备过程中加入其他成分制成改性的醇酸树脂，如松香改性醇酸树脂、酚醛改性醇酸树脂、苯乙烯改性醇酸树脂、丙烯酸酯改性醇酸树脂等。

(2)氨基树脂涂料　涂料中使用的氨基树脂有三聚氰胺甲醛树脂、尿醛树脂、烃基三聚氰胺甲醛树脂以及改性的、共聚的氨基树脂。氨基树脂也可以与醇酸树脂、丙烯酸树脂、环氧树脂、有机硅树脂等并用制得改性的氨基树脂涂料。氨基树脂烘漆是应用最广的一种工业用漆。

(3)环氧树脂涂料　环氧树脂涂料可根据固化剂的类型分为胺交联型涂料、合成树脂交联型涂料、脂肪酸酯交联型涂料等。环氧树脂涂料性能优异，广泛应用于汽车工业、造船业以及化工和电气业中。环氧树脂涂料常为双组分的，一种是树脂组分，另一种是交联组分，使用时将二者按比例混合。表6-3列出了一种用于钢制储罐内壁的环氧树脂涂料的配方(以质量份计)。

表6-3　用于钢质储罐内壁的环氧树脂涂料配方　　质量份

组分	用量	组分	用量
组分A(树脂组分)		丁醇醚化三聚氰胺甲醛树脂	0.85
环氧树脂(E-20)	28.00	甲苯/丁醇(8/2)	25.00
红丹	59.90	组分B(交联组分)	
硅藻土	5.65	己二胺	1.63
滑石粉	4.65	乙醇	1.63

(4)聚氨酯涂料 选用不同的异氰酸酯与不同的的聚酯、聚醚、多元醇或与其他的树脂配用可制得许多品种的聚氨酯涂料。例如，先将干性油与多元醇进行酯交换再与二异氰酸脂反应，加入催干剂，即制得单组分的氨酯油，它是通过油脂中的的双键氧化聚合而固化的。除氨酯油外，聚氨酯涂料主要成分有几种类型：多异氰酸酯/含羟基树脂，双组分漆；封端型多异氰酸酯/含羟基树脂，单组分烘干漆；预聚物，潮气固化型，单组分漆，预聚物，催化固化型，双组分漆；聚氨酯沥青漆；聚氨酯弹性涂料(用于皮革、纺织品等)。

聚氨酯漆具有耐磨性优异、附着性强、耐化学腐蚀等优点，广泛用于地板漆、甲板漆、纱管漆等。其他合成树脂漆还有很多，这里不再叙述。如需了解详细生产方式及产品特性请参阅相关涂料专著。

6.1.3 水性涂料

6.1.3.1 水性涂料的类型和特点

以水为溶剂或分散介质的涂料均称为水性涂料，包括水溶性涂料和水乳液即通常所说的乳胶漆。水性涂料具有一定的环保性，其研究工作最早是在第二次世界大战期间开始的，但正式用于工业涂装，还是1963年从美国福特公司开始，之后英国、德国、日本等国家也相继发展。我国在20世纪60年代也进行了研究和推广工作，但开发进展比较缓慢，直到20世纪80年代后期才得到了较快的发展。到目前为止，水性涂料已形成一个多品种多功能多用途庞大而完整的体系，如图6-1所示。

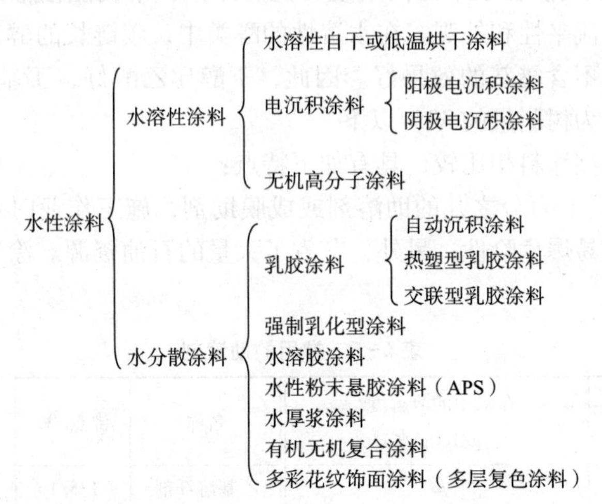

图6-1 水性涂料分类

涂料树脂的水性化可通过三个途径来实现：①在分子链上引入相当数量的阳离子或阴离子基团，使之具有水溶性或增溶分散性；②在分子链中引入一定数量的强亲水性基团(如羧基、羟基、醚基、氨基、酰胺基等)，通过自乳化分散于水中；③外加乳化剂乳液聚合或树脂强制乳化形成水分散乳液。有时几种方法并用，以提高树脂水分散液的稳定性。

由于树脂相对分子质量及水性化途径不同，水性涂料又可细分为水溶性、胶束分散型及乳液型三种。它们的特性如表6-4所示。

表 6-4 水性涂料的性能比较

项目		乳液	胶束分散	水溶液
物理性能	外观	不透明	半透明	清澈透明
	粒径/μm	0.1~1.0	0.01~0.1	<0.01
	相对分子质量	$0.1\times10^6\sim1\times10^6$	$1\times10^4\sim5\times10^4$	$5\times10^3\sim1\times10^4$
	黏度	稀，与相对分子质量无关	稀到稠，与相对分子质量有关	取决于相对分子质量大小
配方特性	颜料分散性	差	好到优	优
	颜料稳定性	一般	由燃料决定	由颜料决定
	黏度控制	需增稠剂	加助溶剂增稠	由相对分子质量控制
	成膜能力	需成膜助剂	好，需少量成膜助剂	优良
使用性能	施工黏度下固体分	高	中等	低
	光泽	最低	高	最高
	抗介质性	优	好到优	差到好
	坚韧性	优	中等	最低
	耐久性	优良	很好到优	很好

为了提高树脂的水溶性，调节水溶性涂料的黏度和漆膜的流平性，必须加入少量的亲水性有机溶剂如低级的醇和醚醇类，通常称这种溶剂为助溶剂，见表 6-5。助溶剂(亦称共溶剂)的作用是增加树脂在水中的溶解度，同时用于调节树脂溶液的黏度，提高漆液的稳定性，改善漆膜的流平性和外观。在水溶性的醇类中，碳链长的醇比碳链短的醇助溶效果好，含醚基的醇比不含醚基的效果好。因此，丁醇比乙醇好，丁基溶纤剂比丁醇更好。助溶剂的加入量通常为树脂量的 30% 以下。

水性涂料与溶剂型涂料相比较，具有如下特点：

(1)水性涂料仅含有百分之几的助溶剂或成膜助剂，施工作业时对大气污染低，并避免了溶剂性漆的易燃易爆危险性；另外，节省了大量的石油资源。涂装工具可用水洗，省去了清洗溶剂。

表 6-5 常用的助溶剂

名称	沸点/℃	在水中的溶解度/(g/100g 水)	名称	沸点/℃	在水中的溶解度/(g/100g 水)
乙醇	76	∞	乙基溶纤剂	135.1	∞
异丙醇	82.3	∞	丁基溶纤剂	171.2	∞
正丁醇	118	8	仲丁醇	100	12.5
叔丁醇	82	∞			

注：表中“∞”表示混溶；

(2)涂膜均匀平整，展平性好。电泳涂膜在内腔、焊缝、边角部位都有较厚的涂膜，整体防锈性良好；可在潮湿表面施工，对底材表面适应性好，附着能力强。

水性涂料存在的主要问题有：①稳定性差，有的耐水性差；②烘烤型能耗大，自干型涂料干燥慢；③表面污物易使涂膜产生缩孔；④涂料的施工管理要求较严。

不管怎样，建筑乳胶涂料已经是涂料品种中产量最大的，工业化大批量涂底漆已经全部被电泳漆所代替，水性浸漆、水性中涂及水性底色漆等已经在汽车行业得到了成功应用；高品质的汽车用水性面漆在国外已进入试用阶段；现场施工的水性重防腐涂料研究也取得了一定的进展，并显示出很大的市场潜力和更大实际意义。就目前来说，水性涂料可分为乳胶漆、自干水性漆、烘干型水性漆、电泳漆和自泳漆等几大类。

6.1.3.2　几种典型的水性涂料简介

(1)乳胶漆　乳胶漆是合成树脂乳胶漆的简称。属于水性涂料之一，是以合成聚合物乳胶漆为基础，使颜料、填料、助剂分散其中而组成的水分散系统。建筑涂料用聚合物乳液主要是苯丙乳液和丙烯酸酯乳液两类。苯丙乳液用于配置室内乳胶漆，丙烯酸酯乳液用于户外乳胶漆。聚合物乳液还少量的用于配置金属防锈漆，并往往采用交联性乳液，以增强漆膜的耐水、防锈性能。乳液品种也不局限于上述两种，还包括环氧乳液、聚氨酯乳液、氯磺化聚乙烯树脂乳液等。

颜料水浆是采用分散剂将颜料填料分散于水中，不采用乳胶作为展色剂，防止乳液在强机械作用力下失去稳定性。由于乳胶漆成膜是通过胶团间接触、形变而融合成均匀连续的致密涂层，从使用性能来说需要高的玻璃化温度(T_g)，从施工性来说希望有较低的最低成膜温度(MFT)，两者恰好是一对矛盾。为了解决这一问题，必须添加一定量的助成膜剂，促进胶团间在较低环境温度下具有形变融合作用。另外，乳胶漆还需要添加增稠剂来提高储存稳定性和改善施工性能；加入消泡剂改善涂层外观；加入多元醇提高冻融稳定性；由于乳胶漆容易霉变，还应加入防霉剂。对于金属用乳胶漆还需加入“闪蚀”抑制剂，预防涂膜初期产生的“泛锈”现象。

乳胶漆配方示例如下：$TiO_2$24.2%，滑石粉15.8%，浓度为2.5%的羟乙基纤维素溶液7.2%，10%聚磷酸盐溶液1.2%，消泡剂0.1%，水7.8%，50%的丙烯酸乳胶38.8%，丙二醇醚2.8%，乙二醇2.0%，防霉剂0.1%。

(2)自干型水性涂料　自干型水性涂料早期品种主要是醇酸及其改性树脂的水溶性涂料，未改性的抗水解稳定性、耐水性和干燥性都较差，经丙烯酸、聚氨酯、有机硅或松香树脂改性，可做一般防腐蚀底漆和面漆及木材用涂料漆。现在已开始开发成功双组分水稀释型涂料，如环氧和聚氨酯涂膜性能接近于溶剂型涂料，可做防腐蚀涂料、维护涂料及汽车维修涂料等。双组分环氧是将环氧树脂乳液与低黏度聚酰胺树脂混合，具有水可稀释性；双组分聚氨酯是将羟基丙烯酸树脂乳液与低黏度聚酰胺树脂混合，具有水可稀释性；双组分聚氨酯是将羟基丙烯酸树脂乳液与低黏度多异氰酸酯树脂(如三聚体)混合，水稀释后喷涂施工。由于配方经过精心设计和试验，成膜过程中羟基与异氰酸酯间的反应比水分子占优势，可得性能和外观都良好的涂层。

配方示例如下：

A组分　100%HDI三聚体19.2%，丙二醇醚醋酸酯10.23%。

B组分　43%羟基丙烯酸聚氨酯水分散液70.27%，消泡剂0.28%，有机锡0.02%。

其中羟基树脂含7%非醇助溶剂，A/B配比按NCO/OH=(1.5~3.0)/1的比例混合，过量的NCO基用于补偿水消耗部分，使OH基完全反应转化。

(3)烘干型水性涂料　烘干型水性涂料又称为水性烘漆，主要包括水性浸漆、中涂及面漆。当然电泳底漆也属于烘干型水性漆，但由于它涂覆机理的特殊性，另归成一类。水性烘漆主要靠离子化基团和强极性基团赋予水溶性、增溶分散和自乳化；同时，这些基团又具有交联性，如羟基、酰胺基等。主要品种有丙烯酸和聚酯两类。

水性丙烯酸涂料由水性羟丙树脂和交联配成，烘烤时，羟丙树脂中的羟基亦能参与酯化交联，加上水性树脂的相对分子质量比溶剂性能高，故涂膜物理性能优于溶剂性漆。这类涂料多数用作水性浸漆、底色漆、面漆及中涂。

水性丙烯酸漆的介质 pH 值控制在 8～8.5。保证树脂既有良好的分散稳定性，又不致于侧酯基被皂化水解，影响涂膜的柔韧性。喷涂型漆采用高挥发性氨中和，浸渍型漆采用低挥发性氨中和，用量仅为理论量的70%左右，因一部分羧基被深埋于树脂胶团内部，无法参与中和反应。由于水性漆特殊的胶团分散形式，稀释过程中往往有反常的黏度上升，达到最高黏度后又急剧下降，这一稀释峰又出现在通常的施工固体分范围内，它的存在给水性漆施工带来很大麻烦，易造成过厚、雾化不良或太稀易流挂，故水性漆的黏度控制要特别细心。对涂料本身来说，可适当降低树脂相对分子质量及添加适宜的助溶剂和用量来改进。

水性聚酯漆涂膜的坚韧性优于水性丙烯酸酯漆，多用于配置卷材涂料、抗冲击性优良的中涂、闪光效果优良的底色漆等，亦用于配制轻工产品的装饰性面漆。水性聚酯利用挥发性胺中和羧基赋予水溶性。为了确保酯基的抗水解稳定性，树脂合成通过分子设计，形成具有空间位阻作用大的酯基来达到预定目的，因而它的树脂合成配方和工艺不同于溶剂性涂料，所得树脂相对分子质量也比溶剂性高，从而确保了该类涂料的实用性。

(4)自泳涂料　自泳涂料由聚合物乳液、颜料、酸、氧化剂等配制而成，待涂覆金属被漆液化学溶解产生多价金属离子，使接触界面乳液胶团絮凝而沉积形成的涂膜。由于它的沉积过程靠化学反应来推动，故又称之为化学泳涂，以区别于电泳涂料，但同样具有良好的平整度、膜厚均一性和防护性，且沉积时间短(2min)，烘烤温度低(约100℃)。主要品种有丙烯酸自泳涂料和偏氯乙烯自泳涂料等，偏氯乙烯自泳涂料有更好的防护性，详见表6-6。

表6-6　偏氯乙烯自泳涂料的主要性能

项目	偏氯乙烯自泳涂料	苯丙乳胶涂料	项目	偏氯乙烯自泳涂料	苯丙乳胶涂料
干燥	90～105℃，20min	25℃实干24h，105℃，1h	柔韧性/mm	1	1
膜厚/μm	14～24	—	铅笔硬度	≥4H	—
附着力/级	1～2	—	盐雾试验/h	>500	—
冲击强度/N·cm	490	490	耐盐水(24h)	—	无变化

由于沉积析出的湿膜可以水冲洗，故涂膜中不残留表面活性剂或其他水性物质，耐水防锈性远比普通乳胶漆优越。

①自泳涂装原理　自泳涂料由聚合物乳液、炭黑轻质颜料、HF 酸性物质及 H_2O_2 氧化剂等组成。当钢铁件浸于酸性自泳涂料中时，铁表面被溶解活化并产生 Fe^{3+} 凝集剂：

$$Fe + 2HF \longrightarrow Fe^{2+} + H_2\uparrow + 2F^-$$

$$2Fe^{2+} + H_2O + 2H^+ \longrightarrow 2Fe^{3+} + 2H_2O$$

氧化剂的另一个作用是减少金属表面气泡：

$$2[H] + H_2O_2 \longrightarrow 2H_2O$$

随着金属界面附近槽液中 Fe^{3+} 的富集，树脂乳液将被凝集而沉积在活化的金属表面上形成涂膜，有足够的强度可以用水冲洗。

②自泳涂装的特点　相对于电泳涂装，自泳涂装的特点如下：

节能：因自泳涂装利用化学作用过程，不耗电能，能耗比电泳涂装少50%。

高防护性能：在自泳沉积过程中，金属的表面处理(活化)与涂膜沉积同时进行，涂膜的附着力很强，经适当处理以后，涂膜耐盐雾性能约600h，可与阴极电泳涂膜相媲美。

工艺过程短：自泳涂装不需要磷化处理，工序数少，设备投资可减少30%～60%，占地空间可减少20%～50%。

生产效率高：自泳时间一般为1～2min，适合于流水生产方式。

无泳透力问题：只要工件表面任何部位与槽液接触，都能得到一层厚度十分均匀的覆盖层，厚度误差在±1.3μm以内，有更好的装饰性和防护性能。

挂具不需要清理：涂膜固化后耐酸耐碱，因而不必清除掉挂具上的涂膜，大大减少了工作量。

漆液不含任何有机溶剂：从根本上消除了有机挥发物对环境的污染问题。

表面活性剂等水溶性物质：不会大量的与成膜物质一起沉积，从根本上解决了一般乳胶涂料耐水性差的问题。

但自泳涂料毕竟是一种水性涂料，同样存在槽液稳定性问题，特别是金属离子在槽液中持续积累，对槽液稳定性是不利的，但只要槽液更新次数在15次以上，就有实用性。

6.1.4　粉末涂料

粉末涂料是一种含有100%固体份的、以粉末形态进行涂装并形成涂层的涂料。它与一般溶剂性涂料和水性涂料不同，不使用溶剂或水作为分散媒介，而是借助于空气作为分散媒介。

粉末涂料作为无溶剂涂料的代表与水性涂料一样在涂料涂装产业界引起世界的瞩目。近年来，全世界粉末涂料的生产量逐年增长，尤其欧洲和美国的涂料制造厂是以环境保护为优先考虑产品开发目标，低VOC的涂料始终保持高增长率。日本还是以品质和经济因素为优先，故其工业涂装在环保方面仍落后欧洲。在未来若干年，随着全球环境变化对人类生存条件的影响越来越明显，相信各国都会逐渐重视对环境的保护，可以预见不久的将来，粉末涂料和水性涂料必将占领涂装市场的制高点！

6.1.4.1　粉末涂料的种类及特点

粉末涂料不含任何溶剂，涂膜厚度最厚可达数百微米，并有良好的物理力学性能，涂料利用率高达95%以上，是节省资源的环境性涂料。粉末涂料分为热塑性和热固性两大类。热塑性粉末涂料的主要品种有聚氯乙烯(PVC)、聚乙烯(PE)、聚丙烯(PP)、聚酰胺(尼龙)、氟树脂、氯化聚醚、聚苯硫醚等，涂料由树脂、颜(填)料、流平剂、稳定剂等组成；热固性粉末涂料的品种主要有环氧树脂类、环氧树脂-聚酯类、聚酯、聚氨酯、丙烯酸等，涂料中含有固化剂。

热固性粉末涂料的的熔融温度，熔体黏度都较热塑性粉末涂料低，涂膜的附着力和平整度都比热塑性粉末涂层好。热塑性粉末涂料的数值很多具有结晶型，在烘烤以后需进行淬火处理，以保证涂层具有一定的附着力，热塑性粉末涂料是20世纪70年代以前粉末涂料的主要产品，它是采用火焰喷涂和流化床施工，对金属进行防腐蚀保护。粉末涂料的缺点是需要专用涂覆设备，换色困难，薄涂难，外观装饰性差，烘烤温度高。鉴于热固性粉末涂料树脂的相对分子质量低，带有较多的极性基因，它比热塑性树脂有更好的粉碎加工性、低加热温度和熔融黏度，较强的附着力。20世纪70年代以后，开发了性能更好的热固性粉末涂料和静电喷涂施工方法，纯粹的防护性涂层转向装饰性涂层，热塑性粉末涂料大多被热固性粉末涂料所代替，粉末涂料的应用范围不断得到拓展，在机械零件和轻工产品的涂饰与保护领域占有相当的份额。20世纪90年代以后，粉末涂料的开发重点正从厚涂层向装饰性薄层转移。

6.1.4.2 粉末涂料的主要组分及作用

粉末涂料用树脂应在熔融温度与黏度、荷电性能、稳定性、润湿与附着力、粉碎性能等方面都满足要求。树脂的玻璃化温度应在50℃以上，熔融温度应远高于树脂的分解温度；熔融黏度要低，熔体的热致稀释作用强，便于在较低加热温度下流平及空气等气体的逸出，环氧树脂和聚酯树脂都有较低的熔融黏度。粉末涂料一般都有适宜的荷电性，使之通过静电吸附在被涂金属表面、在用摩擦静电喷枪喷涂时，有些树脂需加改性剂。

固化剂应确保粉末涂料有良好的储存稳定性且不结块，故都选用粉末或其他固态，但在熔融混合过程中不得起化学反应；固化剂的反应温度要低，固化反应产生的气体副产物少。

颜料应选用耐热无毒的无机或有机颜料，防止粉末制造和使用过程中粉末飘散对人体健康的危害；颜料的分散性影响涂层的光泽与力学性能，树脂对颜料的分散性依聚酯、环氧、丙烯酸酯递减。

粉末燃料必须采用专用的助剂，主要有流平剂、边角覆盖力改性剂、消光剂、花纹助剂等。其中最重要的是流平剂，因粉末涂料熔体的黏度比溶剂性涂料的大得多，涂膜容易产生缩孔和不平整。流平剂都采用聚丙烯酸脂树脂或有机硅树脂流平剂的相对分子质量较低，由于它与粉末涂料树脂的混溶性受限，能迁移到涂膜表面降低表面张力，一般用量为0.2%~2%，但用量过多会降低光泽。

对于熔体黏度低的粉末涂料，还需要添加微细二氧化硅或聚乙烯醇缩丁醛来提高边角覆盖力。若制造半光或无光粉末涂料可以添加有消光作用的固化剂或非反应性消光剂。消光性固化剂由两个固化反应性有差异的固化剂组成，反应活性大的固化剂的先期固化反应破坏了最终涂膜表面的微观平整度。非反应性消光剂有硬脂酸金属盐和低相对分子质量热塑性树脂。硬脂酸金属盐在粉末涂料熔融时因与粉末涂料树脂不相容而析出，使表面消光。硬脂酸金属盐适用的是锌盐和镁盐，用量为10%~20%，由于用量大，不太适宜粉末涂料的熔融挤出加工。相对而言，低相对分子质量热塑性树脂消光剂比较重要，它在高温下与粉末涂料熔融树脂相溶，降温时析出，品种有聚乙烯蜡、聚丙烯蜡、聚乙烯共聚物蜡等。其他的消光剂还有脂肪族酰胺蜡，需与锌盐促进剂配合使用。添加片状颜料及特殊助剂，可制造闪光、锤纹、皱纹型美术涂料。

6.1.4.3　粉末涂料的制造方法

传统的粉末涂料的制造方法是使用熔融混练粉碎法(俗称干法)。这种方法的工艺流程长，且分散不充分，调色也困难，制成后若不合格，无法修正。

美国Ferro公司开发了新的粉末涂料制造方法，称为VAMP法(the vede advanced manufacturing process)，它是使用超临界液体二氧化碳的湿式制造法。所谓超临界液体(流体)是临界状态的蒸气，既不是气相也不是液相，显示出特异的形状和性质。VAMP法的制造工艺简单，将粉末涂料用的全部原料投入料箱中，加超临界液体二氧化碳混合搅拌，使树脂软化，制成膨润的液体涂料。充分搅拌后，向常压容器中排出，即可得到粉碎的粉末涂料。小粒径的粉末涂料就是用此法制造。

6.1.4.4　几种典型的粉末涂料

(1)环氧粉末涂料　环氧粉末涂料在热固性粉末涂料中占有相当高的比例，主要是由于该涂料具有很多优异的性能，如涂膜具有较好的的外观、涂膜的物理力学性能及耐化学药品性能好，并且还具有良好的电气绝缘性，通过选择合适的固化剂，可以得到常温储存稳定性好的粉末涂料，静电作业性好等，因此环氧粉末涂料被广泛用于电气绝缘、防腐及对装饰要求不太苛刻的产品上涂覆。

环氧粉末涂料的组成是由专用的树脂、固化剂、流平剂、颜料、填料、和其他助剂配成，一般采用软化点在70～110℃的环氧树脂，如环氧604(E－12)。这样的树脂容易粉碎，不易结块，熔融黏度低。粉末涂料的生产方法与传统的溶剂性涂料有所不同，粉末涂料的生产工艺仅是物理混溶过程，它不存在复杂的化学反应，而且要尽可能控制其不发生化学反应，以保持产品具有相对的稳定性。其生产过程可分为物料混合、熔融分散、热挤压、冷却、压片、破碎、分级筛选和包装等工序。

粉末涂料的固化剂采用双氰胺、酸酐、二羧酸二酰肼、咪唑类。选用双氰胺固化剂涂膜色浅；酸酐固化剂固化快，涂膜交联密度高，整体防护性能好，是重要的固化剂，但涂膜光泽低；二羧酸二酰肼固化剂具有较好的韧性、快固化性和抗黄变性，适宜配制白色涂料；咪唑类固化剂固化温度低，高温固化光泽低。

由于环氧树脂的耐候性差，主要用作防腐蚀，做一般装饰性涂料时，可用羧基聚酯树脂代替酸酐作为交联剂，成本也得到降低。环氧聚酯粉末涂料的组成见表6-7，其主要性能如下：固化条件为180℃，10min；柔韧性为2mm；光泽为≥85%；附着力为1级；铅笔硬度为2H；冲击强度为392N/cm；盐雾试验(240h)为一级。

表6-7　环氧聚酯粉末涂料举例

组成	质量份	组成	质量份
E－12环氧树脂	45	钛白粉	43
聚酯(酸值55mg KOH/g)	55	咪唑类	0.3
安息香	0.5	群青	0.2
流平剂	0.5		

(2)热固性聚酯粉末涂料　热固性聚酯粉末涂料具有良好的防护性和装饰性，易于薄

膜化。装饰性涂料采用羟值30~100mg KOH/g的聚酯或酸值30~60mg KOH/g的聚酯，树脂的玻璃化温度应在50℃以上。分别用异氰尿酸三缩水甘油酯或封闭型异福尔酮二异氰酸酯作交联剂；防护性涂料采用羟基聚酯与封闭型芳香族二异氰酸酯交联。配方举例见表6-8。

表6-8　热固性聚酯粉末涂料的典型配方

组成	质量份	组成	质量份
聚酯(羟值40mg KOH/g)	78	流平剂	0.3
己内酰胺封闭异福尔酮二异氰酸酯	19	钛白	67
环氧树脂	3	有机锡	0.2
安息香	0.3		

这类涂料在烘烤固化时，由于封闭剂挥发释放，易产生气孔，需添加脱气剂。聚酯粉末涂料的主要性能如下：固化条件为180，10min；柔韧性为2mm；60℃光泽≥85%；冲击强度为392N/cm。

聚酯型粉末涂料有着优良的耐候性，这就决定其可在户外使用的特征，主要应用场合有：

①建筑材料　欧洲铝材建筑材料采用粉末涂装是比较普遍的，门窗用铝材挤出型材料的60%是采用聚酯粉末涂料涂装的。

②道路标志桩　在静电粉末喷涂方法实用化初期，应用实例之一就是道路标志桩。因为粉末涂装远比溶剂性涂装涂膜抗腐蚀性好，所以国外道路标志桩大多采用粉末涂料。

③汽车工业　国外已有采用聚酯或丙烯酸粉末作为轻型卡车面漆的工艺投产。

④交通器材　汽车和摩托车的附件或轮毂、自行车车身和道路隔离栅栏等。

⑤家用电器　空调外壳和煤气炉护板等。

⑥家庭用具　庭院工具、扶手和栅栏等。

⑦其他　农业器械和电线杆等。

(3)热固性丙烯酸酯粉末涂料　丙烯酸酯粉末涂料系由丙烯酸酯树脂和相应的固化剂配制而成，从粉末涂料的储存稳定性、涂膜的耐候性、物理力学性能和耐化学药品性能等综合起来评述。国外有人认为：应以发展含缩水甘油醚基的丙烯酸酯树脂，采用多元羧酸固化的体系作为丙烯酸酯粉末涂料的主流。这种粉末涂料的耐候性、耐污染性、硬度、光泽都比环氧和聚酯粉末好，但是颜料/基料比小，遮盖力低，涂装成本高。而西欧等国家和地区则发展含羧基丙烯酸酯树脂，采用二噁烷固化体系作为丙烯酸酯粉末涂料的发展方向，这种粉末涂料的最大缺点是夏季储存稳定性差。

丙烯酸酯粉末涂料最大的特点就是它比环氧粉末涂料和聚酯粉末涂料的装饰性好，特别是保光性、保色性和户外耐久性非常好，非常适合户外涂装。此外，丙烯酸酯粉末涂料由于其体积电阻率比其他粉末涂料大，所以可以薄涂。另外，丙烯酸酯粉末涂料还具有良好的物理力学性能。

由于丙烯酸酯粉末涂料生产成本较高，所以其商品售价也贵。目前国外丙烯酸酯粉末涂料主要生产国家有美国、德国和日本。近年来，为了降低成本，大日本油墨化学公司开发成功丙烯羧酸-聚酯粉末涂料，该类丙烯酸酯-聚酯粉末涂料的主要特征是：

①在烘烤时无挥发成分产生，促成了无公害化。

②该涂料具有丙烯酸粉末涂料的优良耐候性和耐污染性，兼有聚酯粉末涂料的耐腐蚀性。

③可用于160℃下固化。

④一次性涂覆在100μm以上，且无气泡产生。

丙烯酸酯粉末涂料具有优良的保光、保色和耐候性能，主要应用场合如下。建筑材料：建筑门窗和部件。汽车工业：轻型卡车表层。交通器材：汽车和摩托车的附件，自行车本身和道路隔离栏等。家庭用具：庭院用具，扶手和栅栏等。家用电器：空调器、冰箱、洗衣机和微波炉等。金属预涂材料：PCM钢板。其他：农业机械、交通标志和路灯。

配方实例：丙烯酸酯100；癸二酸17.5；流平剂0.5；钛白粉30(均为质量份)。

将上述原料投入混合器中混合均匀，经熔融挤出、冷却、粉碎、过筛(180目)制得粉末涂料。可采用静电喷涂，将粉末涂料喷涂到先经过磷化处理的铁板上，固化条件为180℃、20min，涂膜厚度为30~75μm。

6.2 黏合剂

6.2.1 概述

6.2.1.1 黏合剂的特点、分类和组成

黏合剂又称胶黏剂，是通过黏附作用使被粘物相互结合在一起的物质。近年来，黏合技术发展迅速，应用十分广泛，与焊接、铆焊、榫接、钉接、缝合等连接方法相比具有以下的特点。

①可以黏合不同性质的材料，对被黏接材料的适用范围较宽。如对两种不同性质的金属或脆性陶瓷材料很难焊接、铆焊和钉接，但采用黏合方法可以获得事半功倍的效果。

②可以黏合异型、复杂结构和大型薄板的结构部件。采用黏合方法可以避免焊接时产生的热变形和铆接时产生的机械变形。大型薄板结构件不采用黏合方法是难以制造的。

③黏合件外形平滑美观，有利于提高空气动力学性能。这一特点对航空飞机、导弹和火箭等高速运载工具尤其重要。

④黏合是面粘接，不易产生应力集中，接头有良好的疲劳强度，同时具有优异的密封、绝缘和耐腐蚀等性能。

但是，黏合技术对被黏物的表面处理和黏合工艺要求很严格，对黏合质量目前也没有简便可行的无损检验方法。

黏合剂品种繁多，可按多种方法进行分类。

按照黏合剂基体材料的来源可分为无机黏合剂和有机黏合剂(图6-2)。无机黏合剂虽然具有良好的耐热性，但受冲击容易脆裂，用量很少。有机黏合剂包括天然黏合剂和合成黏合剂。天然黏合剂来源丰富，价格低廉，毒性低，但耐水、耐潮和耐微生物作用较差，

主要在家具、包装、木材综合加工和工艺品制造中有广泛的应用。合成黏合剂具有良好的电绝缘性、隔热性、抗震性、耐腐蚀性、耐微生物作用和良好的黏合强度，而且能根据不同用途的要求方便地配制不同的黏合剂。合成黏合剂的品种多、用量大，约占总量的60% ~70%。

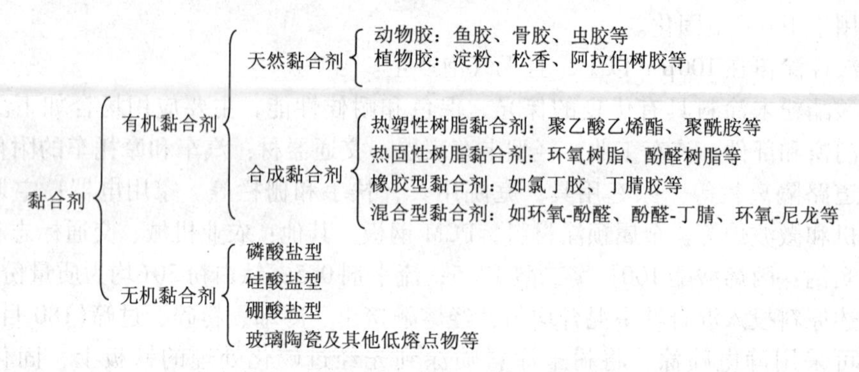

图6-2　黏合剂的分类

按粘接处受力的要求可分为结构型黏合剂和非结构性黏合剂。结构型黏合剂用于能承受载荷或受力结构件的黏接，黏合接头具有较高的粘接强度。如用于汽车、飞机上的结构部件的连接。一般热固性黏合剂和合金型黏合剂适合于做结构型黏合剂。非结构型黏合剂用于不受力或受力不大的各种应用场合，通常为橡胶型黏合剂和热塑性黏合剂，常以压敏、密封剂和热熔胶的形式使用。

按固化方式的不同，黏合剂可分为水基蒸发型、溶剂挥发型、化学反应型、热熔型和压敏型等。

黏合剂一般是以聚合物为主要成分的多组分体系。除主要成分(基料)外，还有许多辅助成分，可对主要成分起到一定的改性或提高品质的作用。仔细选择辅助成分的品种和数量，可使黏合剂的性能达到最佳。根据配方及用途的不同，包含以下辅料中的一种或数种。

(1)固化剂　用以使黏合剂交联固化，提高黏合剂的黏合强度、化学稳定性、耐热性等，是热固性树脂为主要成分的黏合剂所必不可少的成分。不同的树脂要针对其分子链的反应基团而选用合适的固化剂。

(2)硫化剂　与固化剂的作用类似，是使橡胶为主要成分的黏合剂产生交联的物质。

(3)促进剂　可加速固化剂或硫化剂的固化反应或硫化反应的物质。

(4)增韧剂及增塑剂　能改进黏合剂的脆性、抗冲击性和伸长率。

(5)填料　具有降低固化时的收缩率、提高尺寸稳定性、耐热性和机械强度、降低成本等作用。

(6)溶剂　溶解主料以及调节黏度，便于施工，溶剂的种类和用量与粘接工艺密切相关。

(7)其他辅料　如稀释剂、偶联剂、防老剂等。

6.2.1.2　粘接及其粘接工艺

粘接(胶接)是用黏合剂将被粘物表面连接在一起的过程。要达到良好的粘接，必须具备两个条件：①黏合剂要能很好地润湿被粘物表面；②黏合剂与被粘物之间要有较强的相互作用。

液体对固体表面的润湿情况可用接触角来描述，如图 6-3 所示。接触角 θ 是液滴曲面的切线与固体表面的夹角。

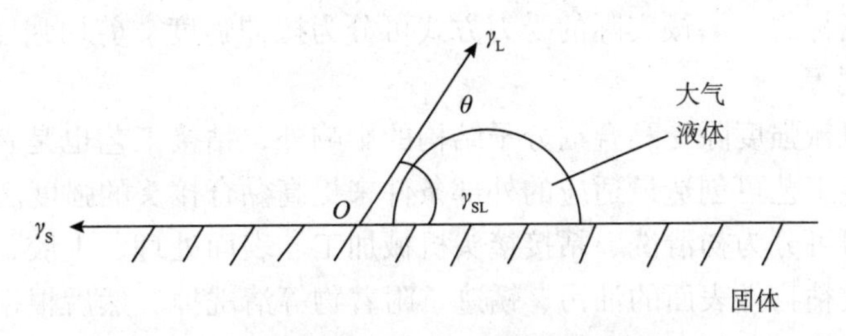

图 6-3　液体与固体表面的接触角

接触角 $\theta<90°$ 时的状况为润湿，$\theta>90°$ 时润湿不良，$\theta=180°$ 不润湿，$\theta=0°$ 是液体在固体的表面铺展。一般将 θ 趋于零时液体的表面张力称为临界表面张力。液体对固体的润湿程度主要取决于它们的表面张力大小。当一个液滴在固体表面达到热力学平衡时，应满足如下方程式。

$$\gamma_{SA} = \gamma_{SL} + \gamma_{LA}\cos\theta$$

如果三个力的合力使接触点上液滴向左拉，则液滴扩大，θ 变小，固体润湿程度变大；若向右拉，则产生相反现象。这里，向左方拉的力是 γ_{SA}，向右方拉的力是 $\gamma_{SL}+\gamma_{LA}\cos\theta$，由此可以得出：

$\gamma_{SA}>\gamma_{SL}+\gamma_{LA}\cos\theta$ 时，润湿程度增大；

$\gamma_{SA}<\gamma_{SL}+\gamma_{LA}\cos\theta$ 时，润湿程度减小；

$\gamma_{SA}=\gamma_{SL}+\gamma_{LA}\cos\theta$ 时，液滴处于静止状态。

因此可以得出：

$$\cos\theta = \frac{\gamma_{SA} - \gamma_{SL}}{\gamma_{LA}}$$

因此，表面张力小的物质能够很好地润湿表面张力大的物质，而表面张力大的物质不能润湿表面张力小的物质。一般金属、金属氧化物和其他无机物的表面张力较大，远大于黏合剂的表面张力，很容易被黏合剂润湿，为形成良好的黏合力创造了先决条件。有机高分子材料的表面张力较低，不容易被黏合，特别是含氟聚合物和非极性的聚烯烃类聚合物等难粘性材料，更不容易黏合，此时可以在黏合剂中加入适量表面活性剂以降低黏合剂的表面张力，提高黏合剂对被粘材料的润湿能力。玻璃、陶瓷介于上述二者之间。另外，木材、纤维、织物、纸张、皮革等属于多孔物质，容易润湿，只需进行脱脂处理，即可以黏合。

黏合剂与被粘物之间的结合力，大致有以下几种：①由于吸附以及相互扩散而形成的次价结合；②由于化学吸附或表面化学反应形成的化学键；③配价键，如金属原子与黏合剂分子中的 N、O 等原子形成的配价键；④被粘物表面与黏合剂由于带有异种电荷而产生的静电吸引力；⑤由于黏合剂分子渗进被粘物表面微孔中以及凹凸不平处而形成的机械啮合力。

不同情况下，这些力所占的相对比例不同，因而就产生了不同的粘接理论，如吸附理论、扩散理论、化学键理论及静电吸引理论等。

粘接接头(图 6-3)在外力的作用下被破坏的形式分三种基本情况：①内聚破坏，黏合剂或被粘物中发生的目视可见破坏；②黏附破坏，黏合剂和被粘物界面处发生的目视可见破坏；③混合破坏，兼有①和②两种情况的破坏。因此，要想获得良好的黏合接头，黏合剂与被粘物的界面粘接强度、胶层的内聚强度都必须加以考虑，黏合接头的机械强度是黏合剂的主要性能指标之一。按实际的受力方式可分为拉伸强度、剪切强度、冲击强度、剥离强度和弯曲强度等。

黏合接头的机械强度除受黏合剂分子结构的影响外，粘接工艺也是一个很重要的影响因素，合理的粘接工艺可创造最适应的外部条件来提高黏合接头的强度。

粘接工艺一般可分为初清洗、粘接接头机械加工、表面处理、上胶、固化及修整等步骤。初清洗是将被粘物件表面的油污、锈迹、附着物等清洗掉。然后根据接头的形式和形状对接头进行机械加工，如通过对被粘物表面机械处理以形成适当的粗糙度等。粘接的表面处理是粘接好坏的关键。常用的表面处理方法有溶剂清洗、表面喷砂、打毛、化学处理等，或使某些较活泼的金属“钝化”，以获得牢固的胶接层。上胶的厚度一般以 0.05 ~ 0.15mm 为宜，不宜过厚，厚度越厚产生缺陷和裂纹的可能性越大，越不利粘接强度的提高。另外，固化时应掌握适当的温度，固化时施加压力有利粘接强度的提高。

6.2.1.3　黏合剂的选择

不同的材料、不同的用途以及价格等方面的因素常常是我们选择黏合剂的基础。其中材料是决定选用黏合剂的主要因素，下面就介绍几类材料所适用的黏合剂。

(1)金属材料　用于粘接金属的常用结构型黏合剂的性能如表 6-9 所示，利用此表可对黏合剂的种类进行初步筛选。

表 6-9　金属材料用结构型黏合剂的性能

黏合剂	使用温度范围/℃	剪切强度/MPa	剥离强度	冲击强度	抗蠕变性能	耐溶剂性	耐潮湿性	接头特性
环氧-胺	-46 ~ 66	21 ~ 35	差	差	好	好	好	刚性
环氧-聚酰胺	-51 ~ 66	14 ~ 28	一般	好	好	好	一般	柔韧
环氧-酸酐	-51 ~ 150	21 ~ 35	差	一般	好	好	好	刚性
环氧-尼龙	-253 ~ 82	45.5	很好	好	一般	好	差	韧
环氧-酚醛	-253 ~ 177	22.5	差	差	好	好	好	硬
环氧-聚硫	-73 ~ 66	21	好	一般	一般	好	好	韧
丁腈-酚醛	-73 ~ 150	21	好	好	好	好	好	柔韧
乙基-酚醛	-51 ~ 107	14 ~ 35	很好	好	一般	一般	好	柔韧
氯丁-酚醛	-57 ~ 93	21	好	好	好	好	好	柔韧
聚酰亚胺	-253 ~ 316	21	差	差	好	好	一般	硬
聚苯并咪唑	-253 ~ 260	14 ~ 21	差	差	好	好	好	硬
聚氨酯	-253 ~ 66	35	好	好	好	一般	差	韧
丙烯酸酯	-51 ~ 93	14 ~ 28	差	差	好	差	差	硬
氰基丙烯酸酯	-51 ~ 66	14	差	差	好	差	差	硬
聚丙醚	-57 ~ 82	17.5	一般	一般	好	差	好	柔韧
热固性丙烯酸	-51 ~ 121	21 ~ 28	差	差	好	好	好	硬

(2)塑料用黏合剂　塑料基体和黏合剂的物理化学性质都有影响粘接接头的强度，塑料和黏合剂的玻璃化温度及热膨胀系数是要考虑的主要因素。结构型黏合剂应有比使用温度高的玻璃化温度以避免蠕变等问题。如果黏合剂在远低于其玻璃化温度下使用，会导致脆化而使冲击强度下降。塑料与黏合剂的热膨胀系数如果相差较大，则粘接接头在使用过程中容易产生应力。另外，聚合物表面在老化过程中的变化也不可忽视。

表6-10列出了粘接各种塑料的黏合剂类型，可供参考，表中注有“表面处理”的塑料，指的是经化学方法处理。其他塑料也要经溶剂擦洗或砂纸打磨处理。

表6-10　塑料在黏合剂的选择

塑料	黏合剂编号	塑料	黏合剂编号
热塑性塑料		聚偏二氯乙烯	[10]
聚甲基丙烯酸甲酯	[15][14][17]	聚苯二烯	[17][2][14][3][5]
乙酸纤维素	[1][14][2]	聚氨酯	[14][15][5]
乙酸－丁酸纤维素	[1][14][2]	聚甲醛	[8][14][17][5]
硝酸纤维素	[1][14][2]	聚甲醛(表面处理)	[5][3][14][17]
乙基纤维素	[3][10][8][1]	氯化聚醚	[14][17][5]
聚乙烯	[16][13]	氯化聚醚(表面处理)	[14][17][5]
聚乙烯(表面处理)	[3][5][10]	尼龙	[15][3][10][8]
聚丙烯	[16]	热固性塑料	
聚丙烯(表面处理)	[3][5][10]	邻苯二甲酸二烯丙酯	[3][5][6][17]
聚三氟氯乙烯	[16]	聚对苯二甲酸乙二醇酯	[10][8][16][17]
聚三氟氯乙烯(表面处理)	[3][5][12]	环氧树脂	[3][17][15][6][12]
聚四氯乙烯	[16]	不饱和聚酯	[10][4][3][17][14]
聚四氯乙烯(表面处理)	[3][5][12]	呋喃树脂	[6][3][4][14]
聚碳酸酯	[17][14][5][2]	蜜胺树脂	[3][4][14]
硬聚氯乙烯	[14][17][3][5]	酚醛树脂	[3][4][10][12][14][15]
软聚氯乙烯	[10][11][7][9]		[17][18]

注：[1]硝酸纤维素；[2]氰基丙烯酸酯；[3]环氧树脂；[4]酚醛－环氧树脂；[5]环氧－聚硫树脂或环氧－聚酰胺树脂；[6]呋喃树脂；[7]丁苯橡胶系(溶剂型)；[8]氯丁系(溶剂型)；[9]氯丁系(胶乳)；[10]丁腈－酚醛树脂；[11]丁腈橡胶系(胶乳)；[12]酚醛树脂；[13]聚丁二烯树脂；[14]聚氨酯树脂；[15]间苯二酚甲醛树脂；[16]硅树脂(二甲苯溶液)；[17]不饱和聚酯－苯乙烯树脂；[18]脲醛树脂

(3)橡胶用黏合剂　对于大多数橡胶与橡胶的粘接，氯丁橡胶、环氧－聚酰胺和聚氨酯黏合剂等能提供优异的粘接强度，不过橡胶中的填料、增塑剂、抗氧剂等配合剂容易迁移至表面，影响粘接强度，使用过程时应注意。橡胶与其他非金属材料的粘接，可视另一种材料的情况而定。橡胶－皮革可用氯丁胶和聚氨酯黏合剂；橡胶－塑料、橡胶－玻璃和橡胶－陶瓷可用硅橡胶黏合剂；橡胶－玻璃钢、橡胶－酚醛塑料可用氰基丙烯酸酯和丙烯酸酯等黏合剂；橡胶－混凝土、橡胶－石材可用氯丁橡胶、环氧胶和氰基丙烯酸酯等黏合剂。橡胶－金属的粘接一般可选用改性的橡胶黏合剂，如氯丁－酚醛树脂黏合剂和氰基丙烯酸酯等黏合剂。

(4)复合材料用黏合剂　环氧、丙烯酸酯以及聚氨酯黏合剂常用于复合材料的粘接。

(5)玻璃　用于粘接玻璃的黏合剂，除考虑强度外还要考虑透明性以及与玻璃热胀系数的匹配性。常用的黏合剂包括环氧树脂、聚乙酸乙烯酯、聚乙烯醇缩丁醛和氰基丙烯酸酯等黏合剂。

(6)混凝土　建筑结构主要是钢筋混凝土结构、建筑机构胶的主要粘接对象是金属、混凝土及其他水泥制品，既要求室温的固化，又要有高的粘接强度。迄今为止，绝大部分采用环氧树脂黏合剂，对载荷不大的非结构件也可用聚氨酯黏合剂。现在世界各国已有多种牌号，如法国的西卡杜尔 31#、32#，前苏联的 EP－150#、EP－151#，日本的 E－206、10#胶，中国科学院大连化学物理所于 1983 年研制成功 JGN 型系列建筑结构胶。

6.2.2　热固性黏合剂

所谓热固性黏合剂是指基料在固化过程中发生化学交联反应形成网状结构的体型大分子，其微观结构见图 6-4。该种黏合剂形成的粘接层受热后不熔不溶，类似热固性树脂材料。常见的包括环氧树脂胶黏剂、酚醛树脂胶黏剂和不饱和聚酯胶黏剂。

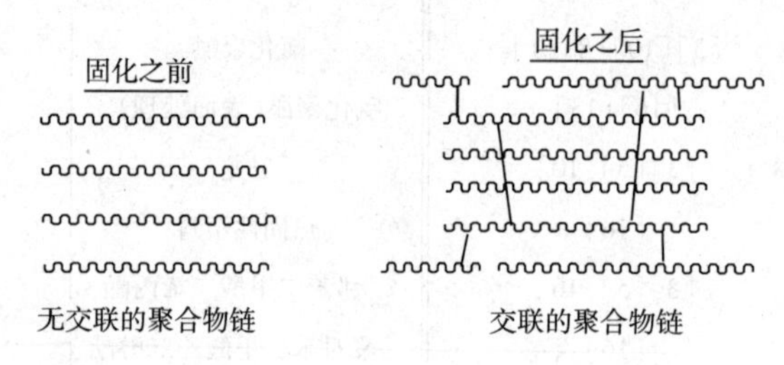

图 6-4　热固性胶黏剂固化机理

6.2.2.1　环氧树脂黏合剂

组成材料中的合成树脂采用环氧树脂或者环氧树脂与其他树脂的混合物，配以不同的固化剂、填料、稀释剂等助剂，可以得到不同品种和用途的环氧树脂黏合剂。这类黏合剂由于树脂中含有极活泼的环氧基($\underset{\diagdown O \diagup}{-\overset{H}{C}-CH_2}$)和多种极性基(特别是羟基)，对金属、木材、玻璃、硬塑料和混凝土都有很高的黏附力。环氧树脂黏合剂如今已用于粘接金属及非金属建筑材料，在粘接混凝土方面，其性能远远超过其他黏合剂。

同其他类型黏合剂相比较，环氧树脂黏合剂有很多优点：①适应力强，应用范围广泛；②不含挥发性溶剂；③低压粘接(接触压即可)；④固化收缩率低；⑤固化产物蠕变小，抗疲劳性好；⑥耐腐蚀、耐湿性、耐化学药品及电气绝缘性优良。它也存在一些不足：①对结晶型或极性小的聚合物(如聚烯烃、有机硅、氟化物、丙烯酸塑料、聚氟乙烯等)粘接力差；②抗剥离、抗开裂性、抗冲击性和韧性不良。但是这些缺点是可以克服的，缺点①可以通过打底(对被粘物进行表面处理)解决；缺点②可以采用改性环氧树脂使性能得到改善。

通常采用双组分包装提供使用(主剂和固化剂)，对于使用自动粘接机生产的应用多采用单组分黏合剂。黏合剂用的环氧树脂广泛采用双酚 A 型树脂；有耐热要求或其他特殊条件的，也可采用耐热性优良的环氧树脂品种和特种环氧树脂。

环氧黏合剂的供应形态基本上是液态胶种，单组分黏合剂根据用途和使用方式的不同，也可供应固态（主要是粉末状）、带状或膜状（主要是预聚物）。

按使用形式可分为双组分黏合剂和单组分黏合剂。按照固化剂种类可分为常温、中温、高温和超高温固化型。显然，固化温度提高，其黏合剂的耐热温度也随之提高。使用双组分黏合剂时需要注意两点：①按规定的比例将两组分均匀混合；②注意黏合剂的使用期（混合体系黏度上升到不能使用的时间）。混合比例不同，粘接强度也不同，一般固化剂过量时，粘接强度下降的程度比固化剂不足时大。单组分黏合剂的出现是为了克服双组分黏合剂的一些缺点，例如，双组分需要两个包装容器分别盛装不同组分；使用时混合比例的准确性要求较高，且混合的均一性也将影响粘接强度；另外在树脂和固化剂混合后便只有很短的使用寿命（不同固化剂寿命不同，短的包括脂肪胺类固化剂只有数十分钟，长得像酸酐类也只有数天）。因此，配制单组分黏合剂可以使粘接工艺简化，并适用于自动化操作工序中。

将固化剂和环氧树脂混合起来配制单组分黏合剂，主要是依靠固化剂的化学结构或者是采用某种技术把固化剂对环氧树脂的开环活化作用暂时冻结起来，然后在热、光、机械力或化学作用（如遇水分解）下固化剂活性被激发，迅速固化环氧树脂。单组分化的方法有低温储存法、分子筛法、微胶囊法、湿气固化法、潜伏性固化激发、自固化环氧树脂等。目前国内外市场上出售的单组分环氧树脂黏合剂几乎都是采用潜伏性固化剂或自固化性环氧树脂，产品的形态有液态、糊状、粉末状和膜状等。

6.2.2.2　酚醛树脂黏合剂

酚醛树脂是最早用于黏合剂工业的合成树脂品种之一，它是由苯酚（或甲酚、二甲酚、间苯二酚）与甲醛在酸性或碱性催化剂存在下缩聚而成的。随着苯酚与甲醛用量配比和催化剂的不同，可生成热固性酚醛树脂和热塑性酚醛树脂两大类。热固性酚醛树脂是用苯酚与甲醛以物质的量的比小于1的用量在碱性催化剂存在下反应制成的。它一般能溶于酒精和丙酮中，为了降低价格、减少污染，可配制成水溶性酚醛树脂；另外也可和其他材料改性配制成油溶性酚醛树脂。热固性酚醛经加热可进一步交联固化成不熔不溶物。

酚醛树脂黏合剂的粘接力强，耐高温，优良配方胶可在300℃以下使用；其缺点是性脆，剥离强度差。酚醛树脂是用量最大的品种之一。

未改性的酚醛树脂黏合剂主要以甲阶酚醛树脂为黏料，以酸类如石油磺酸、对甲苯磺酸、磷酸的乙二醇溶液、盐酸的酒精溶液等为固化催化剂而组成的，在室温或加热条件下固化。主要用于粘接木材、木质层压板、胶合板、泡沫塑料。也可用于粘接金属、陶瓷。通常还可以加入其他填料以改善其性能。如采用某些柔性聚合物，如橡胶、聚乙烯醇缩醛等来提高酚醛树脂黏合剂的韧性和剥离程度，从而可制得一系列性能优异的改性酚醛树脂黏合剂。

6.2.3　热熔性黏合剂

热熔性黏合剂是一种在热熔状态下进行涂布，再借助冷却固化实现粘接的高分子黏合剂。它不含溶剂，百分之百固含量，主要由热塑性高分子聚合物所组成，常温时为固体，加热熔融为流体，冷却时迅速硬化而实现粘接，通常简称其为热熔胶。除了热熔型聚合物之外，热熔胶配方中常常还包括增黏剂、增塑剂、填料等。

6.2.3.1 热熔胶的种类和性能

热熔胶有天然热熔胶(如石蜡、松香、沥青等)和合成热熔胶(如共聚烯烃、聚酰胺、聚酯、聚氨酯等)两类，其中以合成热熔胶最为重要。热熔胶近年来之所以得到较快的发展，是因为它具有很多溶液型和乳液型黏合剂所不具备的特点，其主要特点是：

①粘接迅速，整个粘接过程仅需要几秒钟，不需要固化加压设备，适用于自动化连续生产，生产效率高；

②不含溶剂，粘接时一般无有害物质放出，所以对操作者无害，对环境无污染，无火灾危险，储存和运输也方便；

③可以反复熔化粘接，适用于一些特殊工艺要求构件的粘接，某些文物的粘接修复；

④可以粘接多种材料，表面处理也不很严格，加之胶无溶剂，粘接迅速，生产效率高，所以经济效益显著。

热熔胶的缺点是热稳定性差，粘接强度偏低，不宜用于粘接对热敏感的材料，使用时要达到好的效果都必须使用专门设备，从而也在一定程度上限制了其应用范围。

6.2.3.2 热熔胶的组成及作用

热熔胶是由基本聚合物、增黏树脂(增黏剂)、蜡类和抗氧剂等混合配制而成的，为了改善其粘接性、流动性、耐热性、耐寒性和韧性等，也可适当加入一定量的增塑剂、填料以及其他低分子聚合物。

(1)基本聚合物　基本聚合物是热熔胶的黏料，它的作用是使胶具有必要的粘接强度内聚强度。热熔胶的基本聚合物是热塑性树脂。使用较多的基本聚合物有聚烯烃及其共聚物，如乙烯-醋酸乙烯酯共聚树脂(EVA)、低相对分子质量聚乙烯(PE)、乙烯-丙烯酸乙酯共聚树脂(EEA)、无规聚丙烯(APP)、聚丙烯酸酯等。

目前热熔胶种产量最大且在木材工业中应用最多的是以乙烯-醋酸乙烯酯共聚树脂为基本聚合物的热熔胶。此外，聚酰胺树脂及聚酯树脂的使用量也在逐渐增加。国外也出现了乙烯-丙烯酸乙酯作为基本聚合物的热熔胶。

(2)增黏剂　由于基本聚合物的熔融黏度一般都相当高，对被粘接面的润湿性和初粘性不太好，因此不宜单独使用，常加入与之相容性好的增黏剂混合使用。其主要作用就是降低热熔胶的熔融黏度，提高对被粘接面的润湿性和初黏性，以达到提高粘接强度，改善操作性能及降低成本的目的。此外，还可借用调整胶的耐热温度及晾置时间。

对增黏剂的要求是：必须与基本聚合物有良好的相容性；对被粘接物有良好的黏附性；在热熔胶的熔融温度下有良好的热稳定性。增黏剂的用量一般为基本聚合物的20%～150%。常用的增黏剂包括松香及其衍生物、萜烯树脂及其改性树脂、石油树脂等。

(3)蜡类　蜡类的主要作用是降低热熔胶的熔点和熔融黏度，改善胶液的流动性和润湿性，提高粘接强度，防止热熔胶结块，降低成本。除聚酯、聚酰胺热熔胶可以不用蜡外，大部分热熔胶均需要加入一定的蜡。常用的蜡类有烷烃石蜡、微晶石蜡及合成蜡等。蜡的用量通常不超过基本聚合物的30%。

(4)填料　填料的作用是降低热熔胶的收缩性，防止对多孔性被粘接物表面的过度渗透，提高热熔胶的耐热性和热容量，延长可操作时间，降低成本。但其用量不能太大，否则会提高熔体的熔融黏度，湿润性和初黏性变差，从而降低粘接强度。

木材工业用的热熔胶大多加填料。常用的填料有碳酸钙、碳酸钡、碳酸镁、硅酸铝、氧化锌、氧化钡、黏土、滑石粉、石棉粉、炭黑等。

(5)增塑剂　增塑剂的作用是加快熔融速率，降低熔融黏度，改善对被粘接物的润湿性，提高对热熔胶的柔韧性和耐寒性。但若增塑剂用量过多，会使胶层的内聚强度降低。同时由于增塑剂的迁移和挥发也会降低粘接强度和胶层的耐热性。因此，热熔胶中只加入少量甚至不加入增塑剂。常用的增塑剂有邻苯二甲酸二丁酯(DBP)、邻苯二甲酸二辛酯(DOP)、邻苯二甲酸丁苄酯(BBP)等。

(6)抗氧剂　抗氧剂的作用是防止热熔胶在长时间处于高的熔融温度下发生氧化和热分解。一般认为热熔胶在180～230℃加热10h以上或所用的组分热稳定性较差(如烷烃石蜡、脂松香等)时，有必要加抗氧剂。如果使用耐热性好的组分，并且不在高温下长时间加热，则可不加抗氧剂。常用的抗氧剂有2，6－二叔丁基对甲苯酚和4，4'－巯基双(6－叔丁基间甲苯酚)、2，5－二叔丁基对苯二酚等。

6.2.3.3　热熔胶的应用

热熔胶因其所有聚合物的种类不同而有很多种，目前热熔胶广泛用于书籍装订、包装、汽车、电器、纤维、金属、制鞋等方面。在木材工业中，热熔胶主要用于人造板封边、单板拼接、装饰薄木拼接，还可用于人造板的装饰贴面加工。

6.2.4　压敏型黏合剂

压敏型黏合剂(pressure sensitive adhesive，PSA)是一类对压力有敏感性的自粘接型黏合剂，在较小的作用力下就能形成比较牢固的粘接力，俗称压敏胶。

压敏胶在两物体表面之间形成的粘接力主要是范德华力，因此，粘接面形成后，粘接表面的结构不会被破坏。压敏胶是对压力敏感、不需加热、不需溶剂、不需较大的压力、只需稍微加压或用手指一按就能实现粘接的一种黏合剂，其特点是粘之容易、揭之不难、剥而不损且在较长的时间内胶层不会干燥固化，所以压敏胶也称为不干胶。具有近一个世纪历史的医用橡皮膏，就属于此类胶黏剂。压敏胶的最常见的使用形式是将其涂于塑料薄膜、织物、纸张或金属箔上制成黏合带。压敏胶应用制品，从胶黏带发展到胶黏标签、胶黏相册、捕蟑螂胶黏片等，应用范围越来越广。

6.2.4.1　压敏胶的种类

按照化学成分来分，压敏胶可分为橡胶型压敏胶、热塑性弹性体压敏胶、丙烯酸酯类压敏胶、聚乙烯基醚压敏胶和有机硅压敏胶等，其中丙烯酸酯类压敏胶是目前研究和发展的热点。从形态上又可将压敏胶分为溶剂型压敏胶、乳液型压敏胶、热熔型压敏胶和辐射固化型压敏胶。压敏胶的配方是按照胶黏带的使用目的制定的，各生产厂家都有自己的配方技术秘密，这里不可能进行详细地阐述。按物理形态分类如表6-11所示。

表 6-11　压敏黏合剂按物理形态分类

形态类别	粘接原理	主体高聚物种类	主要用途
溶剂型	溶剂从粘接端面挥发或被粘物自身吸收而消失形成粘接膜而粘接	天然橡胶，丁苯橡胶，聚异戊二烯，聚异丁烯，丁基橡胶，聚丙烯酸酯，有机硅聚合物，热塑弹性体，聚乙烯基链等	包装，固定，办公事务，电气绝缘，表面保护装饰，粘接，印刷标签等
水乳型	水分散型，树脂分散为乳液，橡胶分散为乳胶	聚丙烯酸酯，天然橡胶，丁苯橡胶，氯丁橡胶等	包装，固定，办公事务，印刷标签，表面保护和装饰等
热熔型	主要为热塑性高聚物，不含水或溶剂，加热熔融粘接，冷却固化粘接	SIS、SBS 等热塑弹性体，聚丙烯酸酯、EVA 等	包装，固定，办公事务，印刷标签，表面保护和装饰等
压延型		再生橡胶，聚异丁烯，聚异戊二烯等	医疗卫生，电工绝缘，表面保护等
水溶液型		聚丙烯酸酯	印刷标签，医疗卫生等
反应型	聚合物化学反应固化	聚丙烯酸酯，聚丁二烯，聚氨酯	粘接，永久性标签等

(1)溶剂型压敏黏合剂　溶剂型压敏黏合剂使用有机溶剂作为介质，使用过程中溶剂从粘接表面挥发，或者被粘物自身吸收而消失，形成粘接膜而发挥粘接力。这一过程称为固化。固化速率随环境的温度、湿度、被粘物的疏松程度、含水量以及粘接面的大小、加压方法等而变化。溶剂型压敏黏合剂使用方便，易于涂布，用途广泛且具有优异的耐水性。但是由于环境保护的限定，压敏胶的非溶剂型发展是必然的趋势。

(2)热熔型压敏黏合剂　固体热熔胶，以热塑性的高聚物为主要成分，辅以增黏树脂，是不含水或溶剂的粒状、圆柱状、块状、棒状、带状或线状的固体聚合物。通过加热熔融粘接，随后冷却固化发挥粘接力。这一类型的黏合剂运输、储存方便，无溶剂，使用安全，是持续快速增长的胶种之一。

(3)水乳型压敏黏合剂　水乳型压敏黏合剂即水分散型压敏黏合剂，树脂在水分中分散称为乳液，橡胶在水中分散称作乳胶。这种压敏黏合剂多用乳液聚合方式得到。乳液聚合方法为聚合物组分的设计提供了广阔的空间，不论是单体的选择还是聚合产物相对分子质量的控制，都可以在压敏胶乳液的制备过程中实现。

在黏合剂向非溶剂型转化过程中，水乳黏合剂有广阔的发展前景，还因为其生产工艺和产品具有“环境友好”的特点。水乳型压敏胶的生产原料便宜易得，生产能耗低(常压、聚合温度低于80℃)，产品使用方便，无毒，不燃烧。但要达到与溶剂型相近的工艺及使用性能，还得解决有关的技术问题，如水乳型压敏胶的耐湿性、力学性能、浸润性等与溶剂型的相比处于劣势，以及涂布过程中容易起沫等。

6.2.4.2　压敏胶的组成及制备

(1)胶液的组成　常用压敏胶的组成及主要作用如表 6-12 所示。

表6-12　压敏胶的组成

组分	聚合物	增黏剂	增塑剂	填料	黏度调节剂	防老剂	硫化机	溶剂
用量	30%～50%	20%～40%	0～10%	0～40%	0～10%	0～2%	0～2%	适量
作用	给予胶层足够内聚强度和粘接力	增加胶层黏附力	增加胶层快粘性	增加胶层内聚强度、降低成本	调节胶层黏度	提高使用寿命	提高胶层内聚强度和耐热性	便于涂布施工
常用原料	各种橡胶、无规聚丙烯、聚乙烯基醚、氟树脂等	松香、萜烯树脂、石油树脂等	邻苯二甲酸酯、癸二酸酯等	氧化锌、二氧化钛、二氧化锰、黏土等	蓖麻油、大豆油、液体石蜡、机油等	防老剂甲、防老剂丁等	硫黄、过氧化物等	汽油、甲苯、醋酸乙酯、丙酮等

(2)基材的选用　很多压敏黏合剂制成胶带使用，因此选择合适的基材是制备优良压敏胶带的重要一环。基材的选择要根据使用要求，如透明度、厚度、拉伸强度和价格来决定。

(3)压敏胶黏剂及压敏胶带的制造

①压敏胶黏剂的配制　压敏胶黏剂的主要成分是，相对分子质量较高的橡胶或树脂与低分子树脂的混合物。这两种物质混溶后即可成为有压敏性质的胶状物，如天然橡胶和萜烯树脂。有些相对分子质量适中的树脂，也可单独配制成压敏胶，如聚丙烯酸丁酯。压敏胶的配制主要是制备一定相对分子质量的树脂、橡胶及将低相对分子质量树脂、防老剂等混入胶中。

②胶带的涂布　将压敏黏合剂以一定方式涂覆在基材上，除去溶剂后绕成卷盘，切断即得胶带。一般胶层厚度为0.02～0.03mm为宜，涂覆方法有溶剂法和滚贴法两种。

③防粘纸(层)的涂布　为了保护压敏胶带及各种不干胶铭牌，胶层在使用前不受污染，使用时能方便取下，涂胶时往往还需要有一层防粘纸保护。制造防粘纸的防粘液一般由含氢硅油或硅橡胶配制而成，其配方是甲基(苯基)含氢硅油4份。钛酸正丁酯1份和适量的甲苯和汽油等溶剂。涂布方法一般采用溶剂法。有的防粘液也以硅油水乳液配制而成。

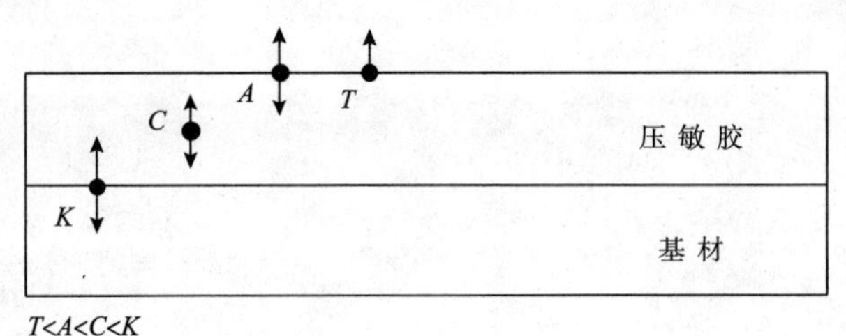

图6-5　压敏胶构造

T—快粘力；A—黏合力；C—内聚力；K—粘基力

6.2.4.3 压敏胶的粘接特性及用途

(1)特性 压敏黏合剂不需加热，用指压便可粘接，是一种有一定抗剥离强度的黏合剂。它通常制成胶液或胶带使用。压敏胶的物理性质如图6-5所示，胶黏带粘贴于被粘物上，当剥开时，压敏胶必须完全脱离被粘物而无残留。好的压敏胶黏剂必须形成如下的平衡关系：

快粘力(tack)<黏合力(adhesion)<内聚力(cohesion)<粘基力(keying)

在这种情况下，粘基力是背材和压敏胶之间的粘接力。在实际工艺中，背材和压敏胶之间用底涂剂来解决粘基力。所以要求压敏胶有快粘力、粘接力、内聚力，并且要求这三种力建立上述平衡关系。

内聚力是压敏胶的内部聚集之力，它与分子间的力、分子间的交联、分子的缠绕、相对分子质量等有关。粘接力是剥离力，即压敏胶与被粘物表面的结合力，它和压敏胶的黏弹性形变能有很大关系。在实际应用中，粘接力以粘贴好的胶黏带能否脱落为衡量指标。快粘力，换句话说，也是润湿能力，或表面黏性、初始黏性。也可以认为是胶黏带粘贴被粘物时，对被粘物表面粘贴难易程度的值。

压敏胶有以下几个特点：

①压敏胶使用较为简便，尤其是压敏胶带根据不同需要可选用不同胶带种类(如单面、双面聚乙烯胶带和涤纶胶带等)。使用时按所需面积大小可裁剪下来用手一按即可。

②压敏胶对极性、非极性及高度结晶的材料如金属、聚乙烯、聚丙烯、尼龙涤纶等都有一定的粘接力。

③大多数压敏胶和胶带均没有溶剂，这样不但运输储存方便，使用时也比较安全。

④很多压敏胶和胶带都有多次重复使用的特性，它既不污染被粘接物件，又可节约材料。

(2)用途 压敏胶主要有以下用途：

①一般用压敏胶带进行纸箱、桶、瓶和纸盒等的封口和捆扎及商品标签粘贴。

②办公、制图、账面修补及电器绝缘和医疗。

③石油管道用防腐胶带包覆作业。

第7章 高分子材料改性

7.1 聚合物共混基本概念

聚合物共混物(Polymer blend)是指两种或两种以上均聚物或共聚物的混合物。聚合物共混物中各聚合物组分之间主要是物理结合，因此聚合物共混物与共聚高分子是有区别的。但是，在聚合物共混物中，不同聚合物大分子之间难免有少量化学键存在，例如在强剪切力作用下的熔融混炼过程中，可能由于剪切作用使得大分子断裂，产生大分子自由基，从而形成少量嵌段或接枝共聚物。

聚合物共混物通常又称为聚合物合金或高分子合金(Polymer alloy)，即两者是等义的，这在塑料工程界比较常见。在科学研究领域中，大多把具有良好相容性的多组分聚合物(multicomponent polymer)体系称为聚合物合金，其形态结构应为均相或微观非均相。制备聚合物共混物的方法主要有：

①机械共混法：将诸聚合物组分在混合设备如高速混合机、双辊混炼机、挤出机中均匀混合。机械共混法又有干粉共混法及熔融共混法之分。

②共溶剂法，又称溶液共混法：系将各聚合物组分溶解于共同溶剂中，再除去溶剂即得到聚合物共混物。

③乳液共混法：将不同聚合物的乳液均匀混合再共沉析而得聚合物共混物。

④共聚-共混法：这是制备聚合物共混物的化学方法。

⑤各种互穿网络聚合物(IPN)技术。

聚合物共混改性的主要目的和效果有：

①综合均衡各聚合物组分的性能，取长补短，消除各单一聚合物组分性能上的弱点，获得综合性能较为理想的聚合物材料。

②使用少量的某一聚合物可以作为另一聚合物的改性剂，改性效果显著。

③聚合物加工性能可以通过共混得以改善。

④聚合物共混可以满足一些特殊的需要，制备具有崭新性能的聚合物材料。

⑤对某些性能卓越，但价格昂贵的工程塑料，可通过共混，在不影响使用要求条件下降低原材料成本。

7.2 聚合物之间的相容性

聚合物之间的相容性是选择适宜共混方法的重要依据，也是决定共混物形态结构和性能的关键因素。了解聚合物之间的相容性是研究聚合物共混物的基础。本节主要阐述聚合物之间相容性的基本特点、相容性理论、相分离机理、相容性的测定方法以及聚合物之间的增容方法。

7.2.1 聚合物之间相容性的基本特点

7.2.1.1 二元体系的稳定条件

在恒定温度 T 和压力 p 下，多元体系热力学平衡的条件是其混合自由焓 ΔG_m 为极小值。这一热力学原则可用以规定二元体系的相稳定条件。图 7-1、图 7-2 为一种二元体自由焓 ΔG_m 与组分 2 摩尔分数 x_2 的关系曲线。设此二元体系的组成为 P，则 $A_1P = x_2$，$\Delta G_m = PQ$。

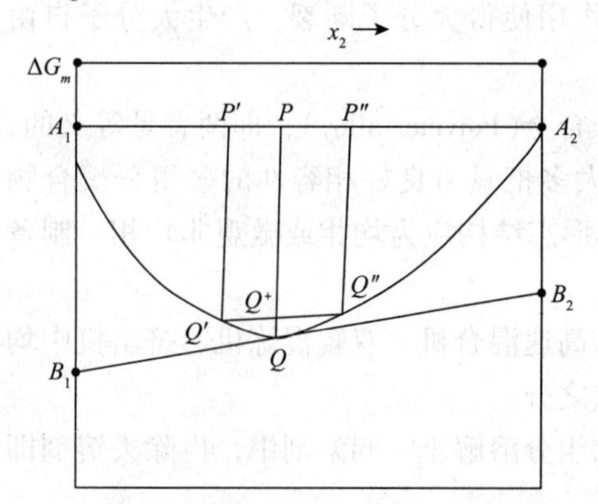

图 7-1 组分之间完全相容的二元体系混合自由焓与组成的关系

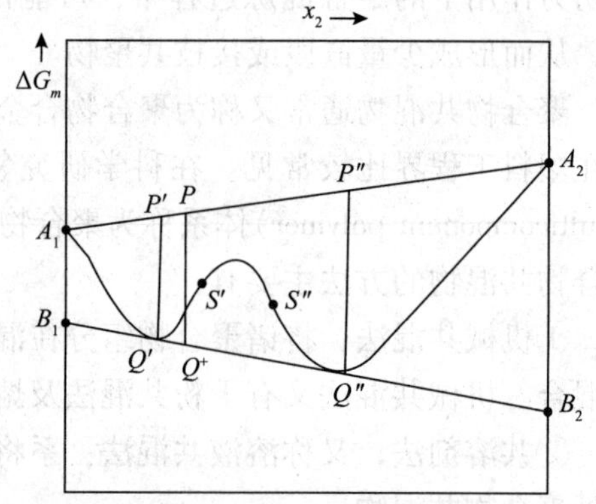

图 7-2 组分具有部分相容性的二元体系混合自由焓与组成的关系曲线

7.2.1.2 聚合物-聚合物二元体系相图

在热力学角度，聚合物之间的相容性就是聚合物之间的相互溶解性，是指两种聚合物形成均相体系的能力。若两种聚合物的混合自由焓与组成的关系是图 7-1 所示的曲线，则可以任意比例形成分子水平均匀的均相体系，称之为完全相容的；仅在一定的组成范围内才能形成稳定的均相体系，则称为是部分相容的。通常，当部分相容性较大时，称之为相容性好；当部分相容性较小时，称之为相容性差；当部分相容性很小时，称之为不相容或基本不相容。

对部分相容的聚合物-聚合物体系，混合自由焓组成曲线与温度常存在复杂的关系，如图 7-3 所示。归纳起来有以下几种类型：①表现最高临界相容温度(UCST)行为。最高临界混溶温度是指这样的温度：超过此温度，体系完全相容，为热力学稳定的均相体系；低于此温度，为部分相容，在一定的组成范围内产生相分离。②表现最低临界相容温度

(LCST)行为。所谓最低临界相容温度是指这样的温度：低于此温度，体系完全相容，高于此温度为部分相容。③同时存在最高临界相容温度和最低临界相容温度。有时，UCST 和 LCST 会相互交叠，形成封闭的两相区，如图 7-3(d)所示。还有表现多重 UCST 及 LCST 的行为，如图 7-3(e)。

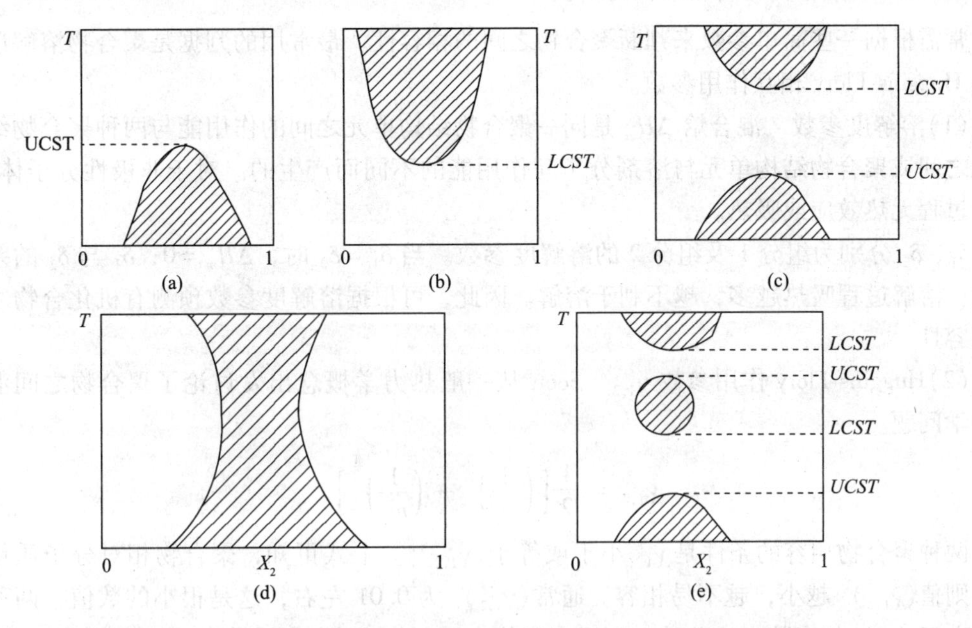

图 7-3 聚合物 - 聚合物体系等压相图的基本类型(阴影部分为两相区)

7.2.1.3 增容作用及增容方法

如前所述，大多数聚合物之间相容性较差，这往往使共混体系难以达到所要求的分散程度。即使借助外界条件，使两种聚合物在共混过程中实现均匀分散，也会在使用过程中出现分层现象，导致共混物性能不稳定和性能下降。解决这一问题的办法可用所谓“增容”措施。增容作用有两方面涵义：一是使聚合物之间易于相互分散以得到宏观上均匀的共混产物；二是改善聚合物之间相界面的性能，增加相间的粘合力，从而使共混物具有长期稳定的优良性能。产生增容作用的方法有：加入增容剂法；混合过程中化学反应所引起的增容作用；聚合物组分之间引入相互作用的基团；共溶剂法和 IPN 法。

7.2.2 聚合物 - 聚合物相容性理论

7.2.2.1 聚合物之间相容性理论的现状

根据热力学第二定律，两种液体等温混合时，

$$\Delta G_m = \Delta H_m - T\Delta S_m$$

只有 $\Delta G_m < 0$ 时，混合才能自发进行。这一理论仅对特殊的碳氢化合物才有限度的适用，它难于解释某些聚合物之间较大的相容性，也不能解释聚合物共混物的 LCST 现象，更不能解释多重临界相容温度现象。为此，近年来，对此理论提出了以下一系列的改进：

①将混合熵 ΔS_m 看作是由两部分组成，混合构型熵和相互作用熵；

②引入排斥体积效应并假定 χ_{12} 是焓和熵两种因素的组合；

③假定 χ_{12} 是组成 ϕ_2 的函数，或者是组成与温度的函数，提出如下的经验式：

$$\chi_{12}=(1+a_0\phi_2)(a_1+a_2/T)$$

7.2.2.2　聚合物之间相容性的判据

常需根据一些简单参数来判断聚合物之间的相容性。最常用的判据是聚合物溶解度参数和 Huggins-Flory 相互作用参数。

(1)溶解度参数　混合焓 ΔH_m 是同一聚合物结构单元之间的作用能与两种聚合物结构单元之间或聚合物结构单元与溶剂分子间作用能的不同而产生的。对于非极性分子体系，混合过程无热效应或吸热。

δ_1、δ_2 分别为组分 1 及组分 2 的溶解度参数。当 $\delta_1=\delta_2$ 时，$\Delta H_m=0$；δ_1 与 δ_2 的差别越大，溶解过程吸热越多，越不利于溶解。因此，可根据溶解度参数预测有机化合物之间的相容性。

(2) Huggins-Flory 作用参数 $\chi_{1,2}$　Scott 从一般热力学概念出发讨论了聚合物之间混合热力学问题。

$$\chi_{1,2}=\frac{1}{2}\left[\left(\frac{1}{m_2}\right)^{\frac{1}{2}}+\left(\frac{1}{m_2}\right)^{\frac{1}{2}}\right]$$

两种聚合物相容的条件是 $\chi_{1,2}$ 小于或等于 $(\chi_{1,2})_c$。上式可知，聚合物相对分子质量越大，则值 $(\chi_{1,2})_c$ 越小，越不易相容。通常 $(\chi_{1,2})_c$ 为 0.01 左右，这是很小的数值，两种聚合物之间的 $\chi_{1,2}$ 值多数大于此值，所以真正热力学上相互溶解的聚合物对不太多。

7.2.3　聚合物共混体系相分离机理

对二元体系有三个相分离区域：相容区、亚稳区和不相容区。亚稳区介于双结线和旋节线，相分离需要一定形式的活化机理激发。在不相容区，相分离是自发进行的。由于在亚稳区密度的升落，旋节线是一个弥散的边界，当条件由双结线移向旋节线时，对活化作用的需要很快消失。

根据平均场理论，均相冷却有两种不同的方式：从均相直接冷却至亚稳态；从均相直接冷却至旋节区。在旋节区，浓度的升落是非定域的，导致大范围的自动相分离，这称为旋节分离机理，简记为 SD。

7.2.3.1　成核和增长机理(NG)

成核是由浓度的局部升落引发的。成核活化能与形成一个核所需的界面能有关，即依赖于界面张力系数和核的表面积。成核之后，因大分子向成核微区的扩散而使珠滴增大。

在 NG 区，与时间无关。珠滴的增长分扩散和凝聚粗化两个阶段，每一阶段都决定于界面能的平衡。

由 NG 机理进行相分离而形成的形态结构主要为珠滴/基体型，即一种相为连续相，另一相以球状颗粒的形式分散其中。如上所述，成核的原因是浓度的局部升落。这种升落可表示为能量或浓度波。波的幅度依赖于到达临界条件的距离。当接近旋节线时，相分离可依 NG 机理亦可按 SD 机理进行。

7.2.3.2　旋节分离(SD)

在温度 T_1 进行相分离就形成平衡组成 X_e，分别为 b' 及 b'' 的两个独立相。不管起始组成在不稳定区(SD 区)或亚稳区(NG 区)都是这样。但是，在相分离的初期阶段，SD 和 NG 是完全不同的。在 NG 区，相分离微区的组成分别为 $X_e = b'$ 或 b''，是常数，仅只成核珠滴的直径及其分布随时间而改变；而在 SD 区，组成和微区尺寸都依时间而改变。

图7-4　聚合物-聚合物体系按 SD 机理进行相分离时，形态结构的发展过程

7.2.3.3　含结晶性聚合物共混物的相分离

上节的讨论仅限于非结晶聚合物的情况，所处理的问题是液-液相分离。设结晶性聚合物和非结晶聚合物分别以 C 和 A 表示，则含结晶性聚合物的共混体系有 A/C 及 C/C 两种情况。以下主要讨论这两个问题，含结晶性聚合物共混体系中的结晶过程以及夜-液相分离对结晶过程和形态结构的影响。

(1)结晶过程

结晶聚合物冷却至其平衡熔点 T_m^0 以下时即发生结晶。设开始结晶的温度为界，则 $\Delta C = T_m^0 - T_C$ 为过冷程度。ΔC 依赖于冷却速度和成核机理。有三种成核机理：①过冷熔体的均相成核；②大分子取向诱发的成核；③在外相表面的非均相成核。在制备热塑性聚合物共混物时，机理②及机理③最重要。在剪切应力作用下，聚烯烃甚至可在平衡熔点以上 20～30℃结晶。

结晶过程包括成核、片晶生长、球晶生长和晶体聚集体生长等不同阶段。依成核机理、结晶速度和结晶程度的不同，可形成各种不同的结晶形态：片状单晶、轴晶、树枝状晶体、伸展链晶体、纤维状晶体和外延性晶体等。此外，依压力、组成和应力场的不同，某些聚合物可形成多种晶胞结构。

(2)液-液相分离对结晶过程和形态结构的影响

对部分相容的聚合物共混物，尚需考虑液-液相分离对结晶过程及形态结构的影响。当此共混物的温度由 $T > T_C$ 冷却到 T_1 时，共混物的形态结构将依赖于$(T - T_1)$、组成以及冷却速变：

若共混物的组成 $X_2 > b''$，结晶作用发生于均相熔体中；若组成 $S'' \leqslant X_2 \leqslant b''$，结晶作用发生于 NG 区：若 $X_2 < S''$，则结晶作用在 SD 区进行。

若球晶直径 $D_s \leqslant \Lambda$，结晶作用服从组成的共连续线；若 $D_s \leqslant \Lambda$，则旋节结构被埋入球晶中。

7.2.4 研究聚合物之间相容性的方法

热力学上相容意味着分子水平上的均匀，但就实际意义而言，是分散程度的一种量度，与测定方法有密切关系，因而是指在实际测定条件下均匀性。不同的测定方法常导致不同的结论。

玻璃化转变法测定聚合物－聚合物的相容性主要是基于如下的原则：聚合物共混物的玻璃化转变温度与两种聚合物分子级的混合程度有直接关系，若两种聚合物组分相容，共混物为均相体系，就只有一个玻璃化温度，此玻璃化温变决定于两组分的玻璃化温度和体积分数。若两组分完全不相容，形成界面明显的两相结构，就有两个玻璃化温度，分别等于两组分的玻璃化温度。部分相容的体系介于上述两种极限情况之间。

测定玻璃化温度的方法很多，如体积膨胀法、动态力学法、热分析法、介电松弛法、热－光分析法、辐射发光光谱法等。体积膨胀法是测定聚合物的 T_g 传统方法，对于共混物同样适用，这里不再赘述。

7.3 聚合物共混物的形态结构

人们常把聚合物共混物称作聚合物合金(当然，严格讲，聚合物共混物与聚合物合金并不完全同义)。合金可能是均相的，也可能是复相的。均相合金与无规共聚物以及相容性聚合物共混物对应，而复相合金则与不相容的复相聚合物共混物相对应。这种对比对研究聚合物共混物有很大的启发作用。聚合物共混物的形态结构受一系列因素的影响。这些因素可归纳成以下三种类型：

①热力学因素。如聚合物之间的相互作用参数、界面张力等。

②动力学因素。相分离动力学决定平衡结构能否到达以及达到的程度。

③在混合加工过程中，流动场诱发的形态结构。

7.3.1 聚合物共混物形态结构的基本类型

聚合物共混物可由两种或两种以上的聚合物组成，对于热力学相容的共混体系，有可能形成均相的形态结构，反之则形成两个或两个以上的相，这种多相形态结构最为普遍，也最为复杂。为简单起见，这里主要讨论双组分的情况，但所涉及的基本原则同样适用于多组分体系。

由两种聚合物构成的两相聚合物共混物，按照相的连续性可分成三种基本类型：单相连续结构，即一个相是连续的而另一个相是分散的；两相互锁或交错结构以及相互贯穿的两相连续结构。

7.3.1.1 单相连续结构

单相连续结构是指构成聚合物共混物的两个相或多个相中只有一个相连续。此连续相可看作分散介质，称为基体。其他的相分散于连续相中，称为分散相。单相连续的形态结构又因分散相相畴(即微区结构)的形状、大小以及与连续相结合情况的不同而表现为多种形式。在复相聚合物体系中，每一相都以一定的聚集形态存在。因为相之间的交错，所以连续性较小的相或不连续的相就被分成很多的微小区域，这种区域称作相畴(Phase domain)或微区。不同的体系，相畴的形状和大小亦不同。

7.3.1.2　两相互锁或交错结构

这类形态结构有时也称为两相共连续结构，包括层状结构和互锁结构。嵌段共聚物产生两相旋节分离以及当两嵌段组分含量相近时常形成这类形态结构。

7.3.1.3　相互贯穿的两相连续形态结构

相互贯穿的两相连续形态结构的典型例子是互穿网络聚合物(IPNs)。在IPNs中两种聚合物网络相互贯穿，使得整个共混物成为一个交织网络，两个相都是连续的。

IPNS的两相连续性和动态力学性能的研究已被证实。IPNs中两个相的连续程度一般不同。聚合物 Δl 构成的相连续性较大，聚合物2构成的相连续性较小；即使聚合物2含量较多，也是这样。连续性较大的相，对性能影响亦较大。

7.3.1.4　含结晶聚合物的共混物的形态特征

以上所述都是指两种聚合物都是非晶态结构的情况。对两种聚合物都是结晶性的，或者其中之一为结晶性的，另一种为非结晶性的情况，上述原则也同样适用。所不同的是，对结晶聚合物的情况尚需考虑共混后结晶形态和结晶度的改变。

聚合物共混物中一种成分为晶态聚合物，另一种为非晶态聚合物。这类共混物的形态结构早期曾归纳成以下四种类型：①晶粒分散在非晶态介质中；②球晶分散于非晶态介质中；③非晶态分散于球晶中；④非晶态形成较大的相畴分布于球晶中。Martuscelli的研究结果基本支持了上述结论，但给予了更详尽的描述。根据近年来广泛的研究报道，以上四类结晶结构尚不能充分代表晶态/非晶聚合物共混物形态的全貌，即至少应增加如下4种；①球晶几乎充满整个共混体系(为连续相)，非晶聚合物分散于球晶与球晶之间；②球晶被轻度破坏，成为树枝晶并分散于非晶聚合物之间；③结晶聚合物未能结晶，形成非晶/非晶共混体系(均相或非均相)；④非晶聚合物产生结晶，体系转化为结晶/结晶聚合物共混体系(也可能同时含存一种或两种聚合物的非晶区)。

结晶/非晶聚合物共混体系中两组分的相容性对体系的形态结构有着最重要的影响，此外还受共混组分比例、结晶组分结晶度、结晶动力学因素、共混工艺条件等的制约。

7.3.2　聚合物共混物的界面层

两种聚合物的共混物中存在三种区域结构：两种聚合物各自独立的相和两相之间的界面层。界面层也称为过渡区，在此区域发生两相的黏合和两种聚合物链段之间的相互扩散。界面层的结构，特别是两种聚合物之间的黏合强度，对共混物的性质，特别是力学性能有决定性的影响。

7.3.2.1　界面层的形成

聚合物共混物界面层的形成可分为两个步骤。第一步是两相之间的相互接触，第二步是两种聚合物大分子链段之间的相互扩散。

增加两相之间的接触面积无疑有利于大分子链段之间的相互扩散、提高两相之间的黏合力。因此，在共混过程中保证两相之间的高度分散、适当减小相畴尺寸是十分重要的。为增加两相之间的接触面积，提高分散程度，可采用高效率的共混机械，如双螺杆挤出机和静态混合器；另一种途径是采用IPN技术；第三种方法，也是当前最可行的方法是采用增容剂。

7.3.2.2 界面层厚度

界面层的厚度主要决定于两种聚合物的相容性，此外尚与大分子链段尺寸、组成以及相分离条件有关。基本不混溶的聚合物，链段之间只有轻微的相互扩散，因而两相之间有非常明显和确定的相界面。随着两种聚合物之间混溶性增加时，扩散程度提高，相界面越来越模糊，界面层厚度 Δl 越来越大，两相之间的黏合力增大。完全相容的两种聚合物最终形成均相，相界面消失。

7.3.2.3 两相之间的黏合

就两相之间黏合力性质而言，界面层有两种基本类型。第一类是两相之间存在化学键，例如接枝和嵌段共聚物的情况。第二类是两相之间仅靠次键力作用而黏合，如一般机械法共混物的情况。

关于两种聚合物之间的次价力黏合，普遍接受的是润湿－接触理论和扩散理论。根据润湿－接触理论，黏合强度主要决定于界面张力，界面张力越小，黏合强度越大。根据扩散理论，黏合强度主要决定于两种聚合物之间的混溶性。混溶性越大，黏合强度越高。

7.3.3 相容性对形态结构的影响

在许多情况下，热力学相容性是聚合物之间均匀混合的主要推动力。两种聚合物的相容性越好就越容易相互扩散而达到均匀的混合，过渡区也就宽广，相界面越模糊，相畴越小，两相之间的结合力也越大。有两种极端情况，其一是两种聚合物完全不相容，两种聚合物链段之间相互扩散的倾向极小，相界面很明显，其结果是混合较差，相之间结合力很弱，共混物性能不好。为改进共混物的性能需采取适当的工艺措施，例如采取共聚－共混的方法或加入适当的增容剂。第二种极端情况是两种聚合物完全相容或相容性极好，这时两种聚合物可相互完全溶解而成为均相体系或相畴极小的微分散体系。这两种极端情况都不利于共混改性的目的(尤其指力学性能改性)。一般而言，我们所需要的是两种聚合物有适中的相容性，从而制得相畴大小适宜、相之间结合力较强的复相结构的共混产物。

7.3.4 制备方法和工艺条件对形态结构的影响

聚合物共混物的形态结构与制备方法及工艺条件有密切关系。同一种聚合物共混物，采用不同的制备方法，产物的形态结构会迥然不同。同一种制备方法，由于具体工艺条件不同，形态结构也会不同。所以混合和加工的工艺条件主要是指聚合物共混物熔体在混合及加工设备中各种不同的流动参数。

很多情况下，两种聚合物的共混是在熔融状态下在挤出机或双辊混炼机中进行的。典型的流动是剪切流动。因此首先讨论在剪切作用下熔体珠滴变形和破碎过程。

一般而言，聚合物共混物熔体在流动过程中可诱发以下几种形态结构：①流动包埋(flow encapsulation)；②形成微丝状或微片状结构；③由于剪切诱发的聚结而形成的层状结构。

7.3.5　聚合物共混物形态结构测定方法

原则上所有用于聚合物结构分析的方法都可用以测定聚合物共混物的形态结构。但对聚合物共混物形态结构的测定，较常采用的方法可归纳成两类。第一类主要是用光学显微镜或电子显微镜直接观察共混物的形态结构。第二类是测定共混物各种力学松弛性能，特别是玻璃化转变的特性，从而确定聚合物之间的混溶程度并据此推断共混物的形态结构。这两类方法是相互联系并相互补充的。

7.3.5.1　光学显微镜法

当聚合物共混物相畴较大时，可用光学显微镜直接观察。例如可用光学显微镜直接观察 HIPS 中橡胶颗粒的形态和尺寸。有三种常用的操作方法可供选择：

(1)溶剂法。用适当的溶剂将样品溶胀，用相衬显微镜或干涉显微镜观察其形态结构或进行照像。其原理是根据共混物中两组分折光率的不同，因而可从显微镜中观察到光强度的差别。

(2)切片法。用超薄切片机将样品切成1～5μm厚的薄片，用透射相衬显微镜或干涉显微镜观察薄片的形态结构。

(3)蚀镂法。用适当的蚀镂剂浸蚀试样中的某一组分，再用反射的方法观察蚀镂后的试样表面。

7.3.5.2　电子显微镜法

电子显微镜可观察到0.01μm，甚至比0.01μm更小的颗粒。电子显微镜法又分透射电镜法(TEM)和扫描电镜法(SEM)两种。

(1)透射电子显微镜法　要使电子束透过，试样薄膜的厚度需在0.2μm以下，一般0.05μm为宜。制备超薄片的技术当前已比较成熟，不过在某些情况下尚存在一些困难。制备聚合物共混物超薄片试样的主要方法有复制法和超薄切割法(切片法)，有时亦可采用溶剂浇铸法。

(2)扫描电子显微镜法　扫描电镜法是近年来发展起来的聚合物共混物形态结构分析的新方法，具有分析迅速、制样容易等一系列优点。此法制样不需切片。但是，扫描电镜法不能测定分散相颗粒的内部结构。

最近几年发展了两种新的、具有很大优点的方法：扫描－透射电镜法(STEM)和低压扫描电镜法(LVSEM)。

7.4 聚合物共混物的力学性能

物质的性能是其内部结构的表现。聚合物共混物的性能不仅与其组分的性能有关，而且与其形态结构密切相关。比起单一聚合物来说，聚合物共混物的结构更加复杂，定量地描述性能与结构的关系更为困难。目前仅限于粗略的定性描述和某些定量的半经验公式。

7.4.1 聚合物共混物性能与其纯组分性能之间的一般关系

双组分体系的性能与其组分性能之间的关系常可用最简单的关系式表示，这种简单关系称"混合法则"。最常用的有如下两个关系式：

$$P = P_1\beta_1 + P_2\beta_2 \qquad \frac{1}{P} = \frac{\beta_1}{P} + \frac{\beta_2}{P_2}$$

式中 P——双组分体系的某指定性能，如密度、电性能、粘度、热性能、力学性能、玻璃态转变温度、扩散性质等；

P_1、P_2——组分1及组分2的相应性能；

β_1、β_2——组分1及组分2的浓度。浓度可以体积分数、质量分数或摩尔分数表示。

7.4.1.1 均相共混物

若两种聚合物组分是完全相容的，则构成均相的共混物。常常把无规共聚物归入这一类型，以低聚物作增塑剂的体系也常常属于这一类型。

由于两组分之间的相互作用，对简单的混合物法则常有明显的偏差。考虑到这种相互作用引起的偏差，最常用的一般关系式为：

$$P = P_1\beta_1 + P_2\beta_2 + I\beta_1\beta_2$$

式中 I——表示组分间相互作用的常数，称为作用因子，可正可负。I为正值时即表示混合物性能与混合法则有正偏差；I为负值时则有负偏差；

β——摩尔分数，也可表示组分的体积分数或质量分数。

7.4.1.2 单相连续的复相共混物

对于复相结构的共混物，组分之间的相互作用主要发生在界面层。若在界面层两组分之间的相互作用较弱，两相之间的结合力就低；若在界面层两组分有较大的相互作用和相互扩散，则两相之间就有较强的黏合力。黏合力的大小对某些性能例如力学性能有很大影响，而对另外一些性能的影响则可能很小。因此，对同一体系但对不同的性能，其具体关系式会很不一样甚至完全不同。

7.4.1.3 两相连续的复相共混物

互穿网络聚合物、许多嵌段共聚物、结晶聚合物等都具有两相连续的复相结构。由于两相都是连续的，所以组分1和2是对称的，不论哪一相都可用1或2来注明，这和均相体系的情况一样。这类共混物的性能与其组分性能的关系常用如下的关系式表示之：

$$P^n = P_1^n\phi_1 + P_2^n\phi_2$$

式中　ϕ_1——组分1的体积分数；

ϕ_2——组分2的体积分数；

n——与具体体系有关的常数。

7.4.2　聚合物共混物的玻璃化转变及力学松弛性能

7.4.2.1　聚合物的玻璃化转变和力学松弛

非晶态线型聚合物存在玻璃态、高弹态和黏流态三种力学状态。玻璃化转变来源于大分子链段的运动。根据玻璃化转变的自由体积理论，在外场作用下大分子进行构象调整时，链段的周围必须有链段活动的足够大自由空间即自由体积。

聚合物占有的体积可分为两个部分。一是分子或原子所实际占有的体积，称为已占体积。另一部分是分子或原子间隙中的空穴，称为自由体积。自由体积常用它占有总体积的分数f表示，称为自由体积分数。温度升高时，虽然由于分子及原子振动振幅的增加，已占体积也会均匀地膨胀，但是体积的增加主要是由于自由体积的增加。在玻璃化温度T_g，自由体积的膨胀系数发生转折。

由于聚合物大分子结构和运动的多重性，在玻璃化温度以下还存在各种次级转变现象，分别对应于不同运动单元的不同形式的运动。常常按转变点温度高低次序α、β、γ等命名。

7.4.2.2　聚合物共混物的玻璃化转变

(1)玻璃化温度与组成的一般关系　聚合物共混物玻璃化转变的特性主要决定于两聚合物组分的混溶性。若两组分完全不混溶则有两个分别对应于两组分的玻璃化温度；若两组分完全混溶，则只有一个玻璃化温度。关于混溶性聚合物共混物的玻璃化温度与组成的关系，已经提出了一系列关联式，主要的举例如下，Couchman1975年提出的关联式：

$$\ln T_g = [\sum_i C_{pi} \ln T_{gi}] / \sum_i W_i C_{pi}$$

式中　T_g——共混物的玻璃化温度；

W_i及T_{gi}——聚合物i的质量分数及玻璃化温度；

ΔC_{pi}——玻璃化转变导致的热容增量。

(2)共混物玻璃化转变的特点　工业上所用的聚合物共混物一般都是不相容的或部分相容的复相材料。与均相共混物相比，它有两个基本特点：有两个玻璃化温度；玻璃化转变区的温度范围有不同程度的加宽。

两组分有部分相容性时，相互之间发生一定程度的相互影响，使两个玻璃化温度相互靠拢、玻璃化转变的温度范围加宽。

因此，决定聚合物共混物玻璃化转变的主要因素是两种聚合物分子级的混合程度而非超分子结构，这和其他力学性能的情况有所不同。

共混物两个玻璃化转变的强度与共混物的形态结构有关。可用损耗正切峰的高度表示玻璃化转变的强度。有以下的一般规律：

①构成连续相的组分其$\tan\sigma$峰值较大，构成分散相的组分其$\tan\sigma$峰值较小。

②在其他条件相同时，分散相$\tan\sigma$峰值随其含量的增加而提高。

③分散相的 $\tan\sigma$ 峰值与分散相的形态结构有密切关系。

7.4.2.3　聚合物共混物的弹性模量及力学松弛特性

(1)聚合物共混物的弹性模量　和均相聚合物一样，在低应力、低形变和时间尺度变化不大时，聚合物共混物亦表现为线弹性行为，即应力和形变之间存在线性关系。这时可用共混物的弹性模量表征其对外力场作用的响应特性。

在外力场作用下，剪切模量 G 反映物体形状改变的特性，体积模量 K 反映体积改变的特性，而杨氏模量(拉伸模量) E 及泊松比 ν 同时反映体积和形状变化的特性。玻璃态聚合物的泊松比为0.35左右，橡胶态聚合物的泊松比约为0.5。这些不同参数之间具有如下的关系：

$$E=3K(1-\nu)=2(1+\nu)G$$

$$\nu=(3K-2G)/(6K+2G)$$

上述原则已为大量实验事实所证明。事实上，不仅聚合物共混体系，而且以无机填料增强的橡胶或塑料都符合上述原则。

(2)聚合物共混物的力学松弛性能　共混物力学松弛性能的最大特点是力学松弛时间谱的加宽。一般均相聚合物在时－温叠合曲线上，玻璃化转变区的时间范围为 10^9 s左右，而聚合物共混物的这一时间范围可达 10^{16} s。由于力学松弛时间谱的加宽，共混物具有较好的阻尼性能，这对在防震和隔音方面的应用很重要。

(3)聚合物共混改性的力学模型　为了定量或半定量的描述聚合物共混物的弹性模量及力学松弛性能，河合弘迪、Takayanagi(高柳)等人先后发展了两项聚合物体系的力学模型。

对于非相容性的两种聚合物所组成的共混物所组成的共混物，可用图7-5所示的力学模型表示。

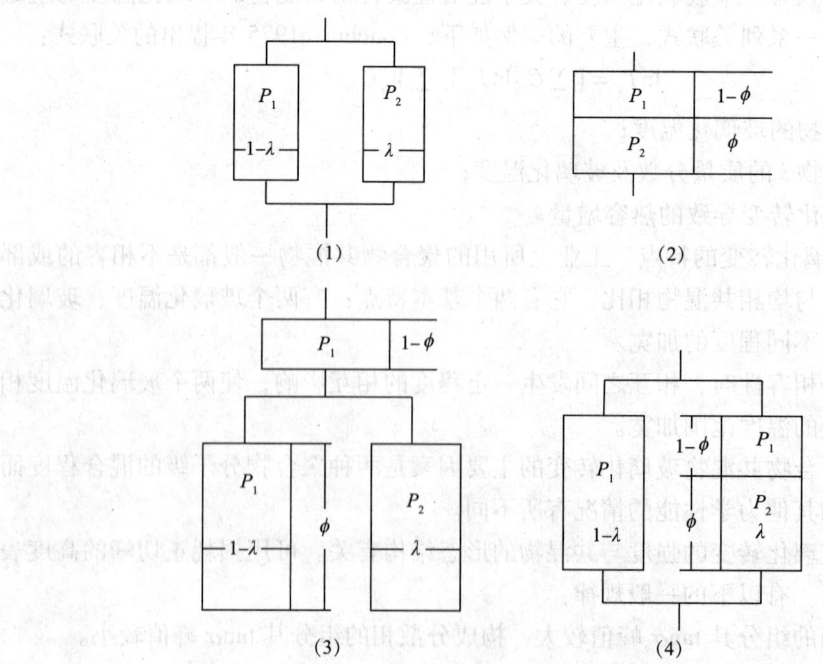

图7-5　两相聚合物体系的力学模型

图中 P_1 及 P_2 为组分1及2；λ 及 ϕ 分别为组分1在并联及串联模型中的体积分数。(1)为并联模型，是等形变体系；(2)为串联模型，是等应力体系。设组分1和2的杨氏模量分别为 E_1 及 E_2，则共混物的杨氏模量可根据模型求出。对并联模型：

$$E = (1-\lambda)E_1 + \lambda E_2$$

相似的，对多组分并联模型则：

$$E = \sum_{i=1}^{n} \lambda_i E_i \qquad \sum_{i=1}^{n} \lambda_i = 1$$

式中　N——共混物的组分数。

对串联模型：

$$E = \left(\frac{1-\phi}{E_1} + \frac{\phi}{E_2}\right)^{-1}$$

对多组分共混物的串联模型则：

$$E = \left(\sum_{i=1}^{n} \frac{\phi_i}{E_i}\right)^{-1} \quad \sum_{i=1}^{n} \phi_i = 1$$

图中7-5(1)及(2)是两个基本模型。为进一步逼近实际的共混物，可将两个基本模型按不同的形式进一步组合，例如可按图7-5(3)及(4)两种方式组合。由(3)及(4)两种模型可分别得到共混物的模量为：

$$E = \left[\frac{\phi}{\lambda E_1 + (1-\lambda)E_2} + \frac{1-\phi}{E_1}\right]^{-1}$$

及

$$E = \lambda\left(\frac{\phi}{E_1} + \frac{1-\phi}{E_2}\right)^{-1} + (1-\lambda)E_2$$

7.4.3　聚合物共混物的力学强度

聚合物共混物是一种多相结构的材料，各相之间相互影响，有明显的协同效应。其力学强度与形态结构密切相关，并不等于各组分力学强度的简单平均值。在大多数情况下，增加韧性是聚合物共混改性的主要目的，所以本节将着重讨论共混物的冲击性能。

7.4.3.1　聚合物的形变

我们曾反复指出，聚合物的力学行为是温度和时间的函数。此外，形变较大或外力较大时，聚合物的力学行为还是形变值或外力大小的函数。以聚合物在拉伸作用下的形变为例来进一步说明这个问题。

玻璃态和橡胶态试样在拉伸断裂后的外观是类似的，两者都是弹性破坏，即两者的断裂面均垂直于主拉伸方向。并且当拉伸速度足够大时，在试样内部都无明显的残余形变。然而，皮革态和半固态下的断裂方式表明，在和主拉伸轴成一定角度的方向上产生了明显的流动，特别在45°的平面上最明显。此外，断裂后试样内部有明显的残余形变。

拉伸速度的影响与温度的影响相反，提高拉伸速度相当于降低温度。温度与时间按照前述的时-温变换原理相互转化。

(1)剪切屈服形变　不仅在外加的剪切作用下物体发生剪切形变，而且在拉伸力的作用下也会发生剪切形变。这是由于拉伸力可分解出剪切力分量的缘故。设试样所受的张力为F，F垂直于横截面S，与S成β角的平面S_B所受到的应力F_β为：

$$F_\beta = \frac{F}{S}\cos\beta$$

F_β在S_B面上的剪切应力分量为：

$$\sigma_\beta = F_\beta\sin\beta = \frac{F}{S}\cos\beta \cdot \sin\beta = \frac{1}{2}\frac{F}{S}\sin2\beta$$

所以不同平面上的剪切力是夹角β的函数。显然，当45°时剪切力达到最大值。这就是说，与正应力成45°的斜面上剪切应力最大，所以剪切屈服形变主要发生在这个平面上。在剪切应力作用下聚合物和结晶体(如金属晶体)一样可发生剪切屈服形变，但发生的机理不同。

我们知道，当外力超过屈服应力时，金属晶体可发生塑性变形，此即所谓金属的范性。这种屈服形变是金属晶格沿一定的滑移面滑动而造成的。根据金属范性的位错理论，这种滑动可能是由于存在晶格缺陷。对于非晶相聚合物，这种剪切屈服形变需要很多链段的配合运动。因此，与晶体相比，其剪切屈服形变是较为弥散的。但是，在一定条件下，聚合物亦可产生明显的局部剪切形变，形成所谓“剪切带”。这种剪切带的形成有两个主要原因：其一是由于聚合物的应变软化作用；其二是由于结构上的缺陷或其他原因所造成的局部应力集中。事实上，剪切带的形成是一种局部应变现象。

所谓局部应变即试样产生不均匀应变的现象。聚合物冷拉时细颈的形成即是局部应变的一种表现。产生剪切带和银纹化是局部应变的两种主要机理。

(2)银纹化　玻璃态聚合物屈服形变的另一机理是银纹化。玻璃态聚合物在应力作用下会产生发白现象。这种现象叫应力发白现象，亦称银纹现象。应力发白的原因是由于产生了银纹，这种产生银纹的现象也叫银纹化。聚合物中产生银纹的部位称为银纹体或简称银纹。银纹化与剪切带一样也是一种屈服形变过程。银纹化的直接原因也是由于结构的缺陷或结构的不均匀性而造成的应力集中。

银纹可进一步发展成裂纹，所以它常常是聚合物破裂的开端。但是，形成银纹要消耗大量能量，因此，银纹能被适当地终止而不致发展成裂纹，那么它反而可延迟聚合物的破裂，提高聚合物的韧性。

①银纹的结构　和剪切带不同，银纹的平面垂直于外加应力的方向。银纹和裂纹不同。所谓裂纹就是小的裂缝。裂纹常见于应力破损中的硬脆物体，例如玻璃、陶瓷等。裂纹的产生是材料破坏的根本原因。银纹是由聚合物大分子连接起来的空洞所构成的。可以设想，将裂纹的“两岸”用聚合物“细丝”连接起来即成银纹。反之，若银纹中的聚合物“细丝”全部断裂则成裂纹。银纹中的聚合物细丝断裂而形成裂纹的过程叫银纹的破裂。

银纹中的聚合物发生很大程度的塑性形变和粘弹形变。在应力作用下，银纹中的大分子沿应力方向取向，并穿越银纹的两岸，这赋予银纹一定的力学强度。

②银纹的性能：

a. 密度

银纹体中含有大量空洞，因此银纹体的密度比未银纹化的基体的密度小，这也是银纹化后试样体积增加的缘故。银纹体的密度随银纹体形变值的增加而减少。设未银纹化的聚合物密度为，则银纹体的密度为$\frac{1}{1+\varepsilon}$，ε为银纹体的形变值。

b. 银纹体的应力－应变性质

银纹体性似海绵，比正常的聚合物柔软并具韧性。在应力作用下，银纹体的形变是黏弹性的，所以其模量与应变过程有关。一般而言，银纹体的模量约为正常聚合物模量的3%～25%。

c. 银纹的强度和生成能

银纹破裂可发展成裂纹进而导致聚合物的破裂。银纹的强度及其生成能对聚合物材料的强度有决定性的影响。

在应力作用下，银纹的稳定性即银纹的强度与大分子的塑性流动、化学键的破坏及黏弹行为有关。聚合物的相对分子质量越大，大分子之间的物理交联键就越多，大分子的塑性流动和粘弹松弛过程的阻力就越大，因而银纹就越稳定。

银纹体形成时所消耗的能量叫银纹的生成能。形成银纹时要消耗四种形式的能量：生成银纹时的塑性功；在应力作用下银纹扩展的黏弹功；形成空洞的表面功和化学键的断裂能。

③银纹形成动力学　如果银纹的产生并未导致材料的破坏，那么银纹必经过引发、增长和终止三个阶段。因此，可借助于链式反应动力学的概念来讨论银纹形成动力学。为方便计算先作如下简单假定，引出动力学模式，然后再分析各种因素的影响。

a. 单位体积聚合物中生成的银纹数目N与负荷的时间间隔t成正比：

$$N = K_i t$$

式中　K_i——引发速率常数。

b. 银纹仅一维发展。在增长过程中，银纹的横截面面积a不变，增长速率亦不变，即银纹长度r随时间增长的速率为常数k_p：

$$\frac{\mathrm{d}r}{\mathrm{d}t} = k_p$$

式中　k_p——银纹增长速率常数。

c. 银纹增长一定程度后即终止，银纹的平均长度$\bar{r}$不随时间改变。

根据上述假定，经过一定时间的诱导期后，银纹化即达到稳定状态，即引发速率与终止速率相等，成为恒速发展的状态。这和自由基聚合反应的情况一样。

在诱导期只有银纹的引发而无银纹的终止，所以在诱导期银纹的平均长度$\bar{r}$是不断增加的。在时间p产生的银纹到时间t时，银纹体积为：

$$V = ar = ak_p(t-p)$$

式中　V——银纹体积；

a——银纹横截面面积；

r——银纹长度；

$t \leqslant \tau$，τ——银纹诱导期。

银纹的引发是由于存在结构的不均一性，从而产生应力集中，引发银纹。对于均相聚合物，表面缺陷、空洞及其他结构缺陷都是银纹的引发中心。聚合物共混物的两相界面是引发银纹的主要场所。

银纹的增长速率取决于内部应力集中的情况及银纹尖端材料的性质。有时随着银纹的增长，应力集中因子下降，银纹增长速率就逐渐下降。当银纹尖端应力集中因子小于临界值时银纹即终止。

银纹的终止有各种原因，例如银纹与剪切带的相互作用，银纹尖端应力集中因子的下降及银纹的支化等。银纹的发展如能被及时终止，则不致破裂成裂纹。

(3)银纹与剪切带之间的相互作用　在许多情况下，在应力作用下聚合物会同时产生剪切带和银纹，二者相互作用，成为影响聚合物形变及破坏过程的重要因素。

银纹和剪切带的相互作用有以下三种可能的方式：

①银纹遇上已存在的剪切带而得以愈合、终止。这是由于剪切带内大分子高度取向从而限制了银纹的发展；

②在应力高度集中的银纹尖端引发新的剪切带，新产生的剪切带反过来又终止银纹的发展；

③剪切带使银纹的引发及增长速率下降并改变银纹动力学的模式。

剪切带与银纹的相互作用是促使银纹终止的重要因素。由于这种终止作用，银纹就不易发展成破坏性的裂纹，因此可大大提高材料的强度和韧性。

7.4.3.2　聚合物共混物的形变

聚合物共混物的形变机理与一般的聚合物基本相同。各种因素如温度、形变速率等的影响也与一般聚合物的情况大致一样。但是，由于聚合物共混物复相结构特征，其形变也存在一系列特点。

由于复相结构，各相对应力的响应特性不同，因此在相界面处应力集中，产生大量能形成剪切带或银纹的核心。并且由于各相聚合物本质以及结构形态的不同，所形成的剪切带特别是银纹的形态和发展趋势也不同。于是，相应的聚合物共混物就有不同的形变特点和力学强度。下面主要以橡胶增韧塑料为例说明共混物的形变特点。

(1)分散相的应力集中效应　橡胶增韧塑料中，分散相是橡胶颗粒。橡胶模量低，容易沿应力方向伸长变形，负荷主要由树脂连续相承担。在负荷下橡胶颗粒成为应力集中的中心。在橡胶颗粒的赤道上应力集中最大，在此位置形成局部形变的核心。当然，这种应力集中也会引发剪切带的形成，但一般而言主要是引发银纹。在非赤道的其他位置也有银纹产生，这可能是由于橡胶颗粒应力场之间相互作用的结果。

(2)影响形变的因素　共混物中分散相的应力集中作用会激发大量的银纹或剪切带，从而使材料易于发生屈服，屈服应力下降，断裂伸长增加。银纹和剪切形变这两种屈服机理对材料的影响是不同的。银纹多孔、模量低，所以形成大量银纹时材料的模量下降。并且由于银纹对液体有较大的可渗性，使银纹容易发展成裂纹而导致材料的损伤和破裂。这种现象叫材料的应变损伤。另外，对于冷成型，要求聚合物材料屈服而不撕裂，去除外力后不立即恢复。银纹产生的屈服形变存在很大的可恢复性，所以对冷成型不利。剪切形变则不同。剪切带的力学性能接近于未形变的聚合物，它不会增加聚合物的可渗性，应变损伤的程度很小。同时剪切带主要为塑性形变，可恢复的成分少，适于冷成型的要求。由此可见，剪切和银纹这两种屈服机理所占的比重对材料的性能影响很大。下面就讨论怎样分析这两种机理的比例以及影响这一比例的因素。

①银纹化和剪切屈服的比例。有许多方法可测定银纹化和剪切屈服形变的比例。例如，根据二者光学性能的不同，力学性能的不同将二者加以区别和检定。银纹产生应力发白，剪切形变无此现象，据此可将二者加以区分。在负载下，剪切带内和银纹体内大分子都取向。但卸载后银纹体会很快解取向，而剪切带内大分子的取向大部分都保留下来。根据这一特性可用 X－光大角散射和 X－光小角散射的方法测定银纹化及剪切形变所占的比例。

②影响因素

a. 基体性质

聚合物共混物屈服形变时，银纹和剪切形变两种成分的比例在很大程度上取决于连续相基体的性质。一般而言，连续相的韧性越大，则剪切成分所占的比例越大。

b. 应力的影响

形变中银纹成分的比例随应力的增加以及形变速率的增加而增加。形变速率的影响与应力大小的影响相似。大多数情况下，增加形变速率会使银纹成分的比例提高。

c. 大分子取向的影响

大分子取向常常减小银纹成分的比例。根据 Eyring 方程可知，应力集中因子减小会使银纹和剪切带引发及增长速率下降。

d. 橡胶含量的影响

对于橡胶增韧塑料，橡胶含量对其形变机理有重要影响。橡胶含量增加时，橡胶颗粒的数目增多，银纹引发中心增加，但是由于橡胶颗粒之间的距离减小，银纹终止速率亦相应提高。这两种作用基本抵消。这时银纹化速率的增加主要是应力集中因子增加之故。同样，剪切形变速率亦有提高，但银纹速率增加的更快些，所以总的结果是橡胶含量增加时银纹化所占的比例提高。

7.4.3.3　聚合物共混物的力学强度

聚合物及其共混物大多是作结构材料之用，因此力学强度是最主要的性能指标。然而聚合物及其共混物的力学强度不仅与其品种、组成有关，而且与加工成型的方法、条件有关，甚至试样的大小和结构也有很大的影响。因此这是很难定量处理的问题。聚合物的实际强度总比理论强度小，一般要小两个数量级以上。这种情况也同样存在于其他类型的材料如陶瓷、玻璃、结晶体等。

据目前所知，产生这一差距的原因是：不可能获得结构完整的理想试样。由于大分子链的长度是有限的，而且材料结构中存在大大小小的各种缺陷，引起应力的局部集中，这就使许多分子间的次价键先行断裂，最后应力集中到少数主价键上使之断裂，产生裂缝，导致试样的破坏。这就是说，结构上的缺陷和不均匀性是一切实际材料破坏的原因。由于结构上存在弱点，造成材料破坏时各个击破的局面，这就是实际强度较理论强度低的原因。

除分子堆砌和排列不完全规整外，材料的结构缺陷还包括存在的裂纹、切口、嵌入的颗粒、空洞等。这些因素都引起应力集中，在应力集中的部位，实际应力会远远超过施加的平均应力。当实际应力超过材料的强度时，就在此部位发生破裂。实际应力 σ 与平均应

力 σ_0 之比叫应力集中因子。

存在于聚合物材料中的球形颗粒也是一种应力集中剂。假定球形颗粒与基体之间有很好的粘接，如前面已提到的橡胶增韧塑料的情况，那么在垂直于应力方向的球粒赤道面上有最大的应力集中。若球的模量远小于基体的模量，赤道面上的应力集中因子为 2 左右。其极端情况是球粒为气泡。若球粒的模量与基体相同则无应力集中发生。若球粒的模量比基体大，则赤道面上的张应力反而减小，甚至转变成压缩力。

聚合物材料强度的能量平衡分析法是基于 Griffith 的断裂理论。Griffith 理论是基于如下的两个基本思想。第一，材料的破裂必然产生新的表面，因而要消耗能量。当此能量可为释放出的弹性储能所平衡时，材料即可发生破裂。第二，材料变形时弹性储能的分布是不均匀的，在结构的缺陷处，特别是裂纹附近，集中了大量的弹性储能，集中的程度与结构缺陷的性质和形状有关。这和应力集中的情况相似。

两相结构的特征给聚合物共混物的强度问题带来了新的影响因素。分散相起着应力集中剂的作用，由此会导致裂纹的产生。所以共混物像其他一些多相体系如含有不相容的增塑剂的聚合物，含有惰性填料的聚合物体系及泡沫塑料一样，比起基体聚合物来说，其拉伸强度常常有所下降。

然而，应力集中未必立即引发裂纹。应力集中常常是先产生银纹、银纹发展、破裂才生成裂纹。所以分散相对基体破裂强度的影响，除了它引发银纹外，还要看它能否有效地终止银纹的发展以及能否有效地愈合裂纹。这当然与分散相的本性、形态等因素有关。因此两相结构材料未必一定使拉伸强度下降。

尽管增韧的因素很多，有各种可能的增韧途径，但目前最主要的和最有成效的方法还是用橡胶增韧的方法制备高抗冲聚合物材料，即所谓橡胶增韧塑料。因此，有必要较系统地讨论橡胶增韧塑料的增韧机理。

7.4.4 橡胶增韧塑料的增韧机理

材料的韧性有不同的表示方法，例如冲击强度、应力－应变曲线下的面积、特征表面破裂能以及破裂韧度等都可用来表示材料的韧性大小。这些不同的表示方法之间存在某些对应关系。但是由于它们对负荷的种类和速度有不同的敏感性，所以难以定量地相互转换。

一般用冲击强度表示材料的韧性。冲击破坏所消耗的功，理论上应等于快速拉伸实验中应力－应变曲线下的面积。此面积越大、破坏能就越高。因此，材料的拉伸强度高、断裂伸长大，冲击强度就高。这就是说，提高冲击强度可从两方面入手。第一，在断裂伸长无大变化的情况下设法提高材料的拉伸强度。

然而不能据此作定量的推论。因为在低频率下得到的应力－应变曲线，在冲击试验这样高速的条件下未必适用。再者，冲击试验所用试样的形状、尺寸不同时，所得结果亦不同，且结果不能换算。因为试样的形状和尺寸不同时，破裂能的分配有很大的不同。

总得来说，冲击强度是破坏材料时所需能量大小的一种表征。因此分析增韧机理就是分析破裂能提高的原因。

7.4.4.1　增韧机理

在橡胶增韧塑料中，橡胶含量(质量分数)一般为 5% ~20%，但冲击强度却大幅度提高，可提高几倍乃至几十倍。这表明，由于橡胶相的存在使得材料的破裂能大大提高。研究这种破裂能提高的原因的理论称为增韧理论或增韧机理。增韧机理的研究开始于 20 世纪 50 年代初，目前已有重大进展，但仍处于定性阶段。

(1)早期的增韧理论　关于橡胶增韧机理的早期理论多是定性地推断，虽然也有一些实验事实，但常常只触及问题的一个侧面，甚至是并不重要的一个侧面。

①能量的直接吸收理论。该理论是 1956 年 Merz 等提的相当直观的想法。Merz 等认为，当试样受到冲击时会产生裂纹。这时橡胶颗粒跨跃裂纹两岸，裂纹要发展就必须拉伸橡胶颗粒，因而吸收大量能量，提高了材料的冲击强度。

②次级转变温度理论。这种理论由 Nielsen 提出，用以解释橡胶增韧的原因。Nielsen 指出，聚合物的韧性往往与次级转变温度有关。

③屈服膨胀理论。此理论是 Newman 和 Strella 在 1965 年首先提出的。Newman 和 Strella 注意到，橡胶增韧塑料的高冲击强度主要来源于很大的屈服形变值。Newman 等认为，增韧塑料之所以具有很大的屈服形变值是由于膨胀活化的缘故。橡胶颗粒在其周围的树脂相中产生了静张力，引起体积膨胀，增加了自由体积，从而使基体的 T_g 下降。这样就使基体能发生很大的塑性形变，提高材料的韧性。橡胶颗粒产生静张应力场的概念无疑是正确的。

④裂纹核心理论。Schmitt 认为，橡胶颗粒充作应力集中点，产生了大量小裂纹而不是少数大裂纹(大裂纹有时亦称为裂缝)。扩展大量的小裂纹比扩展少数大裂纹需较多的能量。同时，大量小裂纹的应力场相互干扰，减弱了裂纹发展的前沿应力，从而会导致裂纹的终止。Schmitt 认为，应力发白现象就是由于形成大量小裂纹的原因。

(2)橡胶增韧机理的进展　在早期增韧理论的基础上，逐步建立了橡胶增韧机理的初步理论体系。当前普遍接受的是所谓银纹—剪切带理论，我们将着重加以讨论。其次还要讨论一下 Bragaw 提出的银纹支化理论。

①银纹 - 剪切带理论。橡胶增加塑料的韧性不但与橡胶相有关，而且与树脂连续相的特性有关。增韧的主要原因是银纹或剪切带的大量产生和银纹与剪切带的相互作用。

前面已经详细讨论了银纹和剪切带的问题。屈服形变的根本原因在于银纹化和剪切带的形成。

橡胶颗粒的第一个重要作用就是充作应力集中中心，诱发大量银纹或剪切带。大量银纹或剪切带的产生和发展要消耗大量能量，因而显著提高材料的冲击强度。在橡胶颗粒的赤道面上会诱发大量银纹。橡胶颗粒的浓度较大时由于应力场的相互干扰和重叠，在非赤道面上也能诱发大量银纹。橡胶颗粒还能诱发剪切带，这是消耗能量的另一个因素。银纹和剪切带所占的比例与基体性质有关，基体的韧性越大；剪切带所占的比例越高。同时也与形变速率有关，形变速率增加时，银纹化所占的比例提高。

然而，并非仅仅橡胶颗粒才能诱发银纹，像气泡、玻璃球等亦能诱发大量银纹。为何只有橡胶颗粒才能产生巨大的增韧效果呢?

这是由于，橡胶颗粒还有第二个重要的作用：控制银纹的发展并使银纹及时终止而不致发展成破坏性的裂纹。

在橡胶颗粒的影响下，当受到外力作用时，材料中就产生并发展大量的小银纹或剪切带，吸收大量能量。橡胶颗粒又能及时将其产生的银纹终止而不致发展成破坏性的裂纹，所以可大大提高材料的冲击强度。剪切带是终止银纹的另一个重要因素，特别是基体韧性较大而有大量剪切带产生时。除了终止银纹之外，橡胶颗粒和剪切带还能阻滞、转向并终止已经存在的小裂纹的发展。

②银纹支化理论。Bragaw 指出，按 Gooder 方法计算橡胶颗粒周围实际应力分布，结果表明，银纹应有强烈的方向性，这和事实不符。再者，硬性颗粒和气泡会产生更大的应力集中，因而理应产生更多的银纹，然而事实并非如此。因此 Bragaw 提出，大量银纹的产生是银纹动力学支化的结果。

根据 Yoff 和 Griffith 裂纹动力学理论，裂纹刚产生后缓慢发展，其长度达到临界值(Griffith 裂纹长度)后，急剧加速，最后达到极限速度(约为所处介质中声速之半)。达到极限速度后裂纹迅速支化和转向。

7.4.4.2 影响橡胶增韧塑料冲击强度的因素

影响橡胶增韧塑料冲击强度的因素可从基体的特性、橡胶相的结构及含量以及两相间的粘合力这三个方面考虑。

树脂基体特性的影响包括：基体树脂相对分子质量及其分布和基体组成及特性。

橡胶相的影响包括：橡胶含量、橡胶粒径的、橡胶相玻璃化温度、橡胶与基体树脂相容性、胶粒内树脂包容物、橡胶交联度的影响。

7.4.4.3 橡胶相与基体树脂间黏合力的影响

只有在橡胶相与基体之间有良好的黏合力时，橡胶颗粒才能有效地引发、终止银纹并分担施加的负荷。黏合力弱则不能很好地发挥上述三种功用，因而冲击强度就低。为增加两相之间的黏合力可采用接枝共聚或嵌段共聚的方法。所生成的聚合物起着增容剂的作用，可大大提高冲击强度。事实表明，采用嵌段共聚的方法效果更好。

7.5 聚合物共混物的其他性能

本节简要讨论聚合物共混物的流变性能、透气性、可渗性、热胀系数、光学性能和电性能。

7.5.1 聚合物共混物熔体的流变特性

聚合物熔体的流变性主要有两个特征。其一，聚合物熔体为非牛顿液体；其二，聚合物熔体流动时有明显的弹性效应。

聚合物熔体为一种假塑性非牛顿液体，其黏度为剪切应力或剪切速率的函数，可用指数方程表示：

$$\tau = K\dot{\nu}^{n} \quad \text{或} \quad \eta = \tau/\dot{\nu} = K\dot{\nu}^{n-1}$$

式中　τ——剪切应力；

$\dot{\nu}$——剪切速率；

n——非牛顿性参数（非牛顿指数）；

K——稠度系数；

η——聚合物熔体的黏度。

聚合物熔体在流动中会发生大分子构象的改变，产生可逆的弹性形变，因而发生弹性效应。

聚合物熔体的流变特性起源于其结构特征。聚合物熔体中的大分子相互缠结成集团，形成超分子结构。这种分子集团的大小、相互缠结的程度以及相互之间的作用，决定了聚合物熔体的流变特性。黏性和弹性是聚合物对外场响应的两种方式。在适合于弹性发展的条件下，聚合物主要表现为弹性；在适合于黏性发展的条件下，则主要表现为黏性。黏性和弹性所占的比重决定于外场的情况及聚合物本身的结构。例如，提高温度、延长外场作用时间、减小相对分子质量等，有利于黏性的发展；反之，降低温度、提高相对分子质量、增加外场频率等，则会使弹性的比重提高。

聚合物共混物熔体的流变特性和一般聚合物熔体的情况相似，也是假塑性非牛顿液体，具有明显的弹性效应。但是，由于聚合物共混物的复相结构、两相之间的相互作用、相互影响，所以流变性能尚有其自身的特点。研究共混物熔体的流变特性对共混物的成型加工及产品性能的改进都有十分重要的意义。讨论的重点是共混物熔体的粘性和弹性。为系统和明确起见，以下首先从模型体系谈起。

7.5.1.1　模型

聚合物共混物的流动行为十分复杂，受平衡热力学、相分离动力学、形态结构等各种因素的影响。因此，常需用已知体系为模型来比拟、分析聚合物共混物的流变特性。

对相容性（均相）聚合物共混物常以低分子液体溶液为模型；对非相容的共混物则常以悬浮体系、乳液以及嵌段共聚物为模型体系。

（1）低分子液体溶液　根据溶液的状态方程理论，可从纯组分的分子参数求得溶液的各种性能。对一般非极性液体，自由体积分数耐加和性表现负偏差。

对组分间相互作用参数 $\chi_{12} \neq 0$ 的情况，Bondi 提出黏度计算的一般式为：

$$\log(V\eta_0) = \sum_i X_i \log(V_i \eta_{0i}) + \log(V\eta)^E$$

式中　V 及 V_i——溶液和组分 i 的摩尔体积；

X_i——组分 i 的摩尔分数；

η_0 及 η_{0i}——溶液及组分 i 的零切黏度；

$\log(V\eta)^E$——偏离对数加和规则的过剩黏度项。

（2）悬浮体系　对球形硬颗粒悬浮体系，相对黏度 η_r（悬浮体系黏度与介质黏度之比）与颗粒体积分数 ϕ 的关系，已提出许多关联式，主要的有以下两个：

$$\ln\eta_r = [\eta]_s\phi/(1 - \frac{\phi}{\phi_m})$$

$$\eta_r = (1 + \alpha\phi)\beta$$

式中　η——剪切速率 $\dot{\gamma} \to 0$ 时的相对黏度；

$[\eta]_s$——硬球的特性黏度；

ϕ_m——最大堆砌体积；

α 及 β——参数。对很稀的悬浮体系，爱因斯坦取 $\alpha=0.25$，$\beta=1$，于是得爱因斯坦公式：

$$\eta_r = 1 + 0.25\phi$$

对不同的体系，例如不同的功 ϕ_m，α 及 β 可取不同的数值。

η_r 应与颗粒直径无关。但当颗粒直径 $d \ll 1\mu$ 时，由于吸附于颗粒表面的液体分子的低活动性以及颗粒的聚结，η_r 的实测值要大于计算值。为此 Thomas 提出如下的修正式，能与实验数据很好地吻合：

$$\eta_r = 1 + 0.25\phi + 10.05\phi^2 + 0.0027\exp(16.6\phi)$$

（3）乳液　可用两种牛顿型液体所构成的乳液体系来模拟聚合物共混物的流变行为。

当乳液很稀，可忽略相界面的影响时，乳液的特性黏度 $[\eta]_E$ 为：

$$[\eta]_E = 2.5(\eta_p + \frac{2}{5}\eta_m)/(\eta_p + \eta_m)$$

式中下标 E、p、和 m 分别表示乳液、珠滴和介质。

（4）嵌段共聚物　嵌段共聚物(BC)一般为单相连续的复相结构。设连续相的玻璃化温度为 T_{gc}，分散相的玻璃化温度为 T_{gd}，若孔。$T_{gc} < T < T_{gd}$，其行为类似于具有黏弹特性的交联橡胶。当 $T > T_{gd}$ 时，其黏度远大于按组成和相对分子质量所预期的黏度值。其原因是：流动时会使微区形变并将一种嵌段的微丝越过另一嵌段的微区。BC 组分的混溶性越小，黏度就越大。这类似于浓乳液黏度随界面张力增大而提高的情况。

嵌段共聚物具有多重流动行为。在不同条件下可表现出：屈服现象、上限和下限牛顿平台、假塑性以及滞后现象等。这种多重性与熔体结构、浓度以及流变参数有关。例如对 SBS，当苯乙烯含量（体积分数）小于和大于 31% 时，流动活化能分别为 80kJ/mol、160kJ/mol。这种差别的原因在于，含量低于 31% 时，苯乙烯嵌段为分散相，高于 31% 时，为共连续结构。嵌段共聚物的形态结构随组成而规律性的改变，随分散相含量的增加，由球形颗粒到圆柱状再到层状结构。

嵌段共聚物黏度与温度的关系可表示为：

$$\ln\eta_r = a_0 + \frac{a_1}{T - T_\infty}$$

式中　T_∞——$\eta \to \infty$ 时的温度，一般 $T_\infty \approx T_g - 50℃$；

a_0 及 a_1——调整参数。

7.5.1.2　聚合物共混物熔体的分散状态

两种不相容的聚合物熔体在剪切作用下混合时会产生两种类型的分散状态。一种是形成两相交错的互锁状结构，分不清何者为分散相何者为连续相。另一种是一种聚合物形成分散相分散于另一种聚合物所构成的连续相之中。这时究竟哪一组分为分散相哪一种分为连续相，决定于两种聚合物的体积比、黏度比、弹性比以及两种聚合物间的界面张力。此外尚与混合设备的类型有关。在流动状态中，分散相或呈带状或呈珠状及纤维状。分散相呈珠状分散时，在流动过程中会发生径向的迁移作用，分散相向中心轴处集中，导致形成所谓的壳－心状形态结构。其结果会使共混物熔体的黏度下降。

7.5.1.3　聚合物共混物熔体的黏度

聚合物共混物的熔体黏度可根据混合法则以及前述的模型体系作近似估算。为简单起见，对非均相的共混物熔体的黏度可按下式求出其上限值和下限值：

上限值：$\eta = \eta_2 + \dfrac{\phi_1}{\dfrac{1}{\eta_2 - \eta_1} + \dfrac{1}{2} \cdot \dfrac{\phi_2}{\eta_2}}$　下限值：$\eta = \eta_1 + \dfrac{\phi_2}{\dfrac{1}{\eta_2 - \eta_1} + \dfrac{1}{2} \cdot \dfrac{\phi_1}{\eta_1}}$

式中　ϕ_1 及 ϕ_2——组分 1 及组分 2 的体积分数；

η_1，η_2——组分 1 及组分 2 的黏度，$\eta_2 > \eta_1$；

η——共混物的黏度。

Heitmiller 假定聚合物共混物熔体在流动中呈同心层状的形态结构，当分散较好，层数很多时得近似公式：

$$\frac{1}{\eta} = \frac{W_1}{\eta_1} + \frac{W_2}{\eta_2}$$

式中　η，η_1，η_2——共混物、组分 1 及组分 2 的熔体黏度；

W_1，W_2——组分 1 及组分 2 的质量分数。

7.5.1.4　聚合物共混物熔体流动中的弹性效应

聚合物熔体弹性的测定一般有四种方法：①稳态剪切时的法向应力差 $N_1 = \sigma_{11} - \sigma_{22}$；②动态力学试验测量储能模量 G'；③挤出膨胀比 B 或可恢复性剪切形变 S_R；④出口压力降 $p_{出}$。对均相聚合物熔体，这四种方法可定性地吻合。挤出物胀大有两种机理：

①在均相熔体中应力诱发的应变，这与熔体的弹性相关；

②分散相的形变所产生的胀大，这与分散相颗粒的形变程度有关，因而关联于 λ 和 X 两个参数。

对大多数聚合物共混物，B 值表现为对对数加和规则的正偏差（PDB），并且很多情况下，在组成为 50:50 左右时，B 值为极大值。

对均相熔体，$p_{出}$与 $\sigma_{1,2}$ 的关系与毛细管直径温度及相对分子质量无关，而对流动参数变化很敏感。对聚合物共混物，$p_{出}$出与应力、温度、组成、形态却有很大关系，$p_{出}$的变化很复杂，对共混物只能作为定性指标。

(1) 共混物熔体弹性与组成的关系　共混物熔体流动时的弹性效应随共混比即组成的不同而改变，在某些特殊组成下会出现极大值或极小值。

据 Han 等人的研究，PE/PS 共混物，在组成 75/25 时弹性效应出现明显的极小值；而组成为 50/50 及 25/75 时，弹性效应有不太明显的极大值，并且剪切应力越大，极值越明显。当用出口压力或出口膨胀比来表示弹性效应时情况也一样。

关于互锁结构为何会出现弹性效应的极小值，Vanoene 认为这可能与一部分弹性形变自由能转变为界面能有关。互锁状结构是具有较大界面积的分散状态，有较多的弹性形变自由能转变为界面能，所以在停止流动后，可恢复的形变自由能较小。

(2) 分散相颗粒的变形、旋转和取向　聚合物共混物常常是含有可变形颗粒的两相体系，它可看作是可变形颗粒分散于非牛顿型液体中所形成的悬浮体系或乳液。在流动过程中，分散相颗粒的变形、取向及破裂等问题都可根据悬浮体系或乳液流变学的一般原理处理。

在剪切应力场中，悬浮颗粒受到切向和法向两种应力的作用，因而会发生旋转、取向和变形。旋转的角度、取向和变形的程度取决于两相的黏度比、弹性比、界面张力、颗粒半径及剪切速率。一般而言，分散颗粒的变形和取向随剪切速率及颗粒半径的增加而增加。

(3)分散颗粒的迁移现象　悬浮体流动时，由于黏性因素及惯性因素的影响，悬浮颗粒会产生径向的迁移作用。当流动的雷诺数较大时主要是由于惯性因素的影响；当雷诺数较小时则主要是黏性因素的影响。均相聚合物熔体流动时亦有这种迁移现象，低相对分子质量级分向管壁迁移，高相对分子质量级分向中心迁移，发生所谓分级效应。但这种迁移现象远比不上共混物分散相颗粒的迁移现象明显。

聚合物共混物熔体，例如橡胶增韧塑料熔体，在流动中会产生明显的径向迁移作用。在一般成型加工的条件下，雷诺数不大，这种迁移作用主要是黏性因素造成的。在流动过程中，橡胶颗粒的变形和取向对其周围介质的流动产生扰动，与器壁发生作用，结果产生了橡胶颗粒从器壁向中心轴方向的径向迁移作用，造成橡胶颗粒浓度的径向梯度。一般而言，颗粒越大、剪切速率越高，这种迁移现象就越明显。这种迁移作用会导致形成橡胶颗粒的颈丝(Necklace)，造成制品内部的分层作用，从而影响制品的强度。

7.5.2 聚合物共混物的透气性和可渗性

聚合物共混物透气性和可渗性的研究有重要的实际意义和理论意义。共混物的性质与其组分的性质有直接关系，因此需要首先介绍一下聚合物的透气性和可渗性。

7.5.2.1 聚合物的透气性和可渗性

当固体两边的气体压力不同时，气体分子会穿过聚合物从压力较大的一边向压力较小的一边扩散，这叫聚合物的透气性。若薄膜两边是浓度不同的溶液，则分子会穿过薄膜从高浓度的一边向低浓度的一边扩散。聚合物的这种允许溶液中的分子或液体分子穿过的性质称为聚合物的可渗性。上述两种情况统称为透过聚合物的扩散或透过聚合物的迁移。

气体透过聚合物是一种单分子扩散过程。这一过程包括气体先溶解于固体的聚合物薄膜中，继而在薄膜中向低浓度处扩散，最后在薄膜的另一面蒸发。

7.5.2.2 聚合物共混物的透气性

一般常见的聚合物共混物是单相连续的体系。先假定分散相对气体的透过性很小(像无机填料的情况一样)，可以忽略不计，则分散相的存在使气体分子的穿透途径发生曲折，增加了途程的长度，因而使共混物的透气性下降。

气体分子穿透途径曲折的程度与分散相的形态与取向有关，可用曲折因子 τ 来表示。τ 等于实际途程长度与聚合物样品厚度之比。

7.5.2.3 聚合物共混物的可渗性

蒸汽和液体对聚合物共混物的渗透作用与气体透过的情况相似。所不同的是，被共混物所吸附的蒸汽或液体常常发生明显的溶胀作用，显著地改变共混物的松弛性能。因此，共混物对蒸汽或液体的渗透系数常有很大的浓度依赖性。

共混物对蒸汽或液体的平衡吸附量与共混物中两组分分子间作用力有关。两组分间的Huggins-Flory作用参数$\chi_{1,2}$越大，则平衡吸附量越小。因此对渗透剂的吸附量也可作为探测共混物中组分之间混溶性和作用力大小的一种很有前途的方法。

7.5.3　聚合物共混物的密度以及电学、光学、热性能

7.5.3.1　聚合物共混物的密度

聚合物共混物的密度可根据倒数加和法则作粗略地估算：

$$\frac{1}{\rho_0}=\frac{W_1}{\rho_1}+\frac{W_2}{\rho_2}$$

式中　ρ_0——共棍物的密度；

ρ_1——组分1的密度；

ρ_2——组分2的密度；

W_1——组分1的质量分数；

W_2——组分2的质量分数。

当两组之间不混溶或混溶性很小时，实测值与上式相当吻合。但两组分之间混溶性较好时，例如PPO/PS、PVC/NBR等，其密度可超过计算值的1%～5%。这是由于两组分之间有较大的分子间作用力，使得分子间更加密切堆砌的缘故。

7.5.3.2　聚合物共混物的电性能和光性能

(1)电性能　共混物的电性能常常主要决定于连续相的电性能。例如聚苯乙烯和聚氧化乙烯的共混物，当聚苯乙烯为连续相时，共混物的电性能接近于聚苯乙烯的电性能；当聚氧化乙烯为连续相时则与聚氧化乙烯的电性能相近。

(2)光性能　由于两相结构的特点，大多数共混物是不透明的或半透明的。这种情况限制了共混物在某些方面，例如包装及装饰方面的应用。减小分散颗粒的尺寸，使其小于可见光光波的波长，可改进共混物的透明性。但分散相颗粒太小时常使韧性下降。最好的办法是选择折光率相近的组分。若两组分的折光率相等，则不论形态结构如何，共混物总是透明的。

7.6　聚合物共混物的制备方法及相关设备

7.6.1　制备方法概论

各种共混法所得聚合物共混物的理想形态结构大多应为稳定的微观多相体系或者亚微观多相体系。这里的“稳定”系指聚合物共混物在成型以及其制品在使用过程中不会产生宏观的相分离。某些场合，也可能希望得到均相的共混物。影响聚合物共混物形态结构的最根本因素是其共混组分的热力学相容性，但并非相容性好的共混体系就一定能形成理想的

形态结构，它还要受到共混方法及工艺条件的影响，所以人们必然要研究各种各样的共混方法及相应的设备以及工艺条件。这里需要附带指出的是，工程上对于方法、设备及工艺条件的考虑是多方面的，除了首先要顾及到共混产物的形态结构、性能外，还要照顾到工艺过程实施的难易、设备造价、生产效率，甚至操作是否繁杂等等问题。

7.6.1.1　物理共混法

物理共混法是依靠物理作用实现聚合物共混的方法，工程界又常称之为机械共混法，共混过程在不同种类的混合或混炼设备中完成。从物料形态分类，物理共混法包括粉料(干粉)共混、熔体共混、溶液共混及乳液共混四类。

7.6.1.2　IPN 法

IPN 法形成互穿网络聚合物共混物，是一种以化学法制备物理共混物的方法。其典型操作是先制备一交联聚合物网络(聚合物Ⅰ)，将其在含有活化剂和交联剂的第二种聚合物(聚合物Ⅱ)单体中溶胀，然后聚合，于是第二步反应所产生的交联聚合物网络与第一种聚合物网络相互贯穿，实现了两种聚合物的共混。

7.6.2　物理法共混过程原理

由前所述的聚合物共混物制备方法中，显然物理共混法是主流，尤为重要的是物理共混法中的粉料和熔体共混法。

所谓共混，从物理过程而言，其实质即是一般工程上的混合，它是一种为提高混合物均匀性的操作过程。混合过程中，在整个系统的全部体积内，各组分在其基本单元没有本质变化的情况下进行细化和均化分布，也就是说纯粹的物理混合过程包括分布混合作用和分散混合作用两方面含义。分布混合作用系指不同组分相互分散到对方所占据的空间中，即使得两种或多种组分所占空间的最初分布情况发生变化并达到均化。分散混合作用则指参与混合的组分发生颗粒尺寸减小的变化，极端情况达到分子程度的分散。实际的混合过程，分布作用和分散作用大多同时存在，亦即在混合操作中，通过各种混合机械供给的能量(机械能、热能等)的作用，使被混物料粒子不断减小并相互分散重新分布，最终形成在某种尺度范围内均匀的混合物。

7.6.3　混合状态的描述

前已述及，混合包含组分的分布和分散两方面作用，对于聚合物共混体系，当形成一相连续、一相分散的“海－岛”式形态结构时，作为分散相的粒子，其分布的均一性和分散程度可用以描述混合状态。

下面介绍统计学上的混合指标。

(1)平均粒径　为表示分散相的分散程度，引入平均粒径的概念。平均粒径有平均算术直径 $\bar{d}_n$ 和平均表面直径 $\bar{d}_a$。

$$\bar{d}_n = \frac{\sum n_i d_i}{\sum n_i} \qquad \bar{d}_a = \frac{\sum n_i d_i^3}{\sum n_i d_i^2}$$

式中　d_i——分散相粒子 i 的粒径；

n_i——分散相粒子 i 的数目。

之所以引入平均表面直径，是因为直接影响聚合物共混物力学性能的主要是粒子的球体表面积而不是直径，而球体表面积与直径成三次方关系。

(2)总体均匀度　这也是一种定量度量，它表明了遍及目标或所分析系统的少组分分布优度，对于聚合物共混物，一般情况下(不是所有情况)，可认为分散相为少组分。实际上，当测定由混合过程所得混合物的若干试样中少组分的含量时，它们总是不同的。因此用试样中少组分浓度的方差与二项分布方差作比较，而定义为少组分的总体均匀度 M：

$$M = \frac{S^2}{\sigma^2}$$

式中　σ^2——二项分布方差；

S^2——试样中少组分浓度方差。

(3)分离尺度　分离尺度是混合物中相同组分区域平均尺寸的度量，即少组分的粒度。对于理想的混合，其分离尺度应当减少到最终粒子的尺度，在最低限，这将是分子大小。在数学上，把分离尺度 S 定义为被距离 r 分开的两点处浓度(体积分数)间相关系数 $R(r)$ 的积分(其积分限为 $0 \sim \zeta$)，即

$$S = \int_0^{\zeta} R(r)\,\mathrm{d}r$$

(4)分离强度　是测得的方差除以完全分离系统的方差所得到的比值，定义为

$$I = \frac{S^2}{\sigma_0^2}$$

若把浓度取作试样中少组分的体积分数，则对于完全分离的系统来说，浓度或者是1，或者是零。$I=1$，表示彻底分离，因为这时任意点的浓度或者是纯粹的少组分，或者是纯粹的多组分。当浓度均匀时，因为 $S^2=0$，故 $I=0$。可见分离强度反映了不同区域中浓度对其平均值的偏离，而不是对区域尺寸的偏离。

7.6.4　粉料(干粉)共混的设备

粉料共混通常是作为熔体共混的初混(预混)步骤，某些情况，也可以作为掺混步骤。粉料共混所用设备几乎全为间歇式，虽然这类设备总共可列举十余种之多，但目前在聚合物粉料共混过程中得到广泛应用的主要为高速捏合机和Z形捏合机两种。

7.6.4.1　高速捏合机

高速捏合机是当今塑料工业中应用最普遍的混合机。生产效率高，混合(主要是分布作用)效果好，物料适应性强(粉料、粒料、短纤维料)等是其主要优点。操作中特别要注意的是，切勿使物料温度高于软化点，以及不能使用过多的液体助剂，否则造成物料结团，不仅达不到混合目的，还会无法卸料(卸料口在机筒下方，尺寸较小)，甚至导致设备损伤。

7.6.4.2　Z形捏合机

Z形捏合机主要由机箱、Z形桨和驱动装置组成。机箱上部开口成矩形，下部为近似W形的底，箱体外有夹套可通蒸汽加热；Z形桨由驱动装置带动，一支桨为主动，一支桨为从动，两支桨一般为异向旋转，并有一定速比，速比通常为1.5～2.1。物料在Z形捏合

机中进行混合将受到一定的挤压和剪切作用，作用的强度与桨叶形状、两桨叶速度和速比等有关。但总的来说Z形捏合机的主要作用是分布混合而不是分散混合。Z形捏合机曾经是粉料混合的最通用的设备，但因其生产效率较低，劳动强度大，能耗高，近年来已逐渐被高速捏合机所代替。在纯粹的聚合物共混场合虽然没有必要使用Z形捏合机，但当同时进行填充改性(尤其加入非粉状填料时)，以及有较多的液体助剂时，Z形捏合机仍有一定的使用价值。因为它比较适合于黏稠的物料。

7.6.5 熔体共混的设备

7.6.5.1 开炼机

开炼机(开放式炼塑机)又称双辊混炼机。用开炼机进行熔体共混的物料是否要经过粉料预混，要根据共混的聚合物特性、使用助剂的种类以及共混物应用范围等多方面因素而定。

开炼机操作虽然繁重，安全性及卫生性差，但因操作直观，工艺条件易于调整，对各种物料适应性强，设备结构比较(与密炼机相比)简单，设备规格大小齐全，因此不论在工业上还是实验室，这种设备仍然在聚合物共混以及塑料配料、配色以及复合方面大量使用。

7.6.5.2 密炼机

为克服前述之开炼机的诸多缺点而开发了密炼机。由于密炼机的混炼室是密闭的，因而操作安全、物料损耗少、工作环境改善，同时还提高了生产效率。密炼机塑炼室的外部和转子的内部都开有循环加热或冷却载体的通道，借以加热或冷却物料。由于内摩擦生热的关系，物料除在塑炼最初阶段外，其温度常比塑炼室的内壁高。当物料温度上升时，黏度随即下降，因此所需剪切力亦减少。如果塑炼中转子是以恒速转动，而且所用电源的电压保持不变，则常可借电路中电流计的指示来控制生产操作。密炼后的物料一般呈团状，为了便于粉碎或粒化，还需用双辊机将它辊成片状物。

7.6.5.3 单螺杆挤出机

单螺杆挤出机在塑料加工领域应用极为广泛，改换口模，可分别用以生产管、棒、丝、板、膜、异型材等制品。此外，它也常用来作为造粒设备，例如生产电缆粒料、无毒透明PVC粒料、各种填充改性母料、色母料等。同样，用单螺杆挤出机熔融共混生产聚合物共混物粒料或者直接生产共混改性制品也是比较适宜的，因为它具有操作连续、密闭、混炼效果较好、对物料适应性强等多方面优点。

7.6.5.4 双螺杆挤出机

双螺杆挤出机在机筒中有两根螺杆，其机筒呈“∞”字形。由于它具有可以直接加入粉料，混炼塑化效果好，物料在机器中停留时间分布窄，

生产能力高等一系列优点，已在塑料混配和成型加工领域获得越来越广泛的应用，尤其在塑料填充、共混改性以及硬PVC制品的生产方面更有单螺杆挤出机无法比拟的特长。

7.6.6　造粒机

聚合物共混物常以粒料形式供应塑料加工厂制造各种塑料制品，造粒机又多与挤出机连用组成粒料生产线，所以有必要对造粒方法及造粒机给以简介。

从挤出机机头多孔口模挤压出来的熔融料条可经过所谓冷切和热切两种方式造粒，热切又有空气中切粒和水中切粒以及空冷、水冷等区别。

冷却造粒又称为料条造粒。料条离开挤出机后，经冷却水槽冷却和脱水辊脱水后进入切粒机，最后经振动筛筛分。料条切粒机的关键件是一对加料辊(两辊异向旋转牵引料条行进)和切粒刀具(圆筒式旋转排刀)，这种切粒方式是纵切，颗粒形状为圆柱形。料条切粒的优点是对所切料条种类适应性强、颗粒之间无粘连、产量大，但操作稳定性欠佳。

热切造粒是在挤出机机头出口设置一旋转切刀趁热切粒的方法，它又称为模切。在空气中热切而成的粒料，可用一定压力的空气风送至振动筛，在输送过程中同时起到冷却作用。另外，也有热切后，将粒料落入水中冷却的方法。

热切造粒的粒料呈圆片状，由于在热状态下切粒且冷却不及时，粒料之间易于粘连，影响制品质量。为此又有水中热切法的诞生，此法是把料条挤入水中并同时在模面旋转切断。水中切粒，避免了粒料粘连，质量提高。

7.7　增容剂及其在聚合物共混物中的应用

人们在研究聚合物共混物时，已发现共混物的形态结构对其性能有着至关重要的影响，而其形态结构又首先受参与共混的聚合物组分之间的热力学相容性制约。对于大多数聚合物共混物，各聚合物组分间缺乏热力学相容性，因而从根本上排除了这些聚合物共混物形成分子水平上的均相体系的可能性。不过，从宏观力学等重要实用性能角度出发，我们并不要求聚合物共混物获得热力学相容的均相形态结构，而更希望得到具有多相形态结构的聚合物共混物，其形态中两相或者相互贯穿，或者一相作为分散相以适当微细的相畴均匀、稳定地分散于另一连续相中，亦即，至少所制造的聚合物共混物应具有工程上的混溶性。然而往往事与愿违，许多在性能上颇有互补特征的聚合物共混组合，却因热力学相容性差，以致尽管采取强有力混炼措施，也难以实现工程上的混溶性，尤其随着共混操作完成后时间的延长，相分离现象越加明显，导致性能的不稳定和劣化。

参与共混的各聚合物组分之间在化学结构、极性、表面张力、相对分子质量(黏度)上的巨大差异是造成聚合物共混物严重相分离的根源，这种情况下，分散相的相畴粗大，两相之间界面作用薄弱，界面清晰。

7.7.1　增容剂的作用原理

下面分非反应型增容剂与反应型增容剂来介绍其作用原理。

7.7.1.1　非反应型增容剂的作用原理

应用最早和最普遍的增容剂是一些嵌段共聚合和接枝共聚物，尤以前者更重要。在聚合物 A(P_A)和聚合物 B(P_B)不相容共混体系中。加入 A-b-B(A 与 B 的嵌段共聚物)或 A-g-B(A 与 B 的接枝共聚物)通常可以增加 P_A 与 P_B 的相容性。其增容作用可概括为:

①降低两相之间界面能;

②在聚合物共混过程中促进相的分散;

③阻止分散相的凝聚;

④强化相间黏结。

嵌段共聚物和接枝共聚物都属于非反应型增容剂(又称亲和型增容剂),它们是依靠在其大分子结构中同时含有与共混组分 P_A 及 P_B。相同的聚合物链,因而可在 P_A 及 P_B 两相界面处起到"乳化作用"或"偶联作用",使两者相容性得以改善。

对于非反应型增容剂,为了起到良好的增容效果,在相对分子质量、结构特征等方面进行了广泛的探讨,主要结论概述如下。

①增剂应在两相界面处定位,所以嵌段 A 和 B(或接枝共聚物的主干 A 和支链 B)应分别与 P_A 或 P_B 有良好的相容性,它们不能仅与 P_A 或 P_B 相容,形成溶入任一共混组分而离开两相界面的现象,这样的增容剂,其本身也必然为复相结构。例如 S-I(苯乙烯-异戊二烯)嵌段共聚物,S-MMA 接枝共聚物可分别作为 PS/Pl 共混物和 PS/PMMA 的增容剂。

②一般而言,嵌段共聚物的增容效果优于相同成分的接枝共聚物,即 A-b-B 优于A-g-B。

③二嵌段共聚物(A-B)型的增容效果优于相应的三嵌段共聚物(A-B-A 型或 B-A-B型)。

④嵌段共聚物中各嵌段的相对分子质量与 P_A 和 P_B 相对分子质量的匹配对其增容效果有显著影响。

⑤接枝共聚物与均聚物的相容性可以作为它们用作增容剂时增容效果的描述。

⑥从聚合物共混物的性能需求以及生产的经济性考虑,在满足预定增容效果前提下,增容剂的用量应尽可能降低,其最低用量以饱和相界面为准。

⑦从 A-b-B 及 A-g-B 共聚物可作为 P_A、P_B 增容剂概念扩展,显然若聚合物 Pc 与 P_A 相容或 P_D 与 P_B 相容,则往往 A-b-B 及 A-g-B 还可作为 Pc/P_B 共混物的增容剂以及可作为 P_A/P_D 共混物的增容剂。若上述两个条件均成立,A-b-B 及 A-g-B 还有可能作为 P_A/P_D 共混物的增容剂。

⑧从聚合物之间相容性与结构的关系出发,增容剂的结构还可以不限于嵌段或接枝共聚物,当 Pc 上同时带有 P_A、P_B 上所特有的某些基团,则 Pc 就有可能成为 P_A、P_B 共混物的有效增容剂。

7.7.1.2　*反应型增容剂的作用原理*

反应型增容剂的增容原理与非反应型增容剂有显著不同,这类增容剂与共混的聚合物组分之间形成了新的化学键,所以可称之为化学增容,它属于一种强迫性增容。反应型增容剂主要是一些含有可与共混组分起化学反应的官能团的共聚物,它们特别适用于那些相容性很差且带有易反应官能团的聚合物之间共混的增容。反应增容的概念包括:外加反应性增容剂与共混聚合物组分反应而增容;也包括使共混聚合物组分官能化并凭借相互反应而增容。在 P_E/P_A 共混体系中外加入羧化 P_E 就属前一种情况,若使 P_E 羧化后与 P_A 共混就为后一种情况。

7.7.2　增容剂一般制法

(1)非反应型增容剂的一般制法　非反应型增容剂主要是各种嵌段和接枝共聚物，它们可以专门合成，有时也可"就地"产生(在进行聚合物共混时同时生成)。"就地"产生嵌段和接枝共聚物在某些场合不是有意识进行的，例如两种聚合物在高温熔融混炼过程中，由于强剪切、温度等作用产生大分子自由基，进而形成了含有两聚合物链段的嵌段或接枝共聚物，其客观上就起到了增容效果，因而是一种"就地"产生的增容剂。

(2)反应型增容剂的一般制法　反应型增容剂也可分为预先专门制备和"就地"产生两种方式得到，但其关键业不在于方式，主要是如何在共混组分中引入预定的可反应增容的官能团。操作可在一般混炼设备(开放式混炼机、双螺杆挤出机等)中完成，但最好采用先进的排气式反应挤出机。

不久前一种被称为大分子单体法制造反应型增容剂的技术得到应用，所谓大分子单体法是用一种具有聚合活性的大分子单体与其他类型低分子单体共聚制成接枝共聚物的方法，若低分子单体含有反应性基团，此反应性基团就进入接枝共聚物的主干，而大分子单体成为该接枝共聚物的支链。

7.8　新型聚合物共混物——互穿网络聚合物

互传网络聚合物(IPN)是两种或两种以上交联聚合物相互贯穿而形成的交织聚合物网络。它可看作是一种特殊形式的聚合物共混物。从制备方法上，它接近于接枝共聚物-共混；从相间有无化学结构考虑，则接近于机械共混法。因此，可把IPN视为用化学方法实现的机械共混物。

7.8.1　互穿网络聚合物的类型、合成

根据形态学的观点，IPN可相对地分为理想IPN(CIPN)、部分IPN(PIPN)和相分离IPN(PSIPN)三种。

按制备方法分类，IPN可分为分步IPN、同步IPN(SIN)、胶乳IPN(LIPN)、互穿网络弹性体(IEN)等。

(1)分步IPN常简称IPN　它是先合成交联的聚合物1，再用含有引发剂和交联剂的单体2使之溶胀，然后使单体2就地聚合而制得。

(2)同步IPN(SIN)　当两种聚合物成分是同时生成而不存在先后秩序时，生成的IPN称为同步IPN，简记为SIN。

(3)胶乳IPN(LIPN)　用本体法合成的IPN、SIN为热固性材料，难于加热成型。这可采用乳液聚合的方法制得由聚合物1组成的"种子"乳胶粒，再加入单体2、交联剂和引发剂，但不再添加乳胶剂以免形成新的乳胶粒，然后使单体2聚合、交联，从而形成芯壳状结构的LIPN。

(4)互穿网络弹性体(IEN)　由两种线型弹性体胶乳混合在一起，再进行凝聚、交联，如此制得的 IPN 称为互穿网络弹性体，简记为 IEN。之所以称为互穿网络弹性体，是因为两组分都是弹性体的缘故。

7.8.2 形态结构

互穿网络聚合物的形态结构系指相分离程度，相的连续性程度及相互贯穿的程度，相畴(微区)的形状、尺寸以及界面层的结构。IPN 的物理及力学性能与形态结构密切相关，所以 IPN 形态结构的研究在理论和实际应用上都有十分重要的意义。

7.8.2.1 形态结构形成的理论

IPN 形态结构的形成过程示意图首先聚合物网络 1 为单体 2 所溶胀，这时整个系统为均相体系。第二步是随着单体 2 的聚合和交联，两组分之间的混溶性下降，当聚合和交联达到一定程度时即开始相的分离，形成微区结构。相畴(微区)的尺寸决定于热力学因素和动力学因素的竞争。聚合物 1 及 2 之间的混溶性越小，相分离的推动力越大。但相分离进行的速度和程度还与动力学因素有关。例如，由于反应区黏度很大，扩散速率很小，所以相分离可能达不到热力学所规定的平衡状态。

7.8.2.2 形态结构的基本特点

①绝大多数 IPN 是复相材料。IPN 相分离的程度主要决定于组分间的混溶性，但与制备方法、反应条件也有密切关系。IPN 的合成机理决定了在无真正热力学混溶情况下的“强迫混溶性”。因此与相应的机械共混物相比，组分间混合均匀，界面粘结力也较强。

②大多数 IPN 具有胞状结构，胞壁组要由聚合物 1 构成胞体则主要由聚合物 2 构成。

③具有明显的界面层。与一般聚合物共混物相比，IPN 的界面层更为明显，对性能的影响更为突出。

④IPN 具有两相连续的形态结构。当然，两个相的连续性程度有所不同。

7.8.2.3 影响形态结构的主要因素

各种不同的 IPN，其形态结构亦有所不同。两相的连续性、相畴尺寸、相互贯穿的情况等，主要决定于两种聚合物组分的混溶性、交联密度、聚合方法以及组成比等因素。

①混溶性对形态结构的影响两种聚合物组分之间的混溶性越好，IPN 的相畴就越小。

②交联密度的影响。随着聚合物 1 交联密度的增加，IPN 的相畴尺寸减小。

③组成比的影响。组成比对形态结构的影响与 IPN 的类型有关。对于半 - IPN，一般随第二组分含量的增加，相畴尺寸增大。

7.8.3 互穿网络聚合物的物理及力学性能

7.8.3.1 玻璃化转变及松弛性能

和一般聚合物共混物的情况相似，IPN 玻璃化转变和松弛性能的一般特点是：存在分别对应于两个组分的两个玻璃化转变温度，但与纯组分相比，两个玻璃化温度之间有不同程度的相互靠近，玻璃化转变的温度范围拓宽，松弛时间谱的时间范围增大。在某种情况下，IPN 有明显的第三个玻璃化表面温度。

7.8.3.2 力学性能模量

IPN具有两相连续的形态结构，其模量一般都符合 Davies 方程。例如半 - SIN PU/PMMA的模量的实测值与计算值十分吻合。

IPN 作为聚合物共混体系的一个分支，其力学性能服从共混体系力学性能的一般规律。但由于 IPN 制备方法和形态结构特点，其力学性能也存在一些独特之处。

第一网络基本上决定了 IPN 的力学特性。以 PU 和 DVB 交联的 PS 为基的分步 IPN，其拉伸强度与组成得关系具有极值。当 PS 含量很少时，强度急剧增大而达到极大值。

7.8.3.3 热稳定性

在热稳定性方面，IPN 亦常表现组分间明显的协同效应。例如 SIN PU/PMMA，在某些组成范围内，其热稳定性介于两纯组分之间；而在另一些组成范围内，其热稳定性高于任一纯组分。这是由于 PMMA 及其降解产物起自由基捕捉剂的作用，从而保护了 PU，延滞了 PU 的降解作用，就需要两组分间的密切接触，而互传网络的形成提供了这一条件。

7.8.4 互穿网络聚合物的应用

7.8.4.1 橡胶与塑料的改性

橡胶和塑料的改性主要是指橡胶的增强和塑料的增韧。这有两种途径，其一是通过调整 IPN 组分以达到改性的目的；其二是通过 IPN 方法合成改性剂，再与待改性的基体共混以达到改性的目的。

(1)以 IPN 方法合成增强橡胶和增韧塑料　对一种组分为塑料另一种组分为橡胶的 IPN，依其组分的不同可作为以塑料增强的橡胶或以橡胶增韧的塑料。当橡胶组分为主时为增韧橡胶。

(2)IPN 方法制备塑料改性剂　用胶乳 IPN 的方法合成橡胶改性剂，近年来发展很快。以这种方法合成的聚丙烯酸酯类改性剂(ACR)和 MBS 树脂已投入市场。

在塑料改性中，为保证良好的协同效应，改性剂与基体之间要保证有足够的相容性，复合物要有良好的加工性能。当制备透明材料时，折光指数之间要有良好的匹配。采用胶乳 IPN 方法常常可同时满足这些要求，这是优于其他方法的最突出的特点。

7.8.4.2 片状成型料和反应注塑

(1)片状成型料(SMC)　一般的 SMC 是由在不饱和聚酯、ST 混合物中添加碱性氧化物或氢氧化物制成的。碱性添加物通过生成离子体而达到使苯乙烯 - 不饱和聚酯增稠的目的。

(2)反应注塑(RIM)　RIM 日益受到重视，已广泛用于制备高模量的塑料制品如汽车部件等。RIM 是最为节约能源的塑料加工成型方法。

7.8.4.3 离子交换树脂及压渗膜

用 IPN 方法制备离子交换树脂时，IPN 中的一种聚合物网络是高度交联的，它赋予离子交换树脂必要的力学强度；另一种聚合物网络轻度交联、易于溶胀，赋予离子交换树脂必要的离子交换能力。Barrett 等人称这种离子交换树脂为“杂化树脂”。

7.8.4.4　减震阻尼

当聚合物与振动物体接触时会吸收一定振动能量使之变成热能，结果使振动受到阻尼。在聚合物玻璃化转变的温度范围内，对振动能的吸收最大，阻尼作用最强。在玻璃化转变温度范围之外，这种阻尼作用迅速减小。一般均聚物和共聚物玻璃化转变温度范围都很窄，产生有效阻尼作用的温度范围只有20~30℃，因此，在减震、阻尼方面的应用受到限制。两种聚合物共混时常可加宽玻璃化转变的温度范围。特别是当两种聚合物制成IPN时，玻璃化转变温度范围加宽的效应更为显著。

随着两种组分混溶性的增加，IPN的两个玻璃化温度相互靠近，最后变成一个宽广的玻璃化转变区域。例如IPN PEA/PMMA的玻璃化转变的温度范围可达100℃，因而具有良好的减震阻尼性能。

7.8.4.5　皮革改性

动物生皮是由骨胶原纤维组成的。骨胶原纤维排列成三维交织网络形状。生成经鞣制而成的皮革。鞣制过程即熟化过程中产生交联作用且使骨胶原不再腐烂。所以皮革是一种以骨原胶为基的交联聚合物。

7.8.4.6　黏合剂、涂料及其他

IPN技术已用于黏合剂及涂料的改性和制备新型的黏合剂及涂料，例如改性酚醛树脂、改性醇酸树脂涂料等。

7.8.4.7　现状及前景

当前IPN技术已成为聚合物材料改性的一种重要手段。美国Petrarch Systems公司开发了一种商品名为Rimplast的IPN系列产品，由聚硅氧烷和热塑性树脂组成。这类材料既具有有机硅的润滑、绝缘、耐高温、化学惰性、生物相容性和透氧气等特点，又具有热塑性性树脂力学强度的特点。

这类产品可用普通的注塑、挤出工艺加工成型，可作为人体导液管、波纹管以及电器绝缘材料用。

7.9　聚合物共混物的性能及应用

常见的聚合物共混物及其性能的变化与应用如表7-1所示。

表7-1　聚合物共混物的性能及应用

基体	分散相	改善后性能
HDPE	LDPE	制得软硬适中，有中间性能的聚乙烯材料
	EVA	优良的柔韧性、加工性，较好的透气性和印刷性
	CPE	改进聚乙烯的印刷性、耐燃性和韧性
	SBS	卓越的柔软性，具有很好的冲击性能、拉伸性能。提高膜制品透气、透湿性
	SIS	强度、延伸率明显提高，横向延伸性能也有显著改善．蠕变性也增加
	ⅡR	冲击强度大幅度提高
	PA	提高对氧及烃类溶剂的阻隔性

续表

基体	分散相	改善后性能
LLDPE	LDPE	熔体强度介于 LDPE 和 LLDPE，改善加工成型性
	氟聚合物	提高挤出量，挤出物外观得到改善
	有机硅聚合物	在塑料与器壁之间形成一层动态界面润滑层，同时亦使 LLD PE 大分子之间滑移变得容易
	聚甲基苯乙烯	熔体流动性改善，挤出产量提高
	聚乙烯蜡	加工性能改进
	BR(顺丁橡胶)	拉伸强度和断裂伸长率较高，黏合性能良好
UHMWPE	HDPE	保持前者优良性能
	LDPE(聚乙烯蜡)	成型加工性获得显著改善
PP	HDPE	韧性有所改善，冲击强度提高，加工流动性增加
	EPR	增韧效果好，优异的冲击性能，耐高、低温下的冲击
	BR	尺寸稳定性好，不易发生翘曲变形
	PE/BR	韧性良好，同时又具有较高拉伸强度和挠曲强度
	SBS/BR	增韧，缺口及无缺口冲击强度均提高
	SBS/HDPE	冲击强度提高，成型加工性亦优良
	TPV	增韧，取向强化，尖锐裂缝不易发展为危险裂缝
	NBR	卓越耐油性
	PA 尼龙	提高耐热性、耐磨性和着色性
	PC	优良的耐热性和尺寸稳定性
	EVA	加工性、印刷性、耐应力开裂性和冲击性优于 PP
	改性 PP	热稳定性好，易染色
	PPO	改善 PP 的耐热性和尺寸稳定性
PVC	聚酯树脂	增塑、软化
	NBR、CR	增韧
	CPE、EVA	增韧、增柔
	ABS、MBS	增韧
	PE、PP	改善流动性
PS	PPO	改善热性能、抗冲性能、耐环境应力开裂性和尺寸稳定性，可用作具有良好冲击强度的耐热性透明材料
	PO	改善 PS 的物理性能，还能解决 PS 和 PO 两大废旧塑料源的回收问题
	丙烯酸酯类	透明性、抗冲性能、尺寸稳定性、生物相容性和较低的吸湿性，还可得到较好的形状记忆功能
	ABS	冲击强度高，对各种有机溶剂、表面活性剂和油类物质等又表现出良好的耐油性
	尼龙	抗静电性能

续表

基体	分散相	改善后性能
AS	马来酰亚胺共聚物	改善AS树脂耐热性
	AES类树脂	耐候改善剂
	丙烯酸酯类共聚物	提高AS的抗冲性能和光泽度
	CPE	改善AS树脂的耐寒性和耐热性
K树脂	AS树脂	良好的透明性、刚性、耐热性和表面光泽度
	PP	刚性、表面光泽度、表面硬度和铰接寿命较好
ABS	PVC	阻燃性能和抗冲性能优异，而且拉伸性能、弯曲性能和铰接性能、耐化学腐蚀性和抗撕裂性能提高
	PC	良好的冲击强度、挠曲性、刚性、耐热性和较宽的加工温度范围，明显改善ABS的耐化学品性和低温韧性
	热塑性聚氨酯TPU	提高耐磨耗性、抗冲性、加工成型性和低温柔韧性
	PMMA	硬度大，刚性高，外观好，加工性能优良，耐划痕性和抗冲性能理想
	PA	耐药品性、流动性、耐热性和抗冲性能，但吸水性增大，弹性模量下降
	PVDF	提高ABS的耐药品性、耐磨耗性、耐污染性和超耐侯性
	SBS	改善流动性和耐低温性
	CPE	改善耐热性和阻燃性
PA	PE	改善干态冲击强度、低温冲击强度、拉伸强度以及热变形温度
	PP	吸湿性低，尺寸稳定性好，刚性高
	ABS	热变形温度\维卡软化点高，抗冲性、刚性、耐试剂
	弹性体(E)	增加韧性
	SAM	超耐热、高抗冲
	聚苯醚(PPO)	冲击强度高，刚性随温度变化无明显降低，抗蠕变性优良；吸湿性低，尺寸稳定性优良，耐热性突出
	乙烯-醋酸乙烯	此种多组分聚合物体系热熔胶的粘结力强、耐久性好
	芳香族聚酯	高抗冲，热变形温度高
	PPTA	模量显著提高
	聚硅氧烷	卓越强度性能、柔韧性和阻隔性
PC	ABS	提高热变形温度和冲击强度
	PBT	改善滑动性，抗冲击性
	PA	提高拉伸强度，增加韧性，提高热变形温度
	SMA	提高熔接强度，抗冲击性能
	SAN	增加韧性
	PO	抗湿，提高耐化学品性，改善涂敷性
	PVC	改善热性能，加工特性

续表

基体	分散相	改善后性能
PBT	PET	优良的化学稳定性、热稳定性、强度、刚度和耐磨耗性，其制品有良好的光泽
	PE	提高缺口冲击强度
	弹性体	提高冲击性能
	PC	改善制品翘曲变形
	PPO	提高强度
PET	PE	改善低温冲击性和提高了结晶速度
	弹性体	冲击强度大为提高
	其他聚酯	冲击强度提高
	U-树脂	加工性非常优良
环氧树脂	CTBN	增韧效果明显，此外在力学性能有显著改善，有较好的耐油性、电绝缘性能
	无规羧基丁腈橡胶	用少量液体无规羧基丁腈橡胶即可获得较好的韧化效果
	HTBN	韧性加强，其他各方面性能均得到了较大的改善
	丁腈羟-异氰酸酯	各方面性能得到了较大的提高
	HTPB	韧性加强，具有优良的抗低温开裂性能
	硅橡胶	韧性、力学性能加强，耐热性好
	液态聚硫橡胶	良好的粘接性能、电性能、耐介质腐蚀性能及低的气体和水蒸气渗透率，韧性加强
	CTCPE	显著改善环氧固化物的脆性
	PES	粘接性能、韧性、耐热性提高
	PEI	提高韧性
环氧树脂	丙烯酸类树脂	降低固化过程中产生的内应力
	环氧树脂/蓖麻油聚氨酯互穿网络聚合物	提高力学性能(尤其是柔韧性)及耐热性能，降低价格
	聚丙烯酸丁酯/环氧树脂互穿网络聚合物	明显改进了环氧树脂耐冲击性能
	TLCP	少量TLCP可提高韧性，而不降低材料的耐热性和刚度
PPO	PS	改进了其加工流动性
	PS/ABS/HIPS	具有较好的冲击性能及较好的增韧效果
	SBS	提高PPO可扰性方面显著，冲击性能有所改善
	PA	具有优异的力学性能、耐热性、耐油性、尺寸稳定性
	PPS	具有优良的耐热性、耐燃性、和加工性能
	PTFE	综合了PPO耐热性、力学特性和尺寸稳定性与PTFE的耐磨、润滑特性

续表

基体	分散相	改善后性能
PPS	PA	显著提高其冲击强度、拉伸强度、弯曲强度均有所提高，而热变形温度仅有少许下降，综合性能相当理想
	PS	冲击强度得到改善
	ABS	增韧效果更突出
	AS树脂	具有一定的改性效果
	PC	具有优良的力学、电气及加工性能
	PTFE	具有优良的耐磨和低耐磨系数。以PPS为主具有较高的韧性和耐腐蚀性；以PTFE为主可提高其抗蠕变性能、压缩强度并减少透气性
	PSF	改善PPS的韧性和冲击性能
	含缩水基的聚烯烃	得到柔韧性优良的PPS共混物
	环氧改性的聚丙烯及乙烯－丙烯共聚物	不但增强了韧性，而且改善了表面性能，其动力学摩擦系数仅为0.16
	PPSK	尺寸稳定性良好，耐热性也很卓越，在高达304^{0}C的温度下才开始变形
	PES	PPS的玻璃化转变温度上升
	PF	赋予材料卓越的强度，但价格高，不具多孔性
PTFE	FEP	显著提高PTFE的拉伸强度
	聚苯	耐磨性大大超过PTFE
PVDF	丙烯酸酯类聚合物	一般情况下，可在不影响它们制品性能情况下使加工性能得到改善
PVDF	聚丙烯酸酯	做涂料时，比单独的PVDF涂料对基材的粘接性强，涂覆后的加工较容易，且热处理时不易变色
PVF	聚乙烯酯类聚合物	使不易加工成型的PVF的流动性增加
酚醛树脂	PVC	增韧
	丁腈胶	增韧的同时显著提高耐热性
	L－CNTBN	具有良好的粘接性和耐热性
	CPE	具有增韧效果，加入恰当助剂作为增容剂后，可使此共混体系的冲击强度大幅度提高

第8章　高分子复合材料

8.1　概述

复合材料定义为两种或多种组分按一定的方式复合而产生的材料，该材料的特定性能优于每个单独组分的性能。各种材料复合在一起可以取长补短，产生协同效应，从而使复合材料的综合性能优于原来的材料，这样更能满足各种不同的需要。复合材料，特别先进复合材料就是为了满足高技术发展的需要而开发的高性能的先进材料。复合材料是应现代科学技术而发展出来的具有极大生命力的材料。复合材料有如下几个特点：

(1)复合材料是由两种或两种以上不同性能的材料通过宏观或微观复合形成的一种新型材料，不同材料之间存在着明显的界面；

(2)复合材料各组分不但保持着各自的固有特性，而且可最大限度发挥各自材料组分的特性，并赋予单一材料所不具备的优良特殊性能；

(3)复合材料具有可设计性，可以根据使用条件要求进行设计和制造，以满足各种特殊用途，从而极大地提高工程结构的效能。

复合材料的使用历史可以追溯到久远的年代。自古以来沿用的用稻草增强黏土和钢筋增强混凝土就是两种典型的复合材料的例子。20世纪以来，随着工农业、航空领域的发展，对材料的使用性能要求不断提高，出现了玻璃纤维增强塑料等高性能材料，从此也就有了复合材料这个概念。

复合材料是一种混合物。英国学者Richardson在“Polymer Engineering Composites”一书中将复合材料定义为：不同的材料结合在一起形成一种结构较为复杂的材料，这种材料的组成成分应保持一致性，新形成的材料必须有重要的或不同于组分成分的性质。广义而言，复合材料是指有两个或多个物理相组成的固体材料，如玻璃纤维增强塑料、钢筋混凝土、橡胶制品、石棉水泥板、三合板、泡沫塑料、多孔陶瓷等都可归入复合材料范畴。狭义的指用玻璃纤维、碳纤维、硼纤维、陶瓷纤维、晶须、芳香族聚酰胺纤维、无机粉体材料等增强的塑料、金属和陶瓷材料，复合材料的机体分为金属和非金属两大类：金属基体常用的有铝、镁、铜、钛及其合金；非金属基体主要有合成树脂、橡胶、陶瓷、石墨、碳等，增强材料主要有玻璃纤维、碳纤维、硼纤维、芳纶纤维、碳化硅纤维、石棉纤维、晶须、金属丝和无机硬质粉体等。复合材料的分类如图8-1所示。

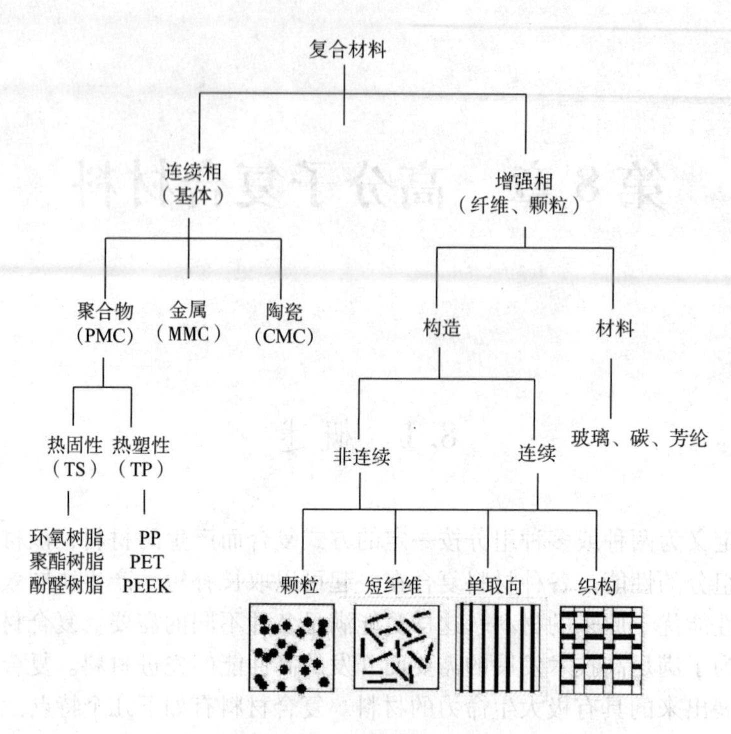

图 8-1　复合材料分类

8.1.1　高分子复合材料

复合材料定义为两种或多种组分按一定方式复合产生的材料，该材料的特定性能优于每个单独组分的性能。复合材料有四要素：基体材料、增强材料、成型技术和界面相。为了满足特定工程应用目标的要求，可以通过正确选择复合材料组分和制备工艺来设计复合材料。复合材料以性能分类，可分为常用复合材料(以颗粒增强体、短纤维和玻璃纤维为增强体)和先进复合材料(以碳纤维、芳纶、碳化硅纤维等高性能连续纤维为增强体)。复合材料从使用的角度分类，可分为结构复合材料(力学性能为主)和功能复合材料(除力学性能外的物理化学性质，如电、热、光、声、生物医用、仿生、智能等)。常用复合材料在国民经济的各个领域有广泛的应用。先进复合材料在航空航天等高技术领域有广泛的应用。功能复合材料在信息、能源等高技术领域有广泛的应用。复合材料以基体分类，可分为金属基、陶瓷基、碳基和高分子基复合材料。不同基体材料的性能比较于表 8-1。高分子复合材料是由高分子基体和增强体(包括纤维和颗粒填料)组成，但由于界面相对复合材料性能的影响很大，目前将高分子复合材料定义为由高分子基体、增强体和界面相组成。高分子基体材料包括热塑性树脂和热固性树脂两大类。根据基体材料也可将高分子复合材料分类为热塑性复合材料和热固性复合材料。根据增强体的形态，高分子复合材料可分为颗粒填充、短纤维增强、连续纤维增强和织物增强四类。根据复合材料的连通性(Newnham 等提出的标记法)，0 表示点(颗粒)，1 表示线(纤维)，2 表示面(薄膜或布)，3 表示三维网络和连续相，则以高分子为基体的颗粒填充复合材料可表示为 0 - 3，短纤维复合材料为 1 - 3，连续纤维布复合材料为 2 - 3，立体织物复合材料为 3 - 3。高分子复合材料的成型技术包括各种制备方法（如原位复合、梯度复合、模板复合等）、各种成型加工方法（如注射成型、模压成型、拉挤成型、树脂传递模塑成型等）、复合材料的结构设计和界面想相的设计。

表 8-1　基体材料性能的比较

基体材料	熔点/℃	强度/MPa	模量/GPa	伸长率/%	热膨胀系数/ $\times 10^{-6}℃^{-1}$	密度/ (g/cm^3)
金属	800 ~ 3500	1000 ~ 20000	70 ~ 700	1 ~ 100	0 ~ 10	1 ~ 5
陶瓷	400 ~ 3400	400 ~ 3000	70 ~ 400	1	4 ~ 40	2 ~ 20
高分子	350 ~ 600	10 ~ 100	1 ~ 10	1 ~ 1000	100	1 ~ 2

8.1.2　高分子复合材料的发展

近几十年来，材料科学得到了突飞猛进的发展。材料科学的发展史与现状表明，人类在科学技术上的进步往往是与新材料的出现和应用分不开的。总结材料发展的历史，特别是近几十年来，对于材料的研究由靠经验摸索的办法发展到不仅可以通过分子合成、材料改性及多种材料的复合而得到新材料，而且还可以从分子结构设计来研制预定性能的材料，形成较完整的材料科学体系。

复合材料是一种多相复合体系。单一材料有时不能满足实际使用的某些要求，人们就把两种或两种以上的材料制成复合材料，以克服单一材料在使用上的性能弱点，改进原来单一材料的性能，并通过各组分的匹配协同作用，还可以出现原来单一材料所没有的新性能，制成复合材料可达到材料综合利用的目的。

作为一门学科，复合材料的出现及发展不过是近几十年的事情。但是人类在很早之前就开始使用复合材料。比如说，以天然树脂橡胶、沥青作为黏合剂制作层合板，以砂、砾石作为廉价骨料，以水和水泥固结的混凝土材料，它们大约在 100 年前就开始使用了。混凝土的拉伸强度比较好，但比较脆，如处于拉伸状态就容易产生裂纹，而导致脆性断裂。若在混凝土中加入钢筋、钢纤维之后，就可以大大提高混凝土拉伸强度及弯曲强度，这就是钢筋混凝土的复合材料。而使用合成树脂制作复合材料，始于 20 世纪初。人们用苯酚与甲醛反应，制成酚醛树脂，再把酚醛树脂与纸、布、木片等复合在一起制成层压制品，这种层压制品，具有很好的电绝缘性能及强度。20 世纪 40 年代由玻璃纤维增强合成树脂的复合材料——玻璃钢的出现，是现代复合材料发展的重要标志。玻璃纤维复合材料 1946 年开始应用于火箭发动机壳体，60 年代在各种型号的固体火箭上应用取得成功。60 年代末期则用玻璃纤维复合材料制作了直升机旋翼桨叶等。

在 20 世纪 60 ~ 70 年代，复合材料不光可用玻璃纤维来增强，还由于一类新型的纤维材料如硼纤维、碳纤维、碳化硅纤维、芳纶（kevlar）纤维的出现，使得复合材料的综合性能得到了很大的提高，从而使复合材料的发展进入了新的阶段。这些材料中，以碳纤维为例，其复合后的材料的比强度不但超过了玻璃纤维复合材料，而且比模量达其 5 ~ 8 倍以上。这使结构的承压能力和承受动力负荷能力大为提高。目前碳纤维复合材料不仅已应用于一般的航空结构件，而且已应用于制作主要承力结构件。

20 世纪 70 年代研究与发展起来的有机纤维，由于质量更轻，在航空航天工业中也开始受到重视。比如说，减轻质量是航天航空技术的关键。要使飞机及各种飞行器飞得更快、更高和更远，就必须减轻飞行器的质量。目前，用金属制成的飞机最高时速大约为 3000km，最高飞行高度约 30km，最大飞行距离约 2000km。如果飞机的质量减轻一半，则飞行速度可提高 1 倍，飞行高度可达 40km 或 50km 以上，飞机绕地球一周而无需加油。可见质量轻、综合性能好的复合材料在航天航空工业中具有其他材料不可取代的重要性。对于典型的纤维增强复合材料来说，其性能主要要求是质量轻、强度高、力学性能好。但是作为复合材料的使用不仅仅是限于增强力学性能，而且要根据产品所提出的用途要求，通过复合设计使物料在电绝缘性、化学稳定性、热性能等方面与力学性能一样达到综合性的提高。与此同时，也还要考虑到其生产工艺及成本。目前在各个产业部门当中，复合材料的使用是多种多样的，除了在航空航天领域外，在建筑、机械、交通、能源、化工、电子、体育器材及医疗器械等方面的应用也在日益增多，而且作为功能材料的用途也是非常广泛的。随着复合材料及其制品的成型工艺的不断改进与完善，其成本会逐步降低，应用范围也会进一步的扩展。

近些年来，随着聚合物基复合材料的不断发展，金属基、陶瓷基以及陶瓷 - 金属基复合材料的开发与应用也被人们越来越重视。这三类复合材料的耐热性能好、强度高，既可用于要求强度高、密度小的场合，又可用于制作在高温环境下仍要保持高强度的构件。例如，用高强、高模及耐高温纤维与金属特别是轻金属复合制成金属基复合材料，除具有很高的比强度及比模量等力学性能外，还具有导电性、导热性和低膨胀系数等特点，是航空航天等高技术领域的理想结构材料。又比如由氧化铝 - 铬陶瓷 - 金属组成的复合材料，在 1200℃ 的高温下还具有很好的稳定性，所以，这种陶瓷 - 金属复合材料已被应用在火箭技术上的火焰稳定器，冶金生产上的浇注槽沟、高温热电偶保护套管和涡轮机上的燃气轮机的高温密封装置等。由于这三类复合材料的制造工艺比较复杂，其发展远未达到聚合物基复合材料的水平，因此还需要加强基础研究工作。另外，由碳纤维和碳构成的碳/碳复合材料以其优异的耐高温性能以及耐磨耗性能引起人们的广泛重视并进行深入的研究。

目前复合材料在工业中的应用和科学研究的速度非常快。复合材料的基质已由一般的天然物，如水泥、石灰、砂土、天然树脂等发展成各种合成的热固性树脂、热塑性树脂及特种耐高温的树脂；增强材料也由矿物纤维、金属纤维发展到玻璃纤维、合成纤维直至目前的新一代特种纤维。但人们并不满足于这一状况，科学家们又在致力于开拓各种增强材料与基体间的组合，如各种增强体与水泥、树脂、金属、陶瓷和碳基材料的复合以满足航天航空、建筑业材料的更新和开发尖端产品的需要，复合材料在国民经济各个领域中的应用将会更加广泛和重要。

高分子复合材料是以有机聚合物为基体，纤维类增强材料为增强剂的复合材料。纤维的高强度、高模量的特性使它成为理想的承载体。基体材料由于其粘接性能好，把纤维牢固地粘接起来。同时，基体又能使载荷均匀分布，并传递到纤维上去，并允许纤维承受压缩和剪切载荷。纤维和基体之间的良好的复合显示了各自的优点，并能实现最佳结构设计，具有许多优良的特性，是结构复合材料中发展最早、研究最多、应用最广、规模最大的一类复合材料。

20世纪40年代初到20世纪60年代中期，是聚合物复合材料发展的第一阶段，以1942年玻璃钢的出现为标志，1946年出现玻璃纤维增强尼龙，以后相继出现其他的玻璃钢品种。因此，这一阶段主要是玻璃纤维增强塑料(GFRP)的发展和应用。然而，玻璃纤维模量低，无法满足航空、航天等领域对材料的要求，人们努力寻找新的高性能纤维。

1964年，硼纤维研制成功，其模量达400GPa，强度达3.45GPa。硼纤维增强塑料立即被用于军用飞机的次承力构件，如F-14的水平稳定舵、垂尾等。但由于硼纤维价格昂贵，工艺性差，其应用规模受到限制。随着碳纤维的出现和发展，硼纤维的生产和使用逐渐减少，除非用于一些特殊场合，如增强金属、卫星、宇航等领域里的特殊构件。

1965年，碳纤维在美国诞生。1966年，碳纤维的拉伸强度和模量还分别只有1.1GPa和140GPa，其比强度和比模量还不如硼纤维和铍纤维。到1970年，碳纤维的拉伸强度和模量就分别达到2.76GPa(早期T-300)和345GPa。现在，碳纤维的强度和模量已高达7.0GPa(Toray T-1000)和827GPa(Thornel P-120)。从此，碳纤维增强树脂基复合材料得到迅速发展和广泛应用，碳纤维及其复合材料的性能也不断提高。

1972年，美国杜邦公司研制出高强、高模的有机纤维——聚芳酰胺纤维(商品名"Kev-lar")，其强度和模量分别达到3.4GPa和130GPa，使树脂基复合材料的发展和应用更为迅速。

从20世纪60年代中期到20世纪80年代初，是复合材料发展的第二阶段，也是复合材料日益成熟和发展阶段。作为结构材料，复合材料在许多领域获得应用。同时，金属基复合材料也在这一时期发展起来，如硼纤维、碳化硅纤维增强的铝基、镁基复合材料。

20世纪80年代后，聚合物基复合材料的工艺、理论逐渐完善，除了玻璃钢的普遍使用外，复合材料在航空航天、船舶、汽车、建筑、文体用品等各个领域都得到全面应用。同时先进热塑性复合材料以1982年英国ICI公司推出的APC-2为标志，向传统的热固性树脂基复合材料提出了强烈的挑战，热塑性树脂基复合材料的工艺理论不断完善，新产品的开发和应用不断扩大。同时，金属基、陶瓷基复合材料的研究和应用也有较大发展，因而进入了复合材料发展的第三阶段。

由于组成聚合物基复合材料的纤维和基体的种类很多，决定了它种类和性能的多样性，如玻璃纤维增强热固性塑料(俗称玻璃钢)、短切玻璃纤维增强热塑性塑料、碳纤维增强塑料、芳香族聚酰胺纤维增强塑料、碳化硅纤维增强塑料、矿物纤维增强塑料、石墨纤维增强塑料、木质纤维增强塑料等。这些聚合物基复合材料具有较高的比强度和比模量、抗疲劳性能好、减震性能好、耐高温、安全性好、可设计性强、成型工艺简单等共同特点，同时还有其本身的特殊性能。

8.1.3　增强机理

对增强体的基本要求是其强度和刚性要大于基体，而基体的断裂应变要大于增强体。对于短纤维增强的复合材料，纤维是间接承载的，其增强机理是基于载荷能通过基体从纤维传递到纤维，由于纤维的强度大于基体并具有较高的模量，因此在纤维的周围局部的抵抗形变起到增强作用。纤维与基体的模量比影响每根纤维周围的体积，并决定最佳纤维长度、最小纤维含量和所需的纤维长径比(L/D)。纤维长径比是复合材料的一贯重要指标，一般短纤维的长径比为10~1000。球状颗粒填料的长径比为1，非球状颗粒的长径比为

1~10，连续纤维的长径比为∞。短纤维增强的复合材料受力时载荷从基体经过界面剪切应力传递到纤维，剪切应力在纤维两端最大，在纤维方向可衰减至0。而拉伸应力在纤维两端为0，在纤维中部最大。能使传递到纤维的拉伸应力等于基体拉伸应力时的纤维长径比为临界纤维长径比(L/D)。在连续纤维增强的复合材料中，纤维直接受载起增强作用。

高分子复合材料的力学性能可以用符合法则计算。对单向连续纤维增强的复合材料，沿纤维方向(L)受力的弹性模量(E_L)为：

$$E_L = E_f V_f + E_m (1 - V_f)$$

式中 E_f 和 E_m——纤维和基体的模量；

V_f——纤维的体积分数。

复合材料沿垂直纤维方向(T)的弹性模量(E_T)为：

$$1/E_T = V_f/E_f + (1 - V_f)/E_m$$

复合材料沿纤维方向(L)的强度(F_L)为：

$$F_L = F_f V_f + \sigma_m (1 - V_f)$$

式中 F_f——纤维的强度；

σ_m——基体受到的应力。通常 $F_f > \sigma_m$。

对于短纤维增强的高分子复合材料，假定纤维的取向分布是均匀的，则复合材料的弹性模量(E_c)为：

$$E_c = E_f V_f f(l) C_a + (1 - V_f) E_m$$

式中，$f(l)$为短纤维比连续纤维模量的降低系数；C_a为短纤维的取向系数。当短纤维在二维方向无规取向时，$C_a = 1/3$；当短纤维在三维方向无规取向时，$C_a = 1/6$。

短纤维复合材料的拉伸强度为：

$$F_L = F_f (l - l_c/2l) V_f + \sigma_m (1 - V_f)$$

式中，l为纤维的长度。在注射成型复合材料中，l约为0.1~0.5mm；在片状模塑料(SMC)中，l约为25mm。L_c为临界纤维长度，可表示为：

$$L_c = \sigma_f d / 2\tau_y$$

式中 σ_f——纤维的长度；

τ_y——基体的屈服应力。

复合材料的力学性能还与增强体的取向结构有关。单向连续纤维增强的复合材料在其取向方向有最大的强度，而在垂直取向方向则强度最小。双向连续纤维增强的复合材料在平行与垂直方向的强度相同。

8.2 填充型高分子复合材料

填充型高分子复合材料是指在聚合物基体中添加与基体在组成和结构上不同的固体添加物。这样的添加物称为填充剂，也称为填料。聚合物填充改性的目的，有的是为了降低成本，有的是为补强或改善加工性能。还有一些填料具有阻燃或抗静电等作用。

8.2.1 填充剂的种类和特性

填充剂的种类繁多，可按多种方法进行分类。按化学成分，可分为有机填充剂和无机填充剂两大类。实际应用的填充剂大多数为无机填充剂。进一步划分，可分为碳酸盐类、硫酸盐类、金属氧化物类、金属粉类、金属氢氧化物类、含硅化合物类、碳素类等。其中，碳酸盐类包括碳酸钙、碳酸镁、碳酸钡，硫酸盐类包括硫酸钡、硫酸钙等，金属氧化物包括钛白粉、氧化锌、氧化铝、氧化镁、三氧化二锑等，金属氢氧化物如氢氧化铝，金属粉如铜粉、铝粉，含硅化合物如白炭黑、滑石粉、陶土、硅藻土、云母粉、硅酸钙等，碳素类如炭黑。此外，还有有机填充剂如木粉、果壳粉等。填充剂按形状划分，有粉状、粒状、片状、纤维状等。现将一些主要填充剂品种简介如下。

(1)碳酸钙　碳酸钙($CaCO_3$)是用途广泛而价格低廉的填料。因制造方法不同，可分为重质碳酸钙和轻质碳酸钙。重质碳酸钙是石灰石经机械粉碎而制成的，其粒子呈不规则形状，粒径在10μm以下，相对密度2.7~2.95。轻质碳酸钙是采用化学方法生产的，粒子形状呈针状，粒径在10μm以下，其中大多数粒子在3μm以下，相对密度2.4~2.7。近年来，超细碳酸钙、纳米级碳酸钙也相继研制出来。将碳酸钙进行表面处理，可制成活性碳酸钙。活性碳酸钙与聚合物有较好的界面结合，可有助于改善填充体系的力学性能。

在塑料制品中采用碳酸钙作为填充剂，不仅可以降低产品成本，还可改善性能。例如，在硬质PVC中添加5~10质量份的超细碳酸钙，可提高冲击强度。碳酸钙广泛应用于PVC中，可制造管材、板材、人造革、地板革等，也可用于聚丙烯、聚乙烯中，在橡胶制品中也有广泛的应用。

(2)陶土　陶土又称高岭土，是一种天然的水合硅酸铝矿物，经加工可制成粉末状填充剂，相对密度2.6。作为塑料填料，陶土具有优良的电绝缘性能，可用于制造各种电线包皮。在PVC中添加陶土，可使电绝缘性能大幅度提高。在PS中添加陶土，可用于薄膜，具有良好的印刷性能。在PP中，陶土可用作结晶成核剂。陶土还具有一定的阻燃作用，可用作辅助阻燃改性。陶土在橡胶工业也有广泛应用，可用作NR、SBR等的补强填充剂。经硬脂酸或偶联剂处理的改性陶土用作补强填充剂，效果可与沉淀法白炭黑相当。

(3)滑石粉　滑石粉是天然滑石经粉碎、研磨、分级而制成的。滑石粉的化学成分是含水硅酸镁，为层片状结构，相对密度为2.7~2.8。滑石粉用作塑料填料，可提高制品的刚性、硬度、阻燃性能、电绝缘性能、尺寸稳定性，并具有润滑作用。滑石粉常用于填充PP、PS等塑料。粒度较细的滑石粉可用作橡胶的补强填充剂。超细滑石粉的补强效果可更好一些。

(4)云母　云母是多种铝硅酸盐矿物的总称，主要品种有白云母和金云母。云母为鳞片状结构，具有玻璃般光泽。云母经加工成粉末，可用作聚合物填料。云母粉易于与塑料树脂混合，加工性能良好。云母粉可用于填充PE、PP、PVC、PA、PET、ABS等多种塑料，可提高塑料基体的模量，还可提高耐热性，降低成型收缩率，防止制品翘曲。云母粉还具有良好的电绝缘性能。

云母粉呈鳞片状形态，在其长度与厚度之比为100以上时，具有较好的改善塑料力学性能的作用。在PET中添加30%的云母粉，拉伸强度可由55MPa提高到76MPa，热变形温度也有大幅度提高。云母粉在橡胶制品中应用，主要用于制造耐热、耐酸碱及电绝缘制品。

(5)二氧化硅(白炭黑)　用作填料的二氧化硅大多为化学合成产物，其合成方法有沉淀法和气相法。二氧化硅为白色微粒，用于橡胶可具有类似炭黑的补强作用，故被称为“白炭黑”。

白炭黑是硅橡胶的专用补强剂，在硅橡胶中加入适量的白炭黑，其硫化胶的拉伸强度可提高 10～30 倍。白炭黑还常用作白色或浅色橡胶的补强剂，对 NBR 和氯丁胶的补强作用尤佳。气相法白炭黑的补强效果较好，沉淀法则较差。

在塑料制品中，白炭黑的补强作用不大，但可改善其他性能。白炭黑填充 PE 制造薄膜，可增加薄膜表面的粗糙度，减少粘连。在 PP 中，白炭黑可用作结晶成核剂，缩小球晶结构，增加微晶数量。在 PVC 中添加白炭黑，可提高硬度，改善耐热性。

(6)硅灰石　天然硅灰石的化学成分为 β 型硅酸钙，经加工制成硅灰石粉，形态为针状、棒状、粒状等多种形态的混合。天然硅灰石粉化学稳定性和电绝缘性能好，吸油率较低，且价格低廉，可用作塑料填料。若对填料性能要求较高时，则可用化学合成方法制备 α 型硅酸钙。硅灰石可用于 PA、PP、PET、环氧树脂、酚醛树脂等，对塑料有一定的补强作用。

硅灰石粉白度较高，用于 NR 等橡胶制品，可在浅色制品中代替部分钛白粉。硅灰石粉在胶料中分散容易，易于混炼，且胶料收缩性较小。

(7)二氧化钛(钛白粉)　二氧化钛俗称钛白粉。在高分子材料中用作白色颜料，也可兼作填充剂。根据结晶结构不同，钛白粉可分为锐钛型、金红石型等。其中，金红石型钛白粉效果更好一些。钛白粉不仅可以使制品达到相当高的白度，而且可使制品对日光的反射率增大，保护高分子材料，减少紫外线的破坏作用。添加钛白粉还可以提高制品的刚性、硬度和耐磨性。钛白粉在塑料和橡胶中都有广泛应用。

(8)氢氧化铝　氢氧化铝为白色结晶粉末，在热分解时生成水，可吸收大量的热量。因此，氢氧化铝可用作塑料的填充型阻燃剂，与其他阻燃剂并用，对塑料进行阻燃改性。作为填充型阻燃剂，氢氧化铝具有无毒、不挥发、不析出等特点。还能显著提高塑料制品的电绝缘性能。经过表面处理的氢氧化铝，可用于 PVC、PE 等塑料中。氢氧化铝还可用于氯丁胶、丁苯胶等橡胶中，具有补强作用。

(9)炭黑　炭黑是一种以碳元素为主体的极细的黑色粉末。炭黑因生产方法不同，分为炉法炭黑、槽法炭黑、热裂法炭黑和乙炔炭黑。在橡胶工业中，炭黑是用量最大的填充剂和补强剂。炭黑对橡胶制品具有良好的补强作用，且可改善加工工艺性能，兼作黑色着色剂之用。在塑料制品中，炭黑的补强作用不大，可发挥紫外线遮蔽剂的作用，提高制品的耐光老化性能。此外，在 PVC 等塑料制品中添加乙炔炭黑或导电炉黑，可降低制品的表面电阻，起抗静电作用。炭黑也是塑料的黑色着色剂。

(10)粉煤灰　粉煤灰是热电厂排放的废料。化学成分复杂，主要成分为二氧化硅和氧化铝。粉煤灰中含有圆形光滑的微珠，易于在塑料中分散，因而可用作塑料填充剂。可将经表面处理的粉煤灰用于填充 PVC 等塑料制品。粉煤灰在塑料中的应用具有工业废料再利用和减少环境污染的作用，对于塑料制品则可降低其成本。

(11)玻璃微珠　玻璃微珠是一种表面光滑的微小玻璃球，可由粉煤灰中提取，也可直接以玻璃制造。由粉煤灰中提取玻璃微珠可采用水选法，产品分为“漂珠”与“沉珠”。漂珠是中空玻璃微珠，相对密度为0.4~0.8。

直接用玻璃生产微珠的方法又分为火焰抛光法与熔体喷射法。火焰抛光法是将玻璃粉末加热，使其表面熔化，形成实心的球形珠粒。熔体喷射法则是将玻璃料熔融后，高压喷射到空气中，可形成中空小球。

实心玻璃微珠具有光滑的球形外表，各向同性，且无尖锐边角，因此没有应力高度集中的现象。此外，玻璃微珠还具有滚珠轴承效应，有利于填充体系的加工流动性。玻璃微珠的膨胀系数小，且分散性好，可有效地防止塑料制品的成型收缩及翘曲变形。实心玻璃微珠主要应用于尼龙，可改善加工流动性及尺寸稳定性。此外，也可应用于PS、ABS、PP、PE、PVC以及环氧树脂中。玻璃微珠一般应进行表面处理以改善与聚合物的界面结合。

中空玻璃微珠除具有普通实心微珠的一些特性外，还具有密度低、热传导率低等优点，电绝缘、隔声性能也良好。但是，中空玻璃微珠壳体很薄，不耐剪切力，不适用于注射或挤出成型工艺。目前，中空玻璃微珠主要应用于热固性树脂为基体的复合材料，采用浸渍、模、压塑等方法成型。中空玻璃微珠与不饱和聚酯复合可制成“合成木材”，具有质量轻、保温、隔声等特点。

(12)木粉与果壳粉　木粉是由松树、杨树等木材，经机械粉碎、研磨而制成，一般多采用边角废料制造。木粉的细度为50~100目，主要用作酚醛、脲醛等树脂的填充剂。果壳粉由核桃壳、椰子壳、花生壳等粉碎而成，填充于塑料之中，制品的耐水性比木粉要好。用木粉或果壳粉填充塑料，可降低其密度，并使制品有木质感。但也会使力学性能下降，所以用量不宜过多。

填料的基本特性包括填料的形状、粒径、表面结构、相对密度等，这些基本特性对填充改性体系的性能有重要影响。

(1)填料的细度　填料的细度是填充剂最重要的性能指标之一。颗粒细微的填充剂粉末，可在聚合物基体中均匀分散，从而有利于保持基体原有的力学性能。而颗粒粗大的填充剂颗粒，则会使材料的力学性能明显下降。填充剂的改性作用，如补强、增韧、提高耐候性、阻燃、电绝缘或抗静电等，也要在填充剂颗粒达到一定细度且均匀分散的情况下，才能实现。填料的细度可用目数或平均粒径来表征。对于超细粉末填料，亦常用比表面积表征其细度。譬如，纳米级粒子的比表面积可达$30m^2/g$以上。

(2)填料的形状　填料的形状多种多样，有球形(如玻璃微珠)、不规则粒状(如重质碳酸钙)、片状(如陶土、滑石粉、云母)、针状(如轻质碳酸钙)，以及柱状、棒状、纤维状等。对于片状的填料，其底面长径与厚度的比值是影响性能的重要因素。陶土粒子的底面长径与厚度的比值不大，属于“厚片”，所以提高塑料刚性的效果不明显。云母的底面长径比较大，属于“薄片”，用于填充塑料，可显著提高其刚性。针状(或柱状、棒状)填料的长径比对性能也有较大影响。短纤维增强聚合物体系，也可视作是纤维状填料的填充体系，因而，其长径比也会明显影响体系的性能。

(3)填料的表面特性　填料的表面形态也多种多样，有的光滑(如玻璃微珠)，有的则粗糙，有的还有大量微孔。填料表面的化学结构也各不相同。譬如，炭黑表面有羧基、内酯基等官能团，对炭黑性能有一定作用。填料也常常通过表面处理，使表面包覆偶联剂等助剂，以改善其表面特性。

(4)填料的密度与硬度　填料的密度不宜过大。密度过大的填料会导致填充聚合物的密度增大，不利于材料的轻量化。硬度较高的填料可增加填充聚合物的硬度。但硬度过大的填料会加速设备的磨损。

(5)其他特性　填料的含水量和色泽也会对填充聚合物体系产生影响。含水量应控制在一定限度之内。色泽较浅的填料可适用于浅色和多种颜色的制品。填料特性还包括热膨胀系数、电绝缘性能等。

8.2.2　填充改性复合材料的制备方法

填充改性可提高材料的阻隔性能和力学性能。少量的纳米材料填充物($<5\%$)，就可得到同时具有高强度、高模量、韧性、耐热性、高阻隔性和尺寸稳定性的材料。

填充物目前主要有颗粒尺度和纳米尺度的有机物、无机物(如 $CaCO_3$、TiO_2、云母、蒙脱土、凸凹棒土等)以及分子级高分子。现阶段，聚合物/无机纳米复合材料研究得最多，进展也最快，并已成为国内外包装材料研究的主要方向和热门课题，应用范围也不断拓宽。

8.2.2.1　热塑性塑料的填充改性

早期的理论认为，塑料的填充技术只是利用廉价的填充剂填充塑料空间，起到增加数量、降低成本的作用。随着各种新型填充剂、偶联剂的出现，人们逐渐认识到，填充技术已成为改善塑料的某些性能、赋予新特征、扩大应用范围的重要手段。

用于塑料填充改性的填充剂，是指球状、粉状或纤维状等各种形状的有机物及无机物，其种类繁多，常用的有碳酸钙类、炭质类、纤维素类、硅酸盐类、二氧化硅类、氧化物、金属粉等。

在塑料填充改性中，塑料基本上是以树脂为连续相，填充剂为分散相而构成的复合材料。虽然填充剂的添加并不影响树脂的组成与构型，但却影响到其构象和超分子聚集态结构。因此，填料的种类、添加量的多少以及填料的形状、结构、表面性质、粒径大小、尺寸分布、填料与树脂的相-相界面特性及作用等对填充改性后的塑料性能具有决定性影响。如何有效提高填充复合材料性能，扩大应用范围，对填充剂及偶联剂作一番探索，这是塑料填充改性的关键。

8.2.2.2　填充改性效果应与其他工艺技术环节结合

塑料加工是一门多种工艺技术环节综合的流程，如原材料质量、规格、性能是否符合要求，配方是否合理。填料改性是否产生物理、化学效应，聚合物改性相容性效果，配混料是否相辅相成混合均匀，物料的干燥措施，各种加工设备的合理选型配套，混炼塑化，各种技术参数是否合理设定，机头模具的合理设计、定型、冷却装置有效的配套等，这些环节有一不合理或操作失误都能影响产品质量。再之塑料加工中可变因素很多，采取符合技术要求的调整措施也是必要的。目前有些塑料加工单位，缺乏塑料加工专业技术人员，在正常生产情况下，他们能维持，在异常情况或发生问题时，就处于被动困难的境地，经常为产品质量和市场竞争而犯愁。

有些加工单位对偶联剂在塑料填充、增强改性中的功能作用认识不全面，幻想通过改性措施能将加工中存在的问题都能解决，这是不现实的。因偶联剂不是“万能剂”。经常有些加工单位反映应用改性技术没有效果或效果不明显。分析原因有二：一为改性技术应用不当，二为其他工艺技术环节的不协调或失误。因此在应用填充、增强改性技术时，也应熟悉了解塑料加工中其他工艺技术环节的作用和技术要求，这样加工中出现问题，就可正确的分析找原因和采取有效的整改措施。塑料加工中有些工艺技术环节的重要作用并不亚于塑料填充、增强改性。

8.2.2.3　塑料挤出成型加工设备

挤出成型设备一般由挤出机、挤出口模(机头)及冷却定型、牵引、切割等辅机组成。塑料挤出是将固体塑料熔化，并在加压下通过口模成为截面与口模相仿的连接体，然后冷却定型变成固体，加工设备有不同规格、型号的单螺杆挤出机、双螺杆挤出机。

单螺杆挤出机，设计简单，制造容易，得到广泛应用，缺点是混炼效果差，不易粉料加工，提高加工压力后逆流大，生产效率低，有较大的局限性。

双螺杆挤出机，进料稳定，混合分散效果好，可直接加工硬 PVC 粉料，改性混合效果好，物料在机筒里停留时间短，产量高，机筒有自洁作用，应用日益广泛。双螺杆挤出机与单螺杆挤出机的根本差别是挤出机中的物料输送形式不同，单螺杆挤出机输送靠拖曳，双螺杆挤出机物料输送是靠螺纹推力，即正向位移输送，或强制输送。双螺杆挤出加工中有以下特点：①良好的进料特征，从根本上解决了单螺杆挤出机难适应的摩擦性能不良和对黏度很高或很低的物料难塑化加工问题；②更充分的物料混合，温度分布均匀及排气良好功能；③自洁作用，由于两根螺杆的螺棱与螺槽在啮合处存在速度差，运动方向相反，因而能够相互剥离，或刮去黏附在螺杆上的积料，使物料在机筒内停留时间短，防止物料降解，且混合均匀。

双螺杆挤出机，有较高挤出效率，物料挤出时，双螺杆啮合处对物料剪切，使物料表层不断更新，大幅度增加受热面积，同时啮合处对物料的剪切、压延转化的热量比较激烈，有效促进混炼和塑化，加速物料由固体向熔体转化的时间和周期，因此双螺杆挤出机的螺杆比单螺杆挤出机短，而生产能力却远高于单螺杆挤出机。

最近国内外挤出机制造商，为了提高产量，纷纷推出大直径、大长径比，高扭矩、高产量的平双机型，并设计更加灵活的结构形式。但挤出主机出产量提高后，却产生了新问题，如挤出机传动系统和螺杆转速扭矩需要增加，给挤出机带来额外磨损，在产量提高的同时如何保证产品质量不受影响，如挤出模具的适应、冷却系统的配套等，因为挤出产量越高，对定型、冷却、真空系统要求越高，必须重新设计。

8.3　增强型高分子复合材料

纤维增强是提高聚合物力学性能的重要手段。纤维增强复合材料分为以热固性树脂为基体和以热塑性树脂为基体两大类。

8.3.1 增强纤维的种类及基本特性

用于增强复合材料的纤维品种很多，主要品种有玻璃纤维、碳纤维、芳纶纤维，此外还有尼龙、聚酯纤维以及硼纤维、晶须等。

(1)玻璃纤维　玻璃纤维是一种高强度、高模量的无机非金属纤维，其化学组成主要是二氧化硅、三氧化硼及钠、钾、钙、铝的氧化物。

玻璃纤维的主要性能：

①拉伸强度很高，但模量较低，它的扭转强度和剪切强度均比其他纤维低。

②耐热性非常好。玻璃纤维的主要成分是二氧化硅(石英)，石英的耐热性可以达到2000℃，因此玻璃纤维的软化点也可以达到850℃左右。

③是良好的绝缘材料。其电绝缘性取决于其成分尤其是含碱量。因碱金属离子在玻璃结构中结合得不太牢固，因此作为载流体存在，玻璃的导电性主要取决于碱金属离子的导电性。

④具有不燃、化学稳定性好、尺寸稳定、价格便宜等优良性能。由于玻璃纤维具有以上优异性能，所以被广泛地应用于交通运输、建筑、环保、石油化工、电子电器、航天航空、机械、核能等领域。最常见的就是玻璃纤维增强塑料(GFRP)，即玻璃钢。

(2)碳纤维　碳纤维属于聚合的碳。它是由有机纤维经固相反应转化为碳纤维，如PAN纤维或者沥青纤维在保护气氛下热处理生成含碳量在90%～99%范围的纤维。

碳纤维的主要性能：

①力学性能。碳纤维密度小，具有较高的比强度和比模量，断裂伸长率低。其弹性模量比金属高2倍；拉伸强度比钢材高4倍，比铝高6倍。一根手指粗的碳纤维制成的绳子，可吊起几十吨重的火车头。其比强度是钢材的16倍、铝的12倍。

②热性能

a. 碳纤维的耐高低温性能良好。一般在-180℃低温下，石墨纤维仍然很柔软。在惰性气体保护下，2000℃以上仍保持原有的强度和弹性模量。此外碳纤维还具有耐高温蠕变性能，一般在1900℃以上才能出现永久塑性变形；

b. 碳纤维的导热性能好，而且随着温度升高，热导率由高逐渐降低；

c. 碳纤维的线膨胀系数很小，比钢材小几十倍，接近于零。在急冷急热的情况下，很少变形，尺寸稳定性好，耐疲劳性能好，所以用它制成的复合材料可制造精密仪器零件。

③化学性能。碳纤维比玻璃纤维有更好的耐腐蚀性，它可以在王水中长期使用而不被腐蚀。

④电性能。碳纤维沿纤维方向的导电性好，其导电性可以与铜相比，它的电阻值可以通过在制造中控制碳化温度来调节，其值可以达到很高，成为电阻加热有前途的材料。

此外，碳纤维的摩擦系数小，具有自润滑性，有很好的抗辐射能力和耐油、吸收有毒气体、减速中子的作用。以碳纤维织成的布或毡，既不怕酸、碱腐蚀，又耐高温，是一种高效耐用的吸附材料。

这么多的优良性能使它能在科学技术研究、工业生产、国防工业等领域起着相当重要的作用，尤其是为宇宙航空工业的发展，提供了宝贵的材料。当前国内外碳纤维主要运用于航空与航天工业，其次是汽车工业、体育用品与一般民用工业，对飞行器工业首先要求碳纤维有足够的拉伸强度、模量和断裂伸长率。其中断裂伸长率尤为重要，因为复合材料构件设计方法之一是采用限制应变法。当材料的弹性模量相同时，断裂伸长率越大，它的许用应变值也越高。

(3)芳纶纤维　芳香族聚酰胺(凯芙拉纤维，Kevlar)由对苯二甲酸和对苯二甲酰氯缩聚反应制得。

芳纶纤维的性能特点：

①具有无机纤维一样的刚性，它的强度超过了任何有机纤维；

②密度最小，强度高，弹性模量高，强度分散性大；

③具有良好的韧性，抗压性能、抗扭性能较低；

④抗蠕变性能与抗疲劳性能好。

⑤耐热性很好，可以在 -195 ~ 260℃的温度范围内使用；

⑥热稳定性好，不易燃烧。

⑦阻尼性能好，电绝缘性好。

⑧抗摩擦，磨耗性能优异。

⑨易加工、耐腐蚀。

⑩具有良好的尺寸稳定性，与树脂黏附力强。

芳纶纤维是一种密度轻、高强度、高模量的增强材料，可以与塑料复合制成代替钢材的结构材料。主要用于橡胶增强，制造轮胎、三角皮带、同步带等。芳纶纤维复合材料当前在航空与宇航工业中已大量应用，从 20 世纪 70 年代以来很多机种的玻璃纤维复合材料制件已被它取代。

(4)晶须　晶须是直径小于 30μm，长度只有几微米的针状单晶体，是强度和弹性模量很高的增强材料。晶须又分为金属晶须和陶瓷晶须。其中陶瓷晶须的强度极高，接近原子结合力。它的密度低、弹性模量高、耐热性能好。例如气相法生产的硼化硅晶须。在金属晶须中，主要有铁晶须，它的特点是可以在磁场中取向，容易制成定向纤维增强复合材料。此外还有铜晶须、铝晶须等。由于晶须可制成高弹性模量、高强度的复合材料，所以被认为是宇宙航空工业中最具有潜力的增强材料。

(5)石棉纤维　石棉纤维是天然矿产，比玻璃纤维便宜，而且强度较高，是一种较好的增强材料。石棉的种类较多，但主要使用的是温石棉和闪石棉，闪石棉又分为透闪石和直闪石。

如果把天然石棉加热到 300 ~ 500℃之间，除个别品种外，其强度要比室温时降低很多。以温石棉为例，其强度要下降三分之一，而且材料变脆。因而在加工和应用时均不能使其温度过高。但直闪石棉例外，直闪石棉在加热至较高的温度时仍能保持其强度。但大量的研究表明，石棉吸入体内对人体健康有很大的危害作用。

(6)碳化硅纤维　碳化硅纤维是一种连续纤维，直径为 10 ~ 15μm。

碳化硅纤维的性能特点：

①力学性能。相对密度小，为 2.55。拉伸强度和弹性模量较高。

②化学性能。有良好的耐化学腐蚀性；它的线膨胀系数很小。

③电性能。具有半导体的性能，在某种程度上，可以控制其导电性。

(7)钛酸钾纤维　钛酸钾纤维也叫钛酸钾毛晶，它是纯白色的微细的单晶体纤维。它的平均直径为0.1~0.3μm，长度只有20~30μm。它有很高的强度和弹性模量，拉伸强度为70GPa，而弹性模量为2.8GPa。

钛酸钾纤维与玻璃纤维相比有同样的力学性能，同时它又克服了玻璃纤维的一些缺点，如玻璃纤维的加入导致复合材料表面不平整，焊接时焊接部位强度不够，加工时模具易损伤等缺点。而钛酸钾纤维由于细又短，而且很轻，不会产生上述缺点，是一种很有希望的增强材料。

(8)矿物纤维　矿物纤维(PMF)是由矿渣棉派生出来的一种短玻璃纤维。PMF呈白色或浅灰色，直径为1~10μm，长度为40~60μm，相对密度为2.7，质脆；但不易燃烧，耐热温度为760℃，熔点为1260~1315℃。单纤维的拉伸强度为490MPa，弹性模量为1050GPa。

PMF纤维近年来主要用来增强聚丙烯、聚酯等。加入PMF与加入碎玻璃的效果相同，但使用PMF的成本仅为使用碎玻璃成本的三分之一，所以用来代替碎玻璃作为复合材料的分散质更为有利。

(9)金属与陶瓷纤维　金属纤维过去只用于导线、电热丝、织金属网等，现在已用它作为增强材料使用。特别是熔点较高的钨丝、钼丝等金属纤维和不锈钢纤维等更引人注目。其中应用较多的是不锈钢纤维，它多用于作为导电、屏蔽电磁波等复合材料的分散质。另外还有碳化硼、二氧化钴、磁化硅、氧化结等陶瓷纤维，这些纤维作为复合材料的增强剂，提高复合材料的力学性能和耐热性。

(10)混杂纤维　混杂纤维是将两种或者两种以上的连续纤维用于增强同一种树脂基体。混杂纤维与单一纤维的不同是多了一种增强纤维，因此混杂纤维复合材料除了具有一般复合材料的特点外，还具备一些新的性能。通过两种或者多种纤维混杂，可以得到不同的混杂复合材料，以提高或改善复合材料的某些性能，同时还可能起到降低成本的作用。如玻璃纤维与碳纤维制成的混杂复合材料，可以不降低纤维复合材料的强度，而又提高其韧性，并降低材料的成本，同时可根据零件和实际使用要求进行混杂纤维复合材料的设计。常使用的增强纤维有碳纤维、Kevlar纤维、玻璃纤维、碳化硅纤维等。

8.3.2　纤维增强复合材料的制备方法

聚合物基复合材料在性能方面有许多独到之处，其成型工艺与其他材料加工工艺相比也有其特点。

首先，材料的形成与制品的成型是同时完成的，复合材料的生产过程也就是复合材料制品的生产过程。在复合材料制品的成型中，增强材料的形状虽然变化不大，但基体的形状却有较大改变。复合材料的工艺水平直接影响材料或制品的性能。如复合材料制备中纤维与基体树脂之间的界面黏结是影响纤维力学性能发挥的重要因素，它除与纤维的表面性质有关外，还与制品中的空隙率有关，它们都直接影响到复合材料的层间剪切强度。又如在各种热固性复合材料的成型方法中都有固化工序，为使固化后的制品具有良好的性能，首先应科学地制订工艺规范，合理确定固化温度、压力、保温时间等工艺参数。成型过程中纤维的预处理、纤维的排布方式、驱除气泡的程度，是否挤胶，温度、压力、时间控制精确度等都直接影响制品性能。利用树脂基复合材料形成和制品成型同时完成的特点，可以实现大型制品一次整体成型，从而简化了制品结构，减少了组成零件和连接件的数量，这对减轻制品质量，降低工艺消耗和提高结构使用性能十分有利。

其次，树脂基复合材料的成型比较方便。因为树脂在固化前具有一定的流动性，纤维很柔软，依靠模具容易制得要求的形状和尺寸。有的复合材料可以使用廉价简易设备和模具，不用加热和加压，由原材料直接成型出大尺寸的制品。这对制备单件或小批量产品尤为方便，也是金属制品生产工艺无法相比的。一种复合材料可以用多种方法成型，在选择成型方法时应该根据制品结构、用途、生产量、成本以及生产条件综合考虑，选择最简单和最经济的成型工艺。

8.4　高分子纳米复合材料

8.4.1　高分子纳米复合材料的概况

纳米复合材料(nanocomposites)概念是Roy R 20世纪80年代中期提出的，指的是分散相尺度至少有一维小于100nm的复合材料。由于纳米粒子具有大的比表面积，表面原子数、表面能和表面张力随粒径下降急剧上升，使其与基体有强烈的界面相互作用，其性能显著优于相同组分常规复合材料的物理机械性能，纳米粒子还可赋予复合材料热、磁、光特性和尺寸稳定性。因此，制备纳米复合材料是获得高性能材料的重要方法之一。

依据以上对纳米复合材料的定义，高分子纳米复合材料可定义为：分散相的大小为纳米级(1～100nm)的超微细分散体系与聚合物基体复合所得到的材料，称为聚合物－纳米复合材料，这类材料就是由聚合物和无机相进行复合(组装)而得到的。在新的世纪里，纳米复合材料将迅速发展成为最先进的复合材料之一。这类材料也是在宏观复合材料的基础上发展起来的。

按照分散相的种类聚合物纳米复合材料可分成聚合物/聚合物体系和聚合物/填充物体系。填充物包括无机物、金属等除聚合物之外的一切物质。聚合物纳米复合材料具有以下优点：

①体系的各种物理性能可以得到明显的提高；

②纳米复合材料是资源节约型的复合，可以就地采用主原料(有机聚合物或者无机物，如黏土等)，不需要使用新型物资，是资源节约型的复合；

③工艺路线简单，纳米复合不改变原有的聚合物的工艺路线。这一特征使得一旦纳米复合技术获得突破，将率先应用于工业化生产。

8.4.2　高分子纳米复合材料的特性

高分子纳米复合材料是世纪之交很有发展前途的复合材料，是研究者的热门课题，其工业化始于20世纪90年代初。通过纳米复合，聚合物的各种性能均有一定程度的提高。目前，开发最活跃的是聚合物/黏土分散体系。对于制备纳米复合材料的黏土，应具有以下特殊性质：①黏土是层状的矿物，黏土颗粒能够分散成细小晶层，长径比达1000的完全分散的晶层；②黏土的纯度，有效的层状硅酸盐片晶含量要高，蒙脱土是比较优秀的用于制造纳米复合材料的层状矿物，其有效含量可达到95%以上；③可以通过有机阳离子和无机金属离子的离子交换反应来调节黏土的表面化学特性；④黏土稳定性好，以蒙脱土为代表的黏土对有机聚合物的作用不仅表现在结构上的优越性，而且对复合材料的综合性能有着更重要的影响。插层纳米复合材料成为各种方法制备的纳米复合材料中最具有商品化价值的材料品种之一。部分研究成果已经开始进入产业化或因有极大的产业化应用前景而备受关注。

8.4.3 高分子纳米复合材料制备方法

8.4.3.1 溶胶－凝胶法

溶胶－凝胶法是最早用来制备纳米复合材料的方法之一。所谓溶胶－凝胶过程指的是将前驱物在一定的有机溶剂中形成均质溶液，溶质水解形成纳米级粒子并成为溶胶，然后经溶剂挥发或加热等处理使溶胶转化为凝胶的过程。溶胶－凝胶中通常用酸、碱或中性盐来催化前驱物水解和缩合，因其水解和缩合条件温和，因此在制备上显得特别方便。根据聚合物及其与无机组分的相互作用类型，可以将制备方法分为直接将可溶性聚合物嵌入无机网络方法、嵌入的聚合物与无机网络有共价键作用方法以及有机－无机互穿网络方法。

8.4.3.2 层间插入法

层间插入法是利用层状无机物(如黏土、云母等层状金属盐类)的膨胀性、吸附性和离子交换功能，使之作为无机主体，将聚合物(或单体)作为客体插入无机相的层间，制得聚合物基有机－无机纳米复合材料。层状无机物是一维方向上的纳米材料，粒子不易团聚，又易分散，其层间距离及每层厚度都在纳米尺度范围1～100nm。层状矿物原料来源极其丰富价廉。其中，层间具有可交换离子的蒙脱土是迄今制备聚合物/黏土纳米复合材料最重要的研究对象。插入法可大致分为熔融插层聚合、溶液插层聚合、高聚物熔融插层和高聚物溶液插层四种方法。

8.4.3.3 共混法

共混法类似于聚合物的共混改性，是聚合物与无机纳米粒子的共混，该法是制备纳米复合材料最简单的方法，适合于各种形态的纳米粒子。根据共混方式，共混法大致可分为溶液共混、乳液共混、熔融共混和机械共混四种方法。

8.4.3.4 原位聚合法

原位聚合法是先使纳米粒子在聚合物单体中均匀分散，再引发单体聚合的方法。是制备具有良好分散效果的纳米复合材料的重要方法。该法可一次聚合成型，适于各类单体及聚合方法，并保持纳米复合材料良好的性能。原位分散聚合法可在水相，也可在油相中发生，单体可进行自由基聚合，在油相中还可进行缩聚反应，适用于大多数聚合物基有机－无机纳米复合体系的制备。由于聚合物单体分子较小、黏度低，表面有效改性后无机纳米粒子容易均匀分散，保证了体系的均匀性及各项物理性能。典型的代表有 SiO_2/PMMA 纳米复合材料，经表面处理的 SiO_2 无机填料(粒径为 30nm 左右)在复合材料基体中分散均匀，界面粘接好。原位聚合法反应条件温和，制备的复合材料中纳米粒子分散均匀，粒子的纳米特性完好无损，同时在聚合过程中，只经一次聚合成型，不需热加工，避免了由此产生的降篇，从而保持了基本性能的稳定。但其使用有较大的局限性，因为该方法仅适合于含有金属、硫化物或氢氧化物胶体粒子的溶液中使单体分子进行原位聚合制备纳米复合材料。

8.4.3.5　分子的自组装及组装

(1)聚合物－无机纳米自组装膜

①LB(langmuir blodgett)技术　利用具有疏水端和亲水端的两亲性分子在气－液界面的定向性质，在侧向施加一定压力的条件下，形成分子的紧密定向排列的单分子膜。可通过分子设计，合成具有特殊功能基团的有机成膜分子来控制特殊性质晶体的生长。LB 技术需要特殊的设备，并受到衬基的大小、膜的质量和稳定性的影响。

②MD(molecular deposition)技术　采用和纳米微粒相反电荷的双离子或多聚离子聚合物，与纳米微粒通过层层自组装(layer－by－layer self－assembling)过程，可得到分子级有序排列的聚合物基有机－无机纳米多层复合膜，这种膜是以阴阳离子间强烈的静电相互作用作为驱动力，人们称为 MD 膜。多层膜有可能应用于制备新的光学、电子、机械及光电器件。多层膜中强烈的静电相互作用保证了交替膜以单分子层结构有序生长。

(2)聚合物在有序无机纳米微粒中的组装　自有序介孔分子筛(mesoporous molectular sieve)MCM－41 发现以来，为纳米微粒的器件化带来希望。1994 年，Wu 等在有序的、直径 3nm 的六边形铝硅酸盐介孔主体 MCM－41 中，实现了导电聚合物聚苯胺丝的组装，并用无接点微波吸收技术探测了复合点后的聚苯胺丝的电荷传送，从而在分子级上利用聚合物的导电特性在设计纳米尺寸的电子器件方面上了一新台阶。

(3)模板法　利用某一聚合物基材作模板，通过物理吸附或化学反应(如离子交换或络合转换法)等手段将纳米粒子原位引入模板制造复合材料的方法。例如在功能化聚合物表面形成陶瓷薄膜是一种新的陶瓷材料加工和微结构形成方法。在有序模板的存在和制约下，纳米相将具有一些特殊的结构和性质。

通过分子自组装和组装技术可实现材料结构和形态的人工控制，使结构有序化，进而控制材料的功能。在磁、光、光电、催化、生物等物理、化学领域的潜在应用，决定了分子自组装及组装聚合物基有机－无机纳米复合物很有发展前途。

(4)辐射合成法　辐射合成法适合于制备聚合物基金属纳米复合材料，它是将聚合物单体与金属盐在分子级别混合，即先形成金属盐的单体溶液，再利用钴源或加速器进行辐射，电离辐射产生的初级产物能同时引发聚合及金属离子的还原，聚合物的形成过程一般要较金属离子的还原、聚集过程快，先生成的聚合物长链使体系的黏度增加，限制了纳米小颗粒的进一步聚集，因而可得到分散粒径小、分散均匀的聚合物基有机－无机纳米复合材料。

总之，以上几种方法各具特色，各有其适用范围。对具有层状结构的无机物，可用插层复合法；对不易获得纳米粒子的材料，可采用溶胶－凝胶法；对易得到纳米粒子的无机物，可采用原位复合法或共混法；而分子自组装技术可制备有序的无机有机交替膜；对于金属粒子，可采用辐射合成法。

8.4.4 聚合物与层状硅酸盐纳米复合材料

8.4.4.1 PA/层状硅酸盐纳米复合材料

PA6/层状硅酸盐纳米复合材料是最早制备出来的聚合物层状硅酸盐纳米复合材料，制备这种纳米复合材料最早所采用的工艺就是单体插层原位聚合。但是该方法制备的PA6/层状硅酸盐纳米复合材料有明显的缺点：要对原始黏土进行有机化、膨胀化处理，就需要在己内酰胺原位聚合的设备之外增加黏土的有机化加工设备，同时必须耗费额外的时间和能量用于对有机黏土的干燥和破碎处理，这些因素均会导致生产成本增加，生产效率下降。此外，处理后的有机黏土与己内酰胺单体熔体的混合体系流动性不佳，使有机黏土不易均匀分散在 ε－己内酰胺单体的熔体内。这将导致熔体缩聚工序中物料的"挂壁"现象，以及层状硅酸盐在聚合物基体中的分散不均匀。为了解决这一问题，可以采用工艺简单、灵活的大分子熔体直接插层的工艺。

利用聚合物熔体直接插层制备PA6/层状硅酸盐纳米复合材料的工艺简单，将聚合物熔体与蒙脱土混合，利用外力或聚合物与片层间的相互作用，使聚合物插入蒙脱土片层或使其剥离。熔融插层聚合物熔体依靠剪切力或分子自身热运动进入蒙脱土片层。熔融插层的工艺简单，甚至可以在混炼机上共混或在双螺杆挤出机上直接挤出，不需要另外增添设备，有利于实现工业化连续生产，不需要溶剂，对环境友好。但熔融插层要求聚合物和蒙脱土之间必须具有强的相互作用，也只有在强剪切力作用下才能实现蒙脱土的均匀分散。

除了尼龙6/层状硅酸盐纳米复合材料外，对尼龙66/蒙脱土纳米复合材料的研究开展得较少。采用原位插层聚合法制备尼龙66/硅酸盐纳米前驱体复合材料的工艺可行，工业流程不复杂，操作也方便，经过良好处理的硅酸盐纳米前驱体材料能在聚合物基体中有效地形成纳米级分散，硅酸盐纳米前驱体的加入，对尼龙66的性能有明显的改性效果。

PA6/层状硅酸盐纳米复合材料具备的优良性能，它们可以广泛的应用于结构材料、薄膜、包装材料、绝缘材料等领域。目前日本的Ube公司和Unitika公司，美国的Nanocor公司及Southern Clay公司，中国的联科纳米材料有限公司都开发了PA6/黏土纳米复合材料制品。

从前面所述可以看到，尼龙/黏土混杂材料（NCH）具有比传统填充材料优异很多的力学性能（强度、韧性）、阻隔性能等。而且无机成分含量很少，性能就能显著提高，因此，质量要比传统填充材料轻得多。此外，NCH还表现出显著的热稳定性、自熄性等。在加工方面，也可以采用传统的加工方法，如注塑、挤出、模压等。成品也可以做成纤维或薄膜，从而使其具有广泛的应用前景，有的已开始商业应用，日本丰田汽车公司已把NCH用来制造汽车发动机的配件（调速带外胎）。由于NCH具有高模量和高的形变温度，产品具有高的硬度，良好的热稳定性，并且不易变形，质量也降低了25%（和传统玻璃纤维填充PA相比）。NCH是第一种已大量生产的有机－无机纳米复合材料。

由于NCH具有良好的阻隔性，因此可以做阻隔材料。日本Ube工业公司目前正在和丰田合作开发用于食品包装和其他用途的具有阻隔性能的NCH。由于它的阻隔性能和自熄性，NCH也可用作阻燃材料。其潜在的应用还包括飞机内部材料、燃料舱、护罩内的结构部件、制动器等。

8.4.4.2　PET/层状硅酸盐纳米复合材料

聚对苯二甲酸乙二醇酯(PET)作为纤维与薄膜，在工业以及人们的日常生活中得到了广泛的应用。随着对PET的应用研究更加深入，使得它作为食品和饮料的包装材料，应用范围有了更大的扩展，如碳酸饮料瓶、矿泉水瓶、果汁瓶、食用油瓶、食品盒以及果酱瓶等。食品和饮料的包装材料对性能的要求比较苛刻，例如安全卫生性、透明性、着色印刷性、加工性能以及对氧气和香味的阻隔性能等。

但是PET对于氧气和二氧化碳气体的阻隔性能却不够理想，这限制了PET的应用范围，使它无法应用于对氧气或二氧化碳要求较高的场合，如啤酒、葡萄酒和多种果汁，此类商品中富含多种蛋白质、维生素与纤维素等有机成分，对氧气非常敏感，过多的氧气会使其中的营养成分很快氧化变质而失去饮用价值。

在提高PET的气体阻隔性方面，近年的研究主要集中在对PET的共聚合、共混、复合等。这些方法能在一定程度上提高PET阻隔性。但因成本较高，难于工业化生产。蒙脱土(MMT)纳米复合材料的出现为提高PET的阻隔性带来了新机遇。组成MMT基本结构单位的硅酸盐片层的阻隔能力是PET的数十倍。更由于纳米硅酸盐片层具有大的径厚比，在PET制品的加工过程中，极易平面取向，形成"纳米马赛克"结构，能几倍到十几倍地提高PET的阻隔性能。使得这种材料有可能在诸如啤酒瓶、葡萄酒瓶、果汁瓶和碳酸饮料瓶等领域得到更广泛的应用。PET/MMT纳米复合材料除了具有高的阻隔性外，MMT还具有异相成核作用，也能提高PET结晶速率，为改性PET作为工程塑料提供了新的方法。在提高PET结晶速率、尺寸稳定性等方面，GE、BASF、三菱等公司使用结晶成核剂和成核促进剂成功提高了PET结晶速率，并且使成型过程中的模温降低到70℃以下。漆宗能、柯扬船等的发明专利表明，PET/黏土纳米复合材料的结晶速率较纯PET树脂提高约5倍。

与PET的合成一样，PET/MMT纳米复合材料的制备也可分为直接酯化法和间接酯化法。直接酯化法先将芳香族二元酸和二元醇按比例混合，加入经有机化处理的MMT乙二醇悬浊液，同时加入反应催化剂，在一定温度和压力下进行酯化反应，体系经过一段时间的预缩聚，逐渐减压升温并抽真空，制得PET/MMT复合材料。有机MMT的悬浊液可以在预缩聚阶段加入，也可在缩聚阶段加入。利用铵盐类有机物处理MMT，然后采用直接酯化法制得的复合材料在气体阻隔性、结晶速率、力学性能、热性能等方面均有不同程度的提高。

间接酯化法先将芳香族二元羧酸酯和二元醇按比例混合，加入酯交换催化剂，在一定温度下酯交换。再加入经有机化处理的MMT乙二醇悬浊液，同时加入缩聚催化剂，反应体系逐渐减压升温，升至一定温度并保持一段时间，可制得PET/MMT纳米复合材料。间接酯化时，如果对烷基胺盐的烷基进行一定的改性，或在烷基链上选择性地接枝一些活性基团，可以明显地改善黏土与PET单体之间的相容性，也可以使PET的分子很容易插到MMT的片层中去。

不管是直接酯化还是间接酯化法，要在PET基体内添加填充蒙脱土得到PET/层状硅酸盐纳米复合材料，在添加的时机上可以有不同的选择，既可以在聚合反应开始之前就把处理后的蒙脱土与乙二醇单体混合起来，也可以是在反应开始后，在酯化反应或酯交换反应阶段再将黏土加入到反应体系中去。

到目前为止，PET/层状硅酸盐纳米复合材料的制备方法中，得到大规模应用的有两种方法：一种是将黏土预先分散在乙二醇单体中，然后聚合得到PET/黏土纳米复合材料；另一种是使用插层剂处理黏土得到有机化黏土，然后在聚合阶段将有机黏土加入反应体系，聚合完成后就可以得到PET/层状硅酸盐纳米复合材料。

目前使用第一种方法来制造PET/层状硅酸盐纳米复合材料的公司主要是美国的Nanocor公司。由于乙二醇的黏度与水、乙醇相比要大许多，天然的黏土在其中无法形成稳定的胶体体系，因此使用这种工艺时一般都要对黏土进行处理，改善它们与乙二醇之间的亲和性，使乙二醇分子能容易地插入其层间。另外还需要寻找合适的聚合反应条件，使乙二醇能够顺利参与反应的同时保持其内部的黏土有良好的分散状态。

使用第二种方法制备PET/黏土纳米复合材料时，就需要首先对蒙脱土进行插层处理，处理时选用的插层剂一般是烷基胺盐类的插层剂。如果对烷基胺盐的烷基链进行一定的改性，或者在烷基链上选择性的接枝一些活性基团，可以使黏土与PET单体或预聚体之间的相容性得到明显地改善。这样就可以使有机蒙脱土能够在PET的聚合体系中充分地分散，也可以使PET分子链很容易地插入蒙脱土的层间，最终制备出微观结构均匀地PET层状硅酸盐纳米复合材料。

PET/黏土纳米复合材料具有优异的结晶性能、流变性能、阻隔性能和力学性能。首先MMT能够促进PET的结晶，加快PET的结晶速率。主要表现在以下几个方面。

(1)MMT对Avrami指数(n)的影响　MMT对n的影响，目前有不同的观点。一种观点认为，MMT的加入对，n的影响较小。n值基本上维持在1~4之间；另外一种观点却认为，随着MMT的加入，n值会明显上升。徐锦龙等人指出，n值对温度变化的敏感性大大增加，说明了MMT在复合体系中起到了异相成核的作用。n的最大值出现在最大结晶速率对应的温度附近，但随着MMT含量的增加，n值先下降后上升，最低值出现在3附近。蔡红军等人指出，n大于4时，存在较大的结晶诱导期和结晶后期的加速现象，表明PET纳米复合体系有特殊的成核机理，这与MMT纳米微粒与PET间特殊的强相互作用有关。

(2)MMT对半结晶时间($t_{1/2}$)的影响　$t_{1/2}$是最常用来表示结晶速率快慢的指标之一。MMT的加入可以降低$t_{1/2}$，但随MMT含量的增加，$t_{1/2}$的变化却有不同的报道。当在194℃下进行处理时，$t_{1/2}$随MMT含量增加而不断下降；当MMT含量为5%时，复合材料的$t_{1/2}$是PET的三分之一。也有人认为，随着MMT含量的增加，$t_{1/2}$先增加，然后开始下降。

(3)温度对结晶速率的影响　温度对结晶速率的影响表现出合理的变化规律，在最快结晶速率的低温侧，随温度上升结晶速率上升；而在高温侧则随温度升高而下降。将PET/MMT纳米复合材料在290℃熔融5min，然后以160℃/min的降温速率快速降至30℃，再以10℃/min升温处理，记录差示扫描量热法曲线。发现纯PET在150℃有冷结晶峰，其冷结晶峰面积比熔融峰略小。这证明在此冷却速率下PET都冻结为非晶态，而PET/MMT纳米复合材料在同样的冷却速率下几乎看不出冷结晶峰，大部分被冻结为晶态和微晶态。

(4)纳米粒子对结晶度的影响　以纳米氧化硅作为 PET 的添加剂，结果表明，当氧化硅含量在 1.64% 时，所得共混物的结晶度最高，结晶速率较快，结晶尺寸分布较窄。

(5)共聚合对复合材料结晶的影响　将聚乙二醇(PEG)加入 PET 纳米复合体系形成了以 PET/PEG 嵌段共聚物为基体，MMT 为纳米尺寸分散相的复合材料。结果表明，加入的 PEG 增强了分子链段的柔顺性，不仅可提高插层嵌段共聚物的成核速率，而且还可提高共聚物晶粒的生长速率。MMT 的加入对 PET 结晶性能的影响是多方面的，虽然在某些具体的机理(如 MMT 对 n 和 $t_{1/2}$ 的影响)存在一些争议，还有待于进一步研究探讨，但 MMT 对 PET 材料结晶性能的贡献还是肯定的。由于异相成核作用，所以 MMT 的加入增加了 PET 的结晶速率，提高了 PET 的结晶度，对完善 PET 材料的加工工艺有很大的指导作用。同时，MMT 含量也是影响结晶性能的一个关键因素。MMT 含量太少对 PET 材料性能影响不明显，太大则会引起分散不均匀、团聚以致造成缺陷等一系列问题，因此必须选择合适的 MMT 含量。

美国 Eastman 化学公司和 Nanocor 公司联手正在开发 PET/蒙脱土纳米复合物包装材料。纳米蒙脱土被分散为可见光波长尺寸相近的微粒子，少量的纳米粒子就会明显地改变 PET 强度、阻隔性、耐热性，而不影响透光性，啤酒瓶是其主导市场之一。

中国科学院化学研究所工程塑料国家重点实验室采用纳米复合技术，研制成功 PET/蒙脱土纳米复合材料(Nc－PET)并申请了中国发明专利。这种纳米复合材料将无机材料的刚性、耐热性与 PET 的韧性、易加工性有效地结合起来，使得材料的力学性能、热性能得到较大的提高，对气体、水蒸气的阻隔性也有很大的改善，是啤酒和软饮料理想的包装材料。目前，已研制出半透明的啤酒瓶样品，阻隔性比 PET 瓶高 3～4 倍。

中科院化学所与北京联科纳米材料有限公司共同开发的 PET/蒙脱土纳米复合材料具有优良的气液阻隔性能，联科纳米材料有限公司采用这一技术制造出了阻隔性能较好的纳米 PET 瓶，经过在啤酒厂的实际灌装实验，证明它可达到作为啤酒包装瓶的水平。它采用单一材料、一次吹制成型的工艺，不仅在结构、制造工艺上十分简单，有利于降低成本，而且对瓶子的回收利用也十分有利。

在工程塑料方面，中国科学院化学所与北京联科纳米材料有限公司合作也开发了一系列相关的产品，以推广 PET/蒙脱土纳米复合材料在这一领域的应用，其中包括家用电器外壳、电气接插件等。

8.4.4.3　*PP/层状硅酸盐纳米复合材料*

上述两种纳米复合材料分别介绍了以 PA6 和 PET 为基体的 PIS 纳米复合材料，这两种聚合物都是具有一定极性的聚合物。这反映了在 PIS 纳米复合材料研究领域中一个比较突出的问题：当采用极性聚合物为基体时才能够比较容易地制备出 PIS 纳米复合材料。而对于非极性聚合物，如聚烯烃这一大类应用广泛的聚合物品种，制备的难度要大得多，使用通常的制备手段往往无法得到结构比较理想的复合材料。这也是目前对 PLS 纳米复合材料的研究中一个备受关注，急需解决的问题。

在聚烯烃类聚合物中，聚丙烯(PP)是一种应用非常广泛的通用塑料品种，在全世界范围内的产量十分巨大，也是在通用塑料工程化的研究中，一种被优先考虑的材料。聚丙烯在应用中的主要缺点表现在韧性较差、低温性能不好、耐热性不高等方面，为了提高聚丙烯在应用中的竞争能力，就必须对聚丙烯进行改性，使其在保持加工性能的同时具有更高的尺寸稳定性、热变形温度、刚性、强度和低温冲击性能。传统的改性方法包括使用玻璃纤维、$CaCO_3$、SiO_2 或滑石粉等填充材料对 PP 填充改性、或对 PP 基体进行接枝改性等。

近年来，利用插层技术对 PP 进行填充改性引起了广泛的关注。科技工作者希望能够利用 PLS 纳米复合材料的特点，使 PP 各方面的性能得到提高，拓宽了其应用领域。通常情况下，层状硅酸盐的表面由于含有较多极性的羟基(—OH)，与不含极性基团的聚丙烯相容性差，要达到硅酸盐片层在聚丙烯基体中的均匀分散是比较困难的。但自 1996 年 Oya 等人报道了聚丙烯/层状硅酸盐纳米复合材料的制备以来，有关它的研究已经越来越多，相继开发了许多新的制备方法和工艺。插层聚合是一稀有效的制备 PP 蒙脱土纳米复合材料的方法。在本节的开始部分，我们已经提到聚酰胺、聚酯和聚氧化乙烯等极性聚合物才能够比较容易地插入黏土片层间，制备出 PLS 纳米复合材料。而聚丙烯是一种非极性聚合物，大分子链很难进入层状硅酸盐片层之间，黏土片层在 PP 基体中分散也十分困难。即使用含有较长非极性烷基(如十八烷基)的季铵盐改性的有机蒙脱土，仍然难以实现蒙脱土在聚丙烯基体中以纳米级均匀分散。马继盛、尚文宇等采用插层聚合方法制备出了聚丙烯/蒙脱土(PP/MMT)纳米复合材料，并对其结构和性能进行了表征。制备 PP/蒙脱土纳米复合材料时要经过填料的预处理、活化和单体聚合三个阶段。预处理和活化阶段是为了使催化剂充分地吸附在蒙脱土表面，尤其是层间的纳米空间之中。蒙脱土的层间距越大对吸附催化剂越有利。因此所采用的蒙脱土是经烷基胺类插层处理后的有机蒙脱土。从有机蒙脱土出发，经过活化处理就可以得到负载了 Ziegler - Natta 催化剂的活性蒙脱土。以马继盛、尚文宇等人的研究为例，将有机蒙脱土在 120℃温度下进行真空干燥后，与 $MgCl_2$ 一起球磨 48h，使其和溶剂甲苯形成均匀混合的浆状物，接着在浆状物中加入 $TiCl_4$，在 100℃下反应 2h，用正庚烷洗涤后真空干燥即得活性蒙脱土。得到活性蒙脱土就可以进行最后的聚合过程。

在聚合反应中，因为活性蒙脱土具有比较大的层间距，而丙烯单体本身的尺寸又很小，所以可以很容易地插入活性蒙脱土的层间。在层间的催化剂作用下，发生原位聚合反应，直接在蒙脱土的层间和颗粒之外形成 PP 分子链。逐渐增长的 PP 分子链可以在物理空间上迫使蒙脱土的片层互相远离，层间距被扩大；另外，聚合反应是放热反应，反应中释放的大量能量也具有促使蒙脱土层间距扩大的作用。多方面的因素使得蒙脱土的重复片层结构最终被破坏，形成剥离型的纳米复合材料。

通过 DSC 可以研究聚合填充 PP/蒙脱土纳米复合材料的等温和非等温结晶过程。对等温结晶的研究发现，引入蒙脱土后，聚合填充 PP/蒙脱土纳米复合材料的结晶速率大幅度提高，相对结晶度略有下降。采用 Avrami 方程对该材料的结晶动力学进行研究，计算得出其 Avrami 指数在 2.67 ~ 3.44 之间，表现了明显的异相成核特征。聚合填充 PP/蒙脱土纳米复合材料的半结晶时间 $t_{1/2}$ 比纯的聚丙烯大幅度降低。采用 Hoffman 理论计算了 PP/蒙脱土纳米复合材料的球晶生长的单位面积表面自由能 σ_c，结果表明 σ_c 随蒙脱土含量的增加逐渐降低。

采用修正的 Avrami 方程和 R - T 关系法研究 PP/蒙脱土纳米复合材料的非等温结晶动

力得到的结果与等温结晶动力学基本一致。在少量蒙脱土(质量分数小于5%)存在的情况下，PP/蒙脱土纳米复合材料的初始结晶温度和结晶峰温度迅速提高，说明蒙脱土有强烈的成核作用；在蒙脱土含量小于5%的范围内，随蒙脱土含量的提高，结晶动力学参数 Z_c 迅速提高，结晶半峰宽 D 迅速变窄，说明结晶速率迅速提高；R－T关系法研究结果表明，$F(T)$ 随蒙脱土含量($<5\%$)的提高迅速下降。也证明了蒙脱土有促进结晶的作用。研究结果还表明，当蒙脱土含量高于5%时，其成核能力和促进结晶能力降低，这应该是当蒙脱土含量过高时，其在聚丙烯中的分布均匀性下降的原因造成的。

与原位聚合填充法的PP/蒙脱土纳米复合材料类似，在用大分子熔体直接插层方法制备的PP/蒙脱土纳米复合材料中，蒙脱土对PP基体也有明显的异相成核作用，可以明显地改变PP的结晶过程和晶体形态。

聚丙烯作为一种最常用的通用塑料，具有较优良的综合性能，在家用电器、汽车、建筑、纺织、包装等领域中得到广泛的应用，如在汽车工业中主要用于仪表板、保险杠、门内板等，在建筑工业中大量用作管道及零配件等。但是聚丙烯与传统工程塑料相比存在强度、韧性和弹性模量较低、耐候性差、收缩率大、热变形温度低、耐热性较差等特点，因而限制了聚丙烯的进一步使用。提高聚丙烯的韧性、使用温度和弹性模量一直是聚丙烯改性的重要课题，传统的方法是加入橡胶增韧和纤维增强，但橡胶增韧会导致材料的弹性模量降低、刚性下降、材料的加工性能和外观变差、成本增加。聚丙烯/蒙脱土复合材料具有较高的冲击韧性和弹性模量，较高的热变形温度和较好的耐热性以及突出的阻隔性，从而为聚丙烯的增强增韧提供了一条新思路。

用熔融插层制备的聚丙烯/蒙脱土有机无机纳米复合材料是一种插层型的纳米复合材料，蒙脱土在聚丙烯基体中达到了纳米分散水平，材料的力学性能(强度、韧性)及耐热性可同时提高，且加工性能有所改善。具有成本低、生产率高的特点，并且适用于现有的成型工艺，并可在航空航天、汽车、建筑等领域推广。

在汽车工业，因聚丙烯材料的强度、弹性模量和热变形温度低、耐热性较差等原因使其作为汽车零部件使用受到限制，聚丙烯/蒙脱土有机无机纳米复合材料热变形温度提高，且具有较高的冲击韧性和弹性模量，其使用范围可得到扩大，并且随着汽车工业的持续发展，废旧零部件的回收已提上议事日程，零部件材料种类繁多给回收造成麻烦，采用高性能的聚丙烯单一材料使回收利用简单易行。因此，聚丙烯/蒙脱土纳米复合材料的研制和开发不仅为解决我国量大面广的PP通用塑料的高性能化开辟了一条新路；而且也为汽车轻量化找到了一条新途径，对推进汽车轻量化的进程有着重要的经济价值与社会意义。汽车轻量化就意味着更多的轻质材料替代原有的金属材料，利用此技术制备的纳米复合塑料可以在减轻汽车部件质量的同时提高材料的性能，而这些结构材料若由密度较小的工程塑料替代密度较大的金属材料，就必须使工程塑料高性能化，具体地讲即工程塑料的增强增韧、耐磨性及耐热性等物理机械性能的提高。由于这种聚合物/蒙脱土纳米复合材料表现出突出的力学性能、热性能和阻隔性能，并可应用塑料加工的通用技术(挤出、注塑等)来加工成型，而具有诱人的开发与市场前景。这种新一代汽车塑料部件的使用对于今后几十年汽车工业的发展将会产生很大的影响。

在建筑工业上，聚丙烯由于其无毒、价格较低、加工容易和综合性能较好而广泛用作管道及配件，但需要加入橡胶(例如乙丙橡胶)增韧，这种方法通常会导致材料的弹性模量降低，刚性下降；材料的加工性能和外观变差；特别是导致成本增加，橡胶的加入量为聚丙烯的10% ~15%而价格为聚丙烯的2~3倍。聚丙烯/蒙脱土有机无机纳米复合材料与聚丙烯相比具有更高的冲击韧性、弹性模量和热变形温度，而且聚丙烯的加工性能也得到改善，其综合性能优异，性价比较高，并可应用塑料加工的一般方法来加工成型，因此作为建筑材料其推广应用的潜在价值难以估量。

8.4.4.4　其他类型纳米复合材料

(1)生物降解高分子/层状硅酸盐纳米复合材料　20世纪最后十年，塑料使用中增长最快的领域是包装材料。方便、安全、便宜、好的外观是决定包装材料加工快速发展的最重要因素。最近，塑料生产中，41%用于包装行业，其中47%用于食品包装。这些通常都来自聚烯烃(例如，聚丙烯PP、聚乙烯PE)、聚苯乙烯PS、聚氯乙烯PVC等，大多来自于石油产品，并最终排放入环境中去，成为不可降解的污染物。这就意味着，总计40%的包装废物在实际上是永久性的，如何处理塑料垃圾成为全球性的环境问题。

目前处理垃圾的方法主要有填埋、焚化和循环。但是，由于社会的迅速发展，合适的垃圾填埋点是有限的。另一方面，垃圾的填埋是一枚定时炸弹，等于把今天的问题转移到了后代身上。另外，塑料垃圾的焚化总是会产生大量的二氧化碳并促使全球变暖，有时会产生有毒气体，又一次造成地球的污染。回收再利用或多或少解决了这个问题，但要消耗大量的劳动力和能量。在这一背景下，加工中不涉及有毒物质并可以在自然界中降解的绿色高分子材料的发展更加迫切。

大多数生物降解高分子相对于许多石油基塑料来说有着优异的降解性，并且很快就可以与通用塑料进行竞争。于是，生物可降解高分子有着很大的商业前景用作生物塑料，但它的一些性能，例如脆性、较低的热变形温度、较高的气体透过性、较低的熔融黏度等，限制了它们在更广范围内的使用。因此，对生物可降解高分子的改性对材料科学家来说是一个巨大的工程。另一方面，对普通高分子进行纳米复合以制备纳米复合材料已被证实为一个改进这些性质的有效方法，于是，绿色纳米复合材料是未来的发展趋势，并被认为是下一代的新材料。生物可降解聚合物的纳米复合在设计环境友好绿色纳米复合材料的应用上有很好的前景。目的在于提高生物可降解聚合物的某些性质，如热稳定性、气体阻隔性强度、较低的熔融黏度以及低的生物降解速率等。

(2)UHMWPE/层状硅酸盐纳米复合材料　超高相对分子质量聚乙烯(UHWPE)是指黏均相对分子质量在100万以上的线性结构聚乙烯，具有耐磨、耐冲击、耐腐蚀、自润滑等多种优异性能，被称为是“令人惊异的塑料”。但是由于其巨大的相对分子质量，UHM-WPE熔体的黏度极高，熔融指数(MI)为零，无黏流态，所以成型加工十分困难，目前多采用烧结的方法来对其进行加工。利用一些特殊设计的设备和工艺也可以在用柱塞推挤粉体、烧结的条件下加工UHMWPE管、棒等简单形状的材料，但是加工速度非常缓慢，效率不高。

由于UHMWPE的黏度极高，无机填料很难在加工过程中均匀分散，同时还使本已很低的加工效率更加恶化。而利用聚合填充技术就可以制备出均匀分散的高填充量的UH-MW-PE/无机物复合材料，选择合适的催化剂体系并将其负载在层状硅酸盐的表面上，可以制备出 UHMWPE/层状硅酸盐纳米复合材料。王新等采用高岭土作为催化剂载体，成功地制备出了 UHMWPE/高岭土纳米复合材料，并且测定了它的各项性能。在研究中发现，在 UHMWPE 基体中引入高岭土这种层状硅酸盐后，不仅可以增强体系的力学、磨耗等方面的性能，还明显地影响了 UHMWPE 的流变行为，UHMWPE 的黏度出现了一系列异常的变化，使其加工性能得到了改善。本节将主要介绍 UHMWPE/高岭土纳米复合材料的制备及其流变特性、磨损性能。

(3)环氧树脂/层状硅酸盐纳米复合材料的性能　由于蒙脱土在环氧树脂中以片层状呈纳米尺度分散，该层状晶体具有较大的强度和刚度，表面积大，与树脂间界面粘接作用强。当受到外力作用时，纳米级蒙脱土片层能引发大量的银纹，吸收冲击能；同时层状蒙脱土还能起到终止银纹的作用，复合体系的拉伸强度和弹性模量均比纯环氧基体有所提高，在填充量小于 10% 的低填充量下，两个性能指标就已经明显高于纯环氧基体。而且随着蒙脱土含量的增加，复合体系的拉伸强度和弹性模量也均呈现逐渐增大的趋势。当含量达到 25% 左右时，复合体系的拉伸强度和弹性模量达到了相当于纯环氧基体 10 倍的水平。蒙脱土在环氧基体中的分散状态对体系的拉伸性能也有很大的影响，Wang 等使用蒙脱土填充环氧树脂，通过选用具有不同官能度的插层剂来控制蒙脱土在环氧基体中的分散形态，分别制备出了剥离型、部分剥离型、插层型以及传统的微米级环氧树脂/蒙脱土复合材料。在同样的填充量下，全剥离型的纳米复合材料强度和模量最高，部分剥离型和插层型纳米复合材料次之，传统的微米级环氧树脂蒙脱土复合材料的强度和模量最低。

Wang 等在测试这些复合材料的拉伸性能时还发现，当蒙脱土发生了剥离或插层后，不仅具有增强环氧树脂的作用，还同时具有增韧的作用。根据这些复合材料的应力 - 应变曲线来观察，当在环氧树脂基体中添加蒙脱土后，在它们的模量和强度提高的同时，断裂伸长率也呈现增加的趋势，表明材料的韧性得到了提高。

在 10% 含量以下，纳米复合材料的压缩强度、压缩模量均随着填充量的增加而增加，这与所预期的结果是相同的，也是由于蒙脱土剥离后对环氧材料的增强作用而达到的效果。而哈恩华等用熔融插层法制备了完全剥离型环氧树脂/蒙脱土纳米复合材料，在其所研究的范围内(添加量为 1% ~5%)，随蒙脱土含量的增加，纳米复合材料的冲击强度和弯曲强度先增大后减少，并且在含量 1% ~2% 时出现最大值，冲击强度和弯曲强度由纯环氧树脂的 14.24kJ/m^2 和 91.96MPa 分别提高到 18.24kJ/m^2 和 109.84MPa，分别提高了 28.1% 和 19.4%。

玻璃化温度(T_g)是衡量聚合物复合材料性能的一个重要指标，随着有机蒙脱土含量的增加，复合材料(T_g)的依次增大，当有机蒙脱土含量为 5% 时纳米复合材料的比纯环氧固化物的高出 13.2℃。在环氧树脂，蒙脱土纳米复合材料体系中，蒙脱土片晶成单层晶片以纳米尺度均匀分散于树脂基体中，高分子链贯穿于蒙脱土的层间使其活动受空间的限制；另一方面进入层间的高分子链与有机物及蒙脱土产生了相互作用，这种相互作用对环氧树脂分子链的活动有束缚作用，使其链段运动的阻力增大。因此，需要在一个更高的温度下才会发生玻璃化转变。另外，复合材料的热变性温度比原树脂体系的高，并且在含量为 2% ~3% 时出现最大值，在蒙脱土含量为 3% 时与纯环氧固化物相比提高了 16℃。

由于蒙脱土片层对聚合物分子链的限制作用，可以在一定程度上减少由于分子链移动重排而导致的制品尺寸变化，从而提高聚合物基复合材料的尺寸稳定性。对于大多数 PLS 纳米复合材料而言，其尺寸稳定性都要优于相应的纯聚合物基体。

由于环氧树脂基体中存在分散的、大尺寸比的片状硅酸盐层，这些片层对于水分子和单分子来说是不能通过的，因此迫使水分子和单分子要通过围绕硅酸盐粒子弯曲的路径才能通过环氧树脂，从而提高了扩散的有机通道的长度，使阻隔性提高，因此使吸水率降低。此外，蒙脱土在环氧树脂固化物中剥离程度越高，阻隔性能越好，吸水率越低。

(4)酚醛树脂/层状硅酸盐纳米复合材料的性能　酚醛树脂是第一个人工合成的树脂品种，至今已有百年的历史，在塑料工业发展中起到了重要的作用。酚醛树脂由于具备热稳定性、绝缘性、耐烧蚀性等优异性能，目前仍在某些技术领域中起着不可替代的作用。Lee 等和 Giannelis 等报道了使用有机蒙脱土与线性酚醛树脂(Novolac)熔体插层法制备线性酚醛树脂/蒙脱土纳米复合材料的方法。Usuki 等在其专利中报道了用有机蒙脱土与其原料苯酚、甲醛共混体系，采用酚醛树脂的缩聚工艺制备纳米复合材料等工艺。赵彤等考虑到蒙脱土晶片结构中氧原子、氢氧基团和铝硅酸盐可与质子给体或受体形成氢键，他们用酸化蒙脱土作为催化剂，利用聚合插层工艺制备出了剥离型的酚醛树脂/蒙脱土纳米复合材料，其具体的制备方法如下：

①酸化蒙脱土的制备。将 10g 的钠基蒙脱土加入 500mL 浓度为 1mol/L 的盐酸溶液中，在 80℃的温度下搅拌约 12h 进行离子交换反应。然后将上述混合液过滤，清洗至滤液中不含氯离子，干燥、粉碎后即得酸化蒙脱土(H－MMT)。经元素分析表明，H－MMT 中有 96% 的 Na^+ 被 H^+ 置换。

②酚醛/蒙脱土纳米复合材料的制备。将苯酚和甲醛按照 1∶0.85 的摩尔比加入到 250mL 的三颈瓶中，然后加入一定量的 H－MMT，在室温下剧烈搅拌 1h，然后以 5℃/min 的速度升温到 95℃，待缩聚反应完成后即得到酚醛/蒙脱土纳米复合材料。

对酚醛/蒙脱土纳米复合材料的结构分析表明，钠基蒙脱土的(001)面特征衍射峰在 $2\theta \equiv 7.12°$，而经过酸化处理的 H－MMT 的(001)面特征衍射峰向小角方向移至 $2\theta \equiv 5.73°$，表明蒙脱土的层间距由 1.24nm 扩大到了 1.54nm。随着缩聚反应的进行，复合体系中表征蒙脱土(001)晶面的特征衍射峰逐渐减弱，直至完全消失。表明所得到的酚醛/蒙脱土复合材料为剥离型的 PLS 纳米复合材料。

(5)橡胶/层状硅酸盐纳米复合材料　橡胶/层状硅酸盐纳米复合材料的研究也受到了广泛的关注，如聚氨酯(PU)弹性体是一类应用广泛的聚合物材料，由于 PU 弹性体具有高强度、耐磨耗、耐老化、防水、耐高温、高强度等优异性能，在弹力纤维(氨纶)、涂料、胶黏剂、球场跑道、减震材料、制鞋等领域都得到了广泛的应用。以往对聚氨酯的高性能化研究手段主要包括在逐步聚合过程中调节其分子链结构和加入有机或无机填充材料。一般来说，在 PU 中引入填充材料改性时，无法达到同时增强和增韧的目的。在提高 PU 强度的同时，其韧性、断裂伸长率一般都会下降。而利用插层技术制备 PU 基体的 PLS 纳米复合材料是解决这一问题的有效途径，Pin－navaia 等首先开拓了这一研究领域，利用插层聚合技术制备了聚氨酯/蒙脱土纳米复合材料，研究了有机蒙脱土在多元醇聚醚中的分散性。Zilg 等将一种氟云母引入聚氨酯基体制备的纳米复合材料与聚氨酯基体材料相比拉伸强度和断裂伸长率同时得到了提高。Chen 等利用引入聚羟基己内酯/蒙脱土的方法合成了新型的PU/蒙脱土纳米复合材料，少量聚羟基己内酯/蒙脱土的引入可使PU/蒙脱土纳米复合材料的综合性能大幅度提高，但假如加入量过大会使PU/蒙脱土纳米复合材料失去弹性而转变为结晶性塑料。马继盛、漆宗能等对聚氨酯/蒙脱土纳米复合材料进行了一系列的研究，他们使用一种烷基季铵盐对蒙脱土进行插层处理得到有机蒙脱土，然后利用原位插层聚合的方法制备了综合性能优异的弹性体PU/蒙脱土纳米复合材料。

根据有机蒙脱土与PU/蒙脱土纳米复合材料的WAXD谱图，有机蒙脱土(001)晶面的尖锐衍射峰出现在4.4°，表明蒙脱土片层的平均间距约为1.9nm；而PU/MMT中蒙脱土的(001)晶面衍射峰向小角方向移动，在对应片层间距为4.5nm处形成向小角方向延伸的峰，这表明在插层聚合过程中，由于聚氨酯分子链的插入，导致蒙脱土片层的层间距加大，使平均层间距形成4.5nm左右的较宽分布，同时也不排除部分蒙脱土片层可能因间距过大而发生剥离。并且，随着蒙脱土含量的增加，4.5nm处的衍射峰越来越明显，这是由于蒙脱土粒子中的重复片层数增加而导致其(001)晶面的衍射峰更为明显。蒙脱土含量为7.79%的PU/蒙脱土纳米复合材料的衍射图谱中，在片层间距约为1.9nm处有一小的衍射峰出现，这个弱衍射峰的出现说明当蒙脱土含量超过7.79%的时候，因为蒙脱土的填充量过大而无法对其全部插层，有一部分未被插层的蒙脱土分散在聚氨酯基体中。

力学性能研究的结果表明，复合材料拉伸强度及伸长率都有很大程度的提高。另外，材料的热稳定性也得到了提高。

王胜杰、漆宗能等，采用十六烷基三甲基溴化铵作为插层剂对钠基蒙脱土进行有机化处理，得到有机蒙脱土后，用溶液法和熔融法来制备硅橡胶/蒙脱土的复合材料，以改善其物理机械性能，制备出了性能优异的硅橡胶/蒙脱土纳米复合材料。

丁腈橡胶作为耐油橡胶得到了广泛的应用，为了进一步提高其性能，Kojima等使用PLS技术改性丁腈橡胶，使用小分子端氨基液体丁腈胶(LR)作为插层剂，对钠蒙脱土(Na-MMT)进行有机化处理，得到了有机蒙脱土(LR-MMT)。

得到丁腈橡胶/蒙脱土纳米复合体系时，硫化时间大为缩短，有利于在生产中提高生产效率，降低生产成本。在相同的填充量下，丁腈橡胶/蒙脱土纳米复合材料与其他复合材料相比模量和定伸应力均有明显的提高。

Liang等用溶液插层和熔融插层技术制备了异丁烯-异戊二烯/硅酸盐纳米复合材料，TEM结果表明形成了剥离和插层结构，复合材料具有很好的力学性能，并且气体阻隔性提高。另外，溶液插层制备的复合材料的性能比熔融插层的要好。Essawy研究了蒙脱土对NBR/SBR共混物的增强和增容作用。蒙脱土的引入使共混物的固化时间大大缩短，TEM结果表明，蒙脱土分布在两相聚合物的界面上，起到增强和增容剂的作用，并且T_g转变温度向高温方向发生了漂移。

8.5　功能复合材料

功能复合材料是指除具有良好的力学性能外，还同时具备某一其他特殊性能的复合材料。它一般是通过力学性能与其他性能进行材料设计与复合，以期产生特殊的功能。如由电性能与力学性能复合产生的导电复合材料，光学性能与力学性能复合形成的光功能复合材料等。尽管功能复合材料的发展历史还不长，但已初步形成了体系，比较有代表性的分类情况为：导电复合材料；磁性复合材料；压电复合材料；摩擦功能复合材料；含能复合材料；隐身复合材料；电磁屏蔽复合材料；抗声纳复合材料；抗X射线辐射复合材料；烧蚀复合材料等。

8.6 生物体复合材料

近年来，高分子材料在生物医学领域的研究和应用的发展非常迅猛，尤其是在人工脏器的研制工作中占有突出地位，已经出现了一门新的分支学科——医用高分子(medical polymers)，即用高分子化学的理论及研究方法和高分子材料，根据医学的需要来研究生物体的结构、生物体器官的功能以及解决人工器官的应用。早在1947年，美国就提到有三种塑料和一种橡胶可作为医疗用途，即用聚甲基丙烯酸甲酯作头盖骨和股关节，聚乙烯作体内埋植，聚酰胺(尼龙)纤维作缝合线，以天然橡胶作为医用插管等。随着医用高分子研究的不断进步，人工脏器制造的逐步完善，越来越多的高分子材料逐渐用于人体器官和人工脏器。有人预测，不久的将来，除了大脑以外，人体的所有脏器都将以高分子材料制成的人工脏器所取代。

生体复合材料作为一个崭新的领域，其理论研究和实际应用都还处在发展初期，目前，生体复合材料主要建立在前面介绍的各种生物用金属、生物陶瓷和医用高分子材料的基础之上。随着科学技术的发展，多种学科的相互渗透，生体复合材料势必朝着既能满足各种生物学和力学性能要求，同时又具备某一生物功能(如人工筋肉和人工心脏的伸缩功能、人工肾脏的选择渗透功能、人工血液的输氧功能等)的方向发展。

8.7 智能复合材料

材料的发展和应用历史可划分为：第一代天然材料(如石材、木材等)；第二代加工材料(金属、陶瓷等)；第三代高分子合成材料；第四代应用复合材料。对于未来的下一代材料，有人预测将会是具有潜在能力的智能材料。所谓智能材料是指材料特性智能化，更具体地讲就是材料特性随时间和场所相应地变化。这里所说的变化不是指材料的长年时效变化、劣化、老化、腐蚀等被动变化。

目前，材料智能化还只是一种梦想性的东西，但今天已经有了关于材料智能化的一些设想。首先是关于智能材料的构成，人们已经达到共识，智能材料必须走多种材料复合、多种学科相结合的道路，传统的单质材料，甚至一般复合材料，单独或少数学科都无法满足材料特性智能化的要求。如能变软变硬的智能材料，利用到汽车车体上，可以在汽车发生碰撞时，材料瞬间由硬变软，同时产生弹性，则可以减少车辆碰撞时造成的损失。同样道理，这种材料还可用来制造道路的护栏、隧道或涵洞的内壁、水坝的闸口等设施。又如可以向外部告知状态的材料，材料是否也能具备这一功能，当它在外力反复作用下产生疲劳，或长时间加载产生蠕变而接近断裂时，材料自身出现颜色变化或以其他方式向外部告诉这种变化情况。即使材料本身做不到这一点，也可以在材料中的重要部位上埋入小的传感器(不能影响材料的强度)。这种材料自身或通过非接触检测仪随时向外界告之材料所处的状态，当材料快要达到疲劳极限或将要发生断裂破坏时，发生变色或向外部发出信息，以便材料得到休息和修理。再如可以产生新陈代谢的材料，对于材料来讲，所谓新陈代谢就是使已经产生疲劳、磨损或龟裂的材料休息一段时间之后(不使用)能够恢复到原来的状态，不断延长材料的使用寿命。

8.8　高分子复合材料的应用

高分子复合材料可以发挥各种材料的优点，克服单一材料的缺陷，扩大材料的应用范围。由于复合材料具有重量轻、强度高、加工成型方便、弹性优良、耐化学腐蚀和耐候性好等特点，已逐步取代木材及金属合金，广泛应用于航空航天、汽车、电子电气、建筑、健身器材等领域，在近几年更是得到了飞速发展。

高分子复合材料的主要应用领域有如下方面。①航空航天领域。由于复合材料热稳定性好，比强度、比刚度高，可用于制造飞机机翼和前机身、卫星天线及其支撑结构、太阳能电池翼和外壳、大型运载火箭的壳体、发动机壳体、航天飞机结构件等。②汽车工业。由于复合材料具有特殊的振动阻尼特性，可减震和降低噪声、抗疲劳性能好，损伤后易修理，便于整体成型，故可用于制造汽车车身、受力构件、传动轴、发动机架及其内部构件。③纺织和机械制造领域。有良好耐蚀性的碳纤维与树脂基体复合而成的材料，可用于制造化工设备、纺织机、造纸机、复印机、高速机床、精密仪器等。④医学领域。碳纤维复合材料具有优异的力学性能和不吸收 X 射线特性，可用于制造医用 X 射线仪和矫形支架等。碳纤维复合材料还具有生物组织相容性和血液相容性，生物环境下稳定性好，也用作生物医学材料。此外，复合材料还用于制造体育运动器件和用作建筑材料等。

从全球范围看，汽车工业是复合材料的最大用户，今后发展潜力仍十分巨大，目前还有许多新技术正在开发。例如，为降低发动机噪声，增加轿车的舒适性，正着力开发两层轧板间黏附热塑性树脂的减震钢板；为满足发动机向高速、增压、高负荷方向发展的要求，发动机活塞、连杆、轴瓦已开始应用金属基复合材料。为满足汽车轻量化要求，必将会有越来越多的新型复合材料将被应用到汽车制造业中。与此同时，随着近年来人们对环保问题的日益重视，高分子复合材料取代木材方面的应用也得到了进一步推广。例如，用植物纤维与废塑料加工而成的复合材料，在北美地区已被大量用作托盘和包装箱，用于替代木制产品；而可降解复合材料也成为国内外开发研究的重点。另外，纳米技术逐渐引起人们的关注，纳米复合材料的研究和开发也成为新的热点，以纳米材料改性塑料，可使塑料的聚集态及结晶形态发生改变，从而使之具有新的性能，在克服传统材料刚性与韧性难以相容的矛盾的同时，可大大提高材料的综合性能。

我国于 1958 年即开始建立复合材料工业，当时也是以军工需要为主，由此推动了玻璃纤维增强聚酯、环氧和酚醛树脂的通用复合材料问世，20 世纪 70 年代又开始发展以碳纤维和芳酰胺纤维为增强体的先进复合材料，用于与“两弹一星”配套。复合材料虽然受到有关国家部门的重视，但发展很不平衡，特别是原材料的配套问题更为突出，加上过去工业基础薄弱，所以迄今的总产量约为 8 万吨，尚低于我国台湾地区的产量，特别是先进复合材料更为逊色。然而在复合材料基础研究方面，无论在宽度和深度上虽不能列为先进，但能与发达国家对话。在国际学术会议上能占靠前的席位，并受到一定的重视。

高分子复合材料的新生长点和有待于深入研究、开拓的问题有：①研究功能、多功能、机敏、智能型复合材料；功能型材料指导电、超导、绝缘、半导电、屏蔽、压电等(电性能)材料；磁性能、光性能、声学功能、热功能、机械、化学功能材料等。多功能材料指吸收电磁波的隐形材料，吸收红外线等材料。机敏型材料可感知外界作用而且作出适当反应的能力，将传感功能材料、执行功能材料与基体结合在一起，并连接外部信息处理系统，将传感器的信号传递到执行材料，并产生动作。智能型材料是功能材料的最好形式，但对材料传感部分、执行部分的灵敏度、精确度、响应速率提出更高的要求。②纳米复合材料，其中有有机－无机纳米复合材料和无机－无机纳米复合材料。③仿生复合材料，天然生物材料基本上是复合材料。天然生物材料结构、排列分布的合理性，对人工复合材料的设计、制造有很好的借鉴作用。

第 9 章　功能高分子材料

9.1　引言

9.1.1　功能高分子材料的基本概念

功能高分子材料领域是近二三十年发展最为迅速，与其他领域交叉最为广泛的一个领域。一般来说，性能是指材料对外部作用的抵抗特性。例如，对外力的抵抗表现为材料的强度、模量等；对热的抵抗表现为耐热性；对光、电、化学药品的抵抗，则表现为材料的耐光性、绝缘性、防腐蚀性等。而功能则是指从外部向材料输入信号时，材料内部发生质和量的变化而产生输出的特性。例如，材料在受到外部光的输入时，材料可以输出电性能，称为材料的光电功能；材料在受到多种介质作用时，能有选择地分离出其中某些介质，称为材料的选择分离性。此外，如压电性、药物缓释放性等，都属于功能的范畴。因此，功能高分子是指当有外部刺激时，能通过化学或物理的方法做出相应的反应高分子材料。高性能高分子则是对外力有特别强的抵抗能力的高分子材料。它们都属于特种高分子材料的范畴。

所谓特种高分子是相对于通用高分子而言的。而通用高分子材料则是应用面广，生产量大，价格较低。根据其性质和用途可分为五个大类：化学纤维、塑料、橡胶、油漆涂料、黏合剂。

特种高分子材料是指带有特殊物理、力学、化学性质和功能的高分子材料，其性能和特征都大大超出了原有通用高分子材料的范畴。从实用的角度看，对功能材料来说，人们着眼于它们所具有的独特的功能；而对高性能材料，人们关心的是它与通用材料在性能上的差异。特种高分子和功能高分子是目前高分子学科中发展最快、研究最活跃的新领域。

智能高分子是指在感受环境条件变化的信息后，能进行判断、处理并作出反应，以改变自身结构与功能的高分子材料，是指与外界环境相协调的具有自适应性的高分子材料。智能高分子材料不是一种材料，而是多种材料组装而成的一个系统。如：用于医用和航空的形态记忆智能材料，带有人工智能调节器的温度记忆性冰箱等。

9.1.2　功能高分子材料的类型与发展

按功能高分子材料的性质、功能或实际用途可划分为 8 种类型。

（1）反应性高分子材料　包括高分子试剂、高分子催化剂和高分子染料，特别是高分子固相合成试剂和固定化酶试剂等。

（2）光敏型高分子　包括各种光稳定剂、光刻胶、感光材料、非线性光学材料、光导材料和光致变色材料等。

（3）电性能高分子材料　包括导电聚合物、能量转换型聚合物、电致发光和电致变色材料以及其他电敏感性材料等。

（4）高分子分离材料　包括各种分离膜、缓释膜和其他半透性膜材料、离子交换树脂、高分子螯合剂、高分子絮凝剂等。

（5）高分子吸附材料　包括高分子吸附性树脂、高吸水性高分子、高吸油性高分子等。

（6）高分子智能材料　包括高分子记忆材料、信息存储材料和光、磁、pH、压力感应材料等。

（7）医药用高分子材料　包括医用高分子材料、药用高分子材料和医药用辅助材料等。

（8）高性能工程材料　如高分子液晶材料、耐高温高分子材料、高强高模量高分子材料、阻燃性高分子材料、功能纤维材料、生物降解高分子等。

虽然特种与功能高分子材料的发展可以追溯到很久以前，如光敏高分子材料和离子交换树脂都有很长的历史。但是作为一门独立的完整的学科，功能高分子是从20世纪80年代中后期开始发展的。最早的功能高分子可追述到1935年离子交换树脂的发明。20世纪50年代，美国人开发了感光高分子用于印刷工业，后来又发展到电子工业和微电子工业。1957年发现了聚乙烯基咔唑的光电导性，打破了多年来认为高分子材料只能是绝缘体的观念。1966年Little提出了超导高分子模型，预计了高分子材料超导和高温超导的可能性，随后在1975年发现了聚氮化硫的超导性。1993年，俄罗斯科学家报道了在经过长期氧化聚丙烯体系中发现了室温超导体，这是迄今为止唯一报道的超导性有机高分子。20世纪80年代，高分子传感器、人工脏器、高分子分离膜等技术得到快速发展。

1991年发现了尼龙11的铁电性，1994年塑料柔性太阳能电池在美国阿尔贡实验室研制成功，1997年发现聚乙炔经过掺杂具有金属导电性，引起了聚苯胺、聚吡咯等一系列导电高分子的问世。这一切都反映了功能高分子日新月异的发展。近年来高分子非线性光学材料也取得了突破性的进展。反应型高分子是在有机合成和生物化学领域的重要成果，已经开发出众多新型高分子试剂和高分子催化剂应用到科研和生产过程中，在提高合成反应的选择性、简化工艺过程以及化工过程的绿色化方面做出了贡献。更重要的是由此发展而来的固相合成方法和固定化酶技术开创了有机合成机械化、自动化、有机反应定向化的新时代，在分子生物学研究方面起到了关键性作用。

特种与功能高分子材料之所以能成为国内外材料学科的重要研究热点之一，最主要的原因在于它们具有独特的“性能”和“功能”，可用于替代其他功能材料，并提高或改进其性能，使其成为具有全新性质的功能材料。

可以预计，在今后很长的历史时期中，特种与功能高分子材料研究将代表了高分子材料发展的主要方向。

9.2　物理功能高分子材料

9.2.1　液晶高分子材料

9.2.1.1　液晶的基本概念与分类

某些物质受热熔融或被溶解后，虽然失去了固态物质的大部分特性，外观呈液态物质的流动性，但仍然保留着晶态物质分子的有序排列，从而在物理性质上表现为各向异性，形成一种兼有晶体和液体部分性质的过渡中间相态，这种中间相态被称为液晶态，处于这种状态下的物质称为液晶(liquid crystals)。其主要特征是其聚集状态在一定程度上既类似于晶体，分子呈有序排列；又类似于液体，有一定的流动性。

液晶现象是 1888 年奥地利植物学家莱尼茨尔(F. Reinitzer)在研究胆甾醇苯甲酯时首先观察到的现象。他发现，当该化合物被加热时，在 145℃和 179℃时有两个敏锐的“熔点”。在 145℃时，晶体转变为混浊的各向异性的液体，继续加热至 179℃时，体系又进一步转变为透明的各向同性的液体。

按照液晶的形成条件不同，可将其主要分为热致性和溶致性两大类。热致性液晶是依靠温度的变化，在某一温度范围形成的液晶态物质。液晶态物质从浑浊的各向异性的液体转变为透明的各向同性的液体的过程是热力学一级转变过程，相应的转变温度称为清亮点，记为 T_{cl}。不同的物质，其清亮点的高低和熔点至清亮点之间的温度范围是不同的。溶致性液晶则是依靠溶剂的溶解分散，在一定浓度范围形成的液晶态物质。

除了这两类液晶物质外，人们还发现了在外力场(压力、流动场、电场、磁场和光场等)作用下形成的液晶。例如聚乙烯在某一压力下可出现液晶态，是一种压致型液晶。聚对苯二甲酰对氨基苯甲酰肼在施加流动场后可呈现液晶态，因此属于流致型液晶。

根据分子排列的形式和有序性的不同，液晶有三种结构类型：近晶型、向列型和胆甾型，如图 9－1 所示。

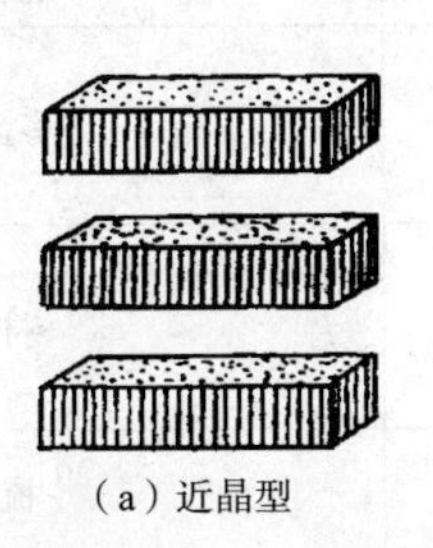
(a) 近晶型

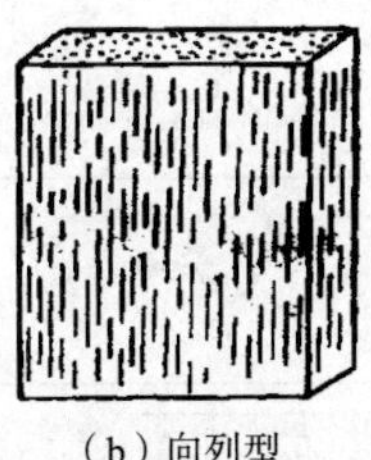
(b) 向列型

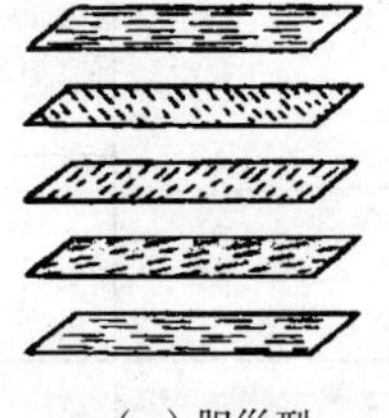
(c) 胆甾型

图 9－1　液晶结构示意图

(1) 近晶型液晶(smectic liquid crystals，S)　是所有液晶中最接近结晶结构的一类，因此得名。在这类液晶中，棒状分子互相平行排列成层状结构。分子的长轴垂直于层状结构平面。层内分子排列具有二维有序性。但这些层状结构并不是严格刚性的，分子可在本层运动，但不能来往于各层之间。因此，层状结构之间可以相互滑移，而垂直于层片方向的流动却很困难，这种结构决定了近晶型液晶的粘度具有各向异性。

(2)向列型液晶(nematic liquid crystals，N)　在向列型液晶中，棒状分子只维持一维有序。它们互相平行排列，但重心排列则是无序的。在外力作用下，棒状分子容易沿流动方向取向，并可在取向方向互相穿越。因此，向列型液晶的宏观粘度一般都比较小，是三种结构类型的液晶中流动性最好的一种。

(3)胆甾型液晶(cholesteric liquid crystals，CH)　在属于胆甾型液晶的物质中，有许多是胆甾醇的衍生物，因此得名。但实际上，许多胆甾型液晶的分子结构与胆甾醇结构毫无关系。但它们都有导致相同光学性能和其他特性的共同结构。在这类液晶中，分子是长而扁平的。它们依靠端基的作用，平行排列成层状结构，长轴与层片平面平行。层内分子排列与向列型类似，而相邻两层间，分子长轴的取向依次规则地扭转一定的角度，层层累加而形成螺旋结构。胆甾型液晶通常具有彩虹般的漂亮颜色，并有极高的旋光能力。

某些液晶分子可连接成大分子，或者可通过官能团的化学反应连接到高分子骨架上。这些高分子化的液晶在一定条件下仍可能保持液晶的特征，就形成高分子液晶。

高分子液晶的结构比较复杂，因此分类方法很多，常见的可归纳如下：

按液晶的形成条件，与小分子液晶一样，可分为溶致性液晶、热致性液晶、压致型液晶、流致型液晶等等。

按致晶单元与高分子的连接方式，可分为主链型液晶和侧链型液晶。主链型液晶和侧链型液晶中根据致晶单元的连接方式不同又有许多种类型。主链型液晶大多数为高强度、高模量的材料，侧链型液晶则大多数为功能性材料。表9-1列举了其中的一些类型。

表9-1　致晶单元与高分子链的连接方式

液晶类型	结构形式	名称
主链型		纵向性
	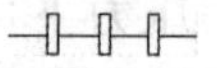	垂直型
	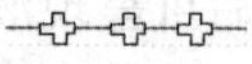	星型
	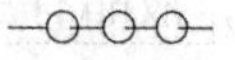	盘型
	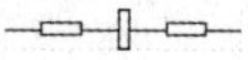	混合型
支链型	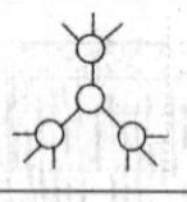	多盘型
	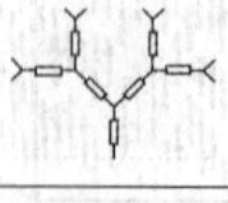	树枝型
侧链型	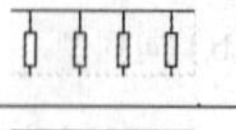	梳型
	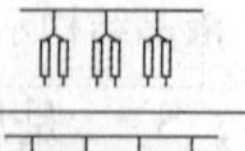	多重梳型
	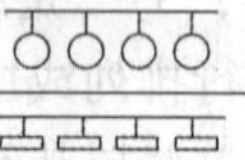	盘梳型
	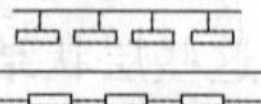	腰接型
	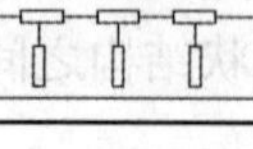	结合型

按形成高分子液晶的单体结构，可分为两亲型和非两亲型两类。两亲型单体是指兼具亲水和亲油(亲有机溶剂)作用的分子。非两亲型单体则是一些几何形状不对称的刚性或半刚性的棒状或盘状分子。实际上，由两亲型单体聚合而得的高分子液晶数量极少，绝大多数是由非两亲型单体聚合得到的，其中以盘状分子聚合的高分子液晶也极为少见。两亲型高分子液晶是溶致性液晶，非两亲型液晶大部分是热致性液晶。

9.2.1.2 高分子液晶的分子结构特征及性能影响因素

(1)高分子液晶的化学结构　液晶是某些物质在从固态向液态转换时形成的一种具有特殊性质的中间相态或过渡相态。显然过渡态的形成与分子结构有着内在联系。液晶态的形成是物质的外在表现形式，而这种物质的分子结构则是液晶形成的内在因素。毫无疑问，分子结构在液晶的形成过程中起着主要作用，同时液晶的分子结构也决定着液晶的相结构和物理化学性质。

研究表明，能够形成液晶的物质通常在分子结构中具有刚性部分，称为致晶单元。从外形上看，致晶单元通常呈现近似棒状或片状的形态，这样有利于分子的有序堆砌。这是液晶分子在液态下维持某种有序排列所必须的结构因素。在高分子液晶中这些致晶单元被柔性链以各种方式连接在一起。

(2)影响高分子液晶形态和性能的因素　影响高分子液晶形态与性能的因素包括外在因素和内在因素两部分。内在因素为分子结构、分子组成和分子间力。外部因素则主要包括环境温度、溶剂等。高分子液晶分子中必须含有刚性的致晶单元。刚性结构不仅有利于在固相中形成结晶，而且在转变成液相时也有利于保持晶体的有序度。分子中刚性部分的规整性越好，越容易使其排列整齐，使得分子间力增大，也更容易生成稳定的液晶相。

在热致性高分子液晶中，对相态和性能影响最大的因素是分子构型和分子间力。分子间力大和分子规整度高虽然有利于液晶形成，但是相转变温度也会因为分子间力的提高而提高，使液晶形成温度提高，不利于液晶的加工和使用。

溶致性高分子液晶由于是在溶液中形成的，因此不存在上述问题。致晶单元形状与液晶形态的形成有密切关系。致晶单元呈棒状的，有利于生成向列型或近晶型液晶；致晶单元呈片状或盘状的，易形成胆甾醇型或盘型液晶。另外，高分子骨架的结构、致晶单元与高分子骨架之间柔性链的长度和体积对致晶单元的旋转和平移会产生影响，因此也会对液晶的形成和晶相结构产生作用。在高分子链上或者致晶单元上带有不同结构和性质的基团，都会对高分子液晶的偶极矩、电、光、磁等性质产生影响。

刚性连接单元的结构对高分子液晶的热稳定性也起着重要的作用。降低刚性连接单元的刚性，在高分子链段中引入饱和碳氢链使得分子易于弯曲可得到低温液晶态。在苯环共轭体系中，增加芳环的数目可以增加液晶的热稳定性。用多环或稠环结构取代苯环也可以增加液晶的热稳定性。高分子链的形状、刚性大小都对液晶的热稳定性起到重要作用。

除了内部因素外，液晶相的形成有赖于外部条件的作用。外在因素主要包括环境温度和溶剂等。

对热致性高分子液晶来说，最重要的影响因素是温度。足够高的温度能够给高分子提供足够的热动能，是使相转变过程发生的必要条件。因此，控制温度是形成高分子液晶和确定晶相结构的主要手段。除此之外，施加一定电场或磁场力有时对液晶的形成也是必要的。对于溶致性液晶，溶剂与高分子液晶分子之间的作用起到了非常重要的作用。溶剂的结构和极性决定了与液晶分子间的亲和力的大小，进而影响液晶分子在溶液中的构象，能直接影响液晶的形态和稳定性。控制高分子液晶溶液的浓度是控制溶液型高分子液晶相结构的主要手段。

9.2.1.3 高分子液晶的合成

主链型溶致性高分子液晶的结构特征是致晶单元位于高分子骨架的主链上。主链型溶致性高分子液晶分子一般并不具有两亲结构，在溶液中也不形成胶束结构。这类液晶在溶液中形成液晶态是由于刚性高分子主链相互作用，进行紧密有序堆积的结果。主链型溶致性高分子液晶主要应用在高强度、高模量纤维和薄膜的制备方面。

形成溶致性高分子液晶的分子结构必须符合两个条件：①分子应具有足够的刚性；②分子必须有相当的溶解性。然而，这两个条件往往是对立的。刚性越好的分子，溶解性往往越差。这是溶致性高分子液晶研究和开发的困难所在。

目前，这类高分子液晶主要有芳香族聚酰胺、聚酰胺酰肼、纤维素类等品种。

(1)芳香族聚酰胺　这类高分子液晶是最早开发成功并付诸于应用的一类高分子液晶材料，有较多品种，其中最重要的是聚对苯酰胺(PBA)和聚对苯二甲酰对苯二胺(PPTA)。

PBA 的合成有两条路线：

一条是从对氨基苯甲酸出发，经过酰氯化和成盐反应，然后缩聚形成 PBA，聚合以甲酰胺为溶剂，用这种方法制得的 PBA 溶液可直接用于纺丝。

$$H_2N-C_6H_4-COOH \xrightarrow{2SOCl_2} O_2SN-C_6H_4-COCl+SO_2+3HCl$$

$$O_2SN-C_6H_4-COCl \xrightarrow{3HCl} HCl\cdot H_2N-C_6H_4-COCl+SO_2Cl_2$$

$$nHCl\cdot H_2N-C_6H_4-COCl \xrightarrow{HCONH_2} \left[NH-C_6H_4-CO \right]_n + (2n-1)\,HCl$$

另一条路线是对氨基苯甲酸在磷酸三苯酯和吡啶催化下的直接缩聚。

$$nH_2N-C_6H_4-COOH \xrightarrow[DMA，LiCl]{P(OC_6H_5)_3，C_6H_5N} \left[NH-C_6H_4-CO \right]_n + (n-1)\,H_2O$$

其中，二甲基乙酰胺(DMA)为溶剂，LiCl 为增溶剂。这条路线合成的产品不能直接用于纺丝，必须经过沉淀、分离、洗涤、干燥后，再用甲酰胺配成纺丝液。

PBA 属于向列型液晶。用它纺成的纤维称为 B 纤维，具有很高的强度，可用作轮胎帘子线等。

PPTA 是以六甲基磷酰胺(HTP)和 N－甲基吡咯烷酮(NMP)混合液为溶剂，对苯二甲酰氯和对苯二胺为单体进行低温溶液缩聚而成的。

$$ClOC-C_6H_4-COCl+H_2N-C_6H_4-NH_2$$

$$\xrightarrow{HTP，NMP} \left[\overset{O}{\overset{\|}{C}}-C_6H_4-\overset{O}{\overset{\|}{C}}-\overset{H}{\overset{|}{N}}-C_6H_4-\overset{H}{\overset{|}{N}} \right]_n + (2n-1)HCl$$

PPTA 具有刚性很强的直链结构，分子间又有很强的氢健，因此只能溶于浓硫酸中。用它纺成的纤维称为 Kevlar 纤维，比强度优于玻璃纤维。在我国，PBA 纤维和 PPTA 纤维分别称为芳纶 14 和芳纶 1414。

(2)芳香族聚酰胺酰肼　芳香族聚酰胺酰肼是由美国孟山(Monsanto)公司于 20 世纪 70 年代初开发成功的。典型代表如 PABH(对氨基苯甲酰肼与对苯二甲酰氯的缩聚物)，可用于制备高强度高模量的纤维。

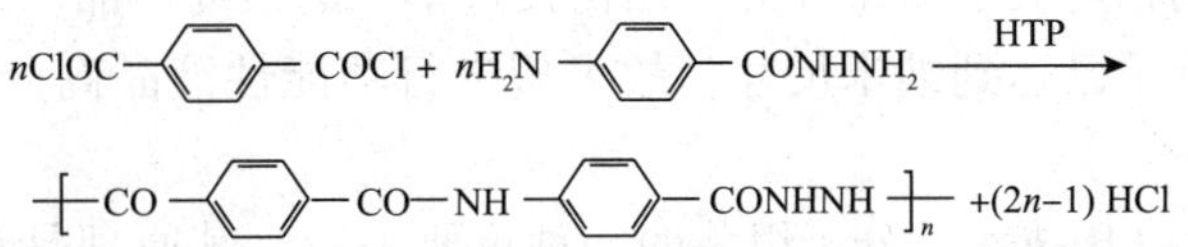

$$n\mathrm{ClOC}-\mathrm{C_6H_4}-\mathrm{COCl}+n\mathrm{H_2N}-\mathrm{C_6H_4}-\mathrm{CONHNH_2}\xrightarrow{\mathrm{HTP}}$$

$$\left[\mathrm{CO}-\mathrm{C_6H_4}-\mathrm{CO-NH}-\mathrm{C_6H_4}-\mathrm{CONHNH}\right]_n+(2n-1)\,\mathrm{HCl}$$

PABH 的分子链中的 N—N 键易于内旋转，因此，分子链的柔性大于 PPTA。它在溶液中并不呈现液晶性，但在高剪切速率下(如高速纺丝)则转变为液晶态，因此应属于流致性高分子液晶。

(3)纤维素液晶　纤维素液晶均属胆甾型液晶。当纤维素中葡萄糖单元上的羟基被羟丙基取代后，呈现出很大的刚性。羟丙基纤维素溶液当达到一定浓度时，就显示出液晶性。

羟丙基纤维素是用环氧丙烷以碱作催化剂对纤维素醚化而成。其结构如图 9-2 所示。纤维素液晶至今尚未达到实用的阶段。然而，由于胆甾型液晶形成的薄膜具有优异的力学性能、很强的旋光性和温度敏感性，可望用于制备精密温度计和显示材料。因此，这类液晶深受人们重视。

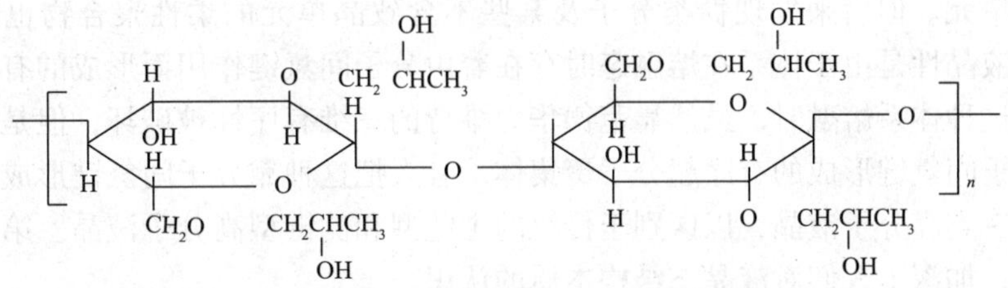

图 9-2　羟丙基纤维素的结构示意图

9.2.1.4　高分子液晶的发展和应用

(1)铁电性高分子液晶　1975 年，Meyer 等人从理论和实践上证明了手性近晶型液晶(SC^* 型)具有铁电性。这一发现的现实意义是将高分子液晶的响应速度一下子由毫秒级提高到微秒级，基本上解决了高分子液晶作为图像显示材料的显示速度问题。液晶显示材料的发展有了一个突破性的进展。

所谓铁电性高分子液晶，实际上是在普通高分子液晶分子中引入一个具有不对称碳原子的基团从而保证其具有扭曲 C 型近晶型液晶的性质。常用的含有不对称碳原子的原料是手性异戊醇。已经合成出席夫碱型、偶氮苯及氧化偶氮苯型、酯型、联苯型、杂环型及环己烷型等各类铁电性高分子液晶。

1984 年，Shibaev 等人首先报道了铁电性高分子液晶的研制成功。目前已经开发成功侧链型、主链型及主侧链混合型等多种类型的铁电性高分子液晶。但一般主要是指侧链型。

(2)树枝状高分子液晶　具有无链缠结、低黏度、高反应活性、高混合性、高溶解性、含有大量的末端基和较大的比表面的特点，据此可开发很多功能性新产品。与其他高支化聚合物相比，树枝状高分子的特点是从分子结构到宏观材料，其化学组成、分子尺寸、拓扑形状、相对分子质量及分布、生长代数、柔顺性及表面化学性能等均可进行分子水平的设计和控制，可得到相对分子质量和分子结构接近单一的最终产品。

目前树枝状高分子已达到纳米尺寸，故可望进行功能性液晶高分子材料的“纳米级构筑”和“分子工程”。

(3)液晶 LB 膜　LB 技术是分子组装的一种重要手段。其原理是利用两亲性分子的亲水基团和疏水基团在水亚相上的亲水能力不同，在一定表面压力下，两亲性分子可以在水亚相上规整排列。利用不同的转移方式，将水亚相上的膜转移到固相基质上所制得的单层或多层 LB 膜在非线性光学、集成光学以及电子学等领域均有重要的应用前景。将 LB 技术引入到高分子液晶体系，得到的高分子液晶 LB 膜具有不同于普通 LB 膜和普通液晶的特殊性能。

高分子液晶 LB 膜的另一特性是它的取向记忆功能。对上述高分子液晶 LB 膜的小角 X 衍射研究表明，熔融冷却后的 LB 膜仍然能呈现出熔融前分子规整排布的特征，表明经过 LB 技术处理的高分子液晶对于分子间的相互作用有记忆功能。因此高分子液晶 LB 膜由于其超薄性和功能性，使其在波导领域有应用的可能。

(4)分子间氢键作用液晶　传统的观点认为，高分子液晶中都必须含有几何形状各向异性的致晶单元。但后来发现糖类分子及某些不含致晶单元的柔性聚合物也可形成液晶态，它们的液晶性是由于体系在熔融态时存在着由分子间氢键作用而形成的有序分子聚集体所致。在这种体系熔融时，虽然靠范德华力维持的三维有序性被破坏，但是体系中仍然存在着由分子间氢键形成的有序超分子聚集体。有人把这种靠分子间氢键形成液晶相的聚合物称为第三类高分子液晶，以区别于传统的主链型和侧链型高分子液晶。第三类高分子液晶的发现，加深了人们对液晶态结构本质的认识。

(5)交联型高分子液晶　包括热固型高分子液晶和高分子液晶弹性体二种，区别是前者深度交联，后者轻度交联，二者都有液晶性和有序性。

热固型高分子液晶的代表为液晶环氧树脂，它与普通环氧树脂相比，其耐热性、耐水性和抗冲击性都大为改善，在取向方向上线膨胀系数小，介电强度高，介电消耗小，因此，可用于高性能复合材料和电子封装件。

高分子液晶弹性体兼有弹性、有序性和流动性，是一种新型的超分子体系。它可通过官能团间的化学反应或利用 γ 射线辐照和光辐照的方法来制备。具有 SC^* 型结构的液晶弹性体因具有铁电性，压电性和取向稳定性可能在光学开关和波导等领域有诱人应用前景。

此外，将具有非线性光学特性的生色基团引入高分子液晶弹性体中，利用高分子液晶弹性体在应力场、电场、磁场等作用下的取向特性，有望制得具有非中心对称结构的取向液晶弹性体，在非线性光学领域有重要的应用。人工合成的高分子液晶问世至今仅 70 年左右，因此是一类非常“年轻”的材料，应用尚处在不断开发之中。

9.2.2　导电高分子材料

9.2.2.1　导电高分子的基本概念

物质按电学性能分类可分为绝缘体、半导体、导体和超导体四类。高分子材料通常属于绝缘体的范畴。但1977年美国科学家黑格(A. J. Heeger)、麦克迪尔米德(A. G. MacDiarmid)和日本科学家白川英树(H. Shirakawa)发现掺杂聚乙炔具有金属导电特性以来，有机高分子不能作为导电材料的概念被彻底改变。

导电性聚乙炔的出现不仅打破了高分子仅为绝缘体的传统观念，而且为低维固体电子学和分子电子学的建立打下基础，而具有重要的科学意义。上述三位科学家因此分享2000年诺贝尔化学奖。

所谓的导电高分子是既具有聚合物的特征，又具有导体的性质的一类高分子材料。通常导电高分子的结构特征是由高分子链结构和与链非键合的一价阴离子或阳离子共同组成。即在导电高分子结构中，除了具有高分子链外，还含有由“掺杂”而引入的一价对阴离子(p型掺杂)或对阳离子(n型掺杂)。

导电高分子具有的特殊的结构和优异的物理化学性能使它在能源、光电子器件、信息、传感器、分子导线和分子器件、电磁屏蔽、金属防腐和隐身技术方面有着广泛、诱人的应用前景。

导电高分子自发现之日起就成为材料科学的研究热点。经过近30年的研究，导电高分子在分子设计和材料合成、掺杂方法和掺杂机理、导电机理、加工性能、物理性能以及应用技术探索方面都已取得重要的研究进展，并且正在向实用化方向迈进。本章主要介绍导电高分子的结构特征和基本的物理、化学特性，并评述导电高分子的重要的研究进展。

9.2.2.2　材料导电性的表征

材料的导电性是由于物质内部存在的带电粒子的移动引起的。因此，这些材料内部可自由移动的带电粒子可以是正、负离子，也可以是电子或空穴，统称为载流子。载流子在外加电场作用下沿电场方向运动，就形成电流。可见，材料导电性的好坏，与物质所含的载流子数目及其运动速度有关。

材料的导电率是一个跨度很大的指标。从最好的绝缘体到导电性非常好的超导体，导电率可相差40个数量级以上。根据材料的导电率大小，通常可分为绝缘体，半导体、导体和超导体四大类。这是一种很粗略的划分，并无十分确定的界线。在本章的讨论中，将不区分高分子半导体和高分子导体，统一称作导电高分子。表9-2列出了这四大类材料的电导率及其典型代表。

表9-2　材料导电率范围

材料	电导率/($\Omega^{-1}\cdot cm^{-1}$)	典型代表
绝缘体	$<10^{-10}$	石英、聚乙烯、聚苯乙烯、聚四氟乙烯
半导体	$10^{-10}\sim10^{2}$	硅、锗、聚乙炔
导体	$10^{2}\sim10^{8}$	汞、银、铜、石墨
超导体	$>10^{8}$	铌(9.2K)、铌铝锗合金(23.3K)、聚氮硫(0.26K)

9.2.2.3　导电高分子的类型

按照材料的结构与组成，可将导电高分子分成两大类。一类是结构型(本征型)导电高分子，另一类是复合型导电高分子。

(1)结构型导电高分子　本身具有“固有”的导电性，由聚合物结构提供导电载流子(包括电子、离子或空穴)。这类聚合物经掺杂后，电导率可大幅度提高，其中有些甚至可达到金属的导电水平。

迄今为止，国内外对结构型导电高分子研究较为深入的品种有聚乙炔、聚对苯硫醚、聚对苯撑、聚苯胺、聚吡咯、聚噻吩以及 TCNQ 传荷络合聚合物等。其中以掺杂型聚乙炔具有最高的导电性，其电导率可达 $5\times10^{3}\sim10^{4}\Omega^{-1}\cdot cm^{-1}$(金属铜的电导率为 $10^{5}\Omega^{-1}\cdot cm^{-1}$)。

目前，对结构型导电高分子的导电机理、聚合物结构与导电性关系的理论研究十分活跃。但总的来说，结构型导电高分子的实际应用尚不普遍，关键的技术问题在于大多数结构型导电高分子在空气中不稳定，导电性随时间明显衰减。此外，导电高分子的加工性往往不够好，也限制了它们的应用。科学家们正企图通过改进掺杂剂品种和掺杂技术，采用共聚或共混的方法，克服导电高分子的不稳定性，改善其加工性。

根据导电载流子的不同，结构型导电高分子有两种导电形式：电子导电和离子传导。对不同的高分子，导电形式可能有所不同，但在许多情况下，高分子的导电是由这两种导电形式共同引起的。如测得尼龙－66 在 120℃以上的导电就是电子导电和离子导电的共同结果。一般认为，四类聚合物具有导电性：高分子电解质、共轭体系聚合物、电荷转移络合物和金属有机螯合物。其中除高分子电解质是以离子传导为主外，其余三类聚合物都是以电子传导为主的。

(2)复合型导电高分子　是以普通的绝缘聚合物为主要基质(成型物质)，并在其中掺入较大量的导电填料配制而成的。因此，无论在外观形式和制备方法方面，还是在导电机理方面，都与掺杂型结构导电高分子完全不同。

目前用作复合型导电高分子基料的主要有聚乙烯、聚丙烯、聚氯乙烯、聚苯乙烯、ABS、环氧树脂、丙烯酸酯树脂、酚醛树脂、不饱和聚酯、聚氨酯、聚酰亚胺、有机硅树脂等。此外，丁基橡胶、丁苯橡胶、丁腈橡胶和天然橡胶也常用作导电橡胶的基质。

导电高分子中高分子基料的作用是将导电颗粒牢固地粘结在一起，使导电高分子具有稳定的导电性，同时它还赋于材料加工性。高分子材料的性能对导电高分子的机械强度、耐热性、耐老化性都有十分重要的影响。

导电填料在复合型导电高分子中起提供载流子的作用，因此，它的形态、性质和用量直接决定材料的导电性。常用的导电填料有金粉、银粉、铜粉、镍粉、钯粉、钼粉、铝粉、钴粉、镀银二氧化硅粉、镀银玻璃微珠、炭黑、石墨、碳化钨、碳化镍等。根据使用要求和目的不同，导电填料还可制成箔片状、纤维状和多孔状等多种形式。

高分子材料一般为有机材料，而导电填料则通常为无机材料或金属。两者性质相差较大，复合时不容易紧密结合和均匀分散，影响材料的导电性，故通常还需对填料颗粒进行表面处理。如采用表面活性剂、偶联剂、氧化还原剂对填料颗粒进行处理后，分散性可大大增加。

复合型导电高分子的制备工艺简单，成型加工方便，且具有较好的导电性能。在目前结构型导电高分子中研究尚未达到实际应用水平时，复合型导电高分子不失为一类较为经济实用的材料，目前已得到广泛的应用。如酚醛树脂－炭黑导电塑料，在电子工业中用作有机实芯电位器的导电轨和碳刷；环氧树脂－银粉导电黏合剂，可用于集成电路、电子元件，PTC陶瓷发热元件等电子元件的粘结；用涤纶树脂与炭黑混合后纺丝得到的导电纤维，可用作工业防静电滤布和防电磁波服装。此外，导电涂料、导电橡胶、导电黏合剂、电磁波屏蔽材料和抗静电材料，在许多领域发挥着重要的作用。

导电高分子内部的结构有如下三种情况：

①一部分导电颗粒完全连续的相互接触形成电流通路，相当于电流流过一只电阻。

②一部分导电颗粒不完全连续接触，其中不相互接触的导电颗粒之间由于隧道效应而形成电流通路，相当于一个电阻与一个电容并联后再与电阻串联的情况。

③一部分导电粒子完全不连续，导电颗粒间的聚合物隔离层较厚，是导电的绝缘层，相当于电容器的效应。图9－3直观地反应了导电高分子的这种内部结构情况。

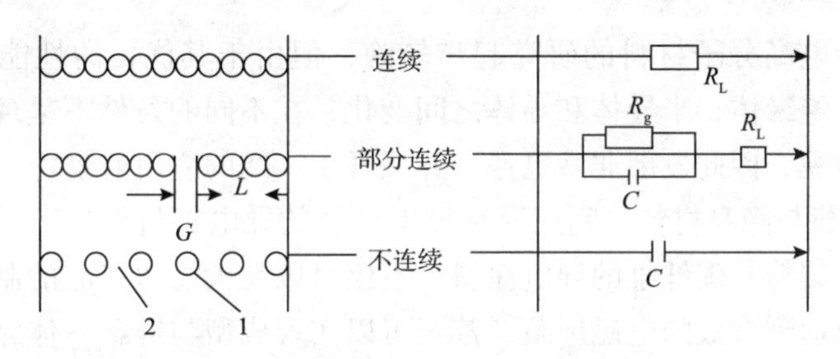

图9－3　复合型导电高分子的导电模型

1—导电颗粒；2—导电颗粒间隔离层

在实际应用中，为了使导电填料用量接近理论值，必须使导电颗粒充分分散。若导电颗粒分散不均匀，或在加工中发生颗粒凝聚，则即使达到临界值(渗滤阈值)，无限网链也不会形成。这说明导电填料颗粒并不需要完全接触就能形成导电通道。

(3)超导体高分子　超导体是导体在一定条件下，处于无电阻状态的一种形式。超导体的临界磁场－温度曲线如图9－4所示。超导现象早在1911年就被发现。由于超导态时没有电阻，电流流经导体时不发生热能损耗，因此在电力远距离输送、制造超导磁体等高精尖技术应用方面有重要的意义。

目前，已经发现的许多具有超导性的金属和合金，都只有在超低温度下或超高压力下才能转变为超导体。显然这种材料作为电力、电器工业材料来应用，在技术上、经济上都是不利的，因此，研制具有较高临界超导温度的超导体是人们关切的研究课题。

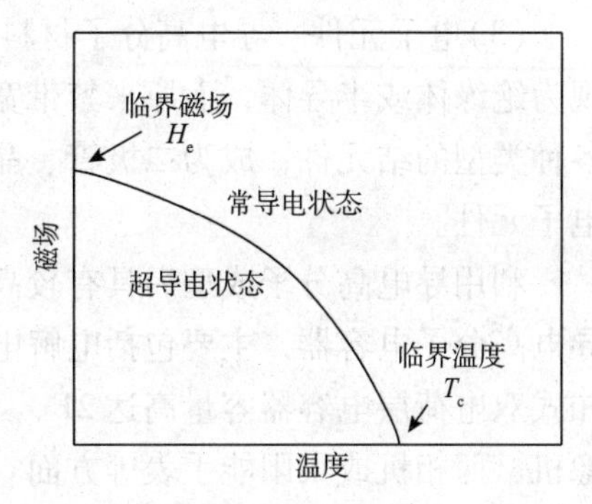

图9－4　超导体的临界磁场－温度曲线

超导金属中，超导临界温度最高的是铌(Nb)，T_c =9.2K。超导合金中则以铌铝锗合金(Nb/Al/Ge)具有最高的超导临界温度，T_c =23.2K。在高分子材料中，已发现聚氮硫在0.2K时具有超导性。尽管它是无机高分子，T_c 也比金属和合金低，但由于聚合物的分子结构的可变性十分广泛，因此，专家们预言，制造出超导临界温度较高的高分子超导体是大有希望的。研究的目标是超导临界温度达到液氮温度(77K)以上，甚至是常温超导材料。

从现象上看，超导态有以下四个特征：

①电阻值为零；

②超导体内部磁场为零；

③超导现象只有在临界温度以下才会出现；

④超导现象存在临界磁场，磁场强度超越临界值，则超导现象消失。

超导现象和超导体的发现，引起了科学界的极大兴趣。显然，超导现象对于电力工业的经济意义是不可估量的。这意味着大量消耗在电阻上的电能将被节约下来。事实上，超导现象的实用价值远不止电力工业。由于超导体的应用，高能物理、计算机通信、核科学等领域都将发生巨大的变化。

9.2.2.4 导电高分子的应用

尽管人们对导电高分子材料的研究起步较晚，但由于其优良的性能和潜在的发展空间，特别是可以在绝缘体、半导体和导体之间变化，在不同的条件下呈现各异的性能，倍受各国科学家的重视，因此发展非常迅速，并展现出广阔的应用前景。

(1)电磁波屏蔽与隐身材料　利用混有导电填料的导电塑料作外壳，或在塑料外壳上涂一层金属或含有碳粉、碳纤维的导电涂料，不仅可以大大简化产品的制备工艺，降低生产成本，同样可以达到有效的电磁屏蔽，甚至可以实现成型与屏蔽一体完成；利用导电高分子在掺杂前后导电能力的巨大变化实现防护层从反射电磁波到透过电磁波的切换，使被保护装置既能摆脱敌对方的侦察，又不妨碍自身雷达的工作，使隐身成为可逆过程；利用导电聚合物由绝缘体变为半导体再变为导体的形态变化，可以使巡航导弹在飞行过程中隐形，在接近目标后绝缘起爆，这些应用在军事上有极其重要的意义。

(2)抗静电材料　利用导电高分子的半导体性质，与高分子母体结合制成表面吸附或填充型等形式的抗静电材料，应用于各领域，如集成电路、印刷电路板及电子元件的包装材料；通信设备、仪器仪表及计算机的外壳、工厂、计算机室、医院手术室、制药厂、火药厂及其他净化室的防护服装、地板、操作台垫及壁材和抗静电的摄影胶片等。还可广泛地用作高压电缆的半导电屏蔽层、结构泡沫材料、化工仪器等。

(3)电子元件　导电高分子材料在掺杂状态具有半导体或金属的电导性，在掺杂时表现为绝缘体或半导体，而原来禁带宽度较大的仍为绝缘体，所以可以利用这些性质来制作各种类型的结元件，成为二极管、晶体管及场效应晶体管等具有非线性电流－电压特性的电子元件。

利用导电高分子成型后具有较高电导率的特点，已经成功研制并生产出商业化产品的导电高分子电容器，主要包括电解电容器和双电荷层电容器。日本用聚苯导电材料制成的扣式双电荷层电容器容量高达2F、工作电压5SV。已经被广泛应用于计算机、电视器、录像机、照相机或太阳能手表等方面。

(4)微波吸收材料与自控温发热材料　导电高分子作为微波吸收材料，其薄膜重量轻、柔性好，可作任何设备(包括飞机)的蒙皮。由于可以对导电高分子的厚度、密度和导电性进行调整，从而可以调整微波反射系数、吸收系数。

材料的电阻值随温度升高而急剧增大的现象称为 PTC 特性。一些具有这种特性的导电高分子材料，被用于制作温度补偿和测量，过热以及过电流保护元件等，在民用方面如电视机屏幕的消磁系统、电热地毯及座垫等也得到越来越多的开发和应用。

(5)二次电池及传感器　二次电池是利用伴随着电化学掺杂、去掺杂而产生化学势的变化而工作。导电高分子特别是聚苯胺，由于具有可逆的电化学氧化还原性能而适宜作电极材料，将一对导电高分子极插入电解液制成可反复充电的二次电池。

导电高分子随着微量掺杂而发生各种性质的变化，可用在制作有效掺杂物质的传感器方面。如制作气体传感器、检测 pH 值的传感器、温度传感器等。如只有在加压时才出现导电性的加压性导电橡胶，可用作压敏传感器，被广泛应用于防爆开关、音量可变元件、高级自动把柄、医用电极、加热元件等方面。

(6)金属防腐与防污　导电高分子聚苯胺和聚吡咯等在钢铁或铝表面可形成致密而均匀的薄膜，通过电化学防腐与隔离环境中的氧和水分的化学防腐共同作用，可有效地防止各种合金钢和合金铝的腐蚀，用于火箭、船舶、石油管道、污水管道中。

导电高分子材料还可以制成其他与我们日常生活密切相关的实用化产品，如可根据外界条件变化调节居室环境的智能窗户、发光交通标志和太阳能电池，使人们生活的环境更加舒适。

9.2.3　感光高分子材料

9.2.3.1　概述

感光性高分子是指在吸收了光能后，能在分子内或分子间产生化学、物理变化的一类功能高分子材料。而且这种变化发生后，材料将输出其特有的功能。从广义上讲，按其输出功能，感光性高分子包括光导电材料、光电转换材料、光能储存材料、光记录材料、光致变色材料和光致抗蚀材料等。

其中开发比较成熟并有实用价值的感光性高分子材料主要是指光致抗蚀材料和光致诱蚀材料，产品包括光刻胶、光固化粘合剂、感光油墨、感光涂料等。

本章中主要光致抗蚀材料和光致诱蚀材料。感电子束和感 X 射线高分子在本质上与感光高分子相似，故略作介绍。光导电材料和光电转换材料归属于导电高分子一类，本章不作介绍。

所谓光致抗蚀，是指高分子材料经过光照后，分子结构从线型可溶性转变为网状不可溶性，从而产生了对溶剂的抗蚀能力。而光致诱蚀正相反，当高分子材料受光照辐射后，感光部分发生光分解反应，从而变为可溶性。如目前广泛使用的预涂感光板，就是将感光材料树脂预先涂敷在亲水性的基材上制成的。晒印时，树脂若发生光交联反应，则溶剂显像时未曝光的树脂被溶解，感光部分树脂保留了下来。反之，晒印时若发生光分解反应，则曝光部分的树脂分解成可溶解性物质而溶解。

作为感光性高分子材料，应具有一些基本的性能，如对光的敏感性、成像性、显影性、膜的物理化学性能等。但对不同的用途，要求并不相同。如作为电子材料及印刷制版材料，对感光高分子的成像特性要求特别严格；而对黏合剂、油墨和涂料来说，感光固化速度和涂膜性能等则显得更为重要。

光刻胶，又称光致抗蚀剂，有感光树脂、增感剂、溶剂三种成分组成的对光敏感度混合液体。经光照后固化使材料物理性能特别是亲和性、溶解性变化明显，经适当溶剂处理，溶去可溶部分，即得所需图像。光刻胶是微电子技术中细微图形加工的关键材料之一。特别是近年来大规模和超大规模集成电路的发展，更是大大促进了光刻胶的研究和应用。

感光性黏合剂、油墨、涂料是近年来发展较快的精细化工产品。与普通黏合剂、油墨和涂料等相比，前者具有固化速度快、涂膜强度高、不易剥落、印迹清晰等特点，适合于大规模快速生产。尤其对用其他方法难以操作的场合，感光性黏合剂、油墨和涂料更有其独特的优点。例如牙齿修补黏合剂，用光固化方法操作，既安全又卫生，而且快速便捷，深受患者与医务工作者欢迎。

9.2.3.2 感光性高分子材料

感光性高分子材料经过50余年的发展，品种日益增多，需要有一套科学的分类方法，因此提出了不少分类的方案。但至今为止，尚无一种公认的分类方法。下面是一些常用的分类方法。

(1)根据光反应的类型分类　光交联型，光聚合型，光氧化还原型，光二聚型，光分解型等。

(2)根据感光基团的种类分类　重氮型，叠氮型，肉桂酰型，丙烯酸酯型等。

(3)根据物理变化分类　光致不溶型，光致溶化型，光降解型，光导电型，光致变色型等。

(4)根据骨架聚合物种类分类　PVA系，聚酯系，尼龙系，丙烯酸酯系，环氧系，氨基甲酸酯(聚氨酯)系等。

(5)根据聚合物的形态和组成分类　感光性化合物(增感剂)与高分子型，带感光基团的聚合物型，光聚合型等。

以下是重要的感光性高分子材料。

(1)高分子化合物与增感剂　这类感光性高分子是由高分子化合物与增感剂混合而成。它们的组分除了高分子化合物和增感剂外，还包括溶剂和添加剂(如增塑剂和颜料等)。增感剂可分为两大类：无机增感剂和有机增感剂。代表性的无机增感剂是重铬酸盐类；有机增感剂则主要有芳香族重氮化合物，芳香族叠氮化合物和有机卤化物等。

(2)具有感光基团的高分子　从严格意义上讲，上述的感光材料并不是真正的感光性高分子。因为在这些材料中，高分子本身不具备光学活性，而是由小分子的感光化合物在光照下形成活性种，引起高分子化合物的交联。而此处的感光基团高分子是感光基团直接连接在高分子主链上，在光作用下激发成活性基团，从而进一步形成交联结构的聚合物。

在有机化学中，许多基团具有光学活性，其中以肉桂酰基最为著名。此外，重氮基、叠氮基都可引入高分子形成感光性高分子。一些有代表性的感光基团列于表9-3中。

表 9-3　重要的感光基团

基团名称	结构式	吸收波长/nm
烯基	$>C=C<$	<200
肉桂酰基	$-O-\underset{\underset{O}{\Vert}}{C}-CH=CH-C_6H_5$	300
肉桂叉乙酰基	$-O-\underset{\underset{O}{\Vert}}{C}-CH=CH-CH=CH-C_6H_5$	300～400
苄叉苯乙酮基	$-C_6H_4-CH=CH-\overset{\overset{O}{\Vert}}{C}-C_6H_5$ 或 $-C_6H_4-\overset{\overset{O}{\Vert}}{C}-CH=CH-C_6H_5$	250～400
苯乙烯基吡啶基	$\overset{+}{N}C_5H_4-CH=CH-C_6H_5$	视 R 而定
α-苯基马来酰亚胺基	$-N\langle_{CO-CH}^{CO-C(C_6H_5)}\Vert$	200～400
叠氮基	$-C_6H_4-N_3-C_6H_4-SO_3N_3$	260～470
重氮基	$-C_6H_4-N_2^+$	300～400

(3)光聚合型感光性高分子　因光照射在聚合体系上而产生聚合活性种(自由基、离子等)并由此引发的聚合反应称为光聚合反应。光聚合型感光高分子就是通过光照直接将单体聚合成所预期的高分子的。可用于印刷制版、复印材料、电子工业和以涂膜光固化为目的的紫外线固化油墨、涂料和粘合剂等。

大多数乙烯基单体在光的作用下能发生聚合反应。如甲基丙烯酸甲酯在光照作用下的自聚现象是众所周知的。实际上，光聚合体系可分为两大类：一类是单体直接吸收光形成活性种而聚合的直接光聚合；另一类是通过光敏剂(光聚合引发剂)吸收光能产生活性种，然后引发单体聚合的光敏聚合。

在光敏聚合中，也有两种不同情况，既有光敏剂被光照变成活性种，由此引起聚合反应的，也有光敏剂吸收光被激发后，它的激发能转移给单体而引起聚合反应的。已知能进行直接光聚合的单体有氯乙烯、苯乙烯、丙烯酸酯、甲基丙烯酸酯、甲基乙烯酮等。但在实际应用中，光敏聚合更为普遍，更为重要。

9.3 化学功能高分子材料

9.3.1 离子交换树脂

9.3.1.1 离子交换树脂的发展简史

离子交换树脂是指具有离子交换基团的高分子化合物。它具有一般聚合物所没有的新功能——离子交换功能，本质上属于反应性聚合物。吸附树脂是指具有特殊吸附功能的一类树脂。

离子交换树脂是最早出现的功能高分子材料，其历史可追溯到20世纪30年代。1935年英国的Adams和Holmes发表了关于酚醛树脂和苯胺甲醛树脂的离子交换性能的工作报告，开创了离子交换树脂领域，同时也开创了功能高分子领域。1944年D'Alelio合成了具有优良物理和化学性能的磺化苯乙烯-二乙烯苯共聚物离子交换树脂及交联聚丙烯酸树脂，奠定了现代离子交换树脂的基础。此后，Dow(陶氏)化学公司的Bauman等人开发了苯乙烯系磺酸型强酸性离子交换树脂并实现了工业化；Rohm & Hass(罗门哈斯)公司的Kunin等人则进一步研制了强碱性苯乙烯系阴离子交换树脂和弱酸性丙烯酸系阳离子交换树脂。这些离子交换树脂除应用于水的脱盐精制外，还用于药物提取纯化、稀土元素的分离纯化、蔗糖及葡萄糖溶液的脱盐脱色等。

离子交换树脂发展史上的另一个重大成果是大孔型树脂的开发。20世纪50年代末，国内外包括我国的南开大学化学系在内的诸多单位几乎同时合成出大孔型离子交换树脂。与凝胶型离子交换树脂相比，大孔型离子交换树脂具有机械强度高、交换速度快和抗有机污染的优点，因此很快得到广泛的应用。

离子交换纤维是在离子交换树脂基础上发展起来的一类新型材料。其基本特点与离子交换树脂相同，但外观为纤维状，并还可以不同的织物形式出现，如中空纤维、纱线、布、无纺布、毡、纸等。

9.3.1.2 离子交换树脂的结构

离子交换树脂是一类带有可离子化基团的三维网状高分子材料，其外形一般为颗粒状，不溶于水和一般的酸、碱，也不溶于普通的有机溶剂，如乙醇、丙酮和烃类溶剂。

通常，将能解离出阳离子、并能与外来阳离子进行交换的树脂称作阳离子交换树脂；而将能解离出阴离子，并能与外来阴离子进行交换的树脂称作阴离子交换树脂。从无机化学的角度看，可以认为阳离子交换树脂相当于高分子多元酸，阴离子交换树脂相当于高分子多元碱。应当指出，离子交换树脂除了离子交换功能外，还具有吸附等其他功能，这与无机酸碱是截然不同的。

9.3.1.3 离子交换树脂的分类

离子交换树脂的分类方法有很多种，最常用和最重要的分类方法有以下两种。

(1)按交换基团的性质分类　按交换基团性质的不同，可将离子交换树脂分为阳离子交换树脂和阴离子交换树脂两大类。阳离子交换树脂可进一步分为强酸型、中酸型和弱酸型三种。如 $R-SO_3H$ 为强酸型，$R-PO(OH)_2$ 为中酸型，$R-COOH$ 为弱酸型。习惯上，一般将中酸型和弱酸型统称为弱酸型。

阴离子交换树脂又可分为强碱型和弱碱型两种。如 R_3-NCl 为强碱型，$R-NH_2$、$R-NR'H$ 和 $R-NR''_2$ 为弱碱型。

(2)按树脂的物理结构分类　按其物理结构的不同，可将离子交换树脂分为凝胶型、大孔型和载体型三类。

①凝胶型离子交换树脂　凡外观透明、具有均相高分子凝胶结构的离子交换树脂统称为凝胶型离子交换树脂。这类树脂表面光滑，球粒内部没有大的毛细孔。在水中会溶胀成凝胶状，并呈现大分子链的间隙孔。大分子链之间的间隙约为2～4nm。一般无机小分子的半径在1nm以下，因此可自由地通过离子交换树脂内大分子链的间隙。在无水状态下，凝胶型离子交换树脂的分子链紧缩，体积缩小，无机小分子无法通过。所以，这类离子交换树脂在干燥条件下或油类中将丧失离子交换功能。

②大孔型离子交换树脂　针对凝胶型离子交换树脂的缺点，研制了大孔型离子交换树脂。大孔型离子交换树脂外观不透明，表面粗糙，为非均相凝胶结构。即使在干燥状态，内部也存在不同尺寸的毛细孔，因此可在非水体系中起离子交换和吸附作用。大孔型离子交换树脂的孔径一般为几纳米至几百纳米，比表面积可达每克树脂几百平方米，因此其吸附功能十分显著。

③载体型离子交换树脂　载体型离子交换树脂是一种特殊用途树脂，主要用作液相色谱的固定相。一般是将离子交换树脂包覆在硅胶或玻璃珠等表面上制成。它可经受液相色谱中流动介质的高压，又具有离子交换功能。

此外，为了特殊的需要，已研制成多种具有特殊功能的离子交换树脂，如螯合树脂、氧化还原树脂、两性树脂等。

9.3.1.4　离子交换树脂的功能

离子交换树脂最主要的功能是离子交换，此外，它还具有吸附、催化、脱水等功能。

(1)离子交换功能　离子交换树脂相当于多元酸和多元碱，它们可发生中和反应、复分解反应和中性盐等三种类型的离子交换反应。所有的阳离子交换树脂和阴离子交换树脂均可进行中和反应和复分解反应。仅由于交换功能基团的性质不同，交换能力有所不同。中性盐反应则仅在强酸型阳离子交换树脂和强碱型离子交换树脂的反应中发生。

所有上述反应均是平衡可逆反应，这正是离子交换树脂可以再生的本质。只要控制溶液的pH值、离子浓度和温度等因素，就可使反应向逆向进行，达到再生的目的。

(2)吸附功能　无论是凝胶型或大孔型离子交换树脂还是吸附树脂，相对来说，均具有很大的比表面积。根据表面化学的原理，表面具有吸附能力。原则上讲，任何物质均可被表面所吸附，随表面性质、表面力场的不同，吸附具有一定的选择性。吸附功能不同于离子交换功能，吸附量的大小和吸附的选择性，决定于诸多因素，其中最主要决定于表面的极性和被吸附物质的极性。吸附是范德华力的作用，因此是可逆的，可用适当的溶剂或适当的温度使之解吸。离子交换树脂的吸附功能随树脂比表面积的增大而增大。因此，大孔型树脂的吸附能力远远大于凝胶型树脂。大孔型树脂不仅可以从极性溶剂中吸附弱极性或非极性的物质，而且可以从非极性溶剂中吸附弱极性的物质，也可对气体进行选择吸附。

(3)脱水功能　强酸型阳离子交换树脂中的—SO_3H 基团是强极性基团，相当于浓硫酸，有很强的吸水性。干燥的强酸型阳离子交换树脂可用作有机溶剂的脱水剂。

(4)催化功能　小分子酸和碱是许多有机化学反应和聚合反应的催化剂。离子交换树脂相当于多元酸和多元碱，也可对许多化学反应起催化作用。与低分子酸碱相比，离子交换树脂催化剂具有易于分离、不腐蚀设备、不污染环境、产品纯度高、后处理简单等优点。如用强酸型阳离子交换树脂可作为酯化反应的催化剂。

利用大孔型树脂的强吸附功能，将易于分解失效的催化剂如 $AlC1_3$ 等吸附在微孔中。在反应过程中则逐步释放出来以提高催化剂的效率。这也归属于树脂的催化功能。

除了上述几个功能外，离子交换树脂和大孔型吸附树脂还具有脱色、作载体等功能。

9.3.1.5　离子交换树脂的质量控制

(1)交换容量　离子交换树脂的交换容量是指单位质量或单位体积树脂可交换的离子基团的数量的能力。树脂的交换容量与其实际所含的离子基团的数量并不一定一致，因为树脂上的离子基团并不一定会全部进行离子交换，其可交换的基团的比例依据测试条件不同而异。根据测定方法不同，有湿基全交换容量、全交换容量、工作交换容量(模拟实际应用条件测得的柱交换容量)等。

(2)强度　交换树脂的强度用磨后圆球率来考核。树脂验收标准规定磨后圆球率≥90%为强度合格的指标。

(3)溶出物　溶出物是指树脂中的低聚物以及残留反应物，通常是一些可溶性的有机物。在使用中，这些有机物会逐步溶出，影响水质并污染树脂。对于溶出物应力求在生产过程中得到处理，而不应只通过使用前预处理来减少。

(4)粒径　离子交换树脂的颗粒大小可用粒径表示。我国通用工业离子交换树脂的粒径范围为 0.315 ~ 1.2mm。除了用粒径范围表示粒度外，还常用有效粒径和均一系数来描述离子交换树脂的粒径。有效粒径为保留 90% 树脂样品(湿态)的筛孔孔径，以 mm 表示；均一系数为保留 40% 树脂样品(湿态)的筛孔孔径与有效粒径之比值。均一系数为表示粒径均一程度的参数，其数值愈小，则表示颗粒大小愈均匀。

(5)树脂的含水量　离子交换树脂的应用绝大部分是在水溶液中进行的。水分子一方面可使树脂上的离子化基团和欲交换的化合物分子离子化，以便进行交换；另一方面水使树脂溶胀，使凝胶树脂或大孔树脂的凝胶部分产生凝胶孔，以便离子能以适当的速度在其中扩散。所以离子交换树脂必须具有良好的吸水性。但树脂在储存过程的含水量不能太大，否则会降低其机械强度和体积交换容量。离子交换树脂的含水量一般为 30% ~ 80%。

(6)比表面积、孔容、孔度、孔径和孔径分布　比表面积主要指大孔树脂的内表面积。大孔树脂的比表面积常在 1 ~ 1000m^2/g 之间。相比之下，树脂的外表面积是非常小的(约 0.1m^2/g)，且变化不大。

孔容是指单位质量树脂的孔体积。孔度为树脂的孔容占树脂总体积的百分比。孔径是将树脂内孔穴近似看作圆柱形时的直径。

树脂的比表面积常采用低温氮吸附 - 脱附等温线法(BET 法)和压汞法测定。测量范围为 1～1500m^2/g。压汞法同时还可测定孔容、平均孔径和孔径分布等参数，使用较为方便。此外，孔容还可通过毛细管凝聚法、湿态树脂干燥法等测定；孔径分布还可通过 X 射线小角散射法、热孔计法、反相体积排阻色谱法等方法测定。

9.3.1.6　离子交换树脂的应用

(1)水处理　包括水质的软化、水的脱盐和高纯水的制备等。水处理是离子交换树脂最基本的用途之一。

(2)冶金工业　离子交换是冶金工业的重要单元操作之一。在铀、钍等超铀元素、稀土金属、重金属、轻金属、贵金属和过渡金属的分离、提纯和回收方面，离子交换树脂均起着十分重要的作用。离子交换树脂还可用于选矿。在矿浆中加入离子交换树脂可改变矿浆中水的离子组成，使浮选剂更有利于吸附所需要的金属，提高浮选剂的选择性和选矿效率。

(3)原子能工业　离子交换树脂在原子能工业上的应用包括核燃料的分离、提纯、精制、回收等。用离子交换树脂制备高纯水，是核动力用循环、冷却、补给水供应的唯一手段。离子交换树脂还是原子能工业废水去除放射性污染处理的主要方法。

(4)海洋资源利用　利用离子交换树脂，可从许多海洋生物(例如海带)中提取碘、溴、镁等重要化工原料。在海洋航行和海岛上，用离子交换树脂以海水制取淡水是十分经济和方便的。

(5)化学工业　离子交换树脂在化学实验、化工生产上已经和蒸馏、结晶、萃取和过滤一样，成为重要的单元操作，普遍用于多种无机、有机化合物的分离、提纯、浓缩和回收等。

目前离子交换树脂在有机化合物的酰化、过氧化、溴化二硫化物的还原、大环化合物的合成、肽链的增长、不对称碳化合物的合成、羟基的氧化等方面都已取得显著的效果。

(6)食品工业　离子交换树脂在制糖、酿酒、烟草、乳品、饮料、调味品等食品加工中都有广泛的应用。特别在酒类生产中，利用离子交换树脂改进水质、进行酒的脱色、去浑、去除酒中的酒石酸、水杨酸等杂质，提高酒的质量。酒类经过离子交换树脂的去铜、锰、铁等离子，可以增加储存稳定性。经处理后的酒，香味纯，透明度好，稳定性可靠，是各种酒类生产中不可缺少的一项工艺步骤。

(7)医药卫生　离子交换树脂在医药卫生事业中被大量应用。如在药物生产中用于药剂的脱盐、吸附分离、提纯、脱色、中和及中草药有效成分的提取等。离子交换树脂本身可作为药剂内服，具有解毒、缓泻、去酸等功效，可用于治疗胃溃疡、促进食欲、去除肠道放射物质等。离子交换树脂还是医疗诊断、药物分析检定的重要药剂，如血液成分分析、胃液检定、药物成分分析等。具有检测速度快、干扰少等优点。

(8)环境保护　离子交换树脂在废水，废气的浓缩、处理、分离、回收及分析检测上都有重要应用，已普遍用于电镀废水、造纸废水、矿冶废水、生活污水、影片洗印废水、工业废气等的治理。

9.3.2　高分子分离膜和膜分离技术

9.3.2.1　概述

分离膜是指能以特定形式限制和传递流体物质的分隔两相或两部分的界面。膜的形式可以是固态的，也可以是液态的。被膜分割的流体物质可以是液态的，也可以是气态的。膜至少具有两个界面，膜通过这两个界面与被分割的两侧流体接触并进行传递。分离膜对流体可以是完全透过性的，也可以是半透过性的，但不能是完全不透过性的。膜在生产和研究中的使用技术被称为膜技术。

在化工单元操作中，常见的分离方法有筛分、过滤、蒸馏、蒸发、重结晶、萃取、离心分离等。然而，对于高层次的分离，如分子尺寸的分离、生物体组分的分离等，采用常规的分离方法是难以实现的，或达不到精度，或需要损耗极大的能源而无实用价值。

具有选择分离功能的高分子材料的出现，使上述的分离问题迎刃而解。膜分离过程的主要特点是以具有选择透过性的膜作为分离的手段，实现物质分子尺寸的分离和混合物组分的分离。膜分离过程的推动力有浓度差、压力差和电位差等。膜分离过程可概述为三种形式，即渗析式膜分离、过滤式膜分离和液膜分离。

膜分离技术是利用膜对混合物中各组分的选择渗透性能的差异来实现分离、提纯和浓缩的新型分离技术。膜分离过程的共同优点是成本低、能耗少、效率高、无污染并可回收有用物质，特别适合于性质相似组分、同分异构体组分、热敏性组分、生物物质组分等混合物的分离，因而在某些应用中能代替蒸馏、萃取、蒸发、吸附等化工单元操作。实践证明，当不能经济地用常规的分离方法得到较好的分离时，膜分离作为一种分离技术往往是非常有用的。并且膜技术还可以和常规的分离方法结合起来使用，使技术投资更为经济。

真正意义上的分离膜出现在20世纪60年代。1961年，米切利斯等人用各种比例的酸性和碱性的高分子电介质混合物以水-丙酮-溴化钠为溶剂，制成了可截留不同相对分子质量的膜，这种膜是真正的超过滤膜。美国Amicon公司首先将这种膜商品化。50年代初，为从海水或苦咸水中获取淡水，开始了反渗透膜的研究。1967年，Du Pont公司研制成功了以尼龙-66为主要组分的中空纤维反渗透膜组件。同一时期，丹麦DDS公司研制成功平板式反渗透膜组件。反渗透膜开始工业化。

自20世纪60年代中期以来，膜分离技术真正实现了工业化。首先出现的分离膜是超过滤膜(简称UF膜)、微孔过滤膜(简称MF膜)和反渗透膜(简称RO膜)。以后又开发了许多其他类型的分离膜。

功能膜按照不同的分类条件有以下几种：

(1)按膜的材料分类，如表9-4所示。

表9-4　膜材料的分类

类别	膜材料	举例
纤维素酯类	纤维素衍生物类	醋酸纤维素，硝酸纤维素，乙基纤维素等
非纤维素酯类	聚砜类	聚砜，聚醚砜，聚芳醚砜，磺化聚砜等
	聚酰(亚)胺类	聚砜酰胺，芳香族聚酰胺，含氟聚酰亚胺等
	聚酯、烯烃类	涤纶，聚碳酸酯，聚乙烯，聚丙烯腈等
	含氟(硅)类	聚四氟乙烯，聚偏氟乙烯，聚二甲基硅氧烷等
	其他	壳聚糖，聚电解质等

(2)按膜的分离原理及适用范围分类　根据分离膜的分离原理和推动力的不同，可将

其分为微孔膜、超过滤膜、反渗透膜、纳滤膜、渗析膜、电渗析膜、渗透蒸发膜等。

(3)按膜断面的物理形态分类　根据分离膜断面的物理形态不同，可将其分为对称膜，不对称膜、复合膜、平板膜、管式膜、中空纤维膜等。

(4)按功能分类　日本著名高分子学者清水刚夫将膜按功能分为分离功能膜(包括气体分离膜、液体分离膜、离子交换膜、化学功能膜)、能量转化功能膜(包括浓差能量转化膜、光能转化膜、机械能转化膜、电能转化膜)、生物功能膜(包括探感膜、生物反应器、医用膜)等。

分离膜的基本功能是从物质群中有选择地透过或输送特定的物质，如颗粒、分子、离子等。或者说，物质的分离是通过膜的选择性透过实现的。几种主要的膜分离过程及其传递机理如表9-5所示。

表9-5　几种主要分离膜的分离过程

膜过程	推动力	传递机理	透过物	截留物	膜类型
微滤	压力差	颗粒大小形状	水、溶剂溶解物	悬浮物颗粒	纤维多孔膜
超滤	压力差	分子特性大小形状	水、溶剂小分子	胶体和超过截留相对分子质量的分子	非对称性膜
纳滤	压力差	离子大小及电荷	水、一价离子、多价离子	有机物	复合膜
反渗透	压力差	溶剂的扩散传递	水、溶剂	溶质、盐	非对称性膜复合膜
渗析	浓度差	溶质的扩散传递	低相对分子质量物、离子	溶剂	非对称性膜
电渗析	电位差	电解质离的选择传递	电解质离的选择传递	非电解质，大分子物质	离子交换膜
膜过程	推动力	传递机理	透过物	截留物	膜类型
气体分离	压力差	气体和蒸的扩散渗透	气体或蒸汽	难渗透性气体或蒸汽	均相膜、复合膜，非对称膜
渗透蒸发	压力差	选择传递	易渗溶质或溶剂	难渗透性溶质或溶剂	均相膜、复合膜，非对称膜
液膜分离	压力差	反应促进和扩散传递	杂质	溶剂	乳状液膜、支撑液膜

9.3.2.2　膜材料及膜的制备

(1)膜材料　用作分离膜的材料包括广泛的天然的和人工合成的有机高分子材料和无机材料。

原则上讲，凡能成膜的高分子材料和无机材料均可用于制备分离膜。但实际上，真正成为工业化膜的膜材料并不多。这主要决定于膜的一些特定要求，如分离效率、分离速度等。此外，也取决于膜的制备技术。

目前，实用的有机高分子膜材料有纤维素酯类、聚砜类、聚酰胺类及其他材料。从品种来说，已有成百种以上的膜被制备出来，其中约 40 多种已被用于工业和实验室中。以日本为例，纤维素酯类膜占 53%，聚砜膜占 33.3%，聚酰胺膜占 11.7%，其他材料的膜占 2%，可见纤维素酯类材料在膜材料中占主要地位。

(2)膜的制备

①分离膜制备工艺类型　膜的制备工艺对分离膜的性能十分重要。同样的材料，由于不同的制作工艺和控制条件，其性能差别很大。合理的、先进的制膜工艺是制造优良性能分离膜的重要保证。目前，国内外的制膜方法很多，其中最实用的是相转化制膜工艺(流涎法和纺丝法)和复合剂膜工艺。

②相转化制膜工艺　相转化是指将均质的制膜液通过溶剂的挥发或向溶液加入非溶剂或加热制膜液，使液相转变为固相的过程。相转化制膜工艺中最重要的方法是 L－S 型制膜法。它是由加拿大人劳勃(S. Leob)和索里拉金(S. Sourirajan)发明的，并首先用于制造醋酸纤维素膜。

将制膜材料用溶剂形成均相制膜液，在模具中流涎成薄层，然后控制温度和湿度，使溶液缓缓蒸发，经过相转化就形成了由液相转化为固相的膜。

③复合制膜工艺　由 L－S 法制的膜，起分离作用的仅是接触空气的极薄一层，称为表面致密层。它的厚度约 0.25～1μm，相当于总厚度的 1/100 左右。理论研究表明，膜的透过速率与膜的厚度成反比。而用 L－S 法制备表面层小于 0.1μm 的膜极为困难。为此，发展了复合制膜工艺。

(3)膜的保存　分离膜的保存对其性能极为重要。主要应防止微生物、水解、冷冻对膜的破坏和膜的收缩变形。

微生物的破坏主要发生在醋酸纤维素膜，而水解和冷冻破坏则对任何膜都可能发生。温度、pH 值不适当和水中游离氧的存在均会造成膜的水解。冷冻会使膜膨胀而破坏膜的结构。膜的收缩主要发生在湿态保存时的失水。收缩变形使膜孔径大幅度下降，孔径分布不均匀，严重时还会造成膜的破裂。当膜与高浓度溶液接触时，由于膜中水分急剧地向溶液中扩散而失水，也会造成膜的变形收缩。

9.3.2.3　膜的结构

膜的结构主要是指膜的形态、膜的结晶态和膜的分子态结构。膜结构的研究可以了解膜结构与性能的关系，从而指导制备工艺，改进膜的性能。

(1)膜的形态　用电镜或光学显微镜观察膜的截面和表面，可以了解膜的形态。下面仅对 MF 膜、UF 膜和 RO 膜的形态作简单的讨论。

①微孔膜——具有开放式的网格结构　微孔膜具有开放式的网格结构，形成机理为：制膜液成膜后，溶剂首先从膜表面开始蒸发，形成表面层。表面层下面仍为制膜液。溶剂以气泡的形式上升，升至表面时就形成大小不等的泡。这种泡随着溶剂的挥发而变形破裂，形成孔洞。此外，气泡也会由于种种原因在膜内部各种位置停留，并发生重叠，从而形成大小不等的网格。

开放式网格的孔径一般在 0.1～1μm 之间，可以让离子、分子等通过，但不能使微粒、胶体、细菌等通过。

②反渗透膜和超过滤膜的双层与三层结构模型　雷莱(Riley)首先研究了用 L－S 法制

备的醋酸纤维素反渗透膜的结构。从电镜中可看到，醋酸纤维反渗透膜具有不对称结构。与空气接触的一侧是厚度约为 0.25μm 的表面层，占膜总厚度的极小部分(一般膜总厚度约 100μm)。表面没有物理孔洞，致密光滑。下部则为多孔结构，孔径为 0.4μm 左右。这种结构被称为双层结构模型。

吉顿斯(Gittems)对醋酸纤维素膜进行了更精细的观察，认为这类膜具有三层结构。最上层是表面活性层，致密而光滑，其中不存在大于 10nm 的细孔。中间层称为过渡层，具有大于 10nm 的细孔。上层与中间层之间有十分明显的界限，中间层以下为多孔层，具有 50nm 以上的孔。与模板接触的底部也存在细孔，与中间层大致相仿。上、中两层的厚度与溶剂蒸发的时间、膜的透过性等均有十分密切的关系。

(2)膜的结晶态　舒尔茨(Schultz)和艾生曼(Asunmman)对醋酸纤维素膜的表面致密层的结晶形态作了研究，提出了球晶结构模型。该模型认为，膜的表面层是由直径为 18.8nm 的超微小球晶不规则地堆砌而成的。球晶之间的三角形间隙，形成了细孔。他们计算出三角形间隙的面积为 $14.3nm^2$。若将细孔看成圆柱体，则可计算出细孔的平均半径为 2.13nm；每 $1cm^2$ 膜表面含有 6.5×10^{11} 个细孔。用吸附法和气体渗透法实验测得上述膜表面的孔半径为 1.7 ~ 2.35nm，可见理论与实验十分相符。

对芳香族聚酰胺的研究表明，这类膜的表面致密层不是由球晶，而是由半球状结晶子单元堆砌而成的。这种子单元被称为结晶小瘤(或称微胞)。表面致密层的结晶小瘤由于受变形收缩力的作用，孔径变细。而下层的结晶小瘤因不受收缩力的影响，故孔径较大。

9.3.2.4　典型的膜分离技术及应用领域

典型的膜分离技术有微孔过滤(MF)、超滤(UF)、反渗透(RO)等，下面分别介绍之。

(1)微孔过滤技术

①微孔过滤和微孔膜的特点　微孔过滤技术始于十九世纪中叶，是以静压差为推动力，利用筛网状过滤介质膜的“筛分”作用进行分离的膜过程。实施微孔过滤的膜称为微孔膜。

微孔膜是均匀的多孔薄膜，厚度在 90 ~ 150μm 左右，过滤粒径在 0.025 ~ 10μm 之间，操作压在 0.01 ~ 0.2MPa。

微孔膜的主要优点：

a. 孔径均匀，过滤精度高。能将液体中所有大于制定孔径的微粒全部截留；

b. 孔隙大，流速快。一般微孔膜的孔密度为 10^7 孔/cm^2，微孔体积占膜总体积的 70% ~80%，由于膜很薄，阻力小，其过滤速度较常规过滤介质快几十倍；

c. 无吸附或少吸附。微孔膜厚度一般在 90 ~ 150μm 之间，因而吸附量很少。

d. 无介质脱落。微孔膜为均一的高分子材料，过滤时没有纤维或碎屑脱落，因此能得到高纯度的滤液。

微孔膜的缺点：

a. 颗粒容量较小，易被堵塞；

b. 使用时必须有前道过滤的配合，否则无法正常工作。

②微孔过滤技术应用领域　微孔过滤技术目前主要在以下方面得到应用：

a. 微粒和细菌的过滤。可用于水的高度净化、食品和饮料的除菌、药液的过滤、发酵工业的空气净化和除菌等。

b. 微粒和细菌的检测。微孔膜可作为微粒和细菌的富集器，从而进行微粒和细菌含量的测定。

c. 气体、溶液和水的净化。大气中悬浮的尘埃、纤维、花粉、细菌以及溶液和水中存在的微小固体颗粒和微生物，都可借助微孔膜去除。

d. 食糖与酒类的精制。微孔膜对食糖溶液和啤、黄酒等酒类进行过滤，可除去食糖中的杂质、酒类中的酵母、霉菌和其他微生物，提高食糖的纯度和酒类产品的清澈度，延长存放期。由于是常温操作，不会使酒类产品变味。

e. 药物的除菌和除微粒。以前药物的灭菌主要采用热压法。但是热压法灭菌时，细菌的尸体仍留在药品中。而且对于热敏性药物，如胰岛素、血清蛋白等不能采用热压法灭菌。对于这类情况，微孔膜有突出的优点，经过微孔膜过滤后，细菌被截留，无细菌尸体残留在药物中。常温操作也不会引起药物的受热破坏和变性。

许多液态药物，如注射液、眼药水等，用常规的过滤技术难以达到要求，必须采用微滤技术。

（2）超滤技术

①超滤和超滤膜的特点　超滤技术始于1861年，其过滤粒径介于微滤和反渗透之间，约5～10nm，在0.1～0.5MPa的静压差推动下截留各种可溶性大分子，如多糖、蛋白质、酶等相对分子质量大于500的大分子及胶体，形成浓缩液，达到溶液的净化、分离及浓缩目的。

超滤技术的核心部件是超滤膜，分离截留的原理为筛分，小于孔径的微粒随溶剂一起透过膜上的微孔，而大于孔径的微粒则被截留。膜上微孔的尺寸和形状决定膜的分离效率。

超滤膜均为不对称膜，形式有平板式、卷式、管式和中空纤维状等。超滤膜的结构一般由三层结构组成。即最上层的表面活性层，致密而光滑，厚度为0.1～1.5μm，其中细孔孔径一般小于10nm；中间的过渡层，具有大于10nm的细孔，厚度一般为1～10μm；最下面的支撑层，厚度为50～250μm，具有50nm以上的孔。支撑层起支撑作用，提高膜的机械强度。膜的分离性能主要取决于表面活性层和过度层。

中空纤维状超滤膜的外径为0.5～2μm。特点是直径小，强度高，不需要支撑结构，管内外能承受较大的压力差。此外，单位体积中空纤维状超滤膜的内表面积很大，能有效提高渗透通量。

制备超滤膜的材料主要有聚砜、聚酰胺、聚丙烯腈和醋酸纤维素等。超滤膜的工作条件取决于膜的材质，如醋酸纤维素超滤膜适用于pH＝3～8，三醋酸纤维素超滤膜适用于pH＝2～9，芳香聚酰胺超滤膜适用于pH＝5～9，温度0～40℃，而聚醚砜超滤膜的使用温度则可超过100℃。

②超滤膜技术应用领域　超滤膜的应用也十分广泛，在作为反渗透预处理、饮用水制备、制药、色素提取、阳极电泳漆和阴极电泳漆的生产、电子工业高纯水的制备、工业废水的处理等众多领域都发挥着重要作用。

超滤技术主要用于含相对分子质量500～500000的微粒溶液的分离，是目前应用最广的膜分离过程之一，它的应用领域涉及化工、食品、医药、生化等。主要可归纳为以下方面。

a. 纯水的制备。超滤技术广泛用于水中的细菌、病毒和其他异物的除去，用于制备高纯饮用水、电子工业超净水和医用无菌水等。

b. 汽车、家具等制品电泳涂装淋洗水的处理。汽车、家具等制品的电泳涂装淋洗水中常含有1% ~2%的涂料(高分子物质)，用超滤装置可分离出清水重复用于清洗，同时又使涂料得到浓缩重新用于电泳涂装。

c. 食品工业中的废水处理。在牛奶加工厂中用超滤技术可从乳清中分离蛋白和低相对分子质量的乳糖。

d. 果汁、酒等饮料的消毒与澄清。应用超滤技术可除去果汁的果胶和酒中的微生物等杂质，使果汁和酒在净化处理的同时保持原有的色、香、味，操作方便，成本较低。

e. 在医药和生化工业中用于处理热敏性物质，分离浓缩生物活性物质，从生物中提取药物等。

f. 造纸厂的废水处理。

(3)反渗透技术

①反渗透原理及反渗透膜的特点　渗透是自然界一种常见的现象。人类很早以前就已经自觉或不自觉地使用渗透或反渗透分离物质。目前，反渗透技术已经发展成为一种普遍使用的现代分离技术。在海水和苦咸水的脱盐淡化、超纯水制备、废水处理等方面，反渗透技术具有突出的优势。

渗透和反渗透的原理如图9-5所示。如果用一张只能透过水而不能透过溶质的半透膜将两种不同浓度的水溶液隔开，水会自然地透过半透膜从低浓度水溶液向高浓度水溶液一侧迁移，这一现象称渗透[图9-5(a)]。这一过程的推动力是低浓度溶液中水的化学位与高浓度溶液中水的化学位之差，表现为水的渗透压。随着水的渗透，高浓度水溶液一侧的液面升高，压力增大。当液面升高至 H 时，渗透达到平衡，两侧的压力差就称为渗透压[图9-5(b)]。渗透过程达到平衡后，水不再有渗透，渗透通量为零。

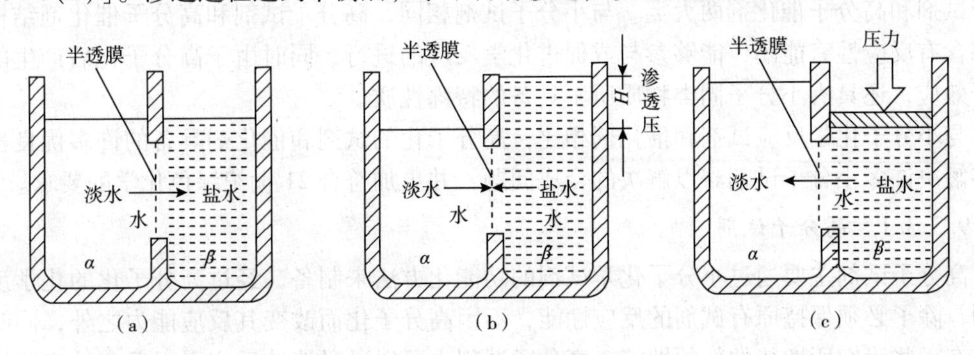

图9-5　渗透与反渗透原理示意图

如果在高浓度水溶液一侧加压，使高浓度水溶液侧与低浓度水溶液侧的压差大于渗透压，则高浓度水溶液中的水将通过半透膜流向低浓度水溶液侧，这一过程就称为反渗透[图9-5(c)]。反渗透技术所分离的物质的相对分子质量一般小于500，操作压力为

2～100MPa。

用于实施反渗透操作的膜为反渗透膜。反渗透膜大部分为不对称膜，孔径小于0.5nm，可截留溶质分子。制备反渗透膜的材料主要有醋酸纤维素、芳香族聚酰胺、聚苯并咪唑、磺化聚苯醚、聚芳砜、聚醚酮、聚芳醚酮、聚四氟乙烯等。反渗透膜的分离机理至今尚有许多争论，主要有氢键理论、选择吸附－毛细管流动理论、溶解扩散理论等。

②反渗透与超滤、微孔过滤的比较　反渗透、超滤和微孔过滤都是以压力差为推动力使溶剂通过膜的分离过程，它们组成了分离溶液中的离子、分子到固体微粒的三级膜分离过程。一般来说，分离溶液中相对分子质量低于500的低分子物质，应该采用反渗透膜；分离溶液中相对分子质量大于500的大分子或极细的胶体粒子可以选择超滤膜，而分离溶液中的直径0.1～10μm的粒子应该选微孔膜。以上关于反渗透膜、超滤膜和微孔膜之间的分界并不是十分严格、明确的，它们之间可能存在一定的相互重叠。

③反渗透膜技术应用领域　反渗透膜最早应用于苦咸水淡化。随着膜技术的发展，反渗透技术已扩展到化工、电子及医药等领域。反渗透过程主要是从水溶液中分离出水，分离过程无相变化，不消耗化学药品，这些基本特征决定了它以下的应用范围：

a. 海水、苦咸水的淡化制取生活用水，硬水软化制备锅炉用水，高纯水的制备。近年来，反渗透技术在家用饮水机及直饮水给水系统中的应用更体现了其优越性。

b. 在医药、食品工业中用以浓缩药液、果汁、咖啡浸液等。与常用的冷冻干燥和蒸发脱水浓缩等工艺比较，反渗透法脱水浓缩成本较低，而且产品的疗效、风味和营养等均不受影响。

c. 印染、食品、造纸等工业中用于处理污水，回收利用废液中有用的物质等。

除了上述这三大类型的膜分离技术，还存在着纳滤(NF)、渗析(D)、电渗析(ED)、液膜(LM)及渗透蒸发(PV)等分离技术。

9.3.3　反应型高分子

反应型功能高分子材料是指具有化学反应活性并可以应用的功能高分子材料，包括高分子试剂和高分子催化剂两大类。与小分子试剂相同，高分子试剂和高分子催化剂结构上也都含有反应性官能团，能够参与或促进化学反应的进行，同时由于高分子化后产生的高分子效应，还具有小分子同类物质所不具备的特殊性质。

与小分子化学反应试剂和催化剂相比，高分子化的试剂和催化剂具备的许多优良性质能够解决许多小分子试剂难以解决的合成问题，并更加符合21世纪绿色化学的要求。

9.3.3.1　高分子试剂

高分子试剂主要通过小分子化学试剂的功能化方法来制备，经过高分子化的化学反应试剂，除了必须保持原有试剂的反应性能，不因高分子化而改变其反应能力之外，同时还应具有一些我们所期待的新的性能。高分子试剂也可以通过接枝反应引入反应性官能团来制备。在多数情况下有高分子试剂参与的化学反应是多相反应，高分子试剂作为固相参与反应体系。反应过后生成的副产物不溶解于反应体系，非常容易与其他组分分离。通常回收后的高分子副产物还可以通过相应的高分子化学反应恢复反应性官能团得到再生。常见的高分子试剂参与的化学反应路线如图9－6所示。

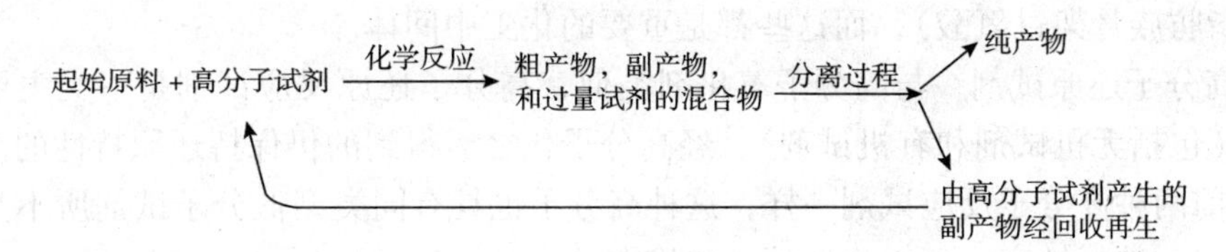

图 9-6　有高分子试剂参与的化学反应示意图

从图中可以看出，有高分子试剂参与的化学反应，其反应过程与一般化学反应基本相同。但是与常规试剂参与的化学反应相比，高分子反应试剂最重要的特征有两点，一是可以简化分离过程(一般经简单过滤即可)，二是高分子试剂可以回收，经再生重新使用。

和常规小分子试剂一样，根据所带反应性官能团的不同，高分子化学试剂也可以根据其化学功能不同划分成不同类型。下面以常见的高分子氧化还原型试剂、高分子卤代试剂、高分子酰基化试剂为例，介绍其合成方法、结构特点和实际应用。

(1)高分子氧化试剂　氧化剂是有机合成中的常用试剂，其氧化性能取决于分子结构内的氧化性官能团。根据其试剂的化学结构可以分成有机氧化试剂和无机氧化试剂。其中有机氧化剂根据其在化学反应中的氧化能力还可以进一步分成强氧化剂和弱氧化剂。与氧化还原型试剂不同，氧化试剂通常是不可逆试剂，只能用于氧化反应。由于氧化剂的自身特点，多数氧化剂的化学性质不稳定，易爆、易燃、易分解失效。因此造成储存、运输和使用上的困难。有些低分子氧化试剂的沸点较低，在常温下有比较难闻的气味，恶化工作环境。而这些低分子氧化试剂经过高分子化之后在一定程度上可以消除或削弱这些缺点。制备高分子氧化试剂的主要目的是在保持试剂氧化活性的前提下，通过高分子化提高相对分子质量，降低试剂的挥发性和敏感度，增加其物理和化学稳定性。下面以两种常用的高分子氧化反应试剂，高分子过氧酸试剂为例，介绍其制备方法和应用特点。

高分子过氧酸最常见的是以聚苯乙烯为骨架的聚苯乙烯过氧酸，其制备过程是以聚合好的聚苯乙烯树脂为原料，与乙酰氯试剂发生芳香亲电取代反应生成聚乙酰苯乙烯；然后在酸性条件下经与无机氧化剂(高锰酸钾或铬酸)反应，乙酰基上的羰基被氧化得到苯环带有羧基的聚苯乙烯氧化剂中间体。最后在甲基磺酸的参与下，与 70% 双氧水反应生成过氧键，得到聚苯乙烯型高分子氧化试剂。属于常规高分子材料的功能化制备策略。

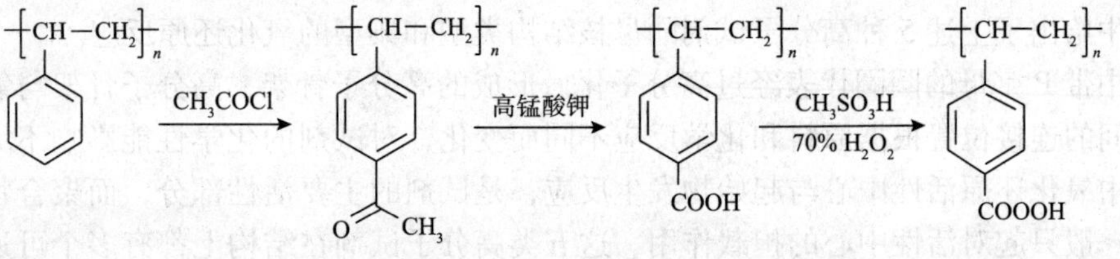

$$\left[\mathrm{CH-CH_2}\right]_n\text{-}C_6H_5 \xrightarrow{CH_3COCl} \left[\mathrm{CH-CH_2}\right]_n\text{-}C_6H_4COCH_3 \xrightarrow{\text{高锰酸钾}} \left[\mathrm{CH-CH_2}\right]_n\text{-}C_6H_4COOH \xrightarrow[70\%\ H_2O_2]{CH_3SO_3H} \left[\mathrm{CH-CH_2}\right]_n\text{-}C_6H_4COOOH$$

图 9-7　聚苯乙烯型高分子氧化试剂制备过程

过氧酸与常规羧酸相比，羧基中多含一个氧原子构成过氧键。过氧基团不稳定，易与其他化合物发生氧化反应失掉一个氧原子，自身转变成普通羧酸。低分子过氧酸极不稳定，在使用和储存的过程中容易发生爆炸或燃烧，而高分子化的过氧酸则克服了上述缺点。高分子过氧酸可以使烯烃氧化成环氧化合物(采用芳香骨架型过氧酸)或邻二羟基化合物(采用脂肪族骨架过氧酸)，而这些都是重要的化工中间体。

(2)高分子还原试剂　与高分子氧化剂类似，高分子还原反应试剂是一类主要以小分子还原剂(包括无机试剂和有机试剂)，经高分子化之后得到的仍保持还原特性的高分子试剂。如同前两种高分子反应试剂一样，这种高分子也具有同类型低分子试剂所不具备的诸如稳定性好、选择性高、可再生性等一些优点。

常见的高分子还原试剂主要是在高分子骨架上引入还原性金属有机化合物，如有机锡；或者还原性基团，如肼类基团。高分子锡还原试剂的合成方法是以聚苯乙烯为原料，经与锂试剂(正丁基锂)反应，生成聚苯乙烯的金属锂化合物；再经格氏化反应，将丁基二氯化锡基团接于苯环，最后与氢化铝锂还原剂反应，得到高分子化的有机锡还原试剂，赋予聚苯乙烯树脂还原性质，如图 9-8 所示。

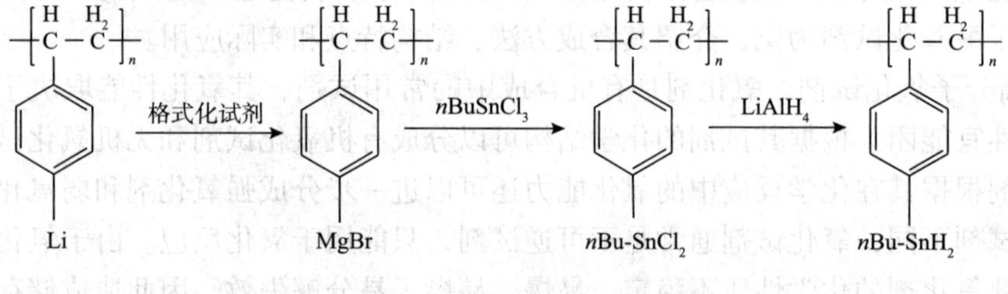

图 9-8　高分子锡还原试剂的制备过程

高分子锡还原试剂可以将苯甲醛、苯甲酮和叔丁基甲酮等邻位具有能稳定正碳离子基团的含羰基化合物还原成相应的醇类化合物，并具有良好的反应收率和选择性。特别是对此类化合物中的二元醛有良好的单官能团还原选择性。

除了上述的高分子试剂以外，已经投入使用的其他类型的高分子氧化和还原试剂还有数十种之多。其制备的基本过程都是将原有小分子氧化和还原试剂通过所谓高分子化过程形成大分子化合物，从而消除或者降低小分子试剂的某些不利于化学反应的缺点。

(3)高分子氧化还原剂　高分子氧化还原剂是一类既有氧化作用，还有还原功能，自身具有可逆氧化还原特性的一类高分子化学反应试剂。最常见的该类高分子氧化还原试剂可以分成以下五种结构类型，即：含醌式结构的高分子试剂、含硫醇结构高分子试剂、含吡啶结构高分子试剂、含二茂铁结构高分子试剂和含多核杂环芳烃结构高分子试剂。图 9-9中给出了上述 5 种高分子试剂的母核结构类型和典型的氧化还原反应。

图中带 P 字母的圈圈代表经过高分子化后形成的高分子骨架，高分子骨架与氧化还原结构之间的连接位置根据原料和化学反应不同而变化，对试剂的化学性能影响不大。在化学反应中氧化还原活性中心与起始物发生反应，是试剂的主要活性部分，而聚合物骨架在试剂中一般只起对活性中心的担载作用。这五类高分子试剂在结构上都有多个可逆氧化还原中心与高分子骨架相连，都是比较温和的氧化还原试剂，常用于有机化学反应中的选择性氧化反应或还原反应。

高分子氧化还原试剂的应用涉及的范围非常广泛，如带有醌型的高分子氧化还原试剂具有选择性氧化作用，在不同条件下可以使不同有机化合物氧化脱氢，生成不饱和键。例如使均二苯肼氧化脱氢生成偶氮苯染料中间体，也可以使 α - 氨基酸发生氧化型 Strecker 降解反应，生成小分子醛，氨和二氧化碳气体。醌型高分子试剂在工业上更重要的应用是

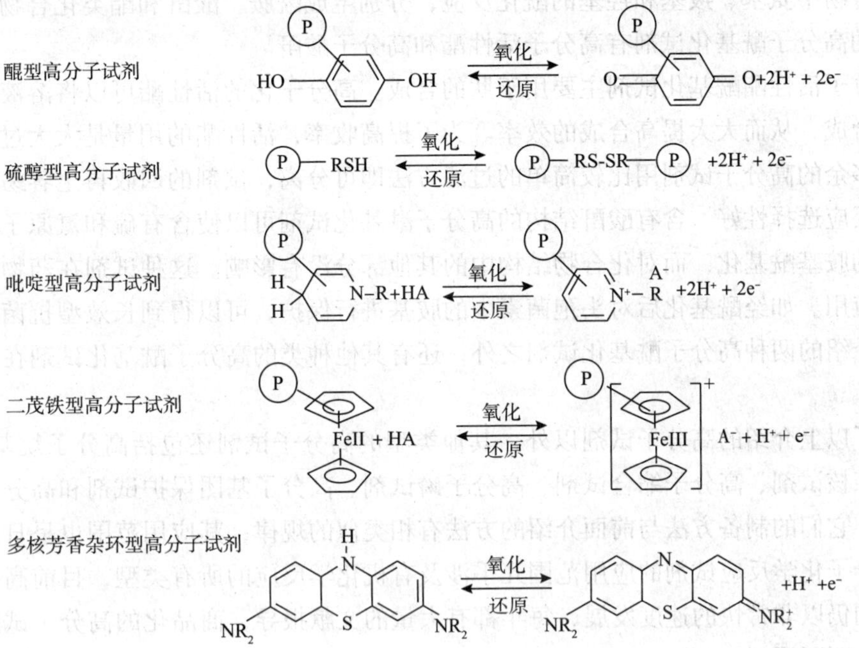

醌型高分子试剂　　Ⓟ-HO-C₆H₃-OH $\underset{\text{还原}}{\overset{\text{氧化}}{\rightleftharpoons}}$ Ⓟ-O=C₆H₃=O $+2H^+ + 2e^-$

硫醇型高分子试剂　　Ⓟ—RSH $\underset{\text{还原}}{\overset{\text{氧化}}{\rightleftharpoons}}$ Ⓟ—RS-SR—Ⓟ $+2H^+ + 2e^-$

吡啶型高分子试剂　　Ⓟ-(H,H)N–R+HA $\underset{\text{还原}}{\overset{\text{氧化}}{\rightleftharpoons}}$ Ⓟ-N^+–R A^- $+2H^+ + 2e^-$

二茂铁型高分子试剂　　Ⓟ-FeII + HA $\underset{\text{还原}}{\overset{\text{氧化}}{\rightleftharpoons}}$ [Ⓟ-FeIII]$^+$ $A^- + H^+ + e^-$

多核芳香杂环型高分子试剂　　NR_2-(H-N, S)-NR_2 $\underset{\text{还原}}{\overset{\text{氧化}}{\rightleftharpoons}}$ NR_2-(N, S)-NR_2^+ $+H^+ + e^-$

图9-9　典型高分子氧化还原试剂及其反应

与二氯化钯催化剂组成一个反应体系，以廉价石油工业产品乙烯连续制取乙醛。反应过后的醌试剂在氧气参与下，通过氧化反应再生重新投入反应。由此反应原理构成的反应装置可以连续制备乙醛，而高分子试剂和催化剂基本上不被消耗，从这个特点上来说高分子醌试剂此时更像催化剂的作用。类似的醌型高分子氧化还原反应试剂还可以与碳酸钠和氢氧化钠配成水溶液，将导入的污染气体硫化氢氧化成固体硫磺，消除气味，从而在环保方面得到应用。

(4)高分子卤代试剂　卤化反应是有机合成和石油化工中常见反应之一，包括卤元素的取代反应和加成反应，用于该类反应的化学试剂称为卤代试剂。在这类反应中，要求卤代试剂能够将卤素原子按照一定要求有选择性地传递给反应物的特定部位。其重要的反应产物为卤代烃，是重要的化工原料和反应中间体。常用的卤化试剂挥发性和腐蚀性较强，容易使工作环境恶化并腐蚀设备。卤代试剂高分子化后克服上述缺点，还可以简化反应过程和分离步骤。卤代试剂中高分子骨架的空间和立体效应也使其具有更好的反应选择性。目前常见高分子卤代试剂主要有二卤化磷型、*N*-卤代酰亚胺型、三价碘型三种。

卤代反应在有机合成方法中占有重要地位。很多卤代产物是重要的化工产品，在制药工业和精细化工工业中使用广泛。这方面的例子很多，如高级醇中的羟基不很活泼，从醇制备胺常常要先制备反应活性较强的卤代烃，由卤素原子代替羟基，然后再与胺反应，可以比较容易地得到产物。二氯化磷型的高分子氯化试剂的主要用途之一是用于从羧酸制取酰氯和将醇转化为氯代烃。其优点是反应条件温和，收率较高，试剂回收后经再生可以反复使用。

(5)高分子酰基化试剂　酰基化反应是有机反应中的另一种重要反应类型，主要指对有机化合物中氨基、羧基和羟基的酰化反应，分别生成酰胺、酸酐和酯类化合物。目前应用较多的高分子酰基化试剂有高分子活性酯和高分子酸酐。

高分子活性酯酰基化试剂主要用于肽的合成。高分子化的活性酯可以将溶液合成转变为固相合成，从而大大提高合成的效率。为了提高收率，活性酯的用量是大大过量的，反应过后多余的高分子试剂用比较简单的过滤方法即可分离，试剂的回收再生容易，可重复使用，反应选择性好。含有酸酐结构的高分子酰基化试剂可以使含有硫和氮原子的杂环化合物上的胺基酰基化，而对化合物结构中的其他部分没有影响。这种试剂在药物合成中已经得到应用。如经酰基化后对头孢菌素中的胺基进行保护，可以得到长效型抗菌药物。除了以上介绍的两种高分子酰基化试剂之外，还有其他种类的高分子酰基化试剂在实践中获得应用。

除了以上介绍的高分子试剂以外，其他类型的高分子试剂还包括高分子烷基化试剂、高分子亲核试剂、高分子缩合试剂、高分子磷试剂、高分子基团保护试剂和高分子偶氮传递试剂。它们的制备方法与前面介绍的方法有相类似的规律；其应用范围也呈日趋扩大之势。高分子化学反应试剂的应用范围几乎涉及有机化学反应的所有类型，目前高分子化学反应试剂仍以非常快的速度发展，每年都有大量的文献报导，商品化的高分子试剂也以空前的速度不断涌现。

9.3.3.2　高分子催化剂

一个有机化学反应在实际有机合成中是否可以被应用主要取决于两个因素，即热力学因素和动力学因素。前者主要考虑热焓、自由能和熵变等热力学参数；后者考虑的是活化自由能、分子碰撞几率等影响反应速率的动力学因素。在现实中某些热力学允许的化学反应，当考虑动力学因素该反应可能无法应用。其最主要的原因是反应的活化能太高，而导致反应速率太低，在有限的反应时间内反应无法进行到底。很久以前科学家就发现，有些物质可以大大加快某些化学反应的速度，而自身在反应前后却并不发生变化，这些物质就是我们常说的催化剂。在化学反应中催化剂不能改变反应的趋势，而是通过降低反应的活化能提供一条快速反应通道。有催化剂参与的化学反应称为催化反应。催化反应可以按照反应体系的外观特征划分为两大类，均相催化反应和多相催化反应。

均相催化反应催化剂完全溶解在反应介质中，反应体系成为均匀的单相。在均相反应中反应物分子可以相互充分接触，有利于反应的快速进行。但是反应完成之后一般需要较复杂的分离纯化等后处理步骤，以便将产品与催化剂等物质分开。而在处理过程中常常会造成催化剂失活或损失。

多相催化反应与均相催化反应相反，在多相催化中催化剂不与反应介质混溶而自成一相，反应过后通过简单过滤即可将催化剂与其他物质分离回收，但是反应速度受到固体表面积和介质扩散系数的影响较大。这种催化剂最初大多由在溶剂中不溶解的过渡金属和它们的氧化物组成。

由于多相反应的后处理过程简单，催化剂与反应体系分离容易(简单过滤)，回收的催化剂可以反复多次使用，因此近年来受到普遍关注和欢迎。特别是对于制造困难、价格昂贵，又没有理想替代物的催化剂，如稀有金属络合物等，实现多相催化工艺是非常有吸引力的，对工业化大生产更是如此。为此人们开始研究如何将均相催化转变成多相催化反应，其主要手段之一就是将可溶性催化剂高分子化，使其在反应体系中的溶解度降低，而催化活性又得到保持的方法。在这方面最成功的例证是用于酸碱催化反应的离子交换树脂催化剂、聚合物相转移催化剂和用于加氢和氧化等催化反应的高分子过渡金属络合物催化剂。生物催化剂 - 固化酶从原理上讲也属于这一类。

下面是一些常用的高分子催化剂。

(1)高分子酸碱催化剂　有很大一部分有机反应可以被酸或碱所催化，如常见的水解反应、酯化反应等都可以由酸或碱作为催化剂促进其反应。这一类小分子酸碱催化剂多半可以由阳离子或阴离子交换树脂所替代，原因是阳离子交换树脂可以提供质子，其作用与酸性催化剂相同；阴离子交换树脂可以提供氢氧根离子，其作用与碱性催化剂相同。同时，由于离子交换树脂的不溶性，可使原来的均相反应转变成多相反应。目前已经有多种商品化的具有不同酸碱强度的离子交换树脂作为酸碱催化剂使用；其中最常用的是强酸和强碱型离子交换树脂。其中常见可作为酸碱催化剂使用的聚苯乙烯型酸、碱树脂其分子结构如下：

Ⓟ—C_6H_4—SO_3H　　Ⓟ—C_6H_4—$CH_2\overset{+}{N}R_3\ OH^-$

酸催化用树脂　　碱催化用树脂

酸性或碱性离子交换树脂作为酸、碱催化剂适用的常见反应类型包括以下几种：酯化反应、醇醛缩合反应、烷基化反应、脱水反应、环氧化反应、水解反应、环合反应、加成反应、分子重排反应以及某些聚合反应等。采用高分子催化剂进行酸碱催化反应由于其多相反应的特点，可以有多种反应工艺方式供选择；既可以像普通反应一样将催化剂与其他反应试剂混在一起在反应釜内加以搅拌，反应后得到的反应混合物经过过滤等简单纯化分离过程与催化剂分离；也可以将催化剂固定在反应床上进行反应，反应物作为流体通过反应床，产物随流出物与催化剂分离。在中小规模合成反应中也可以采用第三种合成工艺方法，即将反应器制成空心柱状(实验室中常常用色谱分离柱代替)，催化剂作为填料填入反应柱中，反应时如同柱色谱分离过程一样将反应物和反应试剂从柱顶端加入，在一定溶剂冲洗下通过填有催化剂的反应柱；当产品与溶剂混合物从柱中流出后反应即已完成。这种反应装置可以连续进行反应，在工业上可以提高产量，降低成本，简化工艺。

(2)高分子金属络合物催化剂　许多金属、金属氧化物、金属络合物在有机合成和化学工业中均可作为催化剂。金属和金属氧化物在多数溶剂中不溶解，一般为天然多相催化剂。而金属络合物催化剂由于其易溶性常常与反应体系成为均相，多数只能作为均相反应的催化剂。金属络合物催化剂经过高分子化后溶解度会大大下降，可以改造成为多相催化剂。

由于众所周知的优越性，目前使用高分子金属络合催化剂越来越普遍。制备高分子金属络合物催化剂最关键的两个步骤是在高分子骨架上引入配位基团和在金属中心离子之间进行络合反应。最常见的引入方法是通过共价键使金属络合物中的配位体与高分子骨架相连接，构成的高分子配位体再与金属离子进行络合反应形成高分子金属络合物。根据分子轨道理论和配位化学规则，作为金属络合物的配位体，在分子中应具有以下两类结构之一；一类是分子结构中含有P、S、O、N等可以提供未成键电子的所谓配位原子。含有这类结构的有机官能团种类繁多，比较常见的如羟基、羰基、硫醇、胺类、醚类及杂环类等。另一类是分子结构中具有离域性强的π电子体系，如芳香族化合物和环戊二烯等均是常见配位体。配位体的作用是提供电子与中心金属离子提供的空轨道形成配位化学键。

(3)高分子相转移催化剂　有些化学反应反应物之间的溶解度差别很大，无法在单一溶剂中溶解。如通常离子性化合物只在水中溶解，而非极性分子则只在有机溶剂中溶解，两者发生化学反应时需要用到两相反应体系，即包含不互溶的水相和有机相。由于两种反应物分别处于两个相态中，反应过程中反应物需要从一相向另外一相转移与另一反应物质发生化学反应，因此分子碰撞几率减少，反应速度通常很慢。能够加速反应物从一相向另一相转移过程，进而提升反应速度的化学物质被称为相转移催化剂，这类化学反应称为相转移催化反应。相转移催化剂一般是指在反应中能与阴离子形成离子对或者与阳离子形成络合物，从而增加这些离子型化合物向有机相的迁移并提升在有机相的溶解度的物质。这类物质主要包括亲脂性有机离子化合物(季胺盐和磷嗡盐)和非离子型的冠醚类化合物，在催化反应过程中承担反应物在两相之间的传递作用。

与小分子相转移催化剂相比，高分子相转移催化剂不污染反应物和产物，催化剂的回收比较容易，因此可以采用比较昂贵的相转移催化剂；同时还可以降低小分子催化剂的毒性，减少对环境的污染。总体来讲，磷嗡离子相转移催化剂的稳定性和催化活性都要比相应季胺盐型催化剂要好，而聚合物键合的高分子冠醚相转移催化剂的催化活性最高。

除了上述三种高分子催化剂之外，还存在着高分子路易斯酸、聚合物脱氢和脱羰基催化剂、聚合物型pH指示剂和聚合型引发剂等高分子催化剂。如将过氧、或者偶氮等具有引发聚合反应功能的分子结构高分子化，可以得到聚合型引发剂。这类引发剂可用来催化聚合物的接枝反应。过渡金属卤化物高分子化后得到的聚合物引发剂可以引发含有端双键的单体聚合，生成接枝或者嵌段聚合物。

9.3.4 高吸水性树脂

9.3.4.1 概述

高吸水性树脂是一类高分子电解质。水中盐类物质的存在会影响树脂的吸水能力，在一定程度上限制了它的应用。提高高吸水性树脂对含盐液体(如尿液，血液、肥料水等)的吸收能力，将是今后高吸水性树脂研究工作中的一个重要课题。此外，对高吸水性树脂吸水机理的理论研究工作也将进一步开展，以指导这一类功能高分子向更高水平发展。

高吸水性树脂的结构一般是由低交联度的三维网状结构及其连接的亲水性基团组成，其骨架可以是淀粉、纤维素等天然高分子，也可以是合成树脂(如聚丙烯酸类)，亲水性基团可以是磺酸基、羧基、酰胺基、羟基等。典型的高吸水性树脂结构图如图9-10所示。

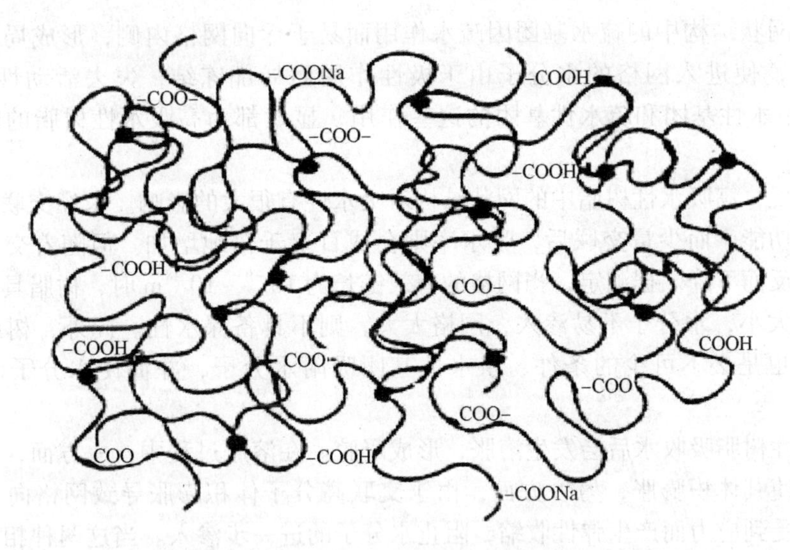

图9-10 高吸水性树脂结构图

9.3.4.2 高吸水性树脂的类型和制备方法

根据原料来源、亲水基团引入方法、交联方法、产品形状等的不同，高吸水性树脂可有多种分类方法，按原料来源这一分类方法最为常用，可将高吸水性树脂分为淀粉类、纤维素类和合成聚合物类三大类。其中，合成聚合物类的高吸水性树脂主要有四种类型：

(1)聚丙烯酸盐类 这是目前生产最多的一类合成高吸水性树脂，由丙烯酸或其盐类与具有二官能度的单体共聚而成。制备方法有溶液聚合后干燥粉碎和悬浮聚合两种。这类产品吸水倍率较高，一般均在千倍以上。

(2)聚丙烯腈水解物 将聚丙烯腈用碱性化合物水解，再经交联剂交联，即得高吸水性树脂。如将废腈纶丝水解后用氢氧化钠交联的产物即为此类。由于氰基的水解不易彻底，产品中亲水基团含量较低，故这类产品的吸水倍率不太高，一般在500~1000倍左右。

(3)醋酸乙烯酯共聚物 将醋酸乙烯酯与丙烯酸甲酯进行共聚，然后将产物用碱水解后得到乙烯醇与丙烯酸盐的共聚物，不加交联剂即可成为不溶于水的高吸水性树酯。这类树脂在吸水后有较高的机械强度，适用范围较广。

(4)改性聚乙烯醇类 这类高吸水性树脂由聚乙烯醇与环状酸酐反应而成，不需外加交联剂即可成为不溶于水的产物。这类树脂由日本可乐丽公司首先开发成功，吸水倍率为150~400倍，虽吸水能力较低，但初期吸水速度较快，耐热性和保水性都较好，故是一类适用面较广的高吸水性树脂。

9.3.4.3 高吸水性树脂的吸水机理

高吸水性树脂可吸收相当于自身重量几百倍到几千倍的水，是目前所有吸水剂中吸水功能最强的材料。从化学组成和分子结构看，高吸水性树脂是分子中含有亲水性基团和疏水性基团的交联型高分子。从直观上理解，当亲水性基团与水分子接触时，会相互作用形成各种水合状态。

水分子与亲水性基团中的金属离子形成配位水合，与电负性很强的氧原子形成氢键等。高分子网状结构中的疏水基团因疏水作用而易于斥向网格内侧，形成局部不溶性的微粒状结构，使进入网格的水分子由于极性作用而局部冻结，失去活动性，形成“伪冰”结构。亲水性基团和疏水性基团的这些作用，显然都为高吸水性树脂的吸水性能作了贡献。

研究发现，高吸水性树脂中的网状结构对吸水性有很大的影响。未经交联的树脂基本上没有吸水功能。而少量交联后，吸水率则会成百上千倍地增加。但随着交联密度的增加，吸水率反而下降。据测定，当网格的有效链长为 $10^{-9} \sim 10^{-8}$m 时，树脂具有最大的吸水性。网格太小，水分子不易渗入，网格太大，则不具备保水性。此外，树脂中亲水性基团的存在也是必不可少的条件，亲水性基团吸附水分子，并促使水分子向网状内部渗透。

高吸水性树脂吸收水后会发生溶胀，形成凝胶。在溶胀过程中，一方面，水分子力图渗入网格内使其体积膨胀，另一方面，由于交联高分子体积膨胀导致网格向三维空间扩展，使网键受到应力而产生弹性收缩，阻止水分子的进一步渗入。当这两种相反的作用相互抵消时，溶胀达到了平衡，吸水量达到最大。

9.3.4.4 高吸水性树脂的基本特性

(1)高吸水性　作为高吸水性树脂，高的吸水能力是其最重要的特征之一。从目前已经研制成功的高吸水性树脂来看，吸水率均在自身重量的 500 ~ 12000 倍左右，最高可达 4000 倍以上，是纸和棉花等材料吸水能力的 100 倍左右。考察和表征高吸水性树脂吸水性的指标通常有两个，一是吸水率，二是吸水速度。

①吸水率　吸水率是表征树脂吸水性的最常用指标。物理意义为每克树脂吸收的水的质量。单位为 g 水/g 树脂。影响树脂吸水率有很多因素，除了产品本身的化学组成之外，还与产品的交联度、水解度和被吸液体的性质等有关。

高吸水性树脂在未经交联前，一般是水溶性的，不具备吸水性或吸水性很低，因此通常需要进行交联。但实验表明，交联密度过高对吸水性并无好处。交联密度过高，一方面，网格太小而影响水分子的渗透，另一方面，橡胶弹性的作用增大，也不利于水分子向网格内的渗透，因此造成吸水能力的降低。

高吸水性树脂的吸水率一般随水解度的增加而增加。但事实上，往往当水解度高于一定数值后，吸水率反而下降。这是因为随着水解度的增加，亲水性基团的数目固然增加，但交联剂部分也将发生水解而断裂，使树脂的网格受到破坏，从而影响吸水性。

高吸水性树脂是高分子电解质，水中盐类物质的存在和 pH 值的变化都会影响树脂的吸水能力。这是因为酸、碱、盐的存在，一方面影响亲水的羧酸盐基团的解离，另一方面由于盐效应而使原来在水中应扩张的网格收缩，与水分子的亲和力降低，因此吸水率降低。

②吸水速度　在树脂的化学组成、交联度等因素都确定之后。高吸水性树脂的吸水速度主要受其形状所影响。一般来说，树脂的表面积越大，吸水速度也越快。所以，薄膜状树脂的吸水速度通常较快，而与水接触后易聚集成团的粉末状树脂的吸水速度相对较慢。与纸张、棉花、海绵等吸水材料相比，高吸水性树脂的吸水速率较慢，一般在 1min 内吸水量达到最大。

(2)加压保水性　与纸张、棉花和海绵等材料的物理吸水作用不同，高吸水性树脂的吸水能力是由化学作用和物理作用共同贡献的。即利用分子中大量的羧基、羟基和酰氧基团与水分子之间的强烈范得华力吸收水分子，并由网状结构的橡胶弹性作用将水分子牢固地束缚在网格中。一旦吸足水后，即形成溶胀的凝胶体。这种凝胶体的保水能力很强，即使在加压下也不易挤出来。

(3)吸氨性　高吸水性树脂一般为含羧酸基的阴离子高分子，为提高吸水能力，必须进行皂化，使大部分羧酸基团转变为羧酸盐基团。但通常树脂的水解度仅70%左右，另有30%左右的羧酸基团保留下来，使树脂呈现一定的弱酸性。这种弱酸性使得它们对氨那样的碱性物质有强烈的吸收作用。

高吸水性树脂的这种吸氨性，特别有利于尿布、卫生用品和公共厕所等场合的除臭，因为尿液是生物体的排泄物，其中含有尿素酶。在尿素酶的作用下，尿液中的尿素逐渐分解成氨。而高吸水性树脂不仅能吸收氨，使尿液呈中性，同时还有抑制尿素酶的分解作用的功能，从而防止了异味的产生。

(4)增稠性　聚氧乙烯、羧甲基纤维素、聚丙烯酸钠等均可作为水性体系的增稠剂使用。高吸水性树脂吸水后体积可迅速膨胀至原来的几百倍到几千倍，因此增稠效果远远高于上述增稠剂。例如，用0.4%(wt)的高吸水性树脂能使水的黏度增大约1万倍，而用普通的增稠剂，加入0.4%，水的黏度几乎不变。需要加入2%以上才达到这么高的黏度。

高吸水性树脂的增稠作用在体系的pH值为5～10时表现得尤为突出。例如，含淀粉类高吸水性树脂HSPAN 0.1%的水，黏度为1900mPa·s，而在其中加入8%氯化钾，黏度上升至5000mPa·s。经高吸水性树脂增稠的体系，通常表现出明显的触变性，即体系的黏度在受到剪切力后随时间迅速下降，而剪切停止后，黏度又可恢复。

9.3.4.5　高吸水性树脂的应用

(1)生理卫生用品　由高吸水性树脂制备的生理用品主要指的是人的体液(血液、尿液、汗液等)的吸收材料，应用极为广泛，如卫生巾、尿布(或尿纸)、餐巾纸、抹布、床垫、食品器垫、纸毛巾、药棉、绷带、手术外衣和手套、失禁片、吸汗内衣等。高吸水性树脂的超强吸水能力和保水能力使得传统的相关产品不仅轻便化、小型化、舒适化，而且吸液能力更加突出。

(2)土壤保水剂　高吸水性树脂问世以来，不少研究者用它与土壤混合，既有利于作物生长，又可减少灌溉次数，节约灌溉用水。法国还用高吸水性树脂制成“水合土”，在沙漠里试种庄稼。

(3)土建用固化剂、防露剂和水密封材料　在土建工程中，高吸水性树脂可用来防止水分渗透。在城市污水处理和疏浚工程中，用它可以使污泥固化，从而改善挖掘条件，便于运输。利用高吸水性树脂具有的平衡吸水率，在高湿度时吸湿、低湿度时放湿的呼吸性，将它添加在清漆或涂料内，可防止墙面及天花板返潮，起到防霉剂作用。此外，将高吸水性树脂与聚氯酯、乙烯－醋酸乙烯共聚物等一起压制后，可制成水密封材料。当它吸收水分后迅速膨胀而充满间隙，防止水分滴漏。

9.4 生物功能高分子

9.4.1 医用高分子材料

9.4.1.1 概述

医用高分子作为一门边缘学科，融和了高分子化学、高分子物理、生物化学、合成材料工艺学、病理学、药理学、解剖学和临床医学等多方面的知识，还涉及许多工程学问题，如各种医疗器械的设计、制造等。上述学科的相互交融、相互渗透，促使医用高分子材料的品种越来越丰富，性能越来越完善，功能越来越齐全。

目前用高分子材料制成的人工器官中，比较成功的有人工血管、人工食道、人工尿道、人工心脏瓣膜、人工关节、人工骨、整形材料等。已取得重大研究成果，但还需不断完善的有人工肾、人工心脏、人工肺、人工胰脏、人工眼球、人造血液等。另有一些功能较为复杂的器官，如人工肝脏、人工胃、人工子宫等，则正处于大力研究开发之中。

从应用情况看，人工器官的功能开始从部分取代向完全取代发展，从短时间应用向长时期应用发展，从大型向小型化发展，从体外应用向体内植入发展、从人工器官的种类与生命密切相关的部位向人工感觉器官、人工肢体发展。

(1)医用高分子的分类　目前医用高分子材料随来源、应用目的等可以分为多种类型。各种医用高分子材料的名称也很不统一。国内一般按如下分类方法对医用高分子材料进行分类。

①按材料的来源分类

a. 天然医用高分子材料，如胶原、明胶、丝蛋白、角质蛋白、纤维素、多糖、甲壳素及其衍生物等。

b. 人工合成医用高分子材料，如聚氨酯、硅橡胶、聚酯等。

c. 天然生物组织与器官，取自患者自体的组织，例如采用自身隐静脉作为冠状动脉搭桥术的血管替代物；取自其他人的同种异体组织，例如利用他人角膜治疗患者的角膜疾病；来自其他动物的异种同类组织，例如采用猪的心脏瓣膜代替人的心脏瓣膜，治疗心脏病等。

②按材料与活体组织的相互作用关系分类

a. 生物惰性高分子材料，在体内不降解、不变性、不会引起长期组织反应的高分子材料，适合长期植入体内。

b. 生物活性高分子材料，指植入生物体内能与周围组织发生相互作用，促进肌体组织、细胞等生长的材料。

c. 生物吸收高分子材料，这类材料又称生物降解高分子材料。这类材料在体内逐渐降解，其降解产物能被肌体吸收代谢，或通过排泄系统排出体外，对人体健康没有影响。如用聚乳酸制成的体内手术缝合线、体内黏合剂等。

③按生物医学用途分类

a. 硬组织相容性高分子材料。

b. 软组织相容性高分子材料。

c. 血液相容性高分子材料。

d. 高分子药物和药物控释高分子材料。

④按与肌体组织接触的关系分类

a. 长期植入材料，如人工血管、人工关节、人工晶状体等。

b. 短期植入(接触)材料，如透析器、心肺机管路和器件等。

c. 体内体外连通使用的材料，如心脏起搏器的导线、各种插管等。

d. 与体表接触材料及一次性医疗用品材料。

(2)对医用高分子材料的基本要求

①化学惰性，不会因与体液接触而发生反应。人体环境对高分子材料主要有以下一些影响：

a. 体液引起聚合物的降解、交联和相变化；

b. 体内的自由基引起材料的氧化降解反应；

c. 生物酶引起的聚合物分解反应；

d. 在体液作用下材料中添加剂的溶出；

e. 血液、体液中的类脂质、类固醇及脂肪等物质渗入高分子材料，使材料增塑，强度下降。

②对人体组织不会引起炎症或异物反应。有些高分子材料本身对人体有害，不能用作医用材料。而有些高分子材料本身对人体组织并无不良影响，但在合成、加工过程中不可避免地会残留一些单体，或使用一些添加剂。当材料植入人体以后，这些单体和添加剂会慢慢从内部迁移到表面，从而对周围组织发生作用，引起炎症或组织畸变，严重的可引起全身性反应。

③不会致癌。根据现代医学理论认为，人体致癌的原因是由于正常细胞发生了变异。当这些变异细胞以极其迅速的速度增长并扩散时，就形成了癌。而引起细胞变异的因素是多方面的，有化学因素、物理因素，也有病毒引起的原因。

当医用高分子材料植入人体后，高分子材料本身的性质，如化学组成、交联度、相对分子质量及其分布、分子链构象、聚集态结构、高分子材料中所含的杂质、残留单体、添加剂都可能与致癌因素有关。但研究表明，在排除了小分子渗出物的影响之外，与其他材料相比，高分子材料本身并没有比其他材料更多的致癌可能性。

④具有良好的血液相容性。当高分子材料用于人工脏器植入人体后，必然要长时间与体内的血液接触。因此，医用高分子对血液的相容性是所有性能中最重要的。

高分子材料的血液相容性问题是一个十分活跃的研究课题，但至今尚未制得一种能完全抗血栓的高分子材料。这一问题的彻底解决，还有待于各国科学家的共同努力。

⑤长期植入体内不会减小机械强度。许多人工脏器一旦植入体内，将长期存留，有些甚至伴随人们的一生。因此，要求植入体内的高分子材料在极其复杂的人体环境中，不会很快失去原有的机械强度。

⑥能经受必要的清洁消毒措施而不产生变性。高分子材料在植入体内之前，都要经过严格的灭菌消毒。目前灭菌处理一般有三种方法：蒸汽灭菌、化学灭菌、γ射线灭菌。国

内大多采用前两种方法。因此在选择材料时，要考虑能否耐受得了。

⑦于加工成需要的复杂形状。人工脏器往往具有很复杂的形状，因此，用于人工脏器的高分子材料应具有优良的成型性能。否则，即使各项性能都满足医用高分子的要求，却无法加工成所需的形状，则仍然是无法应用的。

9.4.1.2　高分子材料的生物相容性

生物相容性是指植入生物体内的材料与肌体之间的适应性。对生物体来说，植入的材料不管其结构、性质如何，都是外来异物。出于本能的自我保护，一般都会出现排斥现象。这种排斥反应的严重程度，决定了材料的生物相容性。因此提高应用高分子材料与肌体的生物相容性，是材料和医学科学家们必须面对的课题。

由于不同的高分子材料在医学中的应用目的不同，生物相容性又可分为组织相容性和血液相容性两种。组织相容性是指材料与人体组织，如骨骼、牙齿、内部器官、肌肉、肌腱、皮肤等的相互适应性，而血液相容性则是指材料与血液接触是不是会引起凝血、溶血等不良反应。

(1)高分子材料的组织相容性

①高分子材料植入对组织反应的影响

a. 材料中渗出的化学成分对生物反应的影响。材料中逐渐渗出的各种化学成分(如添加剂、杂质、单体、低聚物以及降解产物等)会导致不同类型的组织反应，例如炎症反应。组织反应的严重程度与渗出物的毒性、浓度、总量、渗出速率和持续期限等密切相关。一般而言，渗出物毒性越大、渗出量越多，则引起的炎症反应越强。

b. 高分子材料的生物降解对生物反应的影响。高分子材料生物降解对人体组织反应的影响取决于降解速度、产物的毒性、降解的持续期限等因素。降解速度慢而降解产物毒性小，一般不会引起明显的组织反应。但若降解速度快而降解产物毒性大，可能导致严重的急性或慢性炎症反应。如有报道采用聚酯材料作为人工喉管修补材料出现慢性炎症的情况。

c. 材料物理形态等因素对组织反应的影响。一般来说，植入体内材料的体积越大、表面越平滑，造成的组织反应越严重。植入材料与生物组织之间的相对运动，也会引发较严重的组织反应。曾对不同形状的材料植入小白鼠体内出现肿瘤的情况进行过统计，发现当植入材料为大体积薄片时，出现肿瘤的可能性比在薄片上穿大孔时高出一倍左右。而海绵状、纤维状和粉末状材料几乎不会引起肿瘤，原因可能是由于材料的植入使周围的细胞代谢受到障碍，营养和氧的供应不充分以及长期受到异物刺激而使细胞异常分化、产生变异所致。而当植入材料为海绵状、纤维状和粉末状时，组织细胞可围绕材料生长，因此不会由于营养和氧的不足而变异，因此致癌危险性较小。

②高分子材料在体内的表面钙化

观察发现，高分子材料在植入人体后，再经过一段时间的试用后，会出现钙化合物在材料表面沉积的现象，即钙化现象。钙化现象往往是导致高分子材料在人体内应用失效的原因之一。试验结果证明，钙化现象不仅是胶原生物材料的特征，一些高分子水溶胶，如聚甲基丙烯酸羟乙酯在大鼠、仓鼠、荷兰猪的皮下也发现有钙化现象。钙化现象是高分子材料植入动物体内后，对肌体组织造成刺激，促使肌体的新陈代谢加速的结果。

影响高分子材料表面钙化的因素很多，包括生物因素(如物种、年龄、激素水平、血清磷酸盐水平、脂质、蛋白质吸附、局部血流动力学、凝血等)和材料因素(亲水性、疏水性、表面缺陷)等。一般而言，材料植入时，被植个体越年轻，材料表面越可能发生钙化。多孔材料的钙化情况比无孔材料要严重。

③高分子材料的致癌性

虽然目前尚无足够的证据说明高分子材料的植入会引起人体内的癌症。但是，许多试验动物研究表明，当高分子材料植入鼠体内时，只要植入的材料是固体材料而且面积大于 $1cm^2$，无论材料的种类(高分子、金属或陶瓷)、形状(膜、片状或板状)以及材料本身是否具有化学致癌性，均有可能导致癌症的发生。这种现象称为固体致癌性或异物致癌性。

根据癌症的发生率和潜伏期，高分子材料对大鼠的致癌性可分为三类。

a. 能释放出小分子致癌物的高分子材料，具有高发生率，潜伏期短的特征。

b. 本身具有癌症原性的高分子材料，发生率较高，潜伏期不定；

c. 只是作为简单异物的高分子材料，发生率较低，潜伏期长。显然只有第三类高分子材料才有可能进行临床应用。

研究发现，异物致癌性与慢性炎症反应、纤维化特别是纤维包膜厚度密切相关。例如当在大鼠体内植入高分子材料后，如果前 3 ~ 12 个月内形成的纤维包膜厚度大于 0. 2mm，经过一定的潜伏期后通常会出现癌症。而低于此值，癌症很少发生。因此 0. 2mm 可能是诱发鼠体癌症的临界纤维包膜厚度。

(2)高分子材料的血液相容性

a. 血栓的形成。通常，当人体的表皮受到损伤时，流出的血液会自动凝固，称为血栓。实际上，血液在受到下列因素影响时，都可能发生血栓：一是血管壁特性与状态发生变化；二是血液的性质发生变化；三是血液的流动状态发生变化。

根据现代医学的观点，对血液的循环，人体内存在两个对立系统，即促使血小板生成和血液凝固的凝血系统和由肝素、抗凝血酶以及促使纤维蛋白凝胶降解的溶纤酶等组成的抗凝血系统。当材料植入体内与血液接触时，血液的流动状态和血管壁状态都将发生变化，凝血系统开始发挥作用，从而发生血栓。

b. 影响血小板在材料表面粘附的因素：

(a)血小板的粘附与材料表面能有关；

(b)血小板的粘附与材料的含水率有关；

(c)血小板的粘附与材料表面疏水 - 亲水平衡有关；

(d)血小板的粘附与材料表面的电荷性质有关；

(e)血小板的粘附与材料表面的光滑程度有关。

9. 4. 1. 3　生物吸收性高分子材料

许多高分子材料植入人体后只是起到暂时替代作用，例如高分子手术缝合线用于缝合体内组织时，当肌体组织痊愈后，缝合线的作用即告结束，这时希望用作缝合线的高分子材料能尽快地分解并被人体吸收，以最大限度地减少高分子材料对肌体的长期影响。由于生物吸收性材料容易在生物体内分解，参与代谢，并最终排出体外，对人体无害，因而越来越受到人们的重视。

(1)生物降解性和生物吸收性　生物吸收性高分子材料在体液的作用下完成两个步骤，即降解和吸收。前者往往涉及高分子主链的断裂，使相对分子质量降低。作为医用高分子要求降解产物(单体、低聚体或碎片)无毒，并且对人体无副作用。高分子材料在体内最常见的降解反应为水解反应，包括酶催化水解和非酶催化水解。能够通过酶专一性反应降解的高分子称为酶催化降解高分子；而通过与水或体液接触发生水解的高分子称为非酶催化降解高分子。

吸收过程是生物体为了摄取营养或通过肾脏、汗腺或消化道排泄废物所进行的正常生理过程。高分子材料一旦在体内降解以后，即进入生物体的代谢循环。这就要求生物吸收性高分子应当是正常代谢物或其衍生物通过可水解键连接起来的。一般情况下，由 C-C 键形成的聚烯烃材料在体内难以降解。只有某些具有特殊结构的高分子材料才能被某些酶所降解。

(2)生物吸收性高分子材料的分解吸收速度　用于人体组织治疗的生物吸收性高分子材料，其分解和吸收速度必须与组织愈合速度同步。人体中不同组织不同器官的愈合速度是不同的，例如表皮愈合一般需要 3～10 天，膜组织的痊愈要需 15～30 天，内脏器官的恢复需要 1～2 个月，而硬组织如骨骼的痊愈则需要 2～3 个月等。

影响生物吸收性高分子材料吸收速度的因素有高分子主链和侧链的化学结构、相对分子质量、凝聚态结构、疏水/亲水平衡、结晶度、表面积、物理形状等。其中主链结构和聚集态结构对降解吸收速度的影响较大。

此外，由于低相对分子质量聚合物的溶解或溶胀性能优于高相对分子质量聚合物，因此对于同种高分子材料，相对分子质量越大，降解速度越慢。亲水性强的高分子能够吸收水、催化剂或酶，一般有较快的降解速度。含有羟基、羧基的生物吸收性高分子，不仅因为其较强的亲水性，而且由于其本身的自催化作用，所以比较容易降解。相反，在主链或侧链含有疏水长链烷基或芳基的高分子，降解性能往往较差。

9.4.1.4　医用高分子材料的应用

(1)血液相容性材料与人工心脏　许多医用高分子在应用中需长期与肌体接触，必须有良好的生物相容性，其中血液相容性是最重要的性能。人工心脏、人工肾脏、人工肝脏、人工血管等脏器和部件长期与血液接触，因此要求材料必须具有优良的抗血栓性能。

(2)人造皮肤材料　治疗大面积皮肤创伤的病人，需要将病人的正常皮肤移植在创伤部位上。但在移植之前，创伤面需要清洗，被移植皮肤需要养护，因此需要一定时间。在这段时间内，许多病人由于体液的大量损耗以及蛋白质与盐分的丢失而丧失生命。因此，人们用高亲水性的高分子材料作为人造皮肤，暂时覆盖在深度创伤的创面上，以减少体液的损耗和盐分的丢失，从而达到保护创面的目的。

(3)医用黏合剂　黏合剂作为高分子材料中的一大类别，近年来已扩展到医疗卫生部门，并且其适用范围正随着黏合剂性能的提高、使用趋于简便而不断扩大。医用黏合剂在医学临床中有十分重要的作用。在外科手术中，医用黏合剂用于某些器官和组织的局部黏合和修补；手术后缝合处微血管渗血的制止；骨科手术中骨骼、关节的结合与定位；齿科手术中用于牙齿的修补等。

9.4.2　药用高分子材料

9.4.2.1　概述

(1)药用高分子的由来与发展　早在公元前1500年开始，人们就开始有意识地利用植物和动物治病。高分子化合物在医药中的应用虽然也有相当长的历史，但早期使用的天然高分子化合物，如树胶、动物胶、淀粉、葡萄糖，甚至动物的尸体等制备的药物如今看来存在很大的局限性，远远满足不了医疗卫生事业发展的需要。

高分子药物具有低毒、高效、缓释和长效等特点。与生物体的相容性好，停留时间长。还可通过单体的选择和共聚组分的变化，调节药物的释放速率，达到提高药物的活性、降低毒性和副作用的目的。进入人体后，可有效地到达症患部位。合成高分子药物的出现，不仅改进了某些传统药物的不足之外，而且大大丰富了药物的品种，为攻克那些严重威胁人类健康的疾病提供了新的手段。

(2)药用高分子的类型和基本性能

①药用高分子。药用高分子的定义至今还不甚明确。在不少专著中，将药用高分子按其应用目的不同分为药用辅助材料和高分子药物两类。

药用辅助材料是指在药剂制品加工时所用的和为改善药物使用性能而采用的高分子材料，例如稀释剂、润滑剂、粘合剂、崩解剂、糖包衣、胶囊壳等。药用辅助材料本身并不具有药理作用，只是在药品的制造和使用中起从属或辅助的作用。因此这类高分子从严格意义上讲不属于功能高分子，而是属于特种高分子的范畴。

而高分子药物则不同，它依靠连接在聚合物分子链上的药理活性基团或高分子本身的药理作用，进入人体后，能与肌体组织发生生理反应，从而产生医疗效果或预防性效果。

②高分子药物。一些水溶性高分子材料本身具有药理作用，可直接作药物使用，这就是高分子药物。按分子结构和制剂的形式，高分子药物可分为三大类：

a. 高分子化的低分子药物。这类高分子药物亦称高分子载体药物，其药效部分是低分子药物，以某种化学方式连接在高分子链上。

b. 本身具有药理活性的高分子药物。这类药物只有整个高分子链才显示出医药活性，它们相应的低分子模型化合物一般并无药理作用。

c. 物理包埋的低分子药物。这类药物中，起药理活性作用的是低分子药物，它们以物理的方式被包裹在高分子膜中，并通过高分子材料逐渐释放。典型代表为药物微胶囊。

③药用高分子应具备的基本性能

由于药用高分子的使用对象是生物体，通过口服或注射等方式进入消化系统、血液或体液循环系统，因此必须具备一些基本的特性。对高分子药物的要求包括：

a. 高分子药物本身以及它们的分解产物都应是无毒的，不会引起炎症和组织变异反应，没有致癌性；

b. 进入血液系统的药物，不会引起血栓；

c. 具有水溶性或亲水性，能在生物体内水解出有药理活性的基团。

d. 能有效地到达病灶处，并在病灶处积累，保持一定浓度。

e. 对于口服的药剂，聚合物主链应不会水解，以便高分子残骸能通过排泄系统被排出体外。如果药物是导入循环系统的，为避免其在体内积累，聚合物主链必须是易分解的，才能排出人体或被人体所吸收。

9.4.2.2 高分子化药物

(1)低分子药物高分子化的优点　低分子药物分子中常含有氨基、羧基、羟基、酯基等活性基团。它们是与高分子化合物结合的极好反应点。低分子药物与高分子化合物结合后，起医疗作用的仍然是低分子活性基团，高分子仅起了骨架或载体的作用。但越来越多的事实表明，高分子骨架并不是惰性的，它们对药理基团有着一定的活化和促进作用。

高分子载体药物进入人体后，药理作用通过体液或生物酶的作用发挥出来。

高分子载体药物有以下优点：能控制药物缓慢释放，使代谢减速、排泄减少、药性持久、疗效提高；载体能把药物有选择地输送到体内确定部位，并能识别变异细胞；稳定性好；释放后的载体高分子是无毒的，不会在体内长时间积累，可排出体外或水解后被人体吸收，因此副作用小。

(2)低分子药物与高分子的结合方式　林斯道夫(Ringsdorf)等提出，高分子载体药物应具有如图9-11所示的结构模型。

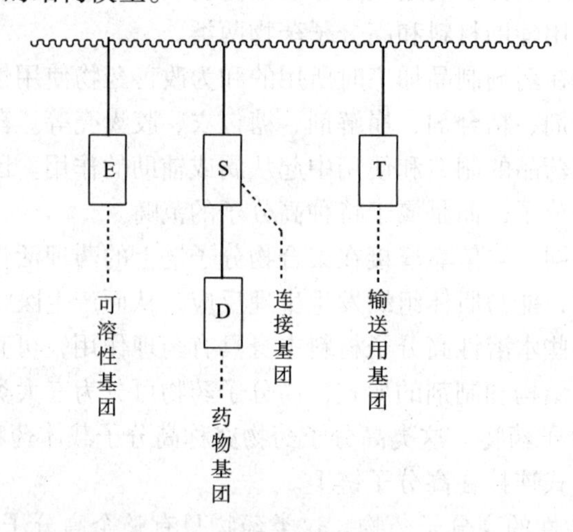

图9-11　高分子载体药物的Ringsdorf模型

从图中可见，高分子载体药物中应包含四类基团：可溶性基团、药理活性基团、连接基团、输送用基团。可溶性基团，如羧酸盐、季铵盐、磷酸盐等的引入可提高整个分子的亲水性，使之水溶。在某些场合下，亦可适当引入烃类亲油性基团，以调节溶解性。药理活性基团是真正起到疗效作用的基团。连接基团的作用是使低分子药物与聚合物主链形成稳定的或暂时的结合，而在体液和酶的作用下通过水解、离子交换或酶促反应可使药物基团重新断裂下来。输送用基团是一些与生物体某些性质有关的基团，如磺酰胺基团与酸碱性有密切依赖关系，通过它可将药物分子有选择地输送到特定的组织细胞中。

上述四类基团可通过共聚反应、嵌段反应、接枝反应以及高分子化合物反应等方法结合到聚合物主链上。

(3)高分子载体药物的研究和应用　药用高分子的研究工作是从高分子载体药物的研究开始的。第一个高分子载体药物是1962年研究成功的将青毒素与聚乙烯胺结合的产物。

至今已研制成功许多品种，目前在临床中实际应用的药用高分子大多属于此类。

碘酒曾经是一种最常用的外用杀菌剂，消毒效果很好。但是由于它的刺激性和毒性较大，近年来日益受到人们的冷落。如果将碘与聚乙烯吡咯烷酮结合，可形成水溶性的络合物。这种络合物在药理上与碘酒有同样的杀菌作用。由于络合物中碘的释放速度缓慢，因此刺激性小，安全性高，可用于皮肤，口腔和其他部位的消毒。

青霉素是一种抗多种病菌的广谱抗菌素，应用十分普遍。它具有易吸收，见效快的特点，但也有排泄快的缺点。利用青霉素结构中的羧基、氨基与高分子载体反应，可得到疗效长的高分子青霉素。例如将青霉素与乙烯醇—乙烯胺共聚物以酰胺键相结合，得到水溶性的药物高分子。

9.4.2.3　药理活性高分子药物

(1)药理活性高分子药物的特点　药理活性高分子药物是真正意义上的高分子药物。它们本身具有与人体生理组织作用的物理、化学性质，从而能克服肌体的功能障得，治愈人体组织的病变，促进人体的康复和预防人体的疾病等。

实际上，高分子药物的应用已有悠久的历史，如激素、酶制剂、肝素、葡萄糖、驴皮胶等都是著名的天然药理活性高分子。人工合成的药理活性高分子的研究、开发和应用的历史不长，对许多高分子药物的药理作用也尚不十分清楚。但是，由于生物体本身就是由高分子化合物构成的，因此人们相信，作为药物的高分子化合物，应该有可能比低分子药物更易为生物体所接受。

目前，药理活性高分子药物的研究工作主要从下面三个方面展开：

①对已经用于临床的高分子药物，努力搞清其药理作用。

②根据已有低分子药物的功能，设计既保留功能、又克服副作用的高分子药物。

③开发新功能的药理活性高分子药物。

(2)药理活性高分子药物的研究和应用　低相对分子质量的聚二甲基硅氧烷具有低的表面张力，物理、化学性质稳定，具有很好的消泡作用，故广泛用作工业消泡剂。由于它无毒，在人体内不会引起生理反应，故亦被用作医用消泡剂，用于急性肺水肿和肠胃胀气的治疗，国内外都有应用。

聚乙烯 *N*－氧吡啶能溶于水中。注射其水溶液或吸入其喷雾剂，对于治疗因大量吸入含游离二氧化硅粉尘所引起的急性和慢性矽肺病有较好效果，并有较好的预防效果。研究表明，只有当聚乙烯 *N*－氧吡啶的相对分子质量大于3万时才有较好的药理活性，其低聚物以及其低分子模型化合物异丙基 *N*－氧吡啶却完全没有药理活性。这可能是由于高相对分子质量的聚乙烯 *N*－氧吡啶更容易吸附在进入人体的二氧化硅粉尘上，避免了二氧化硅与细胞成分的直接接触，从而起到治疗和预防矽肺病的作用。

9.4.2.4　药物微胶囊

微胶囊是指以高分子膜为外壳、其中包有被保护或被密封的物质的微小包囊物。就像鱼肝油丸那样，外面是一个明胶胶囊，里面是液态的鱼肝油。经过这样处理，鱼肝油由液体变成了固体。药物经微胶囊化后，物质的颜色、密度、溶解性、反应性、压敏性、热敏性、光敏性均发生了变化。

微胶囊的最大特点是可以控制释放内部的被包裹物质，使其在某一瞬间释放出来或在一定时期内逐渐释放出来。

将环氧树脂的固化剂微胶囊化混于环氧树脂中，可构成单组分环氧树脂黏合剂。黏合时，在外力作用下，微胶囊外壳破裂，固化剂与环氧树脂相遇接触而固化。把香料、驱蚊剂等的微胶囊混入内墙涂料中，依靠微胶囊外壳聚合物的渗透作用将香料、驱蚊剂逐渐释放出来，成为具有长效芳香、驱蚊作用的涂料。把农药，化肥微胶囊化则可得长效缓释农药、化肥。

与普通的药物相比，药物微胶囊有不少优点。药物被高分子膜包裹后，避免了药物与人体的直接接触，药物只有通过对聚合物壁的渗透或聚合物膜在人体内被浸蚀、溶解后才能逐渐释放出来。因此能够延缓、控制药物释放速度，掩蔽药物的毒性、刺激性、苦味等不良性质，提高药物的疗效。

9.5 其他功能高分子材料

9.5.1 可降解高分子材料

生物降解是指有机生物被活体微生物破坏的过程。高分子材料的生物降解过程主要分三个阶段：①塑料表面被微生物粘附，产生一些水溶性的中间降解产物，粘附方式与塑料特性(如流动性、结晶性、相对分子质量、官能团类型等)。微生物种类及自然条件(如温度、湿度)等相关；②微生物分泌的部分酶类(如包外酶和包内酶)，吸附于塑料表面并消解聚合物链，通过水解和氧化等反应将高分子材料降解为低相对分子质量的单体及碎片；③在微生物作用下，这些低相对分子质量的单体及碎片最终被降解为 CO_2、水、甲烷及生物质(腐殖质)等。

通常，上述过程是有不同微生物种类共同作用造成的，其中一些微生物首先将塑料降解为单体形式，一些微生物则利用该单体产生一些简单副产物，而另一些微生物则能利用该产物最终将其降解为 CO_2、H_2O、甲烷及腐殖质等。降解聚合物的微生物优势种群和降解途径常常视环境条件而定，在有氧条件下，好氧微生物将塑料转化为 CO_2、H_2O 和生物质。而在厌氧环境中(如废弃物填埋场、堆肥等)，厌氧微生物则是造成高分子材料退化的主要原因，塑料被最终降解为 CO_2、H_2O、甲烷及生物质。目前报道的可降解塑料主要有淀粉基生物降解塑料、聚乳酸(PLA)、聚羟基烷酸酯(PHAs)、聚己内酯(PCL)等。

9.5.2 先驱体高分子材料

先驱体裂解转化陶瓷工艺最早由 Yajima 教授 1975 年开创，首先应用于 SiC 陶瓷纤维的制备。先驱体裂解转化陶瓷工艺路线可分为聚碳硅烷(PCS)合成、熔融纺丝、不融化处理和高温烧成 4 个工序，即首先由二甲基二氯烷脱氯聚合为聚二甲基硅烷，再经过高温(450 ~ 500℃)热分解、重排缩聚转化为 PCS，在 250 ~ 350℃下，PCS 在多孔纺丝机上熔纺成连续 PCS 纤维，经空气中约 200℃的氧化交联得到不熔化 PCS 纤维最后在纯氮气保护下、1000℃以上裂解得到 SiC 纤维。

先驱体裂解转化为陶瓷工艺是一个化学合成先驱体低聚物或聚合物，然后成型，再经热裂解转化为陶瓷的过程，具有分子的可设计性、良好的工艺性、可低温陶瓷化和陶瓷材料的加工性等优点，是对传统陶瓷工艺的革命性创新。先驱体转化为陶瓷工艺应用灵活，除了用于制备陶瓷纤维外，还用于制备金属/陶瓷基体胶黏剂、粉体胶黏剂、陶瓷涂层、膜材料和微机电系统（MEMS）等材料。常见的陶瓷先驱体材料有碳化硅陶瓷先驱体、氮化硅陶瓷先驱体、氮化硼陶瓷先驱体和氧化硅陶瓷先驱体。

先驱体裂解转化陶瓷工艺已经在陶瓷纤维、涂层、复合材料以及微机电系统等材料的制备方面得到广泛应用。利用 PCS、PSZ、PBZ 以及 PSO 等先驱体制备的陶瓷材料具有高强度、耐高温和耐腐蚀等优异性能，其中通过掺杂或化学改性，同样可以得到功能化的先驱体陶瓷材料，其在航空航天、国防和电子等领域中具有广阔的应用前景。

目前先驱体法研究的重点是新型先驱体的开发，交联技术的研制及对热解工艺的改进。对于陶瓷先驱体的制备，用电化学方法在侧链上引入活性基团或支化结构，越来越引起研究者的兴趣。如何找到有效合成硅链的条件，降低成本得到高相对分子质量聚硅烷，是实现聚硅烷工业制备的关键。如果此种电化学合成工艺和路线摸索成功。将会大大简化整个碳化硅的生产线流程，对我国航空航天和国防领域的发展有重大意义。在先驱体中引入诸如 Al、Ti、Zr、Ta 等异质元素，制备的 SiC 及其复合材料耐高温性、抗氧化性和力学性能预期会有显著提高。针对官能团化聚硅烷的活性基团进行其他反应，以得到多种类型的其他官能化聚硅烷的研究也正在进行当中，官能化新种类聚硅烷必将使聚硅烷的性能更加优越。其应用也会更加广泛。

9.5.3　智能高分子材料

高分子智能材料起源于20世纪80年代，又称机敏材料，也被称为刺激－响应型聚合物或环境敏感聚合物，是智能材料的一个重要的组成部分。它是通过分子设计和有机合成的方法使有机材料本身具有生物所赋予的高级功能：如自修与自增殖能力，认识与鉴别能力，刺激响应与环境应变能力等。环境刺激因素很多，如温度、pH 值、离子、电场、磁场、溶剂、反应物、光（或紫外光）、应力和识别等，对这些刺激产生有效响应的智能聚合物自身性质会随之发生变化。它与普通功能材料的区别在于它具有反馈功能，与仿生和信息密切相关，其先进的设计思想被誉为材料科学史上的一大飞跃，已引起世界各国政府和多种学科科学家的高度重视。智能高分子材料的主要内容集中在智能高分子凝胶、形状记忆高分子聚合物、聚合物基压电材料、智能高分子凝胶、智能高分子膜材料、智能高分子粘合剂、智能纤维织物、智能药物释放体系、智能高分子复合材料、生物材料的仿生化和智能化等。智能材料是一个材料系统，具有集感知、驱动和信息处理于一体，形成类似生物材料那样具备自感知、自诊断、自适应、自修复等智能性功能。

智能高分子材料的研究涉及到众多的基础理论研究，如信息、电子、生命科学、宇宙、海洋科学等领域，不少成果已在高科技、高附加值产业中得到应用，已成为高分子材料的重要发展方向之一。

9.6 高分子新材料展望

高分子科学是研究高分子的形成、化学结构与链结构、聚集态结构、性能与功能、加工及利用的学科门类，研究对象包括合成高分子、生物大分子和超分子聚合物等。

在高分子化学领域，一是合成高分子的各种聚合方法学、相对分子质量和产物结构等可控的聚合反应及大分子的生物合成方法研究；二是高分子参与的化学过程；要注重非石油资源合成高分子，注重超分子聚合物、超支化高分子等各种新结构和高分子立体化学研究。

在高分子物理领域，主要方向是提出高分子凝聚态物理新概念，深入研究聚合物结构及其动态演变，加深对聚合物结晶、液晶和玻璃化等转变过程的认识，注重从单链高分子聚集态到成型过程聚集态的研究；关注新结构高分子的表征及性能关系，对受限空间高分子结构、表面与界面结构与性能、高分子纳米微结构与尺度效应、形态、结构与性能的关系研究；加强对高分子溶液和聚合物流变学的研究；发展高分子新理论与计算模拟方法，关注多尺度关联计算机模拟方法的研究。

在功能高分子领域，主要方向一是具有电、光、磁特性高分子；二是生物学、医学、药学相关高分子；三是吸附与分离、催化与试剂、传感和分子识别等功能高分子；四是关注新能源、环境相关高分子。

鼓励高分子科学与物理学、信息科学、生命科学、医学、材料科学和食品科学等学科的交叉研究。注重吸收物理新理论与思想，发展软物质理论；发展电子学聚合物和光子学聚台物；善于从天然高分子和生物大分子研究中寻找高分子科学发展的新切入点和生长点，在合成高分子与生物大分子之间的空白区寻找发展空间，重视仿生高分子、超分子结构、大分子组装与有序结构调控的研究，发展高分子化学生物学。

参考文献

[1]韩哲文．高分子科学教程：2 版．上海：华东理工大学出版社，2011

[2]王慧敏，等．高分子材料概论：2 版．北京：中国石化出版社，2009

[3]陶宏．合成树脂与塑料加工．北京：中国石化出版社，1992.

[4]吴国贞．塑料在化学工业中的应用．北京：化学工业出版社，1985.

[5]戈进杰．生物降解高分子材料及其应用．北京：化学工业出版社，2002.

[6]刘廷栋．回收高分子材料的工艺与配方．北京：化学工业出版社，2002.

[7]王树跟，马新安．特种功能纺织品的开发．北京：中国纺织出版社，2003.

[8]《材料科学技术百科全书》编委会．材料科学技术百科全书．北京：中国大百科全书出版社，1995.

[9]吴人洁．复合材料．天津：天津大学出版杜，2000.

[10]俞耀庭．生物医用材料．天津：天津大学出版社，2000.

[11]葛明桥，吕仕元．纺织科技前措．北京：中国纺织出版社，2003.

[12]平郑骅，汪长春．高分子世界．上海：复旦大学出版社，2001.

[13]朱中平．化工新材料应用手册．北京：中国物资出版社，2001.

[14]何天白，胡援杰．功能高分子与新技术．北京：化学工业出版杜，2001.

[15]张玉龙，李长德．纳米技术与纳米塑料．北京：中国轻工业出版社，2002.

[16]肖长发，尹翠玉，张华，程博文，安树林．化学纤维概论．北京：中国纺织出版社，1996.

[17]雷永泉．新能源材料．天津：天津大学出版社，2000.

[18]赵文元，王亦军．功能高分子材料化学．北京：化学工业出版社，1996.

[19]马建标．功能高分子材料．北京：化学工业出版社，2000.

[20]熊兆贤．材料物理导论．北京：科学出版社，2002.